就业技能实训标准教程系列

CorelDRAW X4 标准教程

超值版

超值DVD视频教学

李娜 张锋 李少勇 编著

中国铁道出版社
CHINA RAILWAY PUBLISHING HOUSE

内 容 简 介

本书由浅入深、循序渐进地全面讲述了CorelDRAW X4在设计工作中的应用。全书共分15章，分别介绍了CorelDRAW X4的操作基础，文件操作与绘图工具的使用，对象编辑，对象选取与组织，颜色填充与外框编辑，交互式工具的使用，图形、图像处理，文本处理，以及制作宣传页、DM宣传单、人物插画广告、票券等内容。

本书配套光盘中提供了书中所有实例的源文件和素材文件，同时提供了实例制作的全程语音讲解视频教学文件。

本书可作为CorelDRAW爱好者的自学用书，也可作为大中专院校及各类培训班平面设计、广告设计及其相关专业的教材，还可作为相关设计从业人员不可多得的参考书。

图书在版编目（CIP）数据

CorelDRAW X4标准教程/李娜，张锋，李少勇编著. —北京：中国铁道出版社，2010.2

ISBN 978-7-113-11083-3

Ⅰ.①C… Ⅱ.①李… ②张… ③李… Ⅲ.①图形软件，CorelDRAW X4—教材 Ⅳ.①TP391.41

中国版本图书馆CIP数据核字（2010）第025973号

书　　名：CorelDRAW X4标准教程
作　　者：李　娜　张　锋　李少勇　编著

策划编辑：严晓舟　于先军
责任编辑：于先军　　**编辑部电话**：（010）63583215
特邀编辑：李新承
封面设计：付　巍　　**封面制作**：李　路
责任校对：王　彬

出版发行：中国铁道出版社（北京市宣武区右安门西街8号　　邮政编码：100054）
印　　刷：三河市华丰印刷厂
版　　次：2010年7月第1版　　2010年7月第1次印刷
开　　本：787mm×1092mm　1/16　**印张**：22　**字数**：532千
印　　数：3 500册
书　　号：ISBN 978-7-113-11083-3
定　　价：49.00元（附赠光盘）

前言

CorelDRAW 被广泛应用于平面设计、插图制作、排版印刷和网页制作等领域。虽然 CorelDRAW 属于平面设计软件，但由于其使用方便、具有快捷的操作方式并能够很好地表现图像外观，许多人也将 CorelDRAW 用于产品效果制作。

作为一名工业设计师，必须同时掌握几种能迅速、真实地表达创意的工具。从专业角度分析，Alias 类的高端工业设计软件是完成产品设计的首选软件，从最初草图创意到后期数控加工，整个流程几乎是无缝连接，而且每一个环节都能淋漓尽致地表现设计师的天赋。但不是每一个人、每一个企业都适合使用这种专业工具，这不仅因为软件本身的价格偏高和操作难度大，连相关的设备也需要很大的投入。从我国国情考虑，价格低廉、使用简便的软件更适合于大部分的企业及设计工作室，因此有相当数量的工业设计师仍然在使用平面设计软件进行创意设计和效果制作。

本书内容

全书共分 15 章。前 11 章介绍了 CorelDRAW X4 的操作基础，包括文件操作与绘图工具的使用，对象编辑，对象选取与组织，颜色填充与外框编辑，交互式工具的使用，图形、图像处理，文本处理等内容；第 12～15 章介绍了 4 个大型项目的练习案例，包括制作宣传页、制作 DM 宣传单、绘制人物插画广告及票券的设计。

本书特色

1. 内容编排科学，实例丰富，讲解细致

书中先介绍 CorelDRAW 各种常用命令和工具的功能，后以实例教学的形式，介绍命令和工具的使用方法及操作技巧，以方便自学和教学。

2. 图解教学，使学习更加高效

书中不仅有详细的操作步骤，还在相应图示中标注出了操作的顺序和设置的参数。读者可看图学软件，从而极大地提高学习的兴趣和效率。

3. 全视频教学，犹如专业教师亲临

在配套光盘中提供了 CorelDRAW 基础操作和实例制作的全程视频教学文件，犹如专业教师亲自在身边授课。

配书光盘

（1）书中所有实例的 cdr 源文件和所用到的素材文件。

（2）书中实例和 CorelDRAW X4 基础操作的视频教学文件。

读者对象

（1）CorelDRAW X4 初学者。

（2）大中专院校、社会培训班平面设计专业及相关专业的人员。

（3）平面设计从业人员。

本书由李娜、张锋、李少勇执笔编写。此外，德州职业技术学院的王成志、李春辉老师为本书章节的编排及内容的组织做了大量的工作；同时，贾玉印、刘峥、王玉、任龙飞、张云、张春燕、张花、刘杰也参与了部分章节场景文件的整理，其他参与编写与制作的还有陈月霞、刘希林、黄健、黄永生、田冰、徐昊，以及北方电脑学校的温振宁、黄荣芹、刘德生、宋明、刘景君老师等，谢谢你们在书稿前期对材料的组织、版式设计、校对、编排，以及大量图片的处理所做的工作。在此，表示衷心的感谢。

作　者

2010 年 2 月

目录

第 3 章　CorelDRAW X4 的辅助功能

第 4 章　文本处理

第 5 章　颜色填充

第 8 章 为对象添加三维效果

第 9 章 应用透明度与透镜

第 10 章 符号的编辑与应用

第 11 章 位图的操作处理与转换

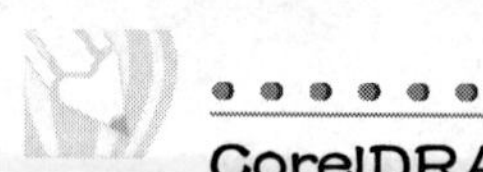

第 1 章　CorelDRAW X4 操作基础

CorelDRAW 是目前应用最为广泛的平面设计软件之一，它是 Corel 公司推出的集图形设计、图形绘制、文字编辑与排版、图形制作及高品质输出于一体的矢量图形绘制软件。无论是绘制简单的图形，还是进行复杂的图形设计，CorelDRAW 都会让用户感觉得心应手。另外，使用本软件的位图命令还可以对位图图像进行编辑与处理。

本书将主要介绍 CorelDRAW X4 的强大功能与用途。在开始讲解之前，先对一些在该程序中要用到的基础知识、叙述约定、窗口和文件的操作等进行操作与讲解，为后面的学习打下基础。

本章重点

- CorelDRAW X4 的工作界面
- 文件的操作及页面设置
- 导出与导入图形对象
- 使用网格、标尺与辅助线
- 设置颜色及打印文件

1.1　CorelDRAW X4 的工作界面

在使用 CorelDRAW 程序之前，应先熟悉其工作环境。下面就来介绍 CorelDRAW X4 程序默认的工作界面。

1.1.1　启动程序

如果用户的计算机上已经安装好 CorelDRAW X4 程序，即可直接启动程序，启动程序的方法如下：

01　在 Windows 系统的【开始】菜单中选择【程序】|【CorelDRAW Graphics Suite X4】|【CorelDRAW X4】命令，如图 1-1 所示。

02　打开启动界面，如图 1-2 所示。

03　出现如图 1-3 所示的欢迎屏幕界面后，在欢迎屏幕界面中单击【新建空白文档】链接，即可新建一个文件，从而正式进入 CorelDRAW X4 程序窗口，如图 1-4 所示。

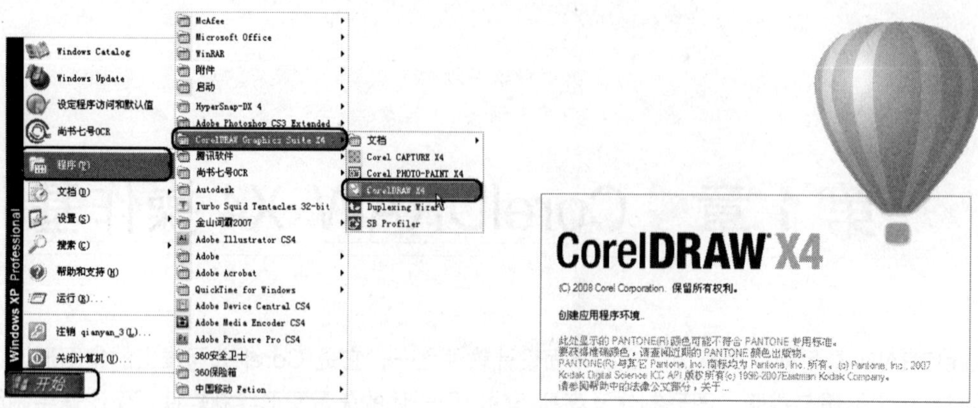

图 1-1　从程序菜单中启动　　　　图 1-2　启动界面

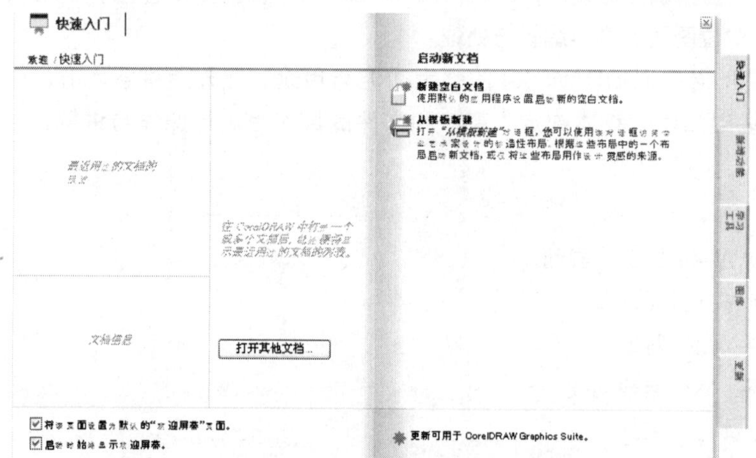

图 1-3　欢迎屏幕界面

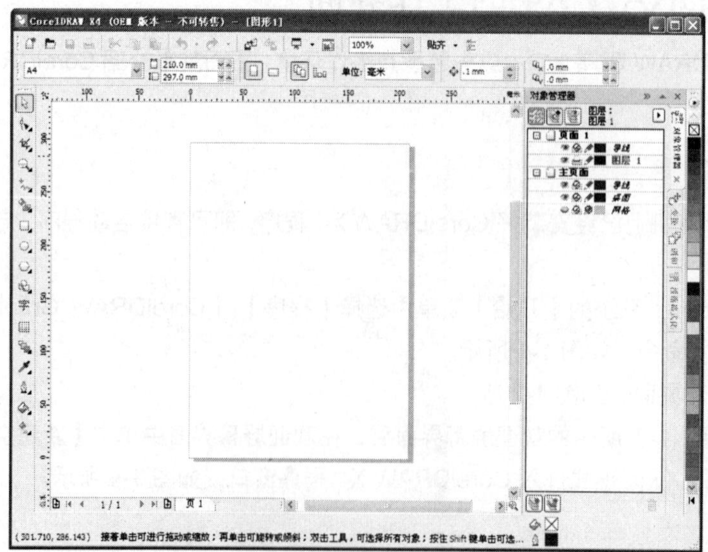

图 1-4　CorelDRAW X4 程序窗口

1.1.2 CorelDRAW X4 的界面介绍

CorelDRAW X4 的工作界面主要由标题栏、菜单栏、工具栏、工具箱、标尺、属性栏、状态栏、绘图窗口、泊坞窗、文档导航、导航器和默认 CMYK 调色板等组成，如图 1-5 所示。

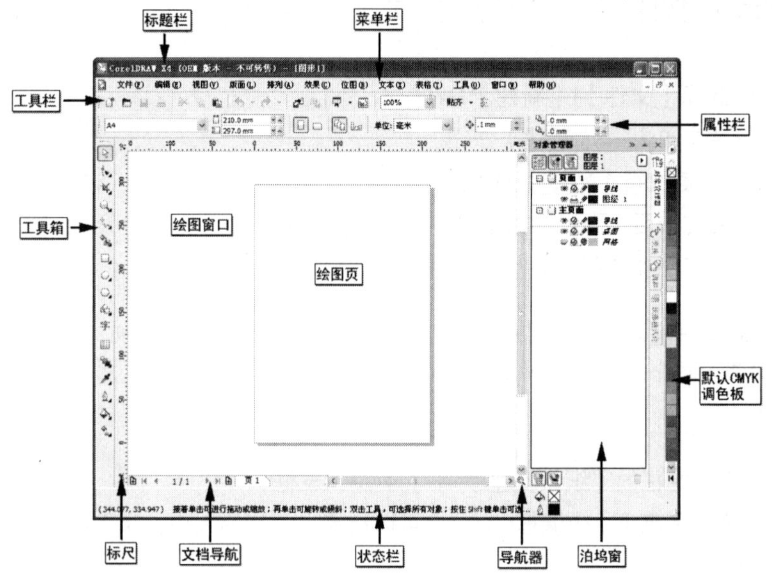

图 1-5 CorelDRAW X4 界面

窗口控制按钮由组成，它们的功能如下：

（最小化按钮）：在程序窗口中单击该按钮，可以将窗口缩小为图标并存放到 Windows 任务栏中，如果在任务栏中单击按钮，则会将程序窗口还原；在图形窗口中单击或按钮，可将窗口缩小为图标，并存放到程序窗口的左下角。

（最大化按钮）或（还原按钮）：单击还原按钮，窗口缩小为一部分并显示在屏幕中间；当还原按钮变成（最大化按钮）时，单击该按钮，窗口将放大显示并且覆盖整个屏幕。

（关闭按钮）：单击该按钮可以关闭窗口或对话框。

1.2 文件的操作

在第一次启动 CorelDRAW X4 时，程序窗口中没有任何对象文件，所以必须新建或者打开一个文件，然后使用 CorelDRAW X4 的各种功能对其进行编辑处理，对制作完成后的文件还要进行保存操作，最后才能将其导出或者打印。本章将介绍文件的各种基本操作，通过对本章的学习，读者可掌握管理对象文件的方法。

1.2.1 新建文件

在使用 CorelDRAW 进行绘图前，必须新建一个文件作为操作的平台，就好比画画前先准备一张白纸一样。新建文件有不同的方式，在 CorelDRAW X4 中包括【新建空白文件】与【从模板新建】两种新建方式，下面分别对它们进行介绍。

1．新建空白文件

新建一个空白文件的方法如下：

01　新建空白文件时，除了可以在欢迎屏幕界面中单击【新建空白文档】链接外，还可以使用以下任意一种方法。

- 在菜单栏中选择【文件】|【新建】命令。
- 在标准工具栏中单击（新建）按钮。
- 按 Ctrl+N 组合键执行【新建】命令。

选择上述任一种方法后，即可在绘图区中新建一个纵向的、空白的绘图纸，如图 1-6 所示。

图 1-6　新建空白文件

> **提示：**在第一次启动 CorelDRAW X4 程序时会显示欢迎屏幕界面，如果用户此时取消勾选【启动时显示这个欢迎屏幕】复选框，则在下次启动 CorelDRAW X4 时不会再显示欢迎屏幕界面。

02　此时，在属性栏的【纸张类型/大小】下拉列表框 A4 中可以选择纸张的类型；通过【纸张宽度和高度】微调框 210.0 mm 297.0 mm 可以自定义纸张的大小，这里将纸张类型设置为 A4，如图 1-7 所示。

图 1-7　属性栏

03　在默认状态下，新建文件后以纵向的页面方向摆放图纸，如果想改变页面的方向，可以单击属性栏中的（横向）与（纵向）两个按钮进行切换，这里单击（横向），出现如图 1-8 所示的效果。

图 1-8　新建的横向文件

04　在属性栏的【单位】下拉列表框中可以更改绘图时使用的单位，其中包括英寸、毫米、picas、点、像素等，如图 1-9 所示。

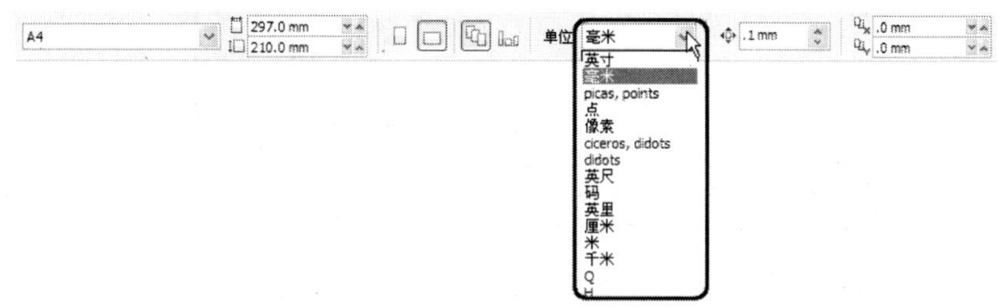

图 1-9　【单位】下拉列表框

2．从模板新建

CorelDRAW X4 提供了多种预设模板，这些模板已经添加了各种图形或者对象，可以将它们建立成一个新的图形文件，然后对文件进行进一步的编辑处理，以便更快、更好地达到预期效果。

从模板新建文件的方法如下：

01　在欢迎屏幕界面中单击【从模板新建】按钮或者在菜单栏中选择【文件】|【从模板新建】命令，即可打开如图 1-10 所示的对话框。

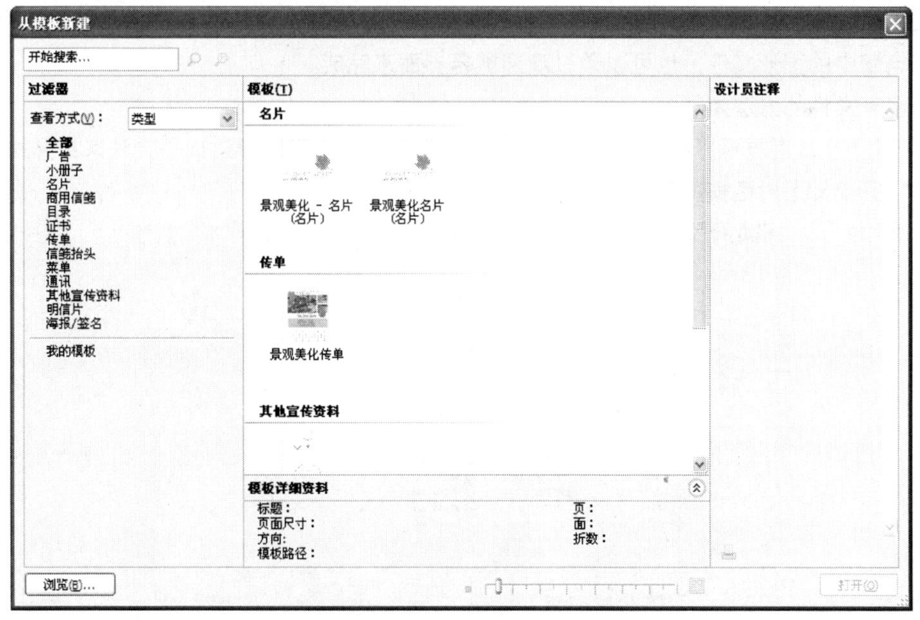

图 1-10　【从模板新建】对话框

02　【从模板新建】对话框中提供了多种类型的模板文件，通过它们，用户可以选择不同类型的模板文件，这里选择的是【其他宣传资料】下的【景观美化衬衫】模板，单击【打开】按钮，如图 1-11 所示。

此时，即可通过模板新建一个文件，如图 1-12 所示。这样用户就可以根据该模板进行编辑、输入相关文字或绘图。

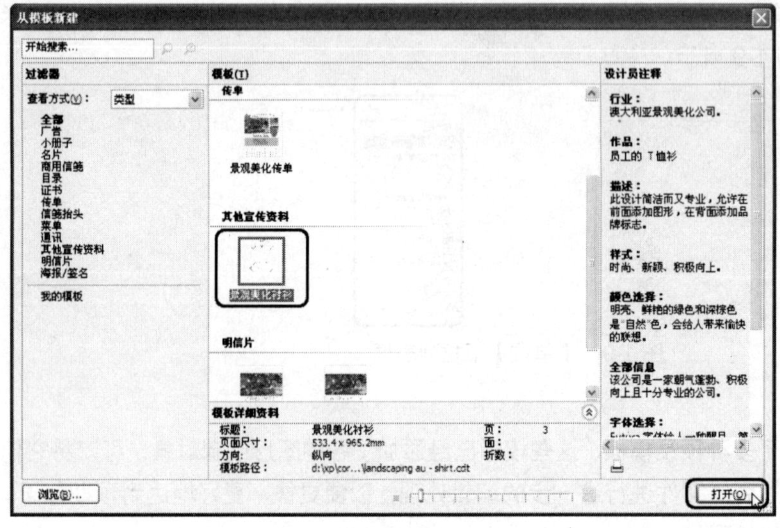

图 1-11　选择模版

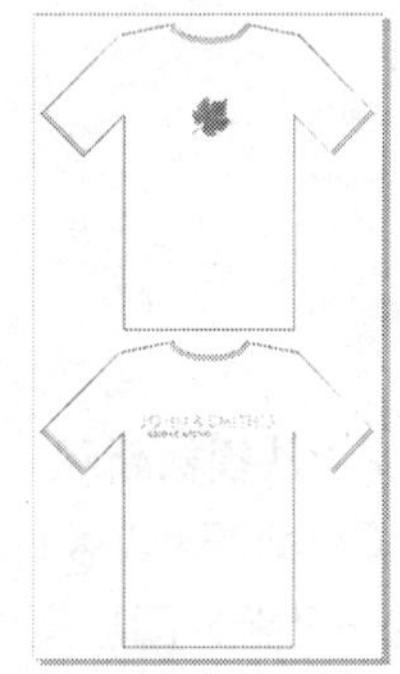

图 1-12　新建的模板效果

1.2.2　打开文件

若要编辑一些已存在的文件或者一些图形素材，当它们不在程序窗口中时，可使用【打开】命令来打开电脑中的图形文件，也可以通过欢迎屏幕界面来完成。

打开已有文件的方法如下：

01　除了在欢迎屏幕界面中单击【打开图形】按钮外，也可以通过以下方法来打开如图 1-13 所示的【打开绘图】对话框。

图 1-13　【打开绘图】对话框

- 在菜单栏中选择【文件】|【打开】命令。
- 在标准工具栏中单击 （打开）按钮。
- 按 Ctrl+O 组合键执行【打开】命令。

【打开绘图】对话框右上方图标的作用分别如下：

：可以转到访问的上一个文件夹。

：指向上一级。

：可以创建一个新文件夹 新建文件夹 。可直接输入所需的名称，为新文件夹命名。

：单击此按钮即可弹出如图 1-14 所示的下拉菜单。比如，选择【平铺】命令时，效果如图 1-15 所示。

图 1-14　【查看】下拉菜单　　图 1-15　平铺列表

02　在【查找范围】下拉列表框中可以找到目标文件所在的路径，如图 1-16 所示。也可以在对话框左侧的桌面、我的文档、我的电脑、网上邻居等图标中快速选择图形文件的位置。

03　在【文件类型】下拉列表框中可以选择所要打开的文件格式，默认状态下为【所有文件格式】选项，这里选择 CDR-CorelDRAW 选项，如图 1-17 所示，这样在文件显示区中就只会显示所选格式的文件，其他格式的文件会自动隐藏，以便筛选。

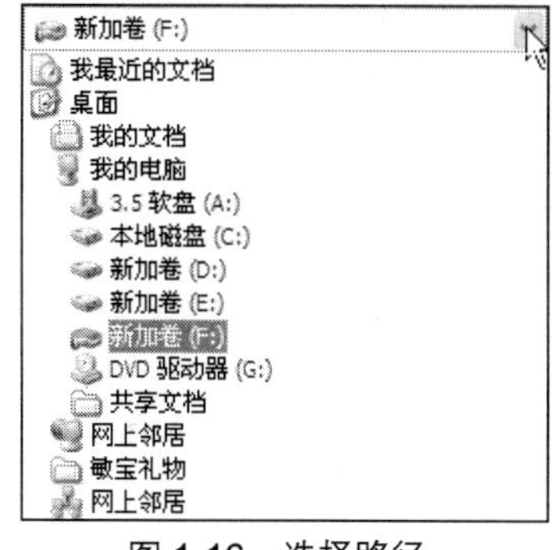

图 1-16　选择路径

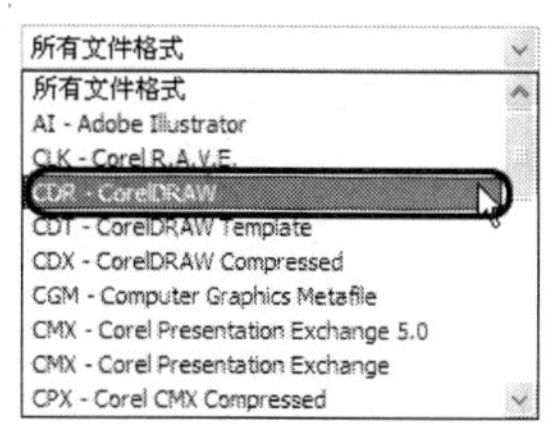

图 1-17　选择文件类型

04　在文件列表中选择需要打开的文件，然后勾选右下方的【预览】复选框，即会出现该文件的缩略图，如图 1-18 所示，最后单击【打开】按钮，或者直接双击该文件，即可将其打开至工作区，如图 1-19 所示。

图 1-18　勾选【预览】复选框

图 1-19　打开的文件

如果要同时打开多个图形文件，可以按住鼠标左键不放，然后拖动需要打开的文件，再单击【打开】按钮；若目标文件的位置比较分散，可以按住 Shift 键或者 Ctrl 键不放，然后单击所需文件。若不打算打开文件，单击【取消】按钮即可。

1.2.3　保存文件

完成文件的绘制或者编辑后，必须将其保存起来，以便日后使用。在绘制图形的过程中，应当养成经常保存的好习惯。这样可以避免因电源故障或其他意外事件发生出现数据丢失的问题。

1．保存文件

保存文件的方法如下：

01　在菜单栏中选择【文件】|【保存】命令或者按 Ctrl+S 组合键，也可以在标准工具栏中单击（保存）按钮，打开如图 1-20 所示的【保存绘图】对话框。

02　在【保存在】下拉列表框中选择要存放的路径（磁盘/文件夹），也可以通过对话框右上方的按钮新建文件夹。

03　在【文件名】文本框中输入文件的名称，然后在【保存类型】下拉列表框中选择保存类型。

04　在【排序类型】下拉列表框中选择相应的选项，可以指定文件保存位置下的文件排序类型，其中包括默认、描述、最近

图 1-20　【保存绘图】对话框

用过、向量等选项。通过【关键字】与【注释】两个文本框还可以为文件添加简短的说明，以便于查找。

05　单击（保存）按钮，即可将文件以设置后的属性保存于指定位置。

> **提示：**在【保存图形】对话框的右下方还提供了【高级】按钮，单击此按钮即可打开【选项】对话框，其中包括多项保存操作的设置项目，如图 1-21 所示，用户可以自行设置。

2. 使用【另存为】命令

如果当前的图形已被保存过，那么再选择【文件】|【保存】命令时将不会出现【保存绘图】对话框，只会自动以增量的方式保存该图形的相关编辑处理，新的修改会添加到保存的文件中。

如果要将目前图形保存为一个新图形，而且不影响原图，可以在菜单栏中选择【文件】|【另存为】命令或者按 Ctrl+Shift+S 组合键再次打开【保存绘图】对话框，用一个新名称、类型或者新路径来另存该文件。

> **提示：**在新建空白文档后，未进行任何编辑操作，或者对图像进行保存后，未再次编辑时，【保存】命令显示为灰色，表示该命令处于不可用状态，如图 1-22 所示。

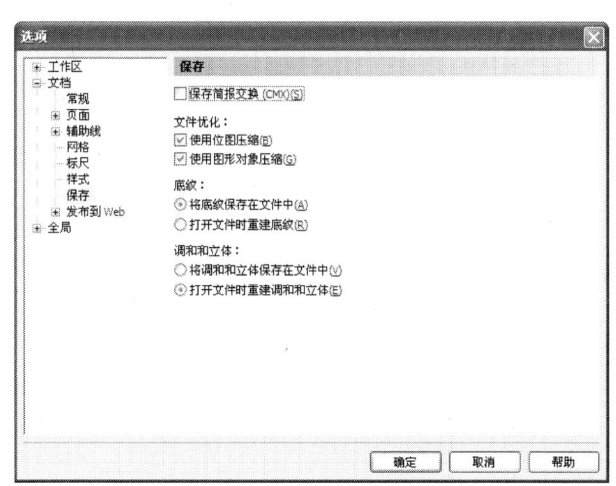

图 1-21　【选项】对话框

图 1-22　【保存】命令不可用状态

1.2.4　导入文件

通常，很多设计软件都要使用很多外部图形或者素材文件来辅助设计。由于 CorelDRAW X4 是一款矢量绘图软件，因此无法在程序中直接打开某些位图图像，此时必须使用【导入】命令，将相关的位图导入到 CorelDRAW 中。此外，矢量图形亦可使用导入的方式来打开。

导入文件的方法如下：

01　新建一个横向的空白文件，在菜单栏中选择【文件】|【导入】命令，或者按 Ctrl+I 组合

键，也可以在【标准】工具栏中单击（导入）按钮，打开如图 1-23 所示的对话框。

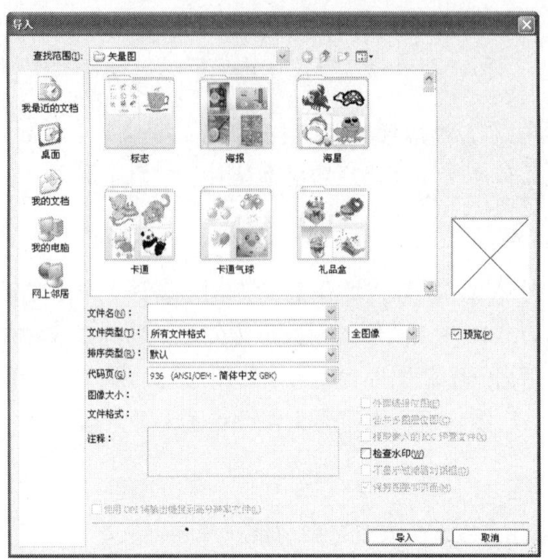

图 1-23 【导入】对话框

02 在【导入】对话框中指定查找范围，找到文件所在的位置，接着在【文件类型】下拉列表框中选择.jpg 格式的文件。然后以缩略图的形式显示文件夹中的图像，选择要导入的文件后即可查看图像的代码页、图像大小、文件格式、注释等基本属性，最后单击【导入】按钮。

03 系统显示如图 1-24 所示的文件大小等信息，此时将左上角的定点图标移至图纸的左上角，单击并拖动鼠标至图纸的右下角，在合适的位置上释放鼠标，确定导入图像的大小与位置，如图 1-25 所示。

图 1-24 显示文件大小等信息

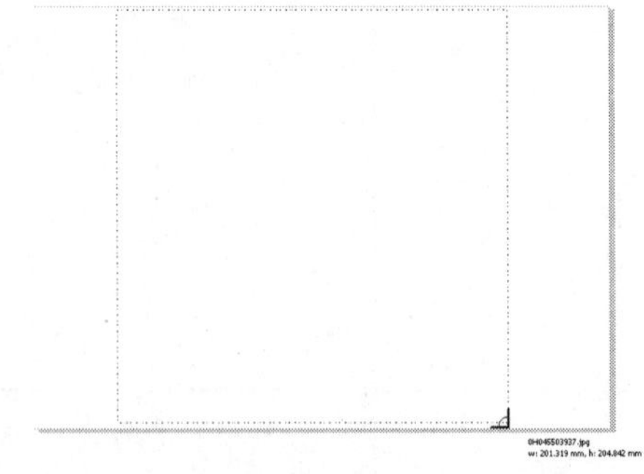

图 1-25 确定导入图像的大小和位置

提示： 在指定导入图像位置时，按 Enter 键可以将图像导入绘图页的中心。

04 导入结果如图 1-26 所示，此时拖动图像周边的控制点可以调整其大小。

在导入文件时，如果只需要导入图像中的某个区域或者要重新设置图像的大小、分辨率等属性，可以在【导入】对话框右下方的下拉列表框中选择【裁剪】或【重新取样】选项，如图 1-27 所示。

图 1-26　导入的图像

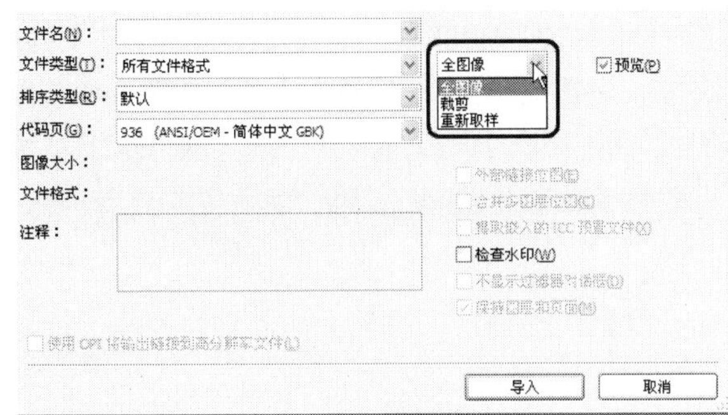

图 1-27　下拉列表框

1.2.5　导出文件

在 CorelDRAW 中完成文件的编辑后，即可根据实际需求使用其他外部软件对其进行进一步的编辑处理，此时即可使用【导出】命令将文件保存为一种指定的格式类型。CorelDRAW X4 支持多种导出格式，下面以 WMF 格式为例，介绍导出文件的操作。

1．导出文件

导出文件的方法如下：

01　先在工作区中打开要导出的文件。在菜单栏中选择【文件】|【导出】命令，也可以按 Ctrl+E 组合键，或单击标准工具栏中的（导出）按钮，打开如图 1-28 所示的【导出】对话框。

图 1-28　【导出】对话框

02　在【导出】对话框的【保存在】下拉列表框中指定文件导出的位置，然后在【保存类型】

下拉列表框中选择 WMF 格式，在【文件名】文本框中输入导出文件的名称，如图 1-29 所示。

03 设置完成后单击【导出】按钮，即可将选择的文件导出。导出完成后打开【WMF 导出】对话框，如图 1-30 所示。在该对话框中使用默认参数，单击【确定】按钮。

图 1-29　选择导出的类型

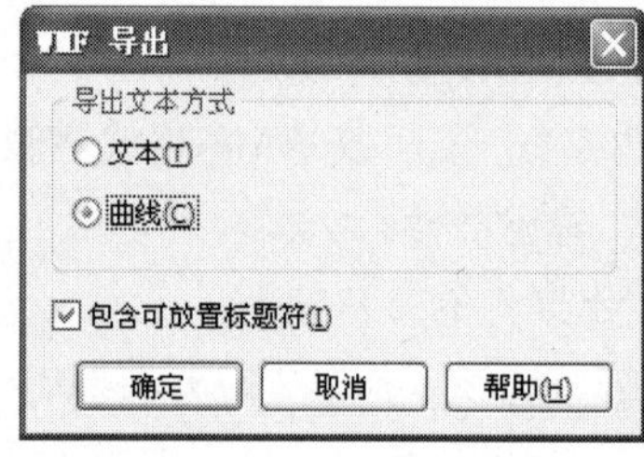

图 1-30　【WMF 导出】对话框

2．导出到 Office

使用【导出到 Office】命令可以将矢量图导出为 Microsoft Office 与 Word Perfect Office 两大办公软件的格式。当导出为 Microsoft Office 时，可以将图形优化为“桌面印刷”、“演示文稿”或者“商业印刷”的品质，图像品质较高。本节以导出兼容的.png 格式为例，介绍将图像导出为 Office 格式的方法。

将矢量图导出为 Office 的方法如下：

01 打开要导出的文件，在菜单栏中选择【文件】|【导出到 Office】命令，打开如图 1-31 所示的对话框。

02 在【导出到】下拉列表框中选择 Microsoft Office，若选择 WordPerfect Office 选项，则可将文件导出为.wpg 格式的专属文件，可以使用 Cord WordPerfect 程序打开。

03 在【图形最佳适合】下拉列表框中选择【兼容性】选项，若选择【编辑】选项，则可将文件导出为.emf 格式的 Windows 图元文件。

04 在【优化】下拉列表框中选择【桌面打印】选项，此时左下角显示的“估计文件大小”的容量将会比默认的“演示文稿”大。若有需要，可以选择“商业印刷”选项，以得到更高的图像品质。

05 完成属性设置后，可在预览区域中通过（放大）按钮、（缩小）按钮与（平移）按钮对图形进行缩放与移动，如图 1-32 所示，以查看其画质效果。

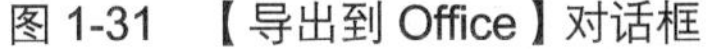
图 1-31　【导出到 Office】对话框

图 1-32　缩放与移动操作

06 完成上述操作后，单击【确定】按钮，打开【另存为】对话框，在这里分别设置【保存在】、【文件名】与【保存类型】3 项属性，然后单击【保存】按钮，如图 1-33 所示，即可在指定位置保存一个格式为.png 的便携式网络图形文件。

图 1-33　【另存为】对话框

1.2.6　文件窗口的切换

如果用户在程序窗口中打开了多个文件，就会存在文件窗口的切换问题。

切换窗口的一种方式是从【窗口】菜单中选择所需要的文件名称；另一种方式是在【窗口】菜单中选择【垂直平铺】或【水平平铺】命令，将所打开的多个文件平铺，然后直接在所要选择的绘图窗口中单击，即可使该文件成为当前可编辑的文件，如图 1-34 所示。

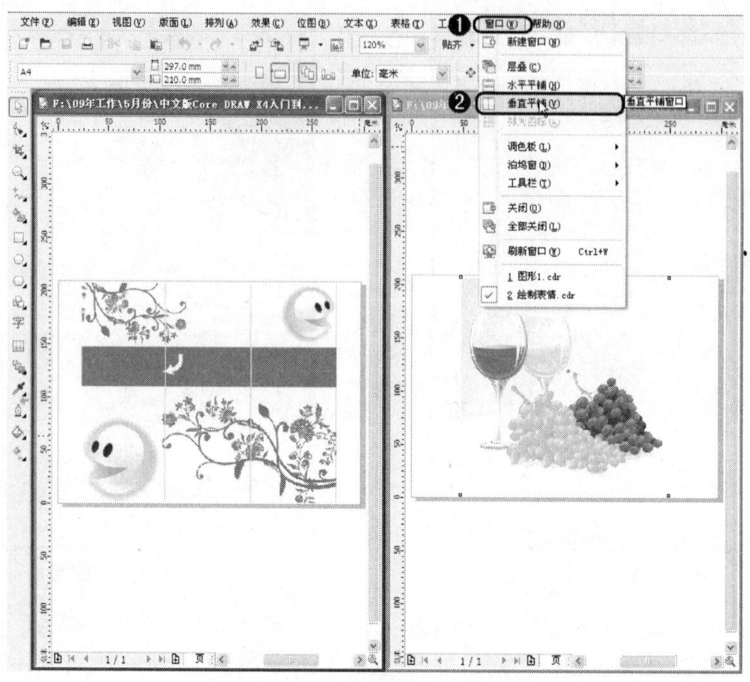

图 1-34　垂直平铺两个文件的效果

1.2.7　关闭文件

当用户编辑好一个文件后，需要将其关闭。关闭文件的两种方法如下：

如果文件已经保存，则只需在菜单栏中选择【文件】|【关闭】命令或在绘图窗口的标题栏中单击 ☒（关闭）按钮（在菜单栏的右边）即可将文件关闭。

如果文件经过编辑后，并未进行保存，则在菜单栏中选择【文件】|【关闭】命令后，会打开如图 1-35 所示的警告对话框。如果需要保存编辑后的内容，单击【是】按钮；如果不需要保存编辑后的内容，单击【否】按钮；如果不想关闭文件，则单击【取消】按钮。

图 1-35　警告对话框

1.3　页面设置

页面设置是指设置页面打印区域（即绘图窗口中有阴影的矩形区域）的大小、方向、背景、版面等。之所以称为页面打印区域，是因为只有这部分区域的图形才会被打印输出。

绘图从指定页面的大小、方向与版面样式设置开始。

指定页面大小的途径有两条：选择预设页面大小或创建用户自己的页面。可以从众多预设页面尺寸中进行选择，范围从法律公文纸与封套到海报与网页。如果预设页面大小不符合用户的要求，用户可以通过指定绘图尺寸来创建自定义页面的大小。

页面方向既可以是横向的，也可以是纵向的。在横向页面中，绘图的宽度大于高度；而在纵向页面中，绘图的高度大于宽度。添加到绘图项目中的任何页面都采用当前方向，但用户可以对绘图项目中的每个页面指定不同的方向。用户指定页面版面时选择的选项可以作为创建所有新绘图的默认值，也可以调整页面的大小和方向，以便与标准打印纸张的设置相匹配。

设置页面的方法如下：

先按 Ctrl+N 组合键新建一个文件，在菜单中选择【版面】|【页面设置】命令，打开如图 1-36 所示的对话框，用户可以在【页面】项目中设置所需的页面大小、版面、标签与背景等。

1.3.1　页面大小与方向设置

在【选项】对话框的左边窗格中选择【大小】项目，即可在右边窗格中显示它的相关设置。用户可以在【纸张】下拉列表框中选择所需的预设页面大小，如图 1-37 所示；也可以在【宽度】与【高度】文本框中输入所需的数值，自定义页面大小；如果只须调整当前页面大小，应勾选【仅将更改应用于当前页面】复选框；如果需要从打印机设置，单击【从打印机获取页面尺寸】按钮；如果需要添加页框，单击【添加页框】按钮；如果要将页面设为横向，应选择【横向】单选按钮。

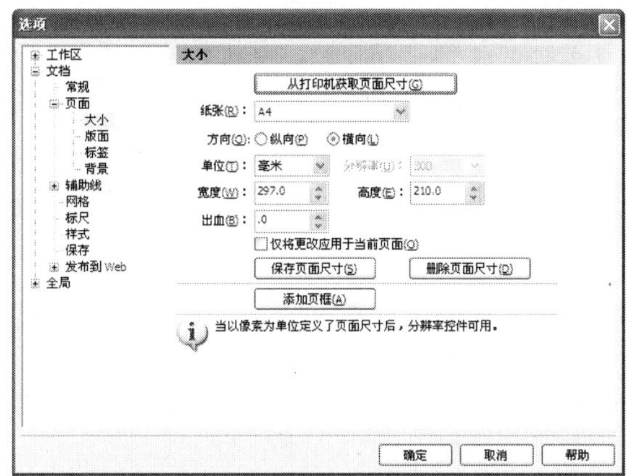

图 1-36　【选项】对话框

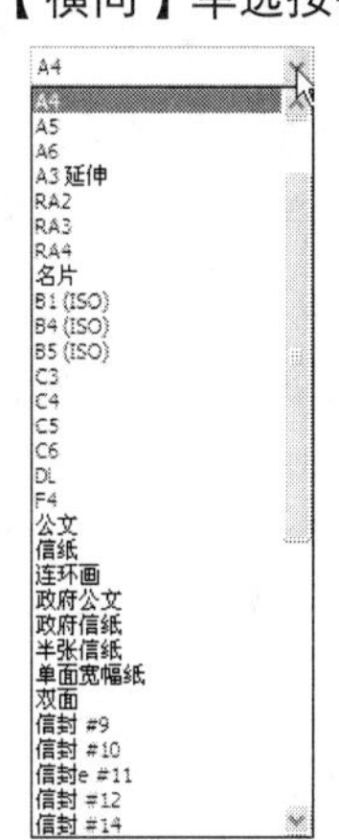

图 1-37　【纸张】下拉列表框

> **提示：** 用户也可以在如图 1-38 所示的【无选定范围】属性栏中设定页面的大小与方向，在 A4 （纸张类型/大小）下拉列表框中选择所需的预设页面大小，在 210.0 mm 297.0 mm （纸张宽度和高度）文本框中可以输入所需的纸张大小，单击 （纵向）按钮可以将页面设为纵向，单击 （横向）按钮可以将页面设为横向。

图 1-38　属性栏

1.3.2　页面版面设置

在【选项】对话框的左边窗格中选择【版面】项目，即可在右边窗格中显示它的相关设置，如图 1-39 所示。用户可以在【版面】下拉列表框中选择所需的版式，如图 1-40 所示，如果需要对开页，可以勾选【对开页】复选框。

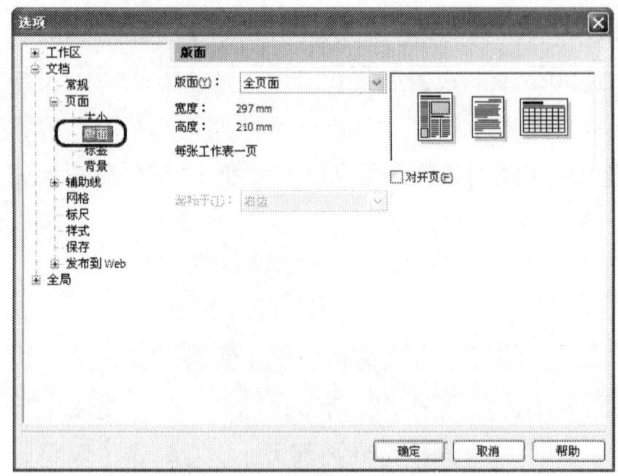

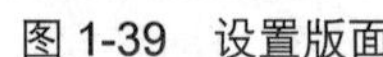
图 1-39　设置版面

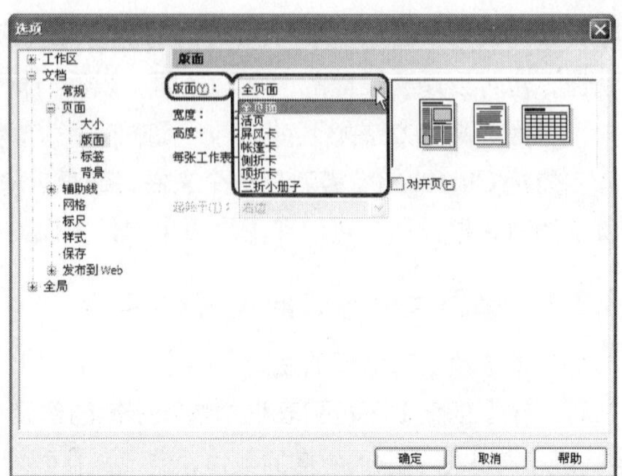

图 1-40　【版面】下拉列表框

1.3.3　页面背景设置

在【选项】对话框的左边窗格中选择【背景】项目，即可在右边窗格中显示它的相关设置，如图 1-41 所示。用户可以通过选择【纯色】或【位图】单选按钮来设置所需的背景颜色或图案，默认状态下为无背景。

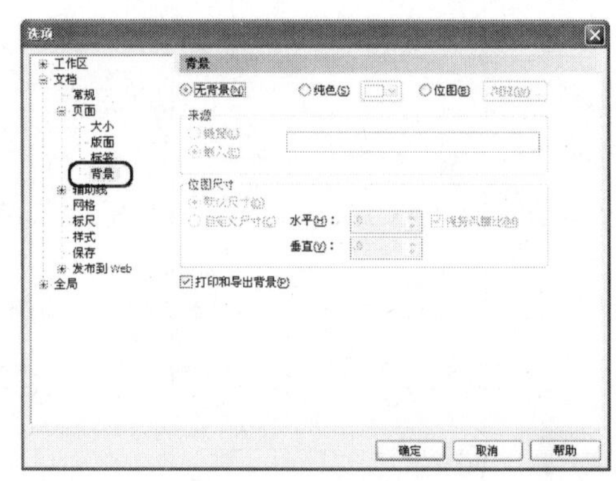

图 1-41　选择背景项目

如果选择【纯色】单选按钮，其后的按钮显示为活动可用状态。用户可从打开调色板，在其中选择所需的背景颜色，如图 1-42 所示。选择好后在【选项】对话框中单击【确定】按钮，即可将页面背景设为所选择的颜色，如图 1-43 所示。

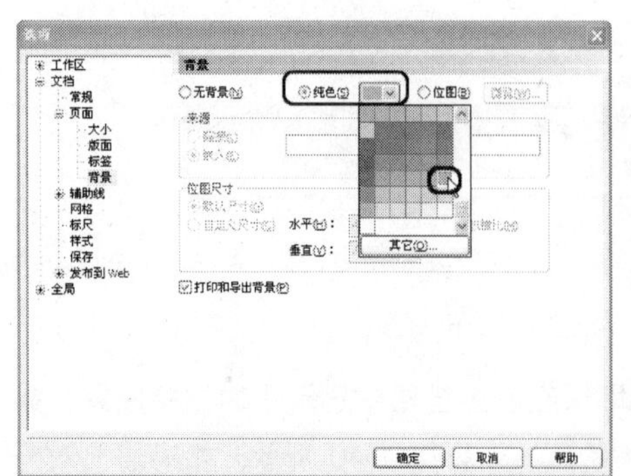

图 1-42　设置背景颜色

图 1-43　设置页面背景颜色后的效果

如果选择【位图】单选按钮，其后的【浏览】按钮显示为活动可用状态。单击【浏览】按钮，打开【导入】对话框，用户可在其中选择要作为背景的文件，如图 1-44 所示，选择好后单击【导入】按钮，此时【背景】面板中的【来源】选项组显示为活动状态，并且显示出导入位图的路径，如图 1-45 所示。单击【确定】按钮，即可将选择的文件导入到新建文件中并自动排列为文件的背景，如图 1-46 所示。

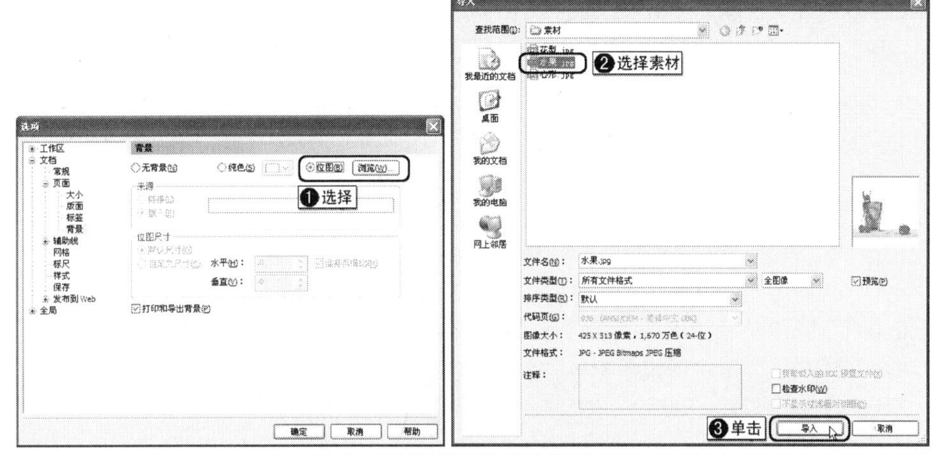

图 1-44　选择要作为背景的文件

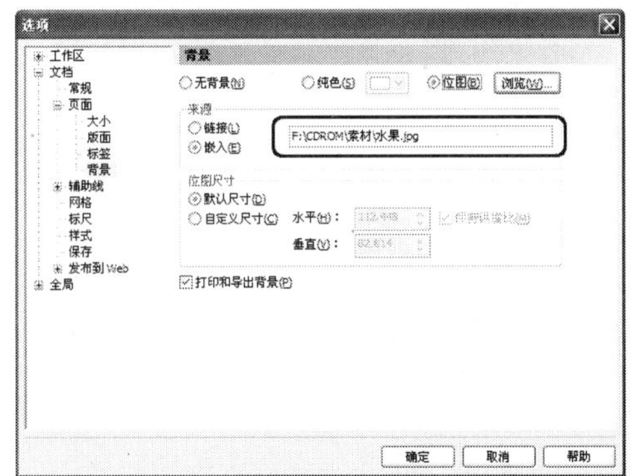

图 1-45　显示导入位图路径效果

图 1-46　设置背景后的效果

1.4　颜色设置

CorelDRAW X4 允许用户使用各种符合行业标准的调色板、颜色混合器，以及颜色模型来选择和创建颜色。用户可以创建并编辑自定义调色板，来存储常用颜色以供将来使用；也可以通过改变色样大小、调色板中的行数和其他属性来自定义调色板在屏幕上的显示方式。

1.4.1　利用默认调色板填充对象

默认调色板包含了 CMYK 颜色模型中的 99 种颜色。为选择的对象填充颜色和轮廓颜色后，在状态栏中会显示它的色样。

默认情况下，CMYK 调色板停放在程序窗口的最右边，用户也可将其拖动到程序窗口中的任一位置，以便直接单击或右击所需的颜色。

1. 利用默认 CMYK 调色板为对象填充颜色

在工具箱中选择（标题形状工具），在属性栏中选择一种完美形状，如图 l-47 所示；移动指针到绘图窗口的适当位置按下左键向对角移动，当图形到达所需大小时松开左键，即可绘制出一个形状，如图 l-48 所示；在默认 CMYK 调色板中单击冰蓝色，将形状填充为冰蓝色，如图 1-49 所示。

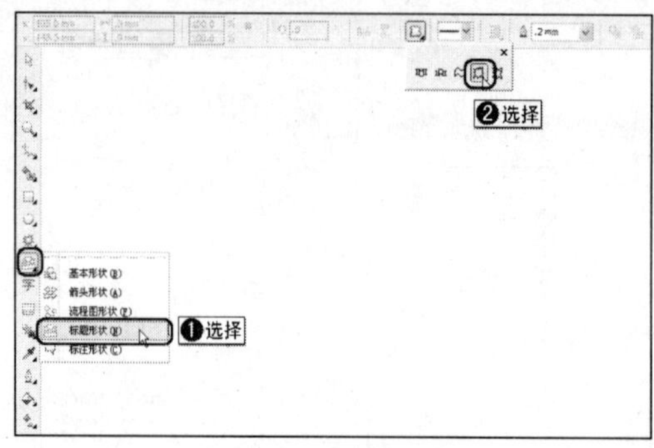

图 1-47　选择工具

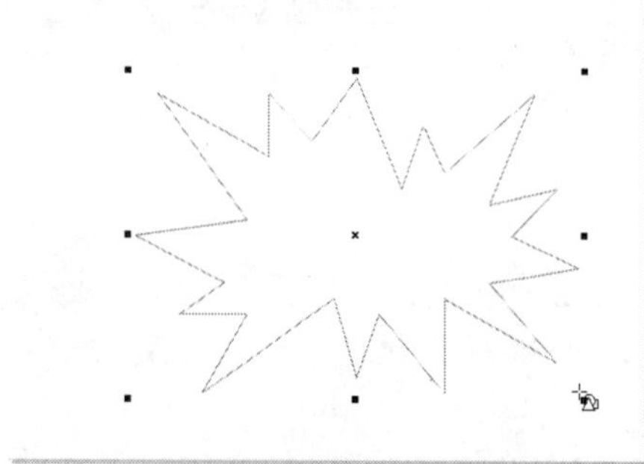

图 1-48　绘制形状

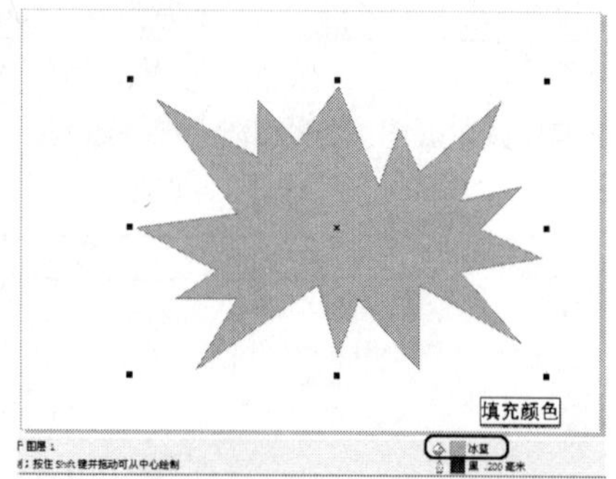

图 1-49　为图形填充颜色

2. 利用默认 CMYK 调色板设置对象轮廓色

此处以刚刚绘制的标题形状为例，在默认 CMYK 调色板中右击红色块，即可将轮廓色改为红色，如图 1-50 所示。

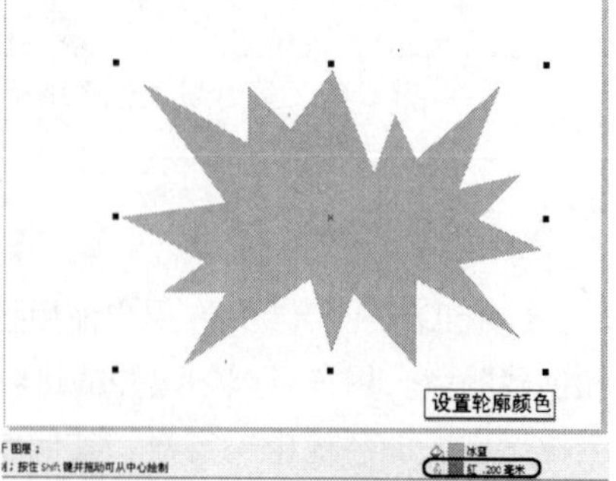

图 1-50　设置对象轮廓颜色效果

3. 设置新对象颜色

（1）在绘图窗口的空白处单击，取消对象的选择。在默认 CMYK 调色板中右击某一颜色（如黄色），打开【轮廓颜色】对话框，根据需要选择所需的选项（如图形），单击【确定】按钮，如图 1-51 所示。

（2）在工具箱中选择（复杂星形工具），在属性栏中将复杂星形的边数设置为 9，将锐度设置为 2，然后移动指针到绘图窗口中的适当位置按下左键向右下方移动，得到所需的大小后松开左键，即可绘制出一个复杂星形，并且轮廓色为黄色，如图 1-52 所示。

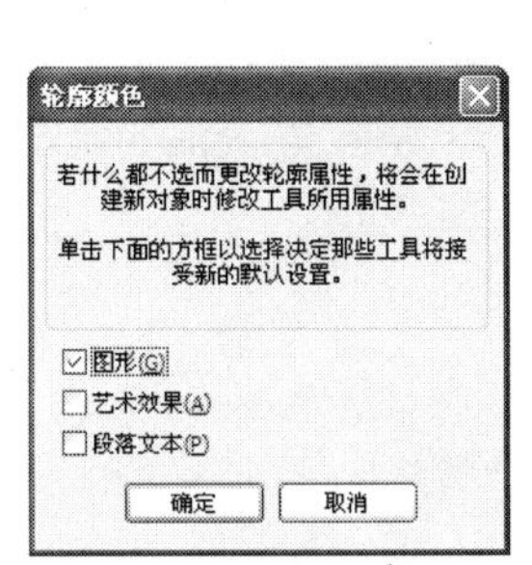

图 1-51　【轮廓颜色】对话框

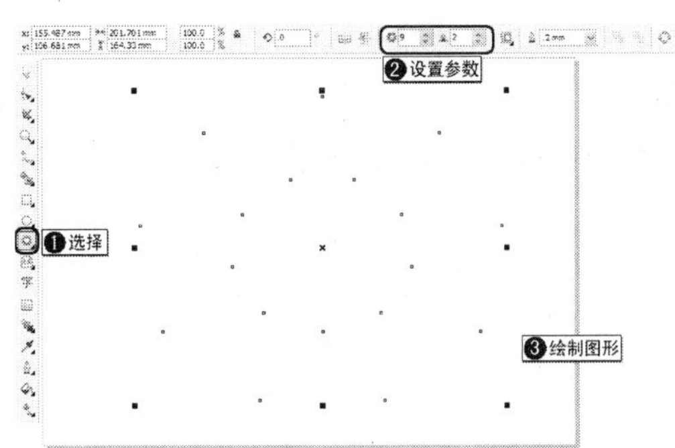

图 1-52　绘制复杂星形效果

提示：如果在绘图区中无对象或没有选择任何对象，可以通过在调色板中单击或右击来设置新对象的填充颜色或轮廓色。

1.4.2　利用颜色泊坞窗填充对象

除了使用调色板来设置对象的填充颜色与轮廓色外，还可以利用【颜色】泊坞窗来设置对象的填充颜色与轮廓色。

01　将随书附带光盘【DVDROM | 素材 | Cha01 | 填充颜色.cdr】素材导入到场景中，如图 1-53 所示。下面利用【颜色】泊坞窗来填充对象，在菜单栏中选择【窗口】|【泊坞窗】|【颜色】命令，打开【颜色】泊坞窗，如图 1-54 所示。

图 1-53　打开的场景文件

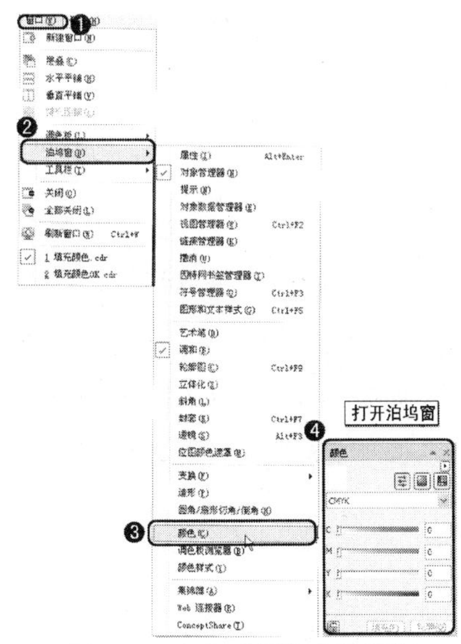

图 1-54　打开【颜色】泊坞窗

02　在工具箱中选择（选择工具），在画面中单击要填充颜色的对象，再在【颜色】泊坞窗中设置颜色（C：40；M：0；Y：100；K：0），单击【填充】按钮，即可将选择的对象填充为该颜色，单击右上角的（菜单）按钮，在弹出的下拉菜单中选择【无轮廓】命令，填充后的效果如图 1-55 所示。

03 在空白处单击取消对象的选择，在画面中单击要填充颜色的对象，在【颜色】泊坞窗中设置颜色（C：0；M：20；Y：100；K：0），单击【填充】按钮，即可将选择的对象填充为该颜色，单击右上角的▶（菜单按钮），在弹出的下拉菜单中选择【无轮廓】命令，填充后的效果如图 1-56 所示。

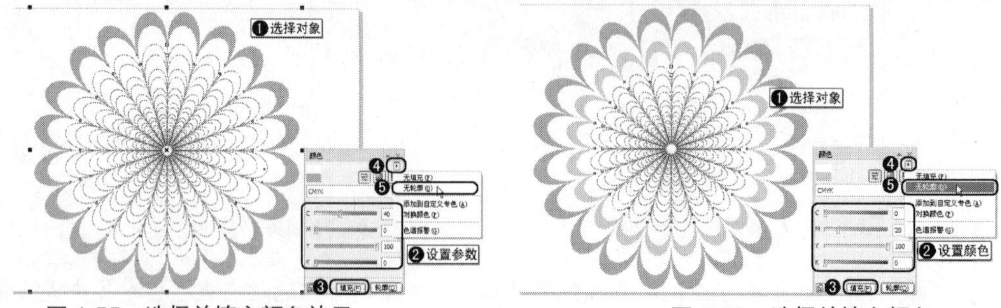

图 1-55 选择并填充颜色效果

图 1-56 选择并填充颜色

04 在空白处单击取消对象的选择，在画面中单击要填充颜色的对象，在【颜色】泊坞窗中设置颜色（C：40；M：0；Y：0；K：0），单击【填充】按钮，即可将选择的对象填充为该颜色，单击右上角的▶（菜单按钮），在弹出的下拉菜单中选择【无轮廓】命令，填充后的效果如图 1-57 所示。

05 在空白处单击取消对象的选择，在画面中单击要填充颜色的对象，在【颜色】泊坞窗中设置颜色（C：0；M：100；Y：0；K：0），单击【填充】按钮，即可将选择的对象填充为该颜色，单击右上角的▶（菜单按钮），在弹出的下拉菜单中选择【无轮廓】命令，填充后的效果如图 1-58 所示。

图 1-57 选择图形并填充颜色

图 1-58 选择图形并填充颜色

06 使用同样的方法为其他图形填充颜色，完成后的效果如图 1-59 所示。

图 1-59 填充图形后的效果

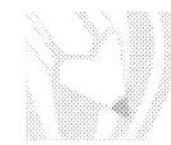

1.4.3　自定义调色板

当调色板中的颜色不符合所需的要求，而又想直接在调色板中单击或右击来设置对象的颜色时，就需要自定义一个调色板。

> **注意：** 默认状态下，调色板直接保存在系统的默认位置。如果用户的操作系统是 Windows XP，则调色板保存在安装系统所在的盘符（例如，C:/Documents and settings/ Administrator/Application Data/Corel/Graphics13/User Custom Data/Palettes）中，其中 Administrator 是用户名称，它会根据安装计算机时命名的不同而不同。

下面来讲解如何自定义一个调色板。

01 在菜单栏中选择【窗口】|【调色板】|【调色板编辑器】命令，打开【调色板编辑器】对话框，如图 1-60 所示。

图 1-60　打开【调色板编辑器】对话框

> **注意：** 用户可以直接在【调色板编辑器】对话框中为默认的 CMYK 调色板添加一些颜色，也可以直接在 Custom Spot Colors 调色板中添加颜色，还可以新建一个调色板来添加所需的颜色。

02 在【调色板编辑器】对话框中单击（新建调色板）按钮，打开如图 1-61 所示的【新建调色板】对话框，用户可以直接在【文件名】文本框中输入所需的名称，然后单击【保存】按钮，将自定义调色板存放在默认位置。

03 在【调色板编辑器】对话框中单击【添加颜色】按钮，如图 1-62 所示。

图 1-61 【新建调色板】对话框

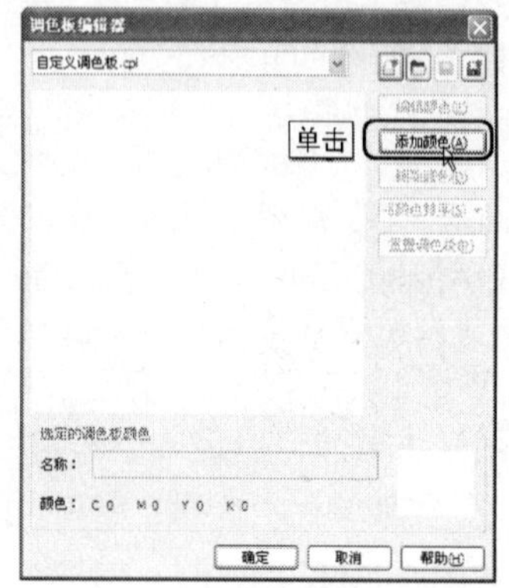

图 1-62 单击【添加颜色】按钮

04 在打开的【选择颜色】对话框中单击【模型】选项卡，设置所需的颜色参数，如图 1-63 所示。

提示：可一边移动光圈一边看右边的【新建】颜色区域，也可以在【组件】栏的文本框中输入所需的颜色数值。

05 在【选择颜色】对话框中单击【加到调色板】按钮，然后单击【关闭】按钮，即可向自定义调色板中添加一个色块，如图 1-64 所示。

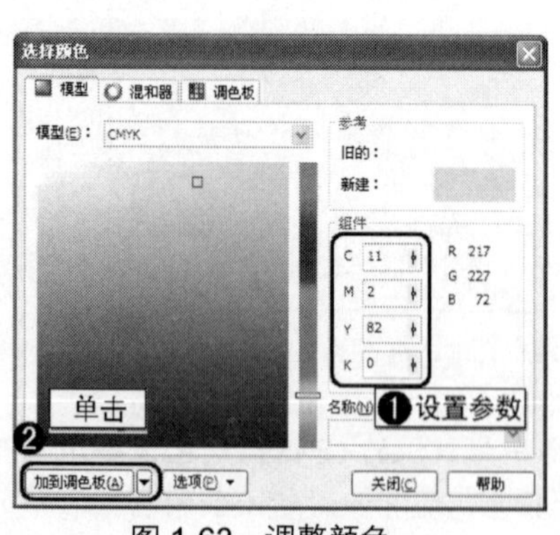

图 1-63 调整颜色

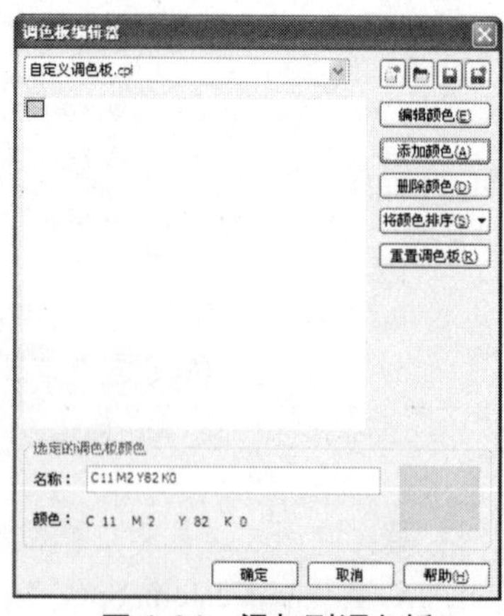

图 1-64 添加到调色板

06 同样单击【添加颜色】按钮，在打开的【选择颜色】对话框中移动光圈调整一种颜色，如图 1-65 所示。

07 在【选择颜色】对话框中单击【加到调色板】按钮，即可向自定义调色板中添加一个色块，如图 1-66 所示。

图 1-65　调整颜色

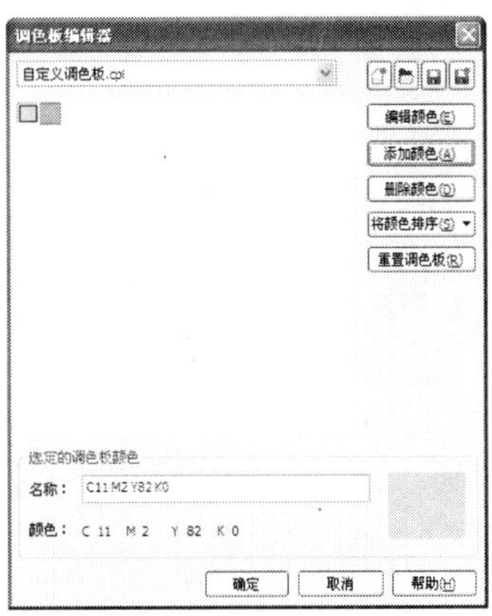

图 1-66　添加到调色板

08　这样重复在【选择颜色】对话框的色区中移动光圈并单击【加到调色板】按钮，即可在【调色板编辑器】对话框中添加多个颜色，如图 1-67 所示。添加好所需的颜色后，单击【关闭】按钮将【选择颜色】对话框关闭，返回到【调色板编辑器】对话框中，单击（保存调色板）按钮，如图 1-68 所示，再单击【确定】按钮完成调色板编辑。

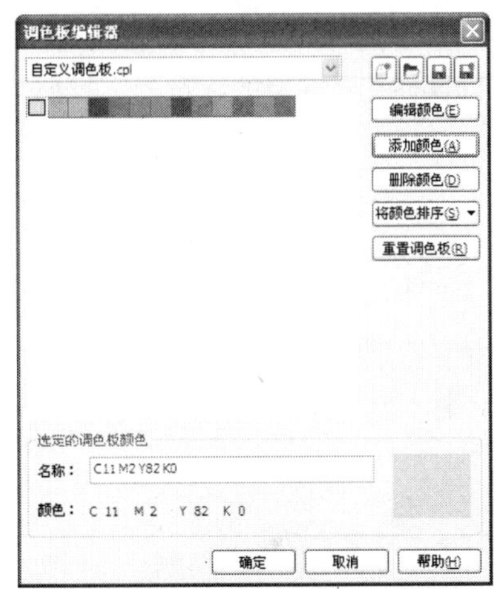

图 1-67　在【调色板编辑器】对话框中添加多个颜色

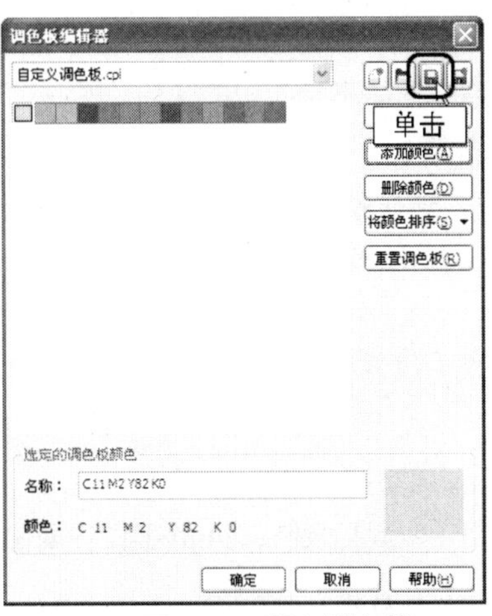

图 1-68　保存调色板

> **注意：** 用户也可以在【模型】下拉列表框中选择所需的颜色模型（例如，RGB、灰度等），然后再设置所需的颜色。

09　如果要打开自定义的调色板，在菜单栏中选择【窗口】|【调色板】|【打开调色板】命令，打开【打开调色板】对话框，如图 1-69 所示，在其中选择“自定义调色板.cpl”文件，单击【打开】按钮，即可将自定义调色板打开到程序窗口中，并自动排放到程序窗口的右侧，如图 1-70 所示。

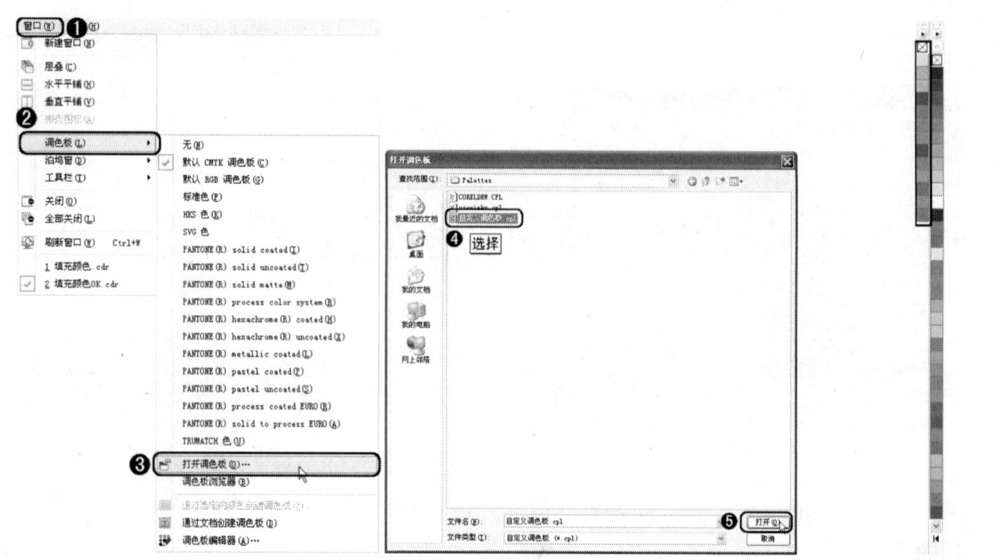

图 1-69 【打开调色板】对话框　　图 1-70 打开的调色板

1.5 习题

通过前面基础知识的学习，用户对 CorelDRAW X4 的基础操作有了简单的认识，下面通过习题来巩固前面学习的基础知识。

1．选择题

（1）第一次启动 CorelDRAW X4 应用程序时，工具箱出现在屏幕的________。

A．底部　　B．左侧　　C．上边　　D．右侧

（2）属性栏的【单位】下拉列表框中不包括________单位。

A．英米、英尺　　B．像素、码　　C．点、毫米　　D．千米、分米

2．填空题

（1）CorelDRAW X4 的工作界面主要由________、________、________、________、________、________、________、________、________、________、________和________等组成。

（2）在 CorelDRAW X4 中新建文档的方式有________和________两项。

3．上机操作

新建一个背景颜色为蓝色的横向文档。

第 2 章　常用绘图工具的使用

CorelDRAW 程序中的绘图工具是绘制图形的基本工具，只有掌握了绘图工具的使用方法与应用，才能为后面的图形绘制与创作奠定基础。

本章将介绍（手绘工具）、（艺术笔工具）、（矩形工具）、（椭圆形工具）、（形状工具）和（多边形工具）等工具的使用。

本章重点

- 手绘工具的应用
- 贝塞尔工具的使用
- 了解艺术笔工具
- 钢笔工具的应用
- 矩形工具、椭圆形工具的使用
- 多边形、星形工具的使用
- 基本形状的介绍

2.1　手绘工具

使用手绘工具可以绘制出各种图形、曲线、折线，它就像日常生活中使用铅笔绘制图形一样，而且比铅笔更方便，可以在没有尺的情况下绘制直线。用户还可以通过设定轮廓的样式与宽度来绘制所需的图形与线条。

2.1.1　使用手绘工具绘制曲线

下面介绍使用手绘工具绘制曲线的方法，操作步骤如下：

01　在工具箱中选择（手绘工具），如图 2-1 所示。

02　移动指针到画面中，按住左键向所需的方向拖移，得到所需的长度与形状后松开左键，即可绘制出一条曲线（此时曲线处于选择状态，这样便于用户对其进行修改），如图 2-2 所示。

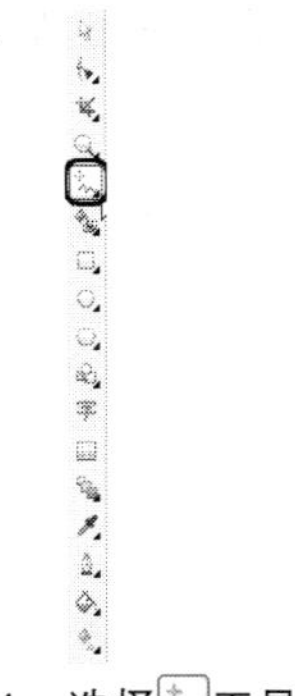

图 2-1　选择工具

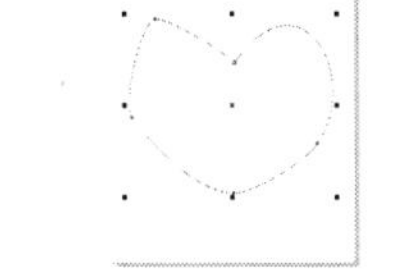

图 2-2　绘制曲线图形

2.1.2 使用手绘工具绘制直线与箭头

下面介绍使用手绘工具绘制直线的方法，操作步骤如下：

01 选择工具箱中的（手绘工具）。

02 移动指针到画面中，在适当位置单击，确定起点，再移动指针到直线的终点处单击，即可完成直线的绘制，如图 2-3 所示。

> **提示：**使用手绘工具绘制直线的过程中，如果配合键盘上的 Ctrl 键进行绘制，可将手绘工具创建的线条限制为预定义的角度，称为限制角度。绘制垂直直线和水平直线时，此功能非常有用。配合 Ctrl 键绘制的直线效果如图 2-4 所示。

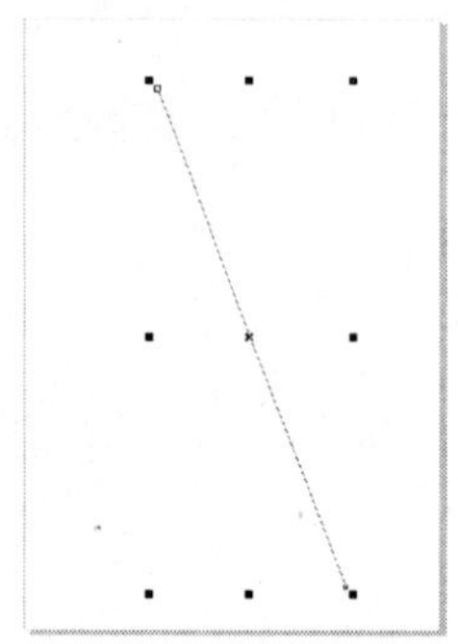

图 2-3 绘制直线

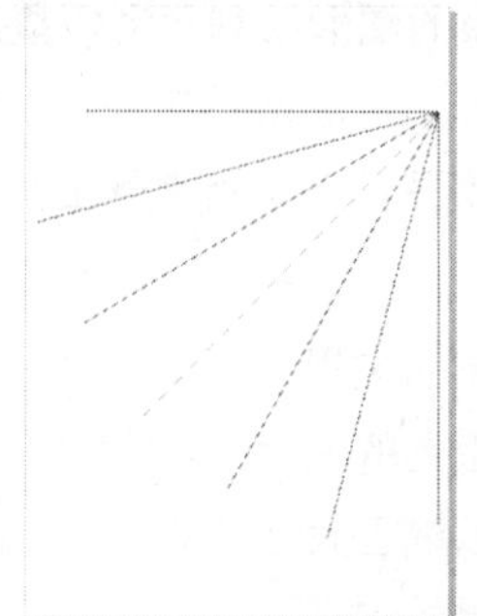

图 2-4 配合 Ctrl 键绘制的直线

下面介绍使用手绘工具绘制箭头的方法，操作步骤如下：

01 选择工具箱中的（手绘工具），在属性栏的【终止箭头选择器】中选择所需的箭头，如图 2-5 所示。

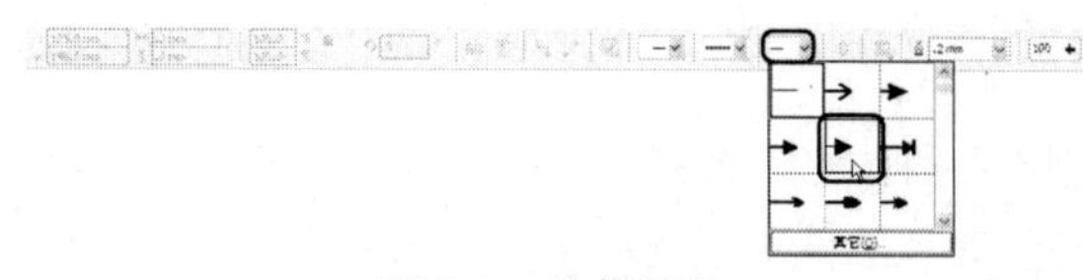

图 2-5 选择箭头

02 选择好箭头后自动打开如图 2-6 所示的对话框，直接单击【确定】按钮即可将要绘制的新直线或曲线改为直线箭头或曲线箭头。

03 移动指针到绘图页面中，在适当的位置单击确定起点，再移动指针到终点处单击完成直线箭头的绘制，如图 2-7 所示。

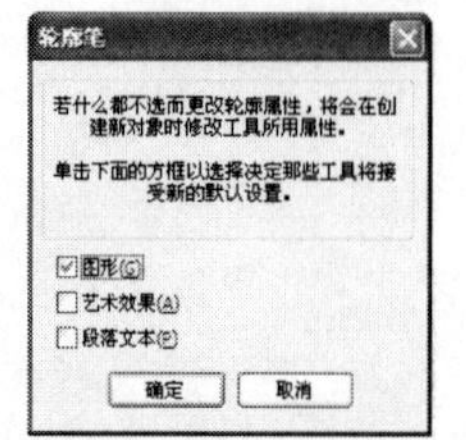

图 2-6 【轮廓笔】对话框

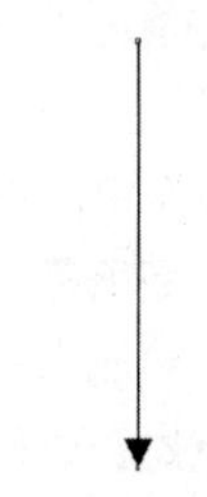

图 2-7 绘制箭头效果

提示：如果要将选择的直线或曲线改为箭头，可以直接在属性栏的起始或终止箭头选择器中选择所需的箭头类型，将直线或曲线改为箭头。

2.1.3　修改对象属性

当用手绘工具绘制好对象后，它的属性栏就会自动显示与所绘制图形相关的选项，如图 2-8 所示，这样便于用户随时更改对象的属性，如大小、位置、旋转角度、轮廓宽度等。

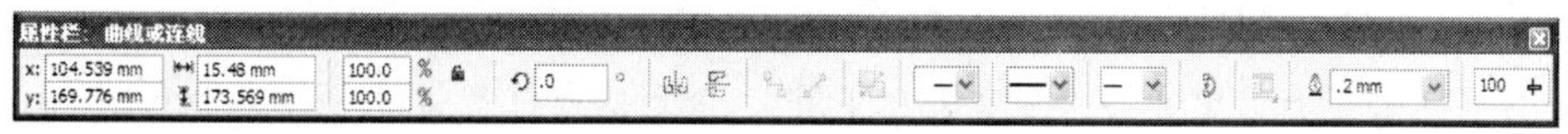

图 2-8　属性栏

修改对象属性的具体操作步骤如下：

01 以前面绘制的箭头为例，在属性栏中设置轮廓宽度为 2.0mm，如图 2-9 所示，可将箭头的轮廓宽度加宽，如图 2-10 所示。

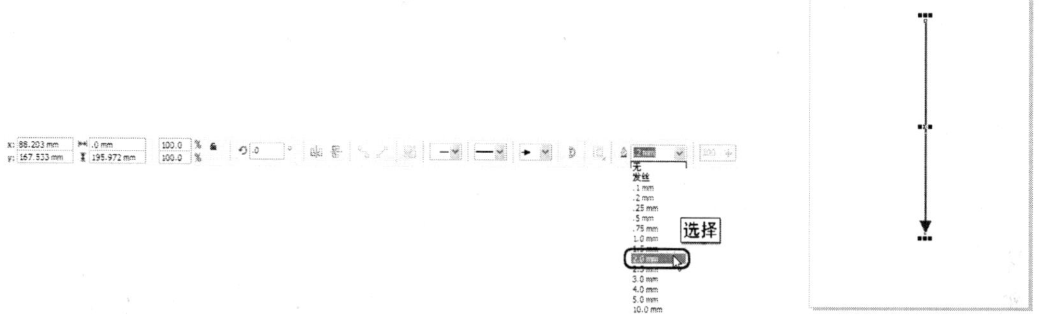

图 2-9　设置【轮廓宽度】　　图 2-10　设置轮廓宽度后的效果

02 如果在【旋转角度】文本框中输入 45 后按 Enter 键，可将箭头旋转 45°，效果如图 2-11 所示。

03 在默认 CMYK 调色板中右击蓝色块，可将对象的轮廓色改为蓝色，效果如图 2-12 所示。

04 在属性栏的【轮廓样式选择器】中选择所需的虚线，即可将实线箭头改为虚线箭头，如图 2-13 所示。

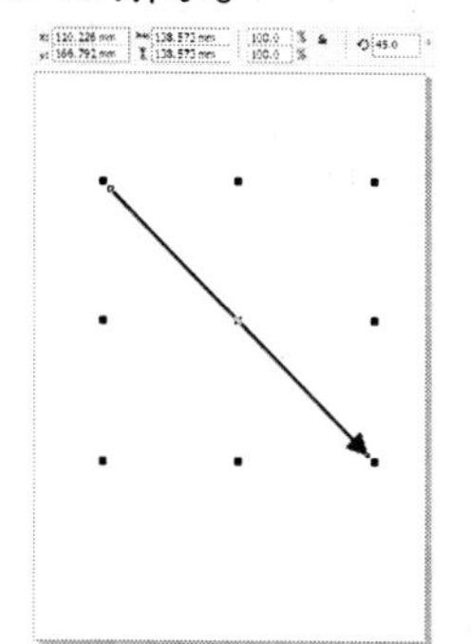

图 2-11　旋转角度后的效果

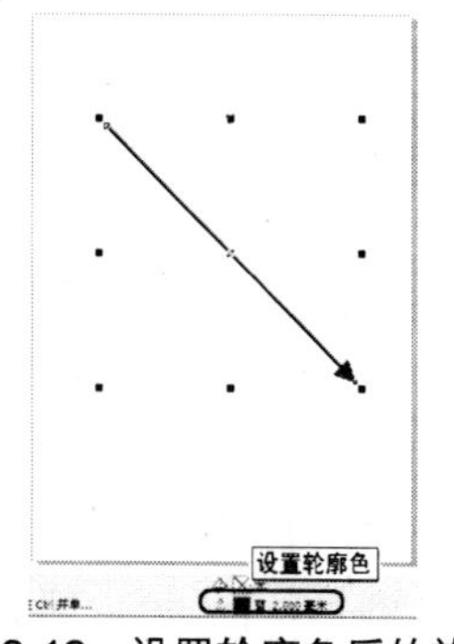

图 2-12　设置轮廓色后的效果

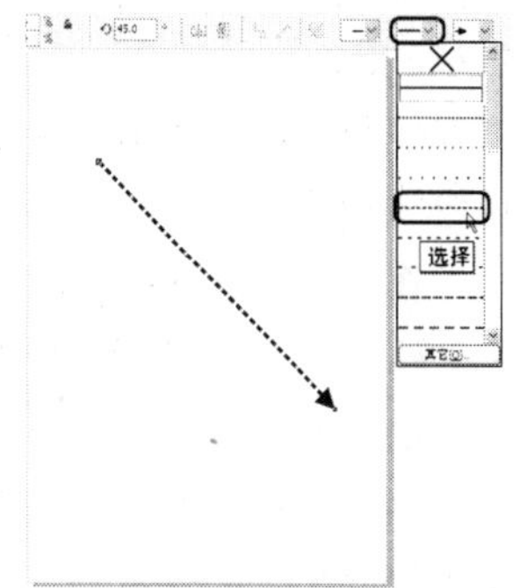

图 2-13　设置轮廓样式后的效果

2.2 贝塞尔工具

"贝塞尔曲线"又称"贝兹曲线"，是由法国数学家 Pierre E.Bezier（皮埃尔.E.贝塞尔）发现的，该曲线是用于定义曲线的一种独特的数学系统，为计算机矢量图形学奠定了基础。它的主要意义在于无论是直线还是曲线都能在数学上予以描述。图 2-14 所示为贝塞尔原理。

使用贝塞尔工具的操作步骤如下：

01 选择工具箱中的（贝塞尔工具），在工作区任意位置单击并拖动鼠标，即可绘制出曲线路径。运用该工具配合调整曲线的（形状工具），即可进行任意矢量图形的设计与绘制工作，如图 2-15 所示。

02 选择工具箱中的（贝塞尔工具），在工作区中直接单击，即可绘制由直线组成的图形，如图 2-16 所示。

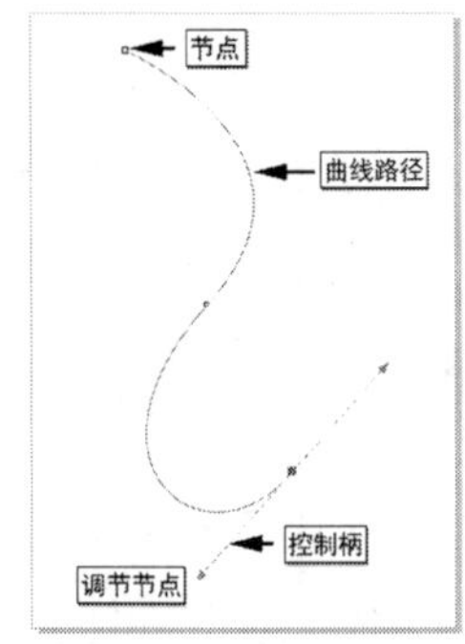

图 2-14 贝塞尔原理

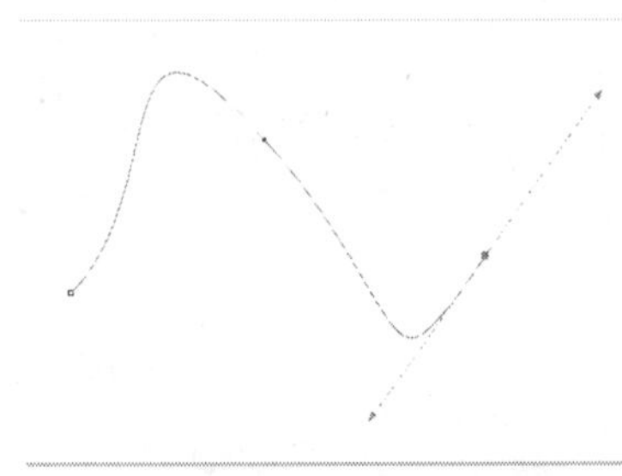
图 2-15 绘制曲线路径

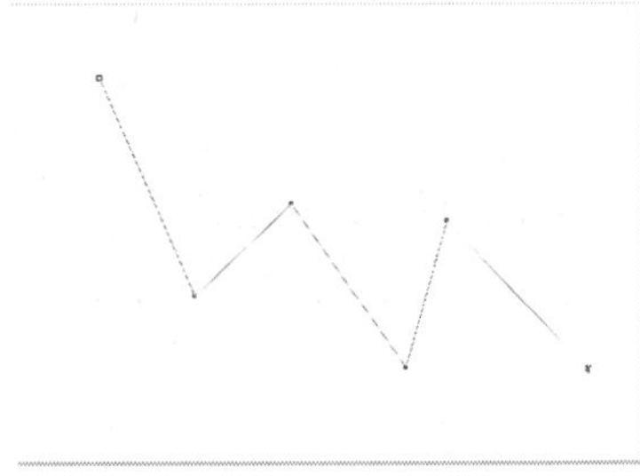
图 2-16 绘制直线路径

2.3 艺术笔工具

艺术笔工具主要包含一些基于矢量图形的笔刷、笔触，是艺术类创作人员必不可缺少的常用工具之一，它可以为创作提供现成的艺术图案，可大大提高图形设计工作效率。

可以通过以下方法来使用（艺术笔工具）。

按住工具箱中的（手绘工具），在弹出的下拉列表中选择（艺术笔工具），如图 2-17 所示。

按 I 键，即可切换到（艺术笔工具）。

在使用（艺术笔工具）绘制艺术效果时，鼠标光标会自动变成形状。直接在工作区单击，即可绘制相关效果。

在【艺术笔工具】属性栏中包含（预设）、（笔刷）、（喷罐）、（书法）和（压力）5 种艺术笔效果。除去【书法】和【压力】2 种艺术笔效果之外，其他的 3 种艺术笔效果都是在一条曲线的前提下建立的。

当绘制一种艺术笔效果后，使用【挑选工具】拖动它时，这条曲线就会出现，如图 2-18 所示。在菜单栏中选择【排列】|【打散艺术笔群组】命令，可以解除该曲线和艺术效果之间的关系，使之分离，如图 2-19 所示。

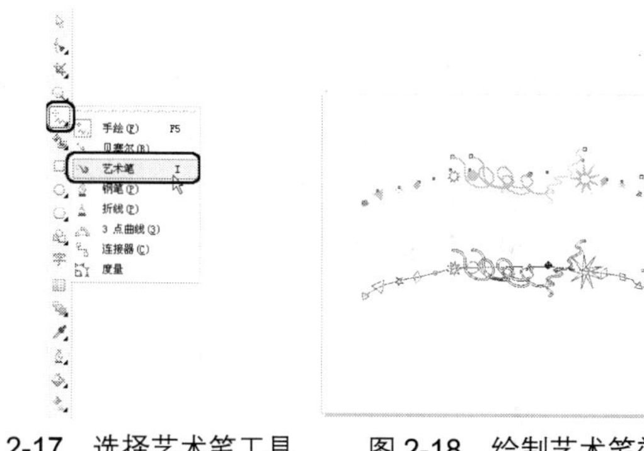

图 2-17　选择艺术笔工具　　图 2-18　绘制艺术笔效果

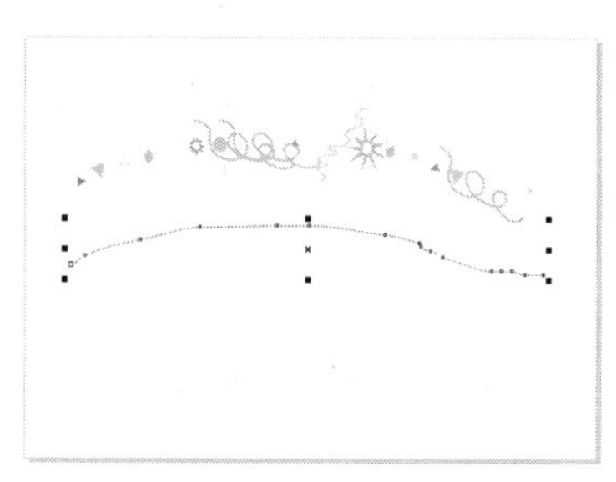

图 2-19　拆分艺术笔效果

2.3.1　预设工具

图 2-20 所示为艺术笔预设属性栏。

图 2-20　艺术笔预设属性栏

其中各选项的功能如下：

（预设）：艺术笔工具的一种效果形式。

50（手绘平滑）：主要用于控制笔触的平滑度，数值在 0～100 之间，平滑度数值越低，笔触路径就越复杂，节点就越多；反之笔触路径越简单，节点就越少，路径就越平滑，如图 2-21 所示。

25.4 mm（艺术笔工具宽度）：用于控制笔触的大小。控制范围在 0.762～254mm 之间。如图 2-22 所示分别是设置笔触大小为 5mm 和 15mm 的笔刷效果。

（预设笔触列表）：CorelDRAW X4 提供了 23 种不同的艺术笔触效果，可以充分释放用户的创作灵感，如图 2-23 所示。

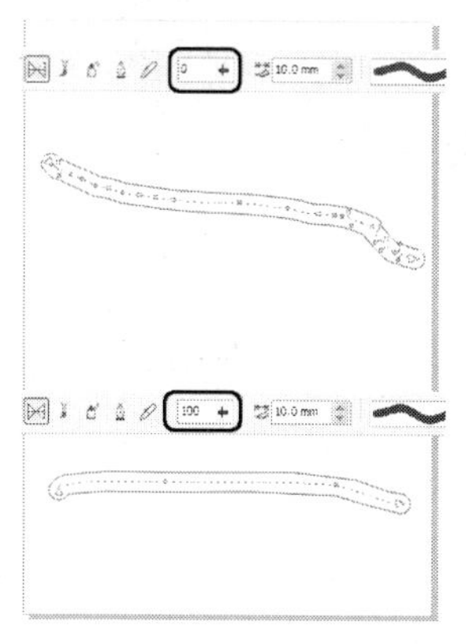

图 2-21　平滑度为 0 和 100 的效果

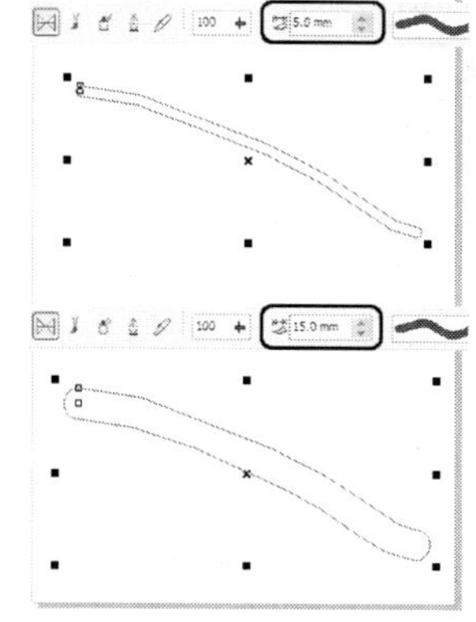

图 2-22　笔触大小为 5mm 和 15mm 的笔刷效果

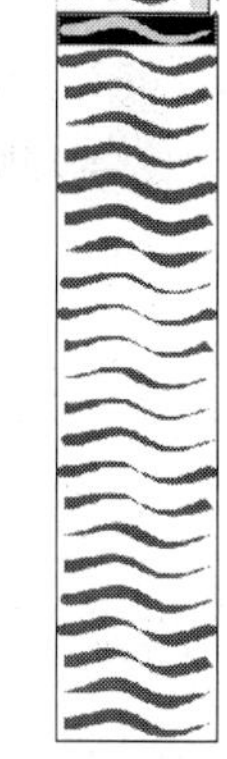

图 2-23　预设笔触列表

2.3.2 笔刷工具

选择工具箱中的（艺术笔工具），并在属性栏中单击（笔刷）按钮，其后便会显示笔刷的相关选项，下面就来介绍笔刷工具的使用。

01 新建一个横向页面的文档，如图 2-24 所示。

02 按 Ctrl+I 组合键打开【导入】对话框，在打开的对话框中将随书附带光盘【DVDROM | 素材 | Cha02 | 液晶电视.jpg】素材导入到场景中，调整素材的大小，如图 2-25 所示。

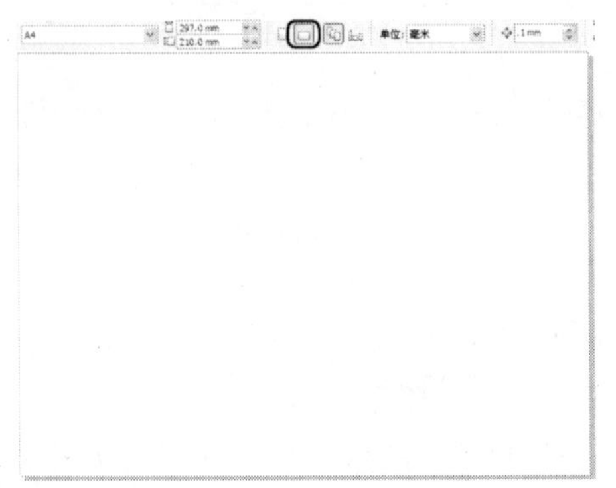
图 2-24 新建横向页面

图 2-25 导入素材

03 选择工具箱中的（艺术笔工具），在属性栏中单击（笔刷）按钮，在笔触列表中选择如图 2-26 所示的笔触，然后在绘图页中绘制图形，如图 2-26 所示。

04 确定新绘制的图形处于选择状态，单击默认 CMYK 调色板中的黄色，将图形填充为黄色，如图 2-27 所示。

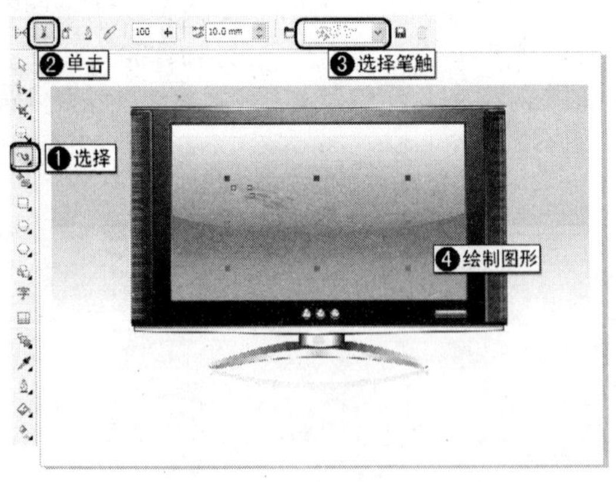

图 2-26 绘制图形

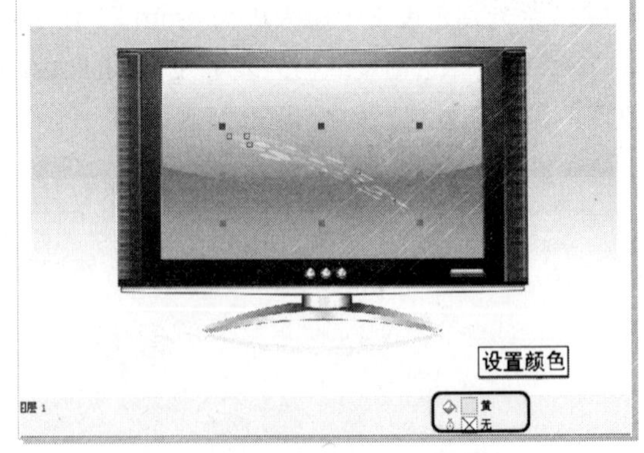

图 2-27 改变图形颜色

2.3.3 喷灌工具

在工具箱中选择（艺术笔工具），并在属性栏中单击（喷罐）按钮，显示它的相关选项。下面来介绍喷灌工具的使用。

01 新建一个宽度和高度分别为 210mm 和 220mm 的文档，如图 2-28 所示。

02 按 Ctrl+I 组合键，在打开的对话框中将随书附带光盘【DVDROM | 素材 | Cha02 | 喷灌背景.jpg】素材导入到场景中，调整素材的大小，如图 2-29 所示。

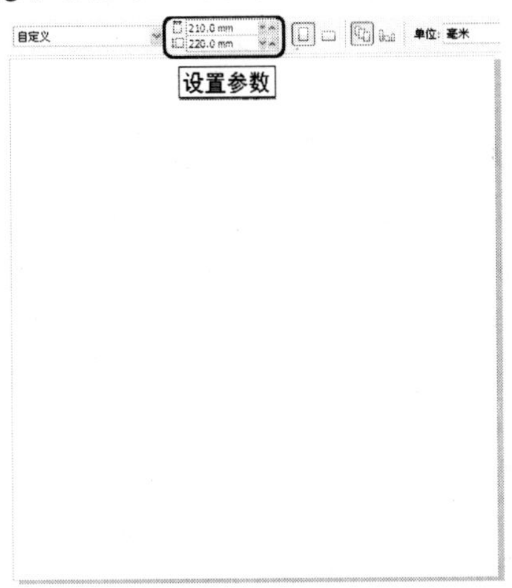

图 2-28　新建文档

图 2-29　导入素材文件

03 选择工具箱中的（艺术笔工具），在属性栏中单击（喷罐）按钮，在喷涂列表中选择一种笔触，将喷涂顺序定义为【顺序】，然后在绘图页中绘制图形，如图 2-30 所示。

04 选择工具箱中的（挑选工具），在绘图页的空白处单击鼠标取消对象的选择，完成后的效果如图 2-31 所示。

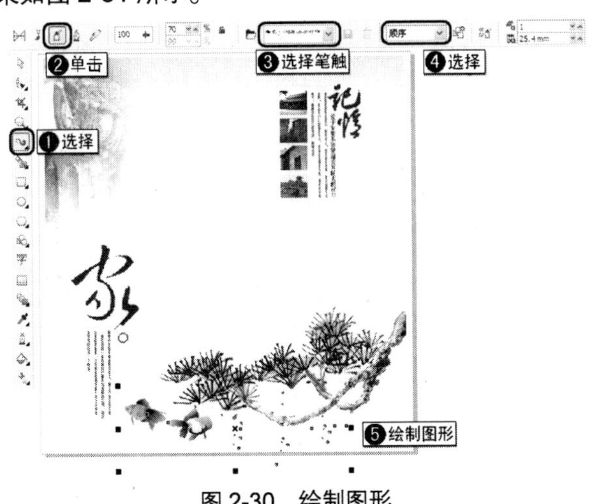

图 2-30　绘制图形

图 2-31　绘制图形后的效果

2.3.4　书法工具

使用艺术笔工具中的（书法）工具可以在绘制线条时模拟书法钢笔的效果。书法线条的粗细会随着线条的方向和笔头的角度而改变。默认情况下，书法线条呈现铅笔绘制的闭合形状。通过改变相对于所选的书法角度绘制的线条的角度，可以控制书法线条的粗细。

下面介绍书法工具的使用。

01 新建一个横向页面的文件，将随书附带光盘【DVDROM | 素材 | Cha02 | 心形图案.jpg】素材导入到场景中，调整素材的大小，如图 2-32 所示。

02 在工具箱中选择（艺术笔工具），在属性栏中单击（书法）按钮，在绘图页中书写文字，如图 2-33 所示。

图 2-32　导入的素材文件

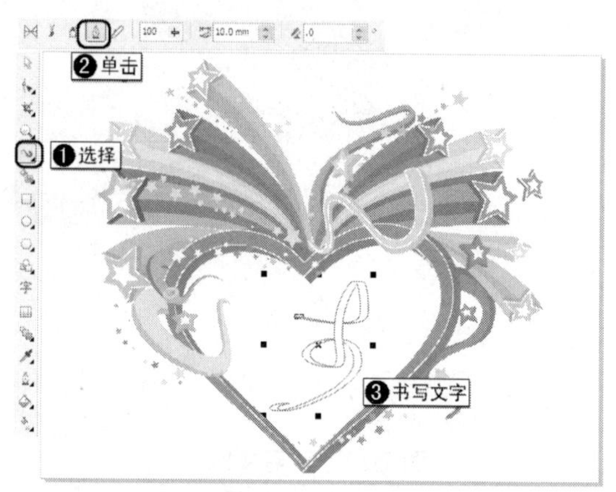

图 2-33　书写文字

03 确定新书写的文字处于选择状态，将其填充为洋红色，如图 2-34 所示。

04 选择工具箱中的（挑选工具），在绘图页的空白处单击鼠标取消对象的选择，完成后的效果如图 2-35 所示。

图 2-34　填充颜色

图 2-35　完成后的效果

2.3.5　压力工具

艺术笔工具除了上述 4 种模式外，还有一种压力模式，它与书法模式的属性栏类似，只是缺少了【书法角度】设置项，主要用于绘制各种压感线条。设置的宽度代表线条的最大宽度，而应用的压力大小则决定线条的实际宽度。

使用压力模式绘图的方法如下：

01 先在属性栏中设置好平滑度和宽度，然后在绘图区域拖动鼠标绘制图形，如图 2-36 所示。

02 绘制完成后松开鼠标左键，即可完成图形的绘制，然后将其填充为红色，完成后的效果如图 2-37 所示。

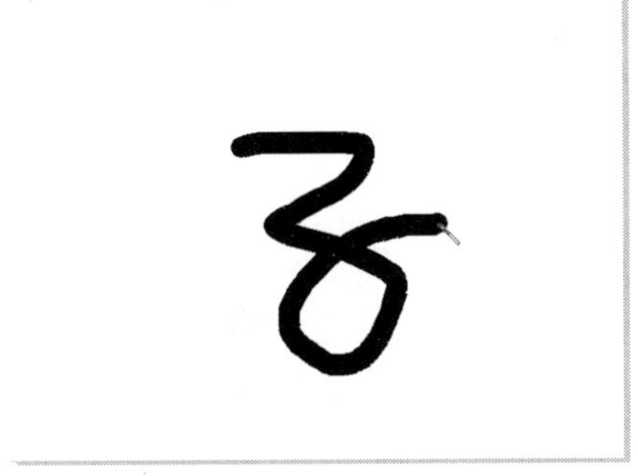

图 2-36　绘制图形

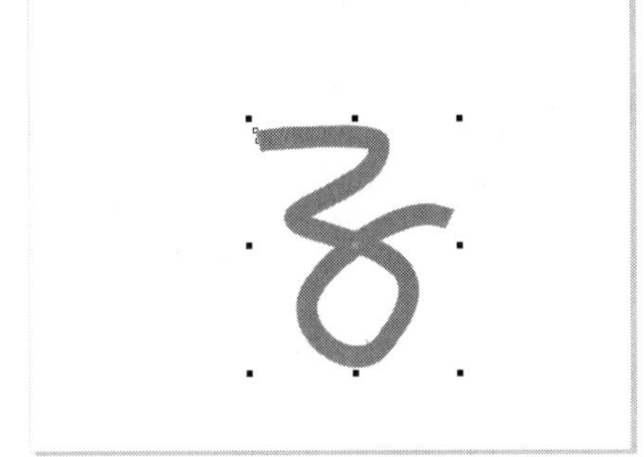

图 2-37　填充颜色

2.4　钢笔工具

利用（钢笔工具）可以勾画出许多复杂的图形，也可以对绘制的图形进行修改。

使用钢笔工具可以一次性绘制多条曲线、直线或者复合线。钢笔工具的使用方法十分简单，它的基本操作方法有以下两种。

1. 绘制直线

首先单击一点作为直线的第一点，移动鼠标再单击一点作为直线的终点，这样就可以绘制出一条直线。依次单击可以绘制连续的直线，双击或者按 Esc 键可结束绘制，图 2-38 所示为绘制直线的效果。

2. 绘制曲线

单击第二个点的时候拖曳鼠标可以绘制曲线，同时会显示控制柄和控制点，以便调节曲线的方向，双击或者按 Esc 键可结束绘制，如图 2-39 所示。

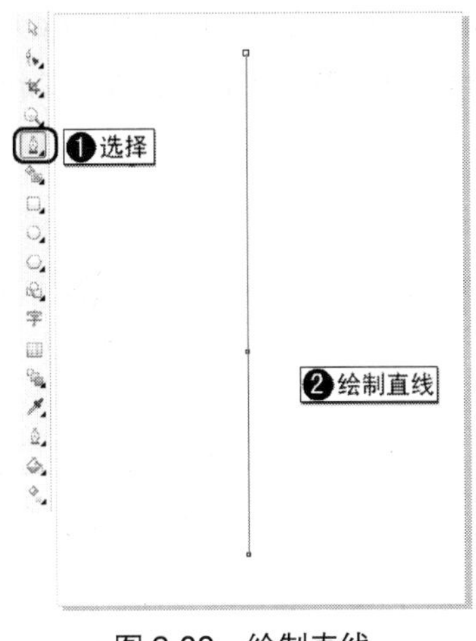

图 2-38　绘制直线

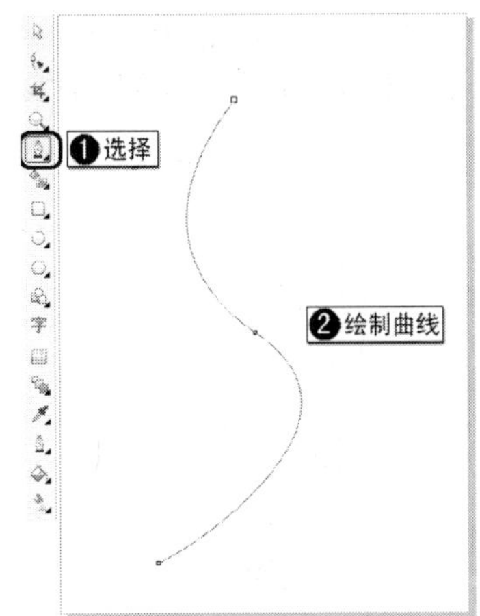

图 2-39　绘制曲线

下面使用（钢笔工具）绘制小松鼠，通过简单的实例来介绍钢笔工具的基本使用。

01 选择工具箱中的 (钢笔工具)，在绘图页中绘制图形，如图 2-40 所示。

02 选择工具箱中的 (形状工具)，调整新绘制的形状，调整后的效果如图 2-41 所示。

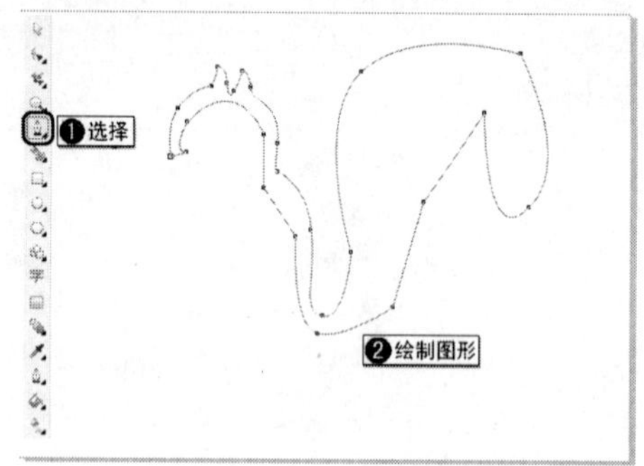

图 2-40 绘制图形

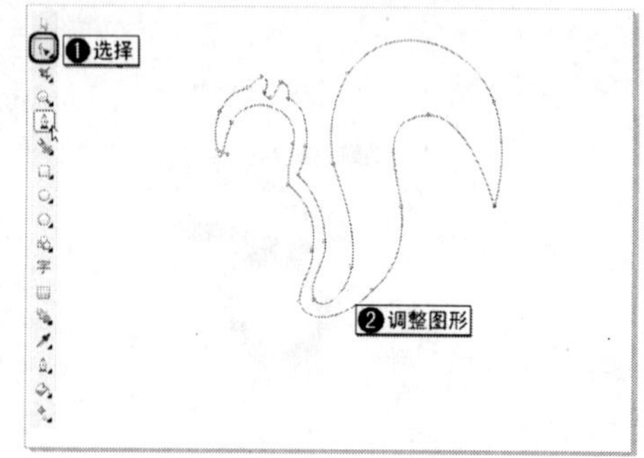

图 2-41 调整图形

03 选择工具箱中的 (钢笔工具)，继续在绘图页中绘制 3 条曲线，如图 2-42 所示。

04 选择工具箱中的 (形状工具)，调整新绘制的图形，调整后的效果如图 2-43 所示。

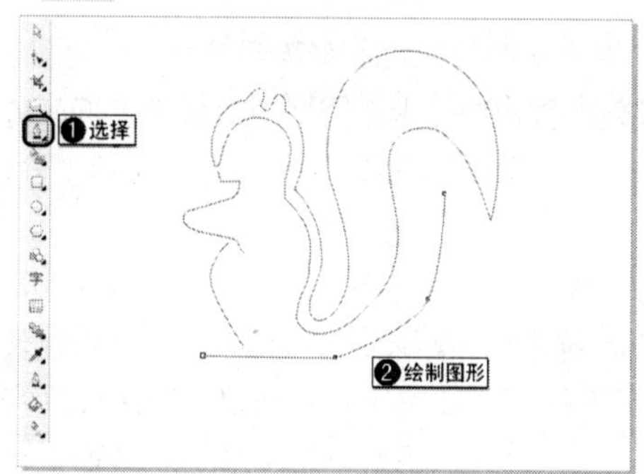

图 2-42 绘制曲线

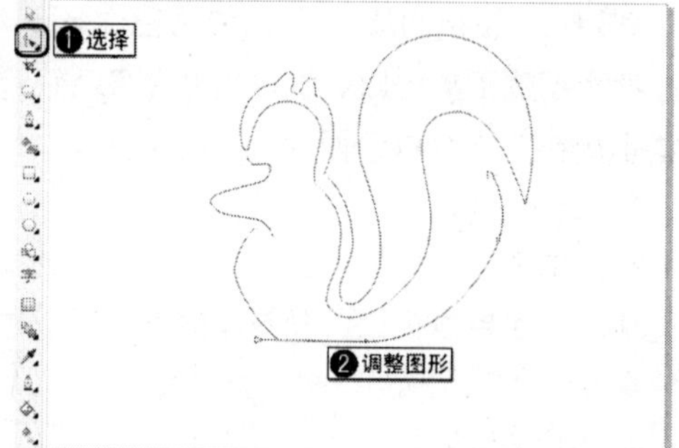

图 2-43 调整曲线

05 选择工具箱中的 (挑选工具)，在绘图页中选择闭合的图形，在 CMYK 调色板中单击橘红色色块，将其填充为橘红色，并取消轮廓线的填充，完成后的效果如图 2-44 所示。

06 选择下面的 3 条曲线，将其轮廓线填充为橘红色，并设置轮廓宽度为 2mm，完成后的效果如图 2-45 所示。

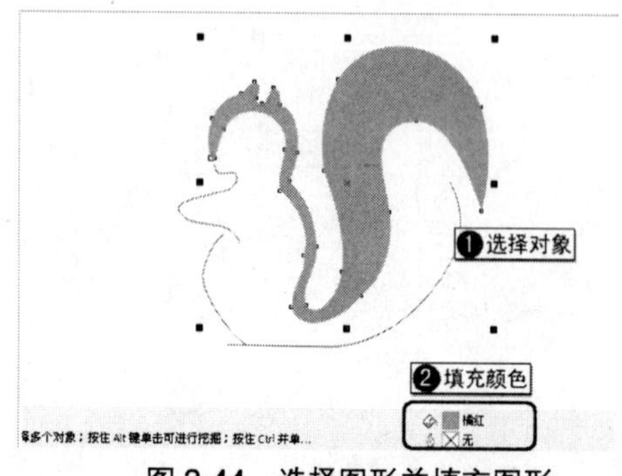

图 2-44 选择图形并填充图形

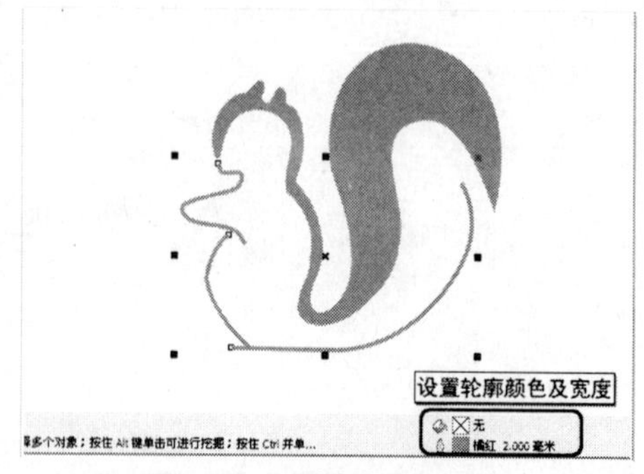

图 2-45 选择并填充曲线

07 选择工具箱中的 (椭圆形工具)，配合键盘上的 Ctrl 键绘制一个正圆，作为松鼠的眼睛，

将其填充为橘红色并取消轮廓线的填充，完成后的效果如图 2-46 所示。

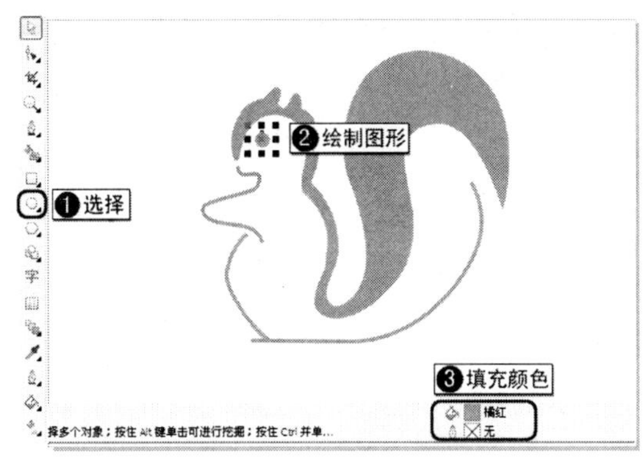

图 2-46　绘制眼睛

2.5　矩形工具组

使用（矩形工具）可以通过沿对角线拖动鼠标指针的方式来绘制矩形或方形，或者通过在工具属性栏中指定宽度和高度来调整矩形的位置与大小。绘制矩形或方形之后，可以通过将某个或所有边角变成圆角的方法来改变它的形状，从而制作出圆角矩形对象。绘制完矩形后，即可显示属性工具栏。

2.5.1　矩形工具

选择工具箱中的（矩形工具），属性栏中就会显示它的相关选项，用户可通过设置矩形的边角圆滑度与轮廓宽度来绘制所需的矩形，也可以直接在画面中按下左键向对角移动，当图形达到所需的大小后松开左键，得到所需的矩形。如果对绘制的矩形不满意，还可以在属性栏中设置所需的参数，来修改绘制好的矩形。

下面通过实例来介绍矩形工具的基本使用。

01　新建一个横向页面的文件，然后导入一张素材图片，调整素材的大小和位置，如图 2-47 所示。

02　选择工具箱中的（矩形工具），在绘图页中绘制矩形，如图 2-48 所示。

图 2-47　导入的素材文件

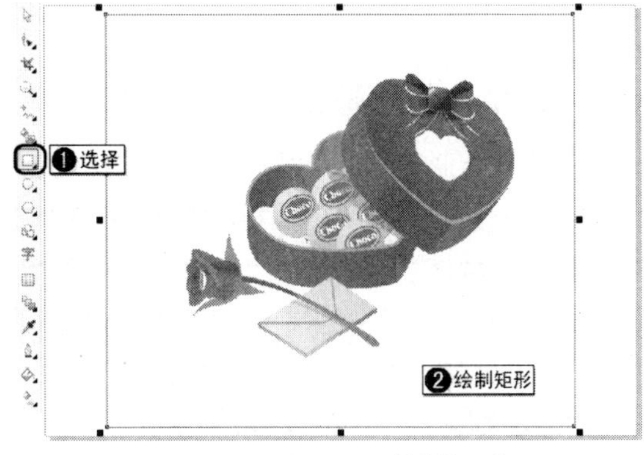

图 2-48　绘制矩形

03 确定新绘制的矩形处于选择状态，在属性栏中将边角圆滑度参数设置为 15，按 Enter 键确定操作，即可将矩形转换为圆角矩形，如图 2-49 所示。

04 在属性栏中将轮廓宽度设置为 1.5mm，如图 2-50 所示。

图 2-49 设置圆角参数

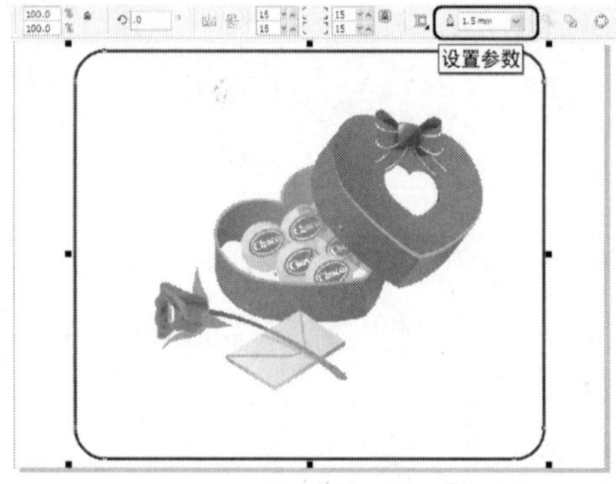

图 2-50 设置轮廓宽度

05 在 CMYK 调色板中右击深黄色色块，将矩形轮廓线设置为深黄色，如图 2-51 所示。

> **注意：** 配合键盘上的 Ctrl 键进行绘制，即可绘制正方形。

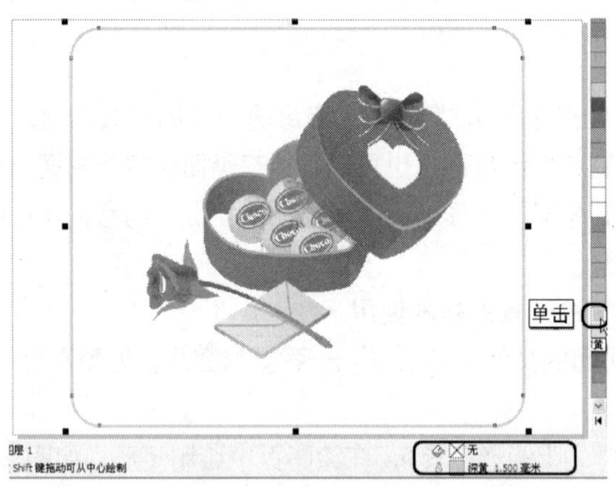

图 2-51 设置轮廓颜色

2.5.2 使用 3 点矩形工具

（3 点矩形工具）可以通过 3 个点来确定矩形的长度、宽度与旋转位置，其中前两个点可以指定矩形的一条边长与旋转角度，最后一点用来确定矩形宽度。此工具的属性栏与（矩形工具）完全相似。继续在前面的素材上，使用（3 点矩形工具）绘制一个矩形对象。

01 选择工具箱中的（3 点矩形工具），在属性栏中单击（全部圆角）按钮，使其处于选中状态，将边角圆滑度参数设置为 15，在绘图页中按下鼠标左键不放，指向要开始绘制矩形的地方，拖动鼠标以确定高度，如图 2-52 所示。

02 松开鼠标左键并移动鼠标指针绘制宽度，如图 2-53 所示。最后单击鼠标确定宽度。

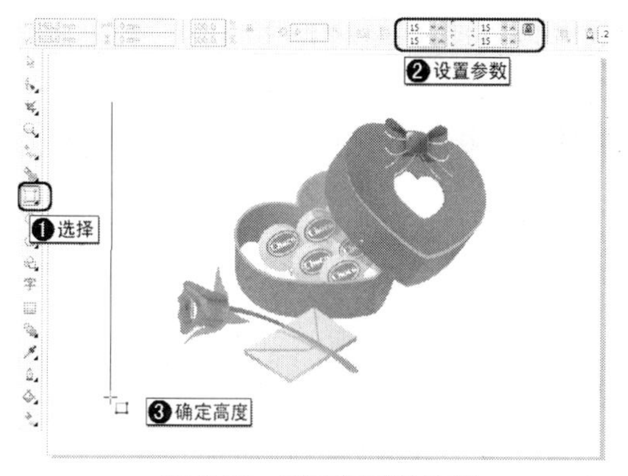

图 2-52　确定矩形的高度

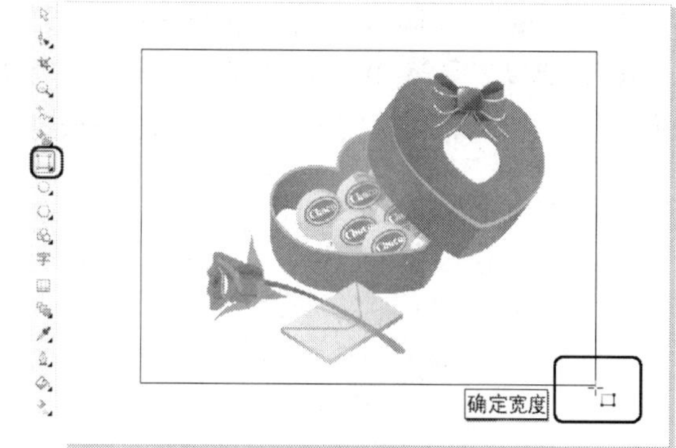

图 2-53　确定矩形的宽度

03　确定新绘制的图形处于选择状态，在属性栏中将轮廓宽度设置为 1.5mm，并将轮廓颜色更改为深黄色，完成后的效果如图 2-54 所示。

> **提示：** 使用 （3 点矩形工具）拖动鼠标指针时按住 Ctrl 键，可以强制基线的角度以 15° 的增量变化。

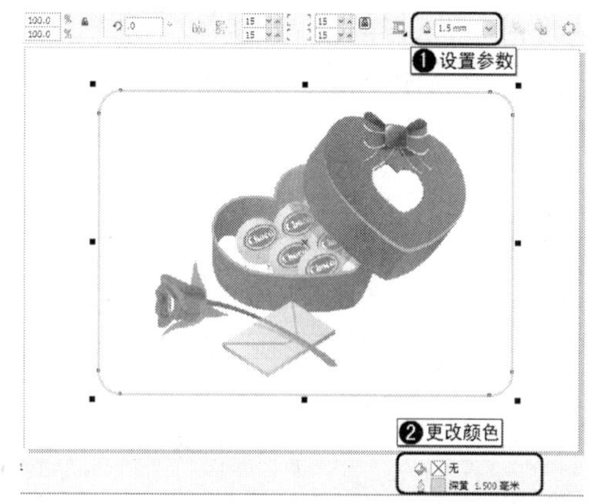

图 2-54　设置轮廓线

2.6　椭圆形工具组

使用椭圆形工具可以绘制出各种大小不同的椭圆、圆形、饼形和弧线。

2.6.1　椭圆形工具

当在画面中没有选择任何对象时，选择工具箱中的 （椭圆形工具），属性栏中就会显示相关的选项。用户可以先在其中确定要绘制的椭圆、饼形、弧线，以及饼形与弧线的起始和终止角度，然后在画面中按下左键向对角拖动来绘制所需的图形；也可以直接在画面中按下左键向对角拖动来绘制所需的图形，如果对图形形状与大小不满意，可以在属性栏中进行更改。

下面介绍椭圆形工具的基本应用。

01　新建一个横向的文档，导入一个素材文件，如图 2-55 所示，在该素材的基础上绘制椭圆。

02　选择工具箱中的◯（椭圆形工具），在绘图页中图像的左上角按下鼠标左键不放，向右下方拖动鼠标绘制椭圆，到适当的位置释放鼠标，绘制的椭圆效果如图 2-56 所示。

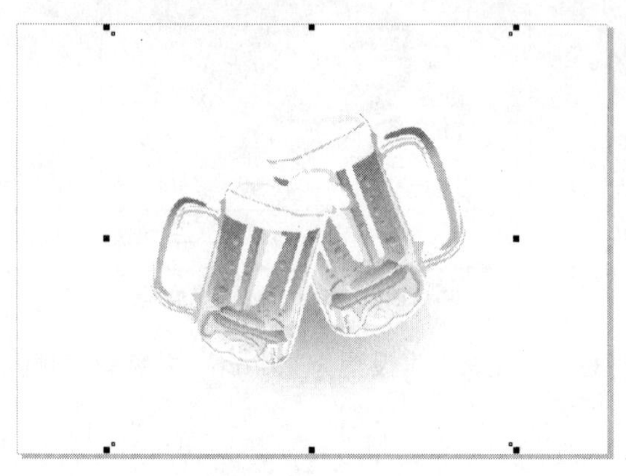

图 2-55　导入的文件

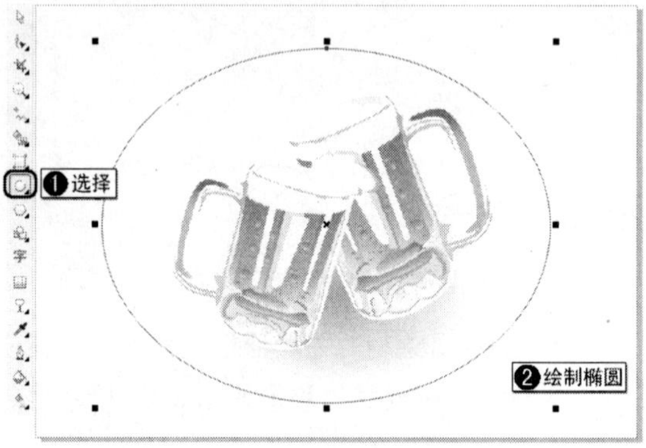

❶选择
❷绘制椭圆

图 2-56　绘制椭圆

03　确定新绘制的椭圆图形处于选择状态，在默认 CMYK 调色板中单击冰蓝色色块，将其填充为冰蓝色，并取消轮廓线的填充，完成后的效果如图 2-57 所示。

04　选择工具箱中的（交互式透明工具），在绘图页中为椭圆对象添加交互式透明效果，并调整透明中心点的位置，如图 2-58 所示。

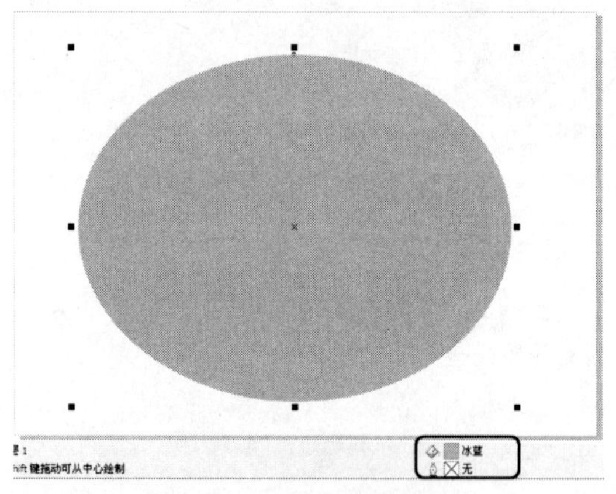

图 2-57　为图形填充颜色

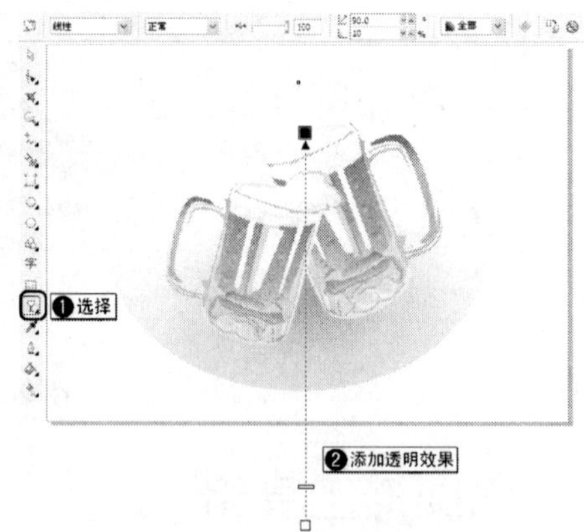

图 2-58　添加交互式透明

提示：（交互式透明工具）的应用将在后面的章节中进行详细介绍。

05　添加完透明后的效果如图 2-59 所示。

提示：配合键盘上的 Ctrl 键进行绘制，即可绘制正圆形。

图 2-59　添加透明后的效果

2.6.2　绘制饼形和弧形

前面介绍了绘制椭圆的方法，下面来介绍饼形和弧形的绘制，继续使用前面的素材进行讲解。

01　选择工具箱中的 （椭圆工具），在属性栏中单击 （饼形）按钮，将结束角度设置为 270，在绘图页中配合 Ctrl 键绘制饼形，如图 2-60 所示。

02　确定新绘制的形状处于选择状态，在属性栏中将【旋转角度】参数设置为 135°，然后调整图形的位置，完成后的效果如图 2-61 所示。

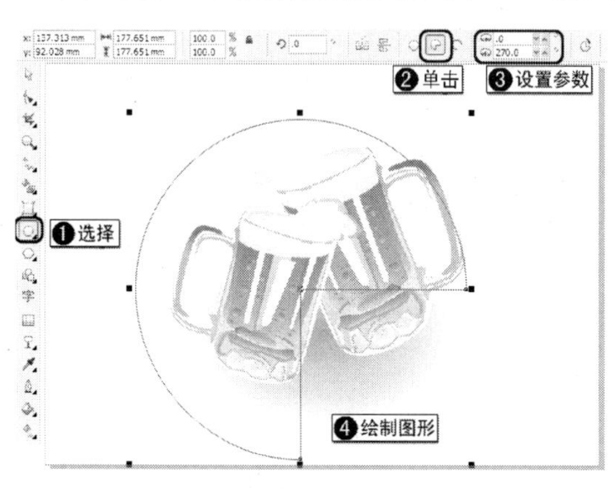

图 2-60　绘制饼形

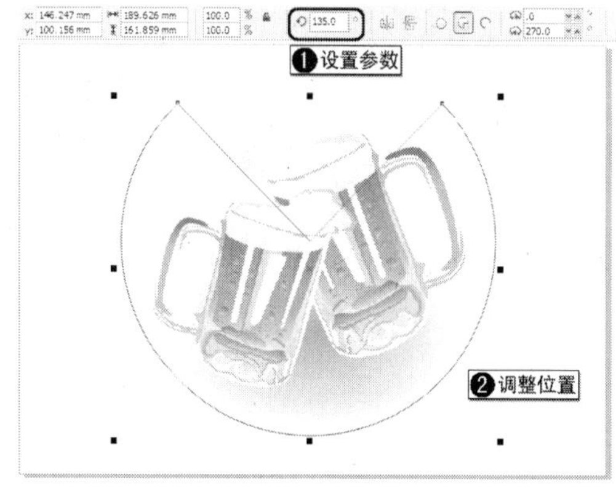

图 2-61　旋转图形

03　在 CMYK 调色板中单击冰蓝色色块，将图形填充为冰蓝色，取消轮廓线的填充，完成后的效果如图 2-62 所示。

04　选择工具箱中的 （交互式透明工具），在绘图页中为饼形对象添加交互式透明效果，并调整透明中心点的位置，如图 2-63 所示。

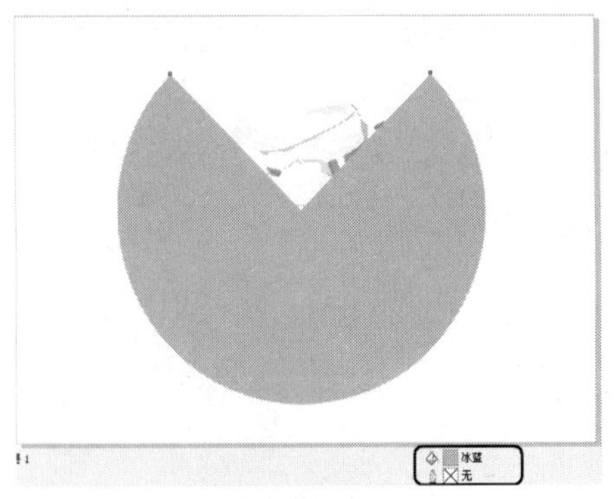

图 2-62　填充图形

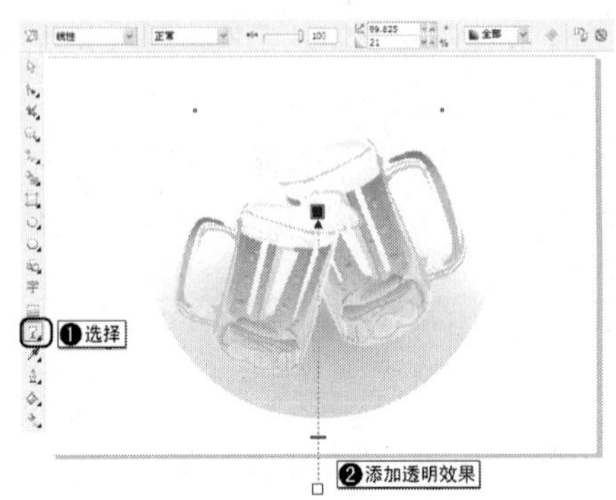

图 2-63　添加透明效果

05　添加完透明后的效果如图 2-64 所示。

图 2-64　绘制的饼形效果

下面来介绍弧形的绘制。

01　在工具箱中选择（椭圆工具），在属性栏中单击（弧形）按钮，将结束角度参数设置为 180°，配合 Ctrl 键在绘图页中进行绘制，如图 2-65 所示。

02　确定新绘制的弧形处于选择状态，在属性栏中将【旋转角度】参数设置为 180°，然后在绘图页中调整图形的大小和位置，完成后的效果如图 2-66 所示。

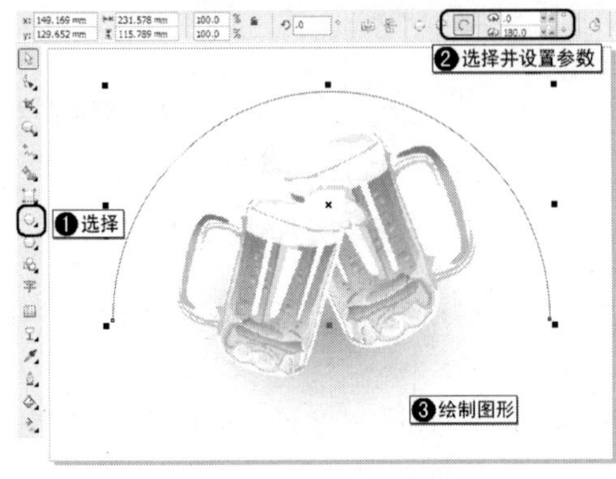

图 2-65　绘制圆弧

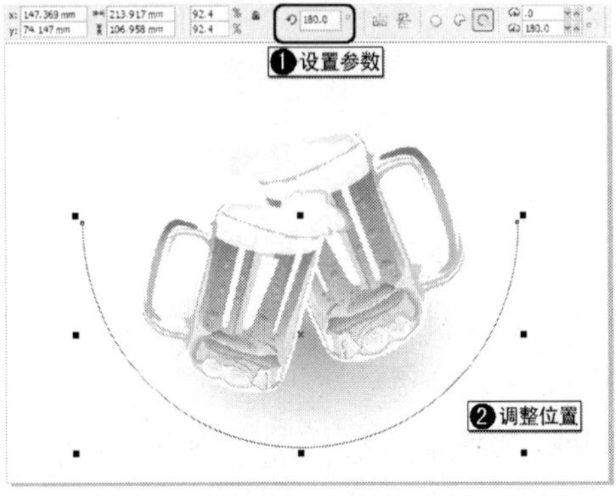

图 2-66　设置旋转参数并调整图形位置

03 在属性栏中将轮廓宽度设置为 1mm，在 CMYK 调色板中右击深黄色色块，将轮廓线设置为深黄色，如图 2-67 所示。

04 使用工具箱中选择（挑选工具），在空白处单击取消对象的选择，绘制完圆弧后的效果如图 2-68 所示。

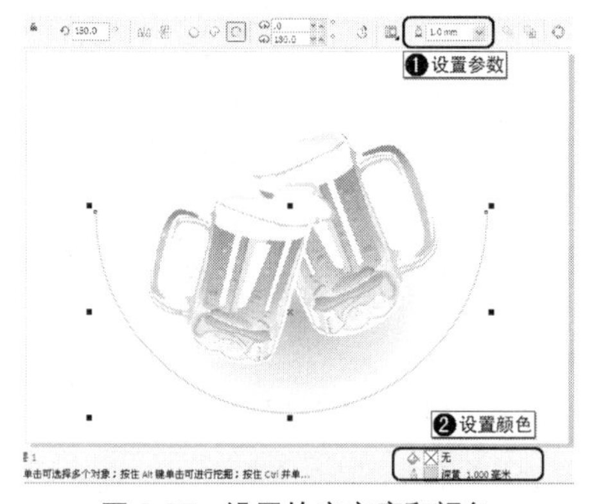

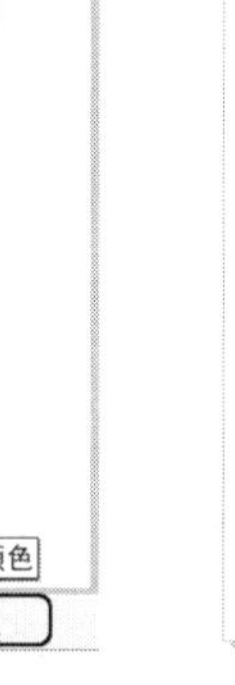

图 2-67　设置轮廓宽度和颜色

图 2-68　绘制的圆弧图形

提示：在属性栏中设置结束角度的参数，可以绘制不同的弧形效果。

2.6.3　3 点椭圆形工具

3 点椭圆的绘制与 3 点矩形的绘制方法类似，利用（3 点椭圆工具）可以快速地绘制出任意角度的椭圆形。

继续使用前面的素材进行介绍，使用（3 点椭圆工具），在绘图页中绘制椭圆。

01 选择工具箱中的（3 点椭圆工具），在属性栏中单击（椭圆）按钮，如图 2-69 所示。

02 在绘图页中确定椭圆的起点位置，如图 2-70 所示。

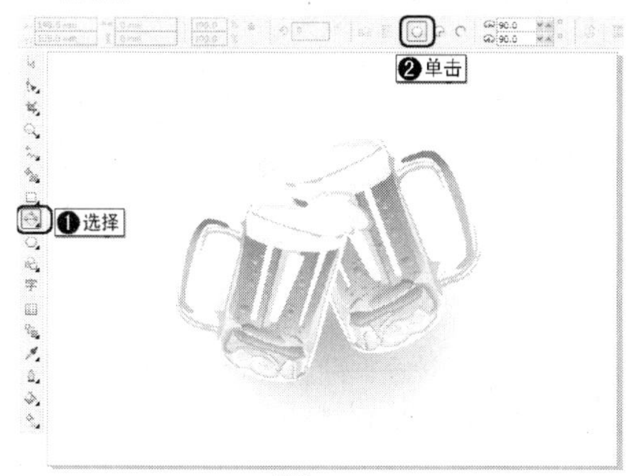

图 2-69　选择（3 点椭圆工具）

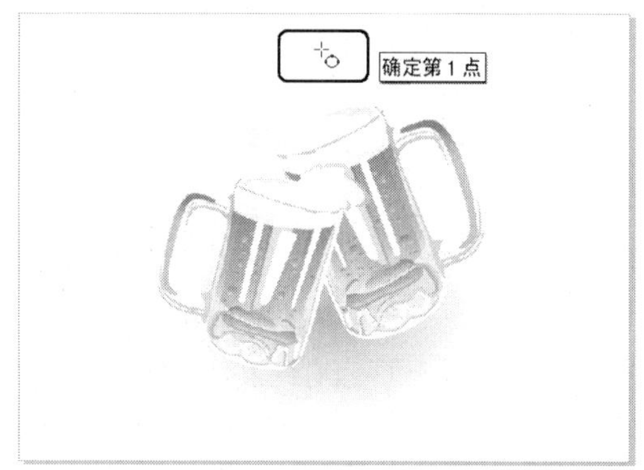

图 2-70　确定第 1 点

03 当鼠标指针变为时，在绘图页中单击并拖动，确定椭圆的第 2 点，如图 2-71 所示。

04 再次拖动鼠标确定椭圆的宽度，如图 2-72 所示。

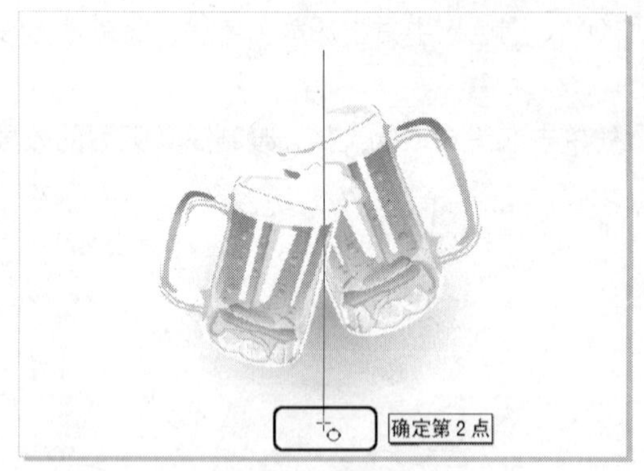

图 2-71　确定第 2 点

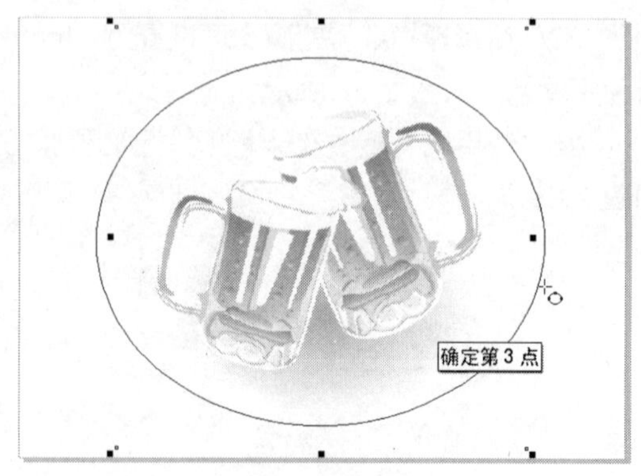

图 2-72　确定第 3 点

05　单击鼠标，完成椭圆的绘制，如图 2-73 所示。

06　确定绘制的椭圆处于选择状态，将其轮廓颜色填充为深黄色，将轮廓宽度设置为 1mm，完成后的效果如图 2-74 所示。

> **提示：**使用（3 点椭圆工具）也可以绘制正圆、饼形和弧形，其绘制方法与椭圆工具的绘制方法基本相同，用户可参照前面的方法进行练习。

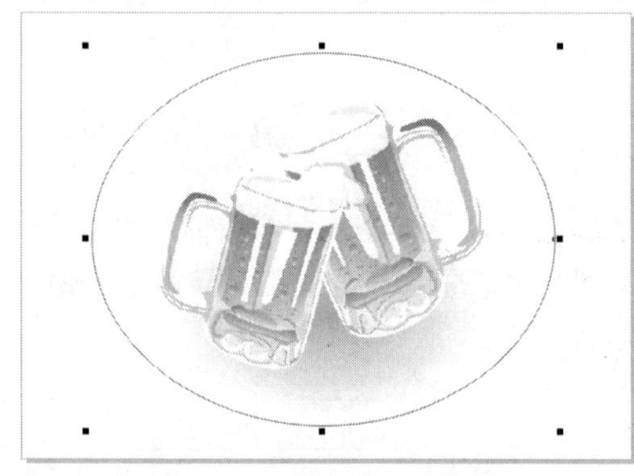
图 2-73　绘制的椭圆效果

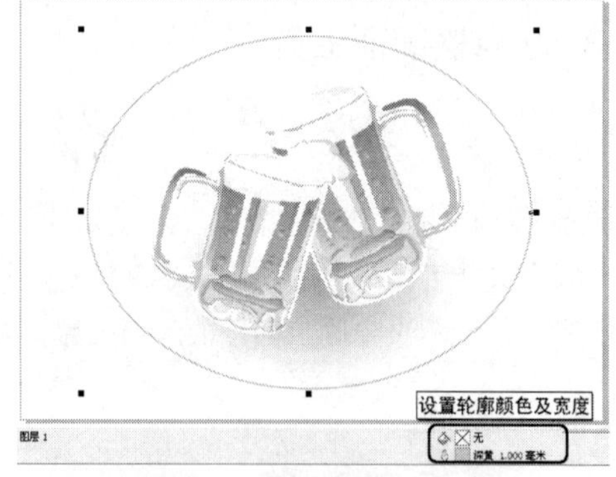

图 2-74　设置轮廓颜色和宽度

2.7　使用多边形工具绘图

使用多边形工具可以绘制等边多边形。

选择工具箱中的（多边形工具），如果画面中没有选择任何对象，则属性栏中就只有设置多边形边数的选项为活动可用状态，用户可以根据需要先设置所需的多边形边数，也可以直接在画面中拖动出一个多边形后再更改其边数。

下面介绍多边形的绘制。

01　新建一个横向页面的文件，导入一张素材图片，如图 2-75 所示。

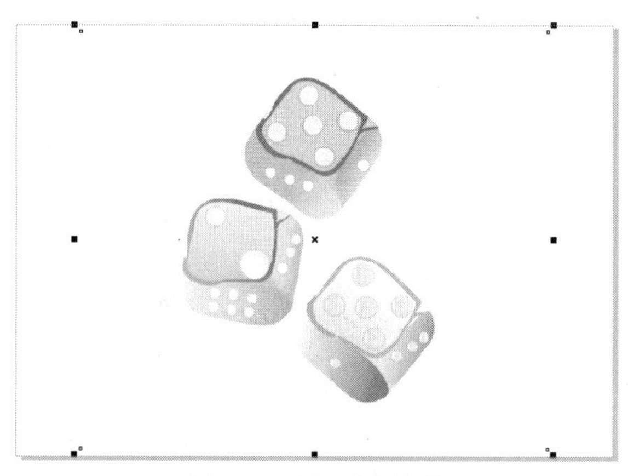

图 2-75　导入素材文件

02　选择工具箱中的 (多边形工具)，如果画面中没有选择任何对象，则属性栏中就只有多边形边数选项为活动可用状态，如图 2-76 所示。

图 2-76　多边形属性栏

提示： 用户可以根据需要先设定所需的多边形边数，也可以直接在画面中拖出一个多边形后再更改其边数。

03　确定 (多边形工具) 处于选择状态，在属性栏中将多边形边数设置为 7，移动指针到绘图页的适当位置按住左键向对角拖移，如图 2-77 所示，达到所需的大小后松开左键，即可绘制出一个多边形，如图 2-78 所示。

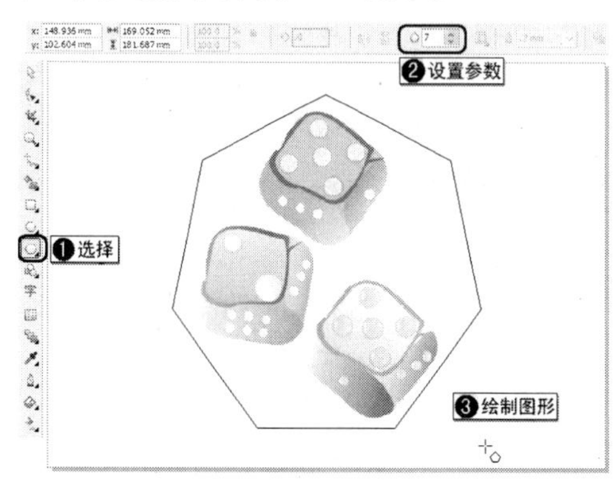

图 2-77　绘制多边形

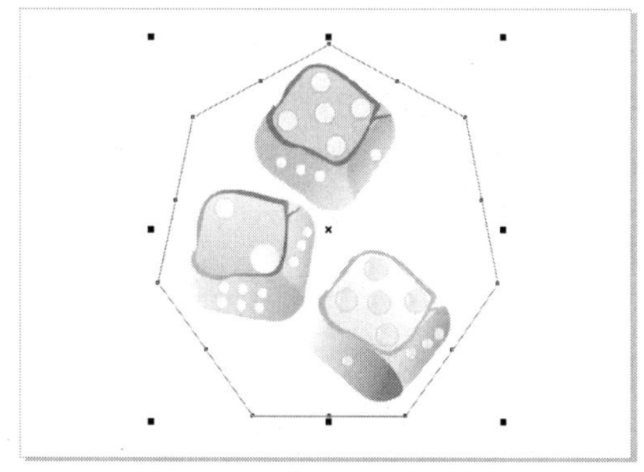

图 2-78　绘制多边形后的效果

04　确定新绘制的图形处于选择状态，在属性栏中将轮廓宽度设置为 1mm，并将轮廓颜色设置为香蕉黄色，完成后的效果如图 2-79 所示。

提示： 拖动鼠标时按住 Shift 键，可从中心开始绘制多边形。在绘制多边形时，配合键盘上的 Ctrl 键，即可绘制正多边形。

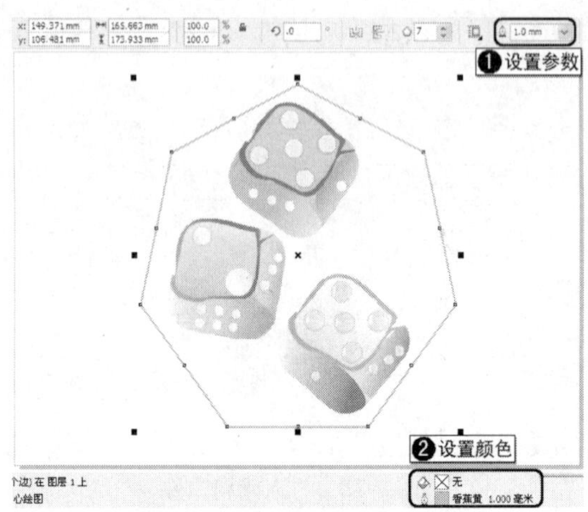

图 2-79　设置轮廓宽度和颜色

2.8　星形工具组

本节对星形工具组进行简单的介绍，主要包括星形工具的使用和复杂星形工具的简单应用。

选择工具箱中的（星形工具），如果画面中没有选择任何对象，属性栏中只有星形的点数和星形的锐度选项为可用状态，用户可以在其中指定星形的点数与锐度，也可以直接在绘图窗口中绘制好星形后，在属性栏中更改大小、点数、位置与锐度等属性。

2.8.1　星形工具

下面对（星形工具）的使用进行简单的介绍。

01　新建一个文档，导入一张素材图片，如图 2-80 所示。

02　在工具箱中按住（多边形工具）不放，在弹出的下拉列表中选择（星形工具），在属性栏中将星形的点数设置为 5，将星形的锐度设置为 53，设置完成后移动指针到画面的适当位置，配合 Ctrl 键并按住左键向对角拖移，绘制正五角星，如图 2-81 所示。在适当的位置松开鼠标左键，完成后的效果如图 2-82 所示。

图 2-80　导入的素材文件

图 2-81　选择工具并绘制图形

图 2-82　绘制的图形效果

03 确定新绘制的图形处于选择状态，在属性栏中将轮廓宽度设置为 1mm，并将轮廓颜色设置为蓝色，完成后的效果如图 2-83 所示。

04 确定星形对象处于选择状态，在属性栏中将星形的点数设置为 15，将星形的锐度设置为 35，星形图形将得到如图 2-84 所示的效果。

图 2-83　设置轮廓宽度和颜色

图 2-84　更改参数后的效果

2.8.2　复杂星形工具

下面来介绍复杂星形工具的基本应用。

01 继续使用前面的素材进行讲解，在工具箱中按住 （多边形工具）不放，在弹出的下拉列表中选择 （复杂星形工具），如图 2-85 所示。在属性栏中使用默认参数，移动指针，在画面中的适当位置按住左键向对角拖移，绘制图形，如图 2-86 所示。在适当的位置松开鼠标左键，完成后的效果如图 2-87 所示。

02 确定新绘制的图形处于选择状态，将图形填充为深黄色，将其轮廓颜色填充为白黄色，完成后的效果如图 2-88 所示。

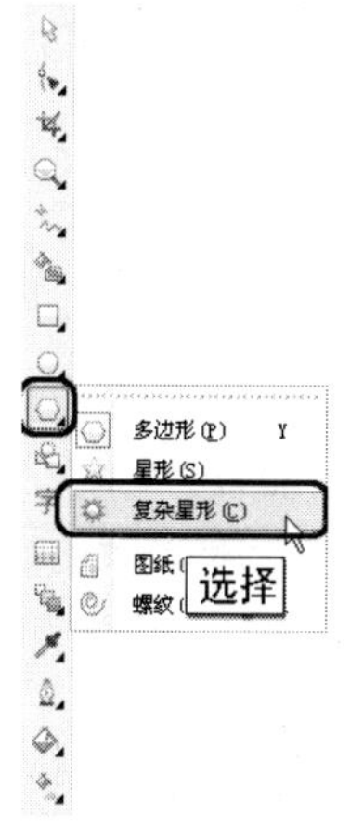

图 2-85　选择工具

图 2-86　绘制图形

图 2-87　绘制完图形后的效果

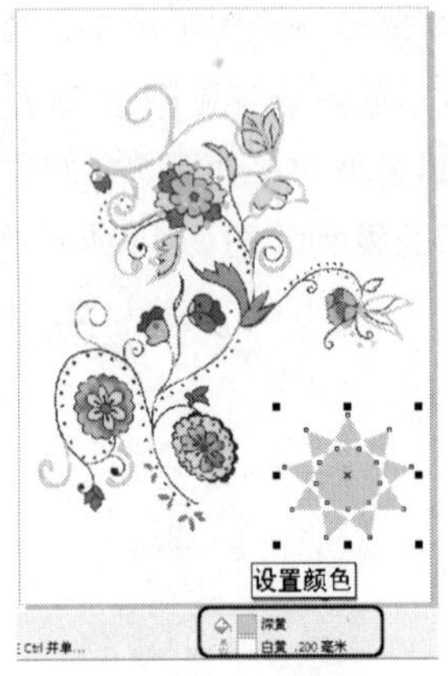

图 2-88　填充颜色

2.9　绘制基本形状

利用基本形状工具可以绘制出各种各样的基本图形，如箭头、四边形、标题图形、流程图、标注图等，它和 Office 软件包绘图工具栏中的自选图形很相似，操作方法也类似。

> **提示：** 按住鼠标左键在画面上拖动可创建一个完美形状对象；按住 Ctrl 键的同时按住鼠标左键拖动可限制纵横比；按住 Shift 键的同时按住鼠标左键可从中心开始绘制图形。

2.9.1　使用基本形状工具绘图

下面通过实例来介绍基本形状工具的应用。

01 选择工具箱中的（矩形工具），在绘图页中绘制矩形并右击，在弹出的快捷菜单中选择【转换为曲线】命令，在工具箱中选择（形状工具）对曲线进行调整，然后将矩形的轮廓线设置为 1.5mm，如图 2-89 所示。

02 继续使用（矩形工具）绘制图形，并使用（形状工具）对图形进行调整，然后将图形填充为黑色，如图 2-90 所示。

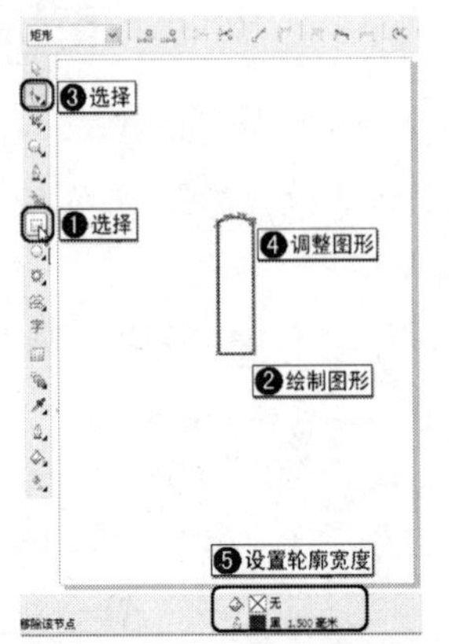

图 2-89　绘制并调整图形

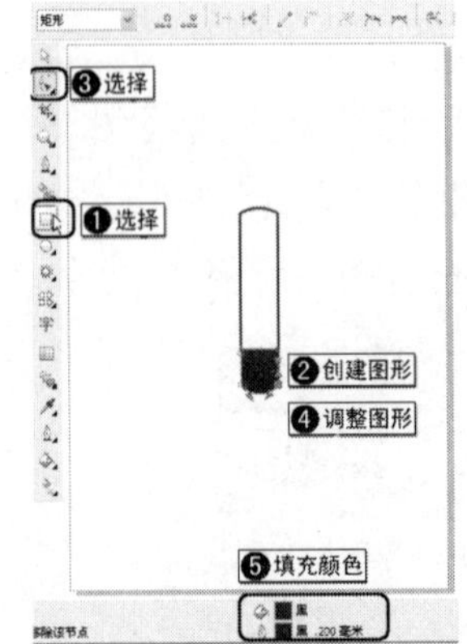

图 2-90　继续绘制并调整图形

03 选择新绘制的两个矩形，按 Ctrl+G 组合键将选择的对象成组，如图 2-91 所示。

04 确定成组后的对象处于选择状态，再次单击该对象，使其处于旋转状态，在属性栏中将【旋转角度】设置为 329.5° ，如图 2-92 所示。

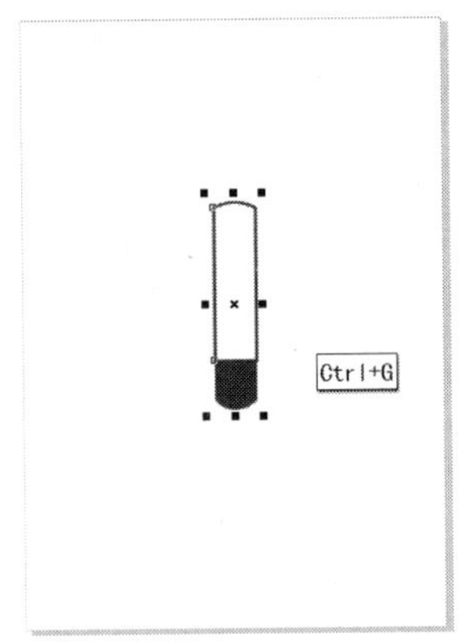

图 2-91　将选择的对象成组

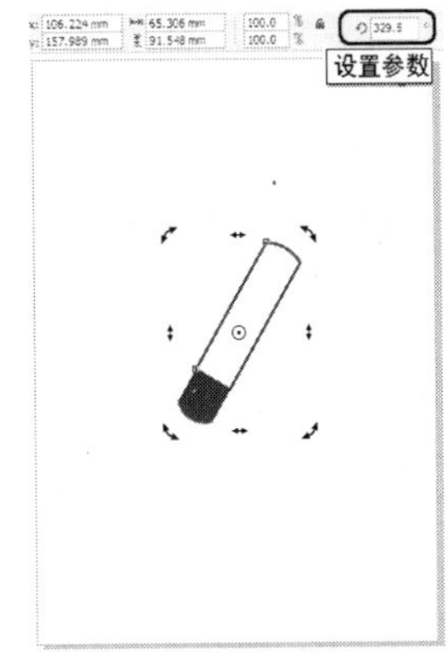

图 2-92　将成组的对象进行旋转

05 选择工具箱中的（钢笔工具），在绘图页中绘制形状，并使用（形状工具）调整图形，调整完成后将图形填充为黑色，完成后的效果如图 2-93 所示。

06 使用同样的方法继续绘制并调整图形，完成后的效果如图 2-94 所示。

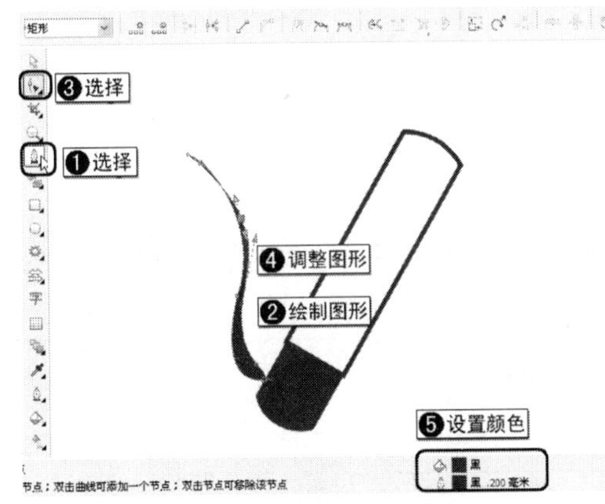

图 2-93　绘制并调整图形

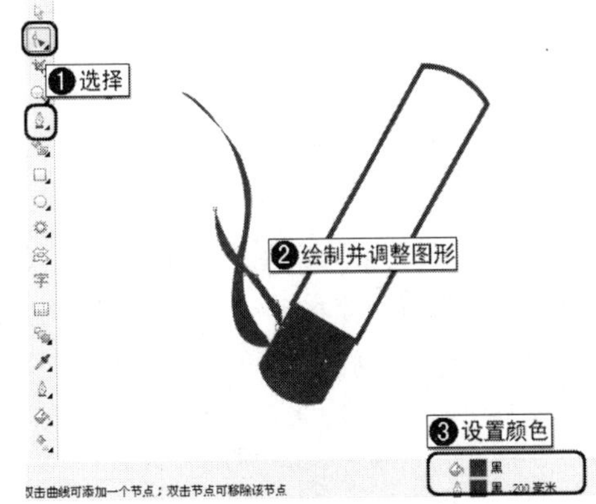

图 2-94　继续绘制并调整图形

07 选择工具箱中的（基本形状工具），在其属性栏中单击按钮，在弹出的面板中单击按钮，然后在绘图页中配合 Ctrl 键绘制图形，如图 2-95 所示。

08 确定新绘制的图形处于选择状态，在工具箱中选择（形状工具），在绘图页中调整节点，如图 2-96 所示。

09 确定图形处于选择状态，将图形填充为红色，如图 2-97 所示。

10 选择工具箱中的（矩形工具），在图形的下方绘制矩形，将其填充为红色并取消轮廓线的填充，如图 2-98 所示。

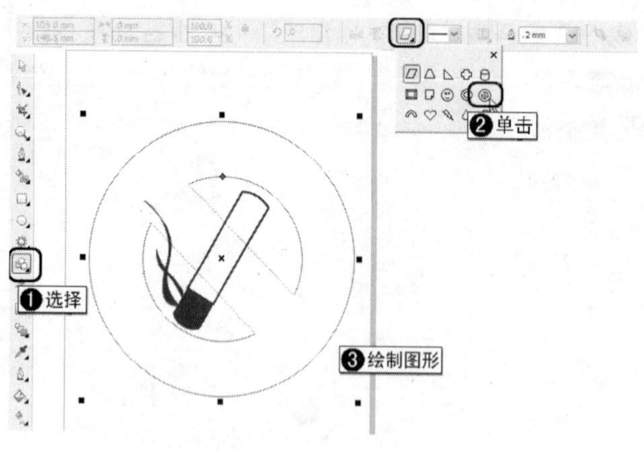

图 2-95　绘制图形

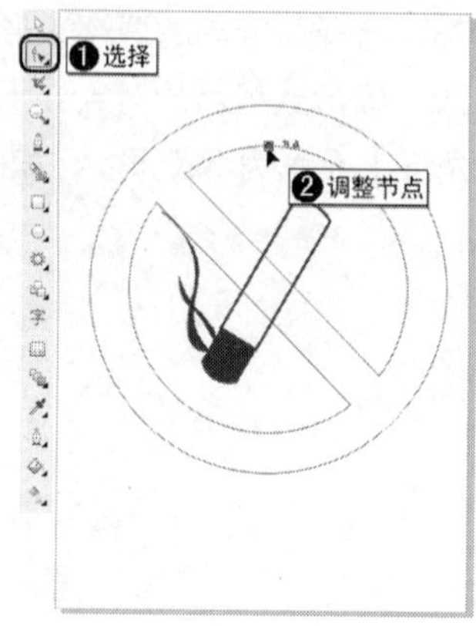

图 2-96　调整节点

图 2-97　填充图形

图 2-98　绘制矩形

10　选择工具箱中的字（文本工具），在属性栏中将字体设置为【文鼎 CS 大黑】，将字体大小设置为 85pt，在红色矩形上创建文本，并将文本填充为白色，如图 2-99 所示。

11　在绘图页中调整图形的大小和位置，完成后的效果如图 2-100 所示。

图 2-99　创建文本

图 2-100　调整图形

2.9.2　使用星形工具绘图

下面通过一个实例来介绍星形工具的应用。

01　新建一个横向页面的文档，按 Ctrl+I 组合键，将随书附带光盘【DVD 素材|Cha02|无标题.bmp】素材导入到场景中，如图 2-101 所示。

02　选择工具箱中的（标题形状工具），并在其属性栏中单击按钮，在弹出的面板中单击按钮，然后在绘图区中按下左键向对角拖曳，如图 2-102 所示，绘制出所需的形状，确定图形的大小后松开鼠标，即可绘制出图形。

图 2-101　导入的素材文件

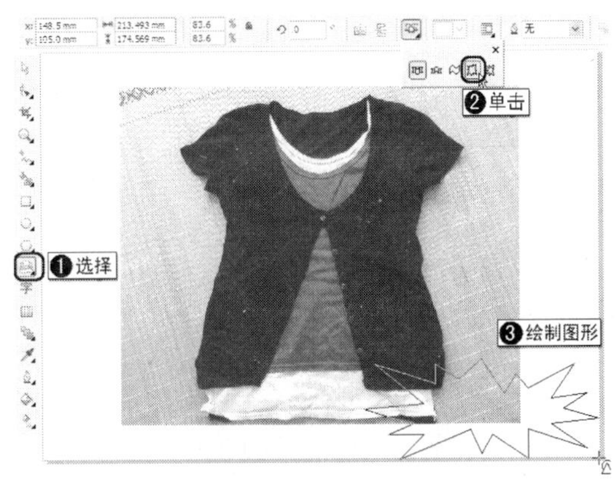

图 2-102　绘制图形

03　确定新绘制的图形处于选择状态，将其填充为黄色并取消轮廓线的填充，完成后的效果如图 2-103 所示。

04　选择工具箱中的（文本工具），在属性栏中将字体设置为【经典粗宋简】，将字体大小设置为 36pt，在黄色图形上创建文本，然后将文本填充为红色，如图 2-104 所示。

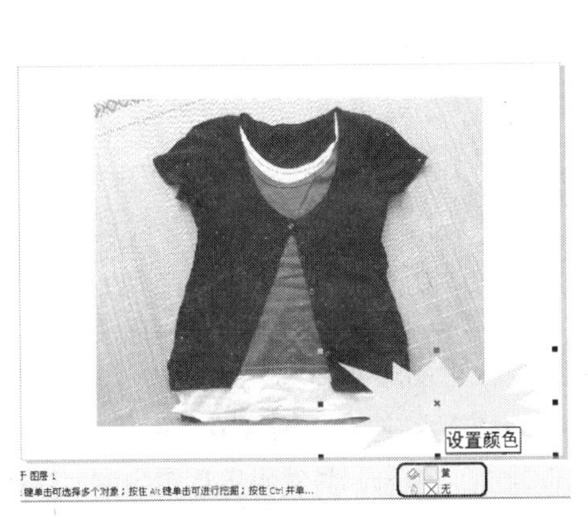

图 2-103　填充颜色

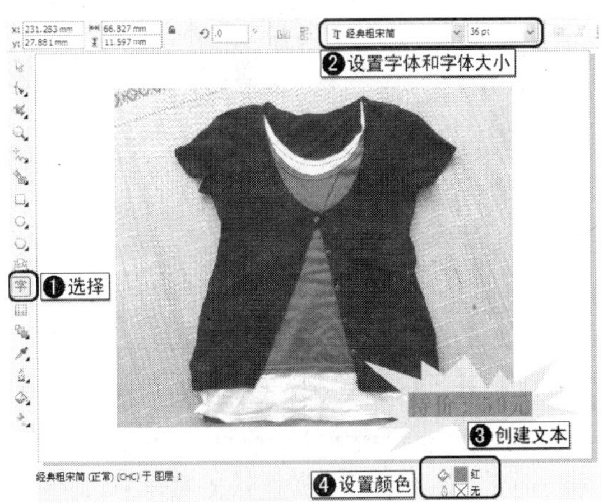

图 2-104　创建文本

05　使用（挑选工具），在页面的空白处单击取消文本的选择，完成后的效果如图 2-105 所示。

图 2-105　完成后的效果

2.10　上机练习

通过前面对基础知识的学习，用户对常用绘制工具有了简单的认识，下面通过实际的练习来巩固基础知识的学习。

2.10.1　绘制礼品罐

本例将介绍礼品罐的绘制，该例的绘制比较简单，首先通过（钢笔工具）绘制图形并使用（形状工具）调整图形，然后使用（椭圆工具）绘制图形，导入素材，在绘制图形和导入素材的时候需要注意图层的顺序，绘制完成后的效果如图 2-106 所示。

图 2-106　礼品罐效果

01　在工具箱中选择（钢笔工具），在绘图页中绘制礼品罐图形并使用工具箱中的（形状工具）对图形进行调整，然后将图形轮廓颜色填充为蓝色，完成后的效果如图 2-107 所示。

02　在工具箱中选择（钢笔工具），在绘图页中绘制不规则图形，并使用工具箱中的（形状工具）对图形进行调整，如图 2-108 所示。

> **提示：** 在绘制不规则图形时，也可以在工具箱中选择（贝塞尔工具）绘制图形。

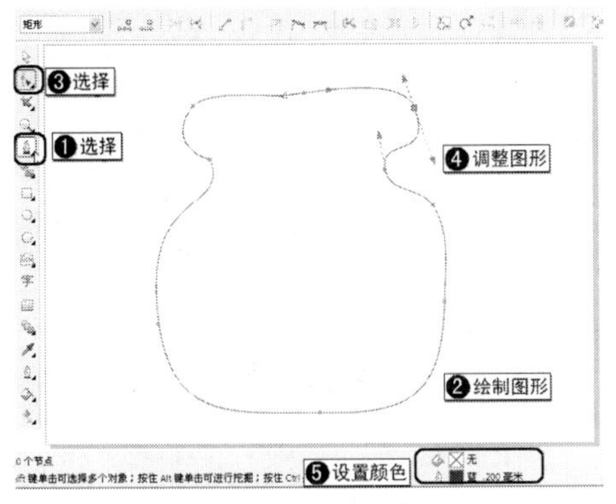

图 2-107　绘制并调整礼品罐

图 2-108　绘制并调整图形

03　确定新绘制的图形处于选择状态，将图形填充为霓虹粉色并取消轮廓线的填充，完成后的效果如图 2-109 所示。

04　继续使用工具箱中的（钢笔工具）绘制图形，并选择（形状工具）调整图形，如图 2-110 所示。

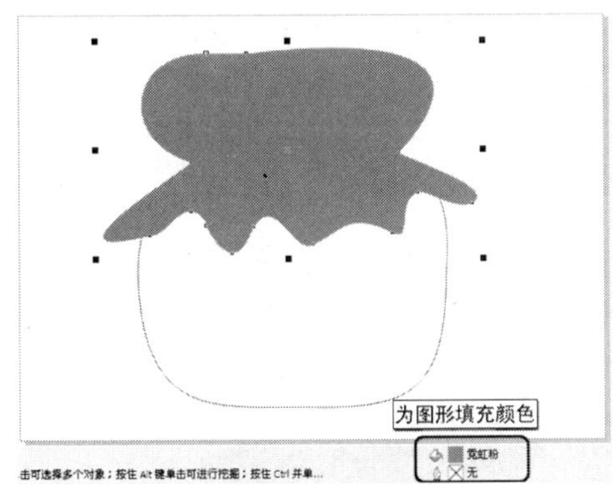

图 2-109　填充图形

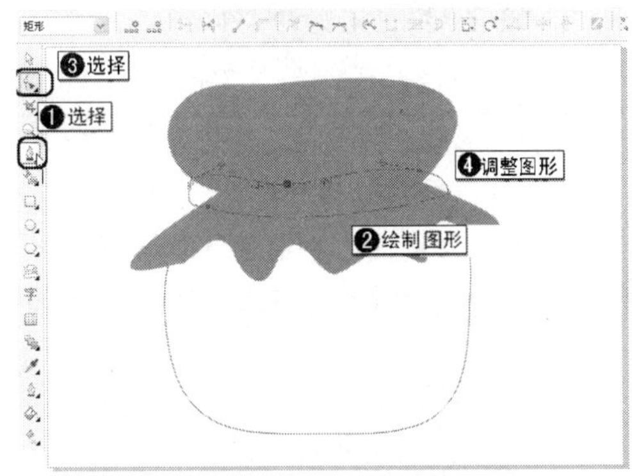

图 2-110　绘制并调整图形

05　确定新绘制的图形处于选择状态，将其填充为黄色并将轮廓颜色填充为红色，如图 2-111 所示。

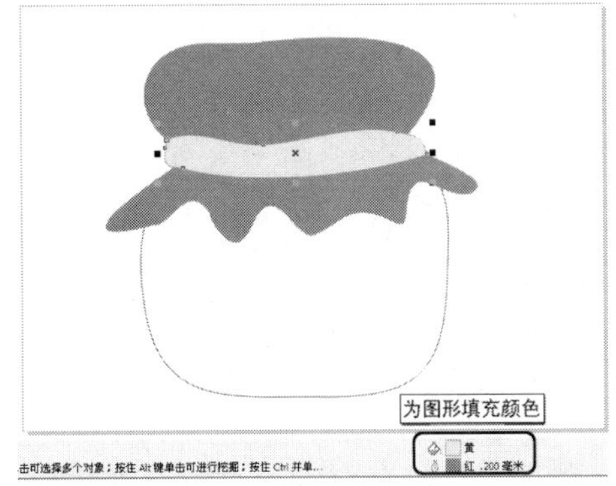

图 2-111　绘制黄色图形

06 在工具箱中选择（钢笔工具）绘制图形，作为蝴蝶结，并使用（形状工具）对蝴蝶结进行调整，然后将轮廓线设置为发丝，如图 2-112 所示。

07 确定新绘制的图形处于选择状态，将图形填充为黄色将轮廓颜色填充为橘红色，然后将图形放置到黄色图形的下方，如图 2-113 所示。

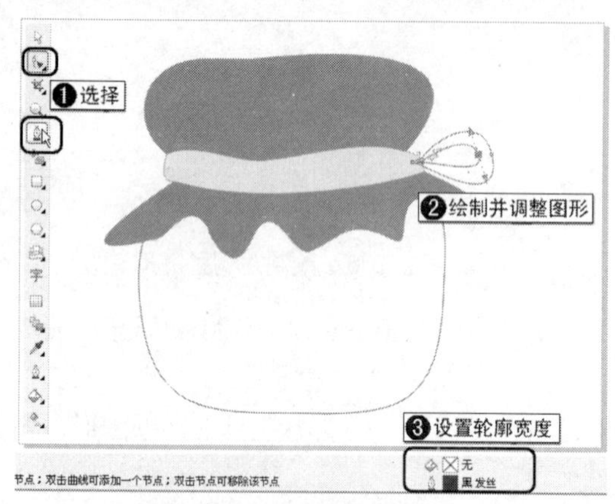

图 2-112　绘制并调整图形

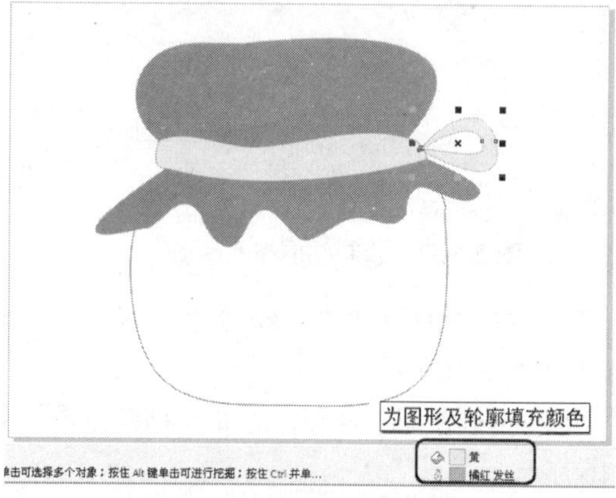

图 2-113　为图形填充颜色

08 在工具箱中选择（钢笔工具）绘制蝴蝶结图形，并使用（形状工具）对图形进行调整，然后将图形填充为黄色，将轮廓颜色填充为橘红色，将轮廓宽度设置为发丝，并调整图形的位置，完成后的效果如图 2-114 所示。

09 继续使用（钢笔工具）绘制图形，用（形状工具）调整图形，将图形填充为黄色，将轮廓颜色填充为橘红色，将轮廓宽度设置为发丝，完成后的效果如图 2-115 所示。

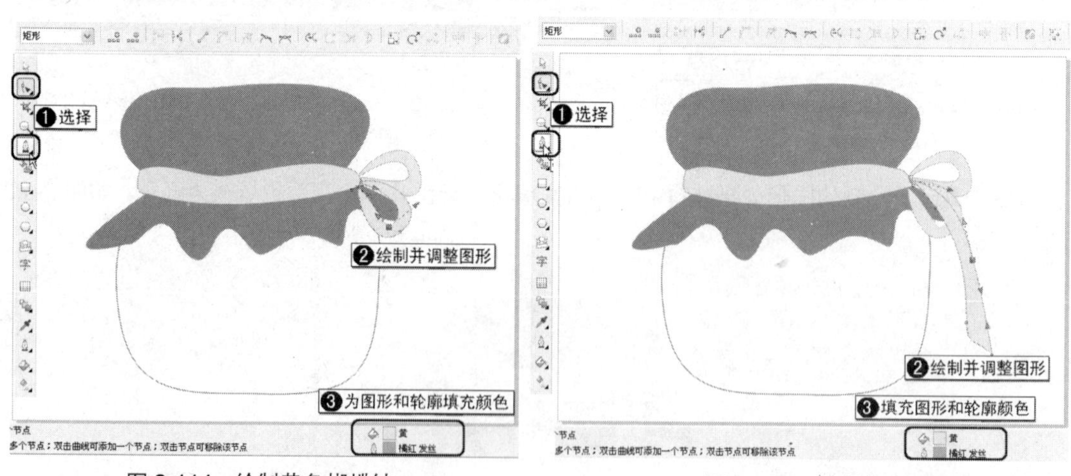

图 2-114　绘制黄色蝴蝶结

图 2-115　绘制黄色图形

10 确定新绘制的图形处于选择状态，将该图形调整至所有黄色图形的下方，如图 2-116 所示。

11 在工具箱中选择（椭圆工具），在绘图页中配合 Ctrl 键绘制正圆形，并将图形填充为酒绿色，取消轮廓线的填充，如图 2-117 所示。

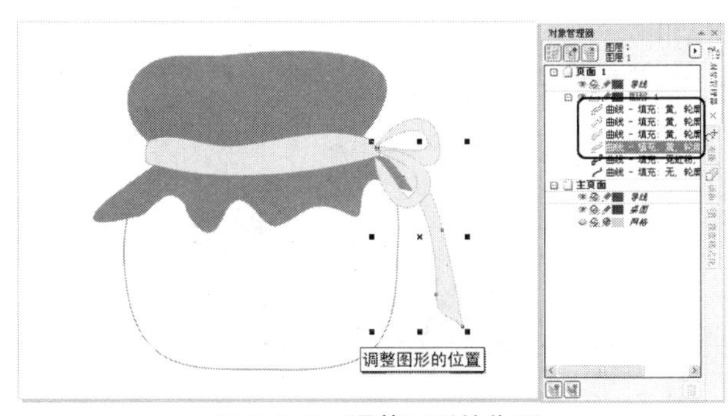

图 2-116　调整图形的位置　　　图 2-117　绘制圆形

12 移动新创建的圆形到适当的位置后右击复制图形并修改颜色，多次对圆形进行复制，完成后的效果如图 2-118 所示。

13 在工具箱中选择 （椭圆工具），在红色图形上配合 Ctrl 键绘制正圆形，将圆形填充为浅黄色并取消轮廓线的填充，完成后的效果如图 2-119 所示。

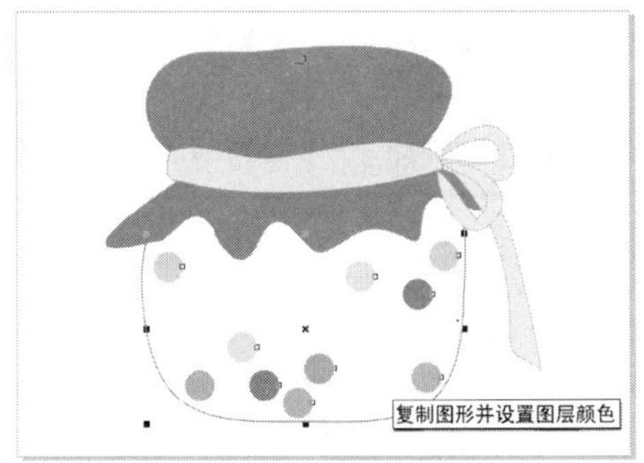

图 2-118　复制并调整圆形

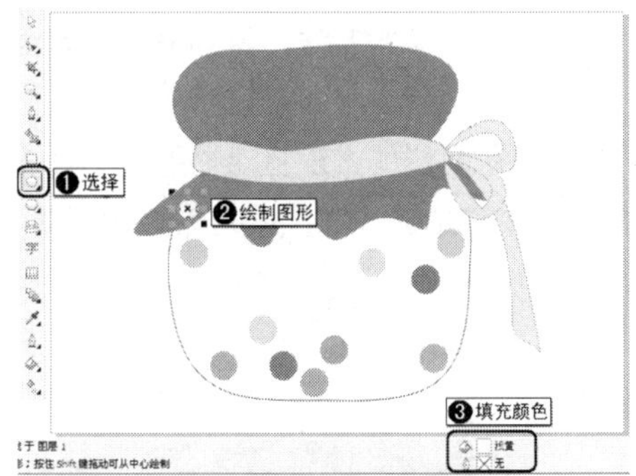

图 2-119　绘制黄色圆形

14 确定新绘制的圆形处于选择状态，对图形进行复制，完成后的效果如图 2-120 所示。

15 按 Ctrl+I 组合键打开【导入】对话框，在该对话框中选择随书附带光盘【DVD | 素材 | Cha02 | 礼品 01.jpg】素材导入到场景中，如图 2-121 所示。

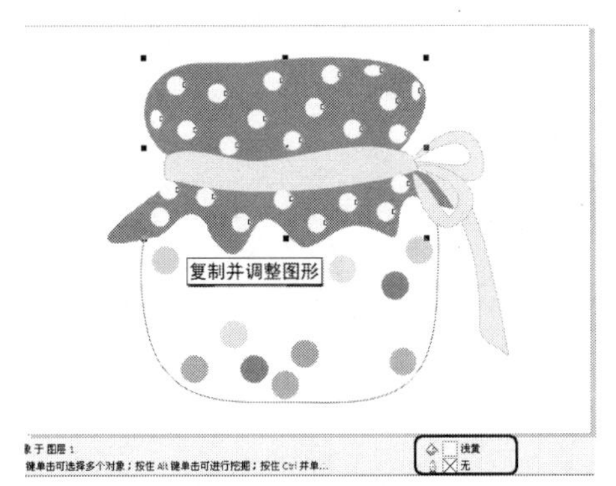

图 2-120　复制并调整圆形

图 2-121　选择导入的素材文件

16　调整素材的大小和位置，如图 2-122 所示。

17　确定导入的素材文件处于选择状态，在菜单栏中选择【排列】|【顺序】|【到图层后面】命令，调整素材的位置，如图 2-123 所示。

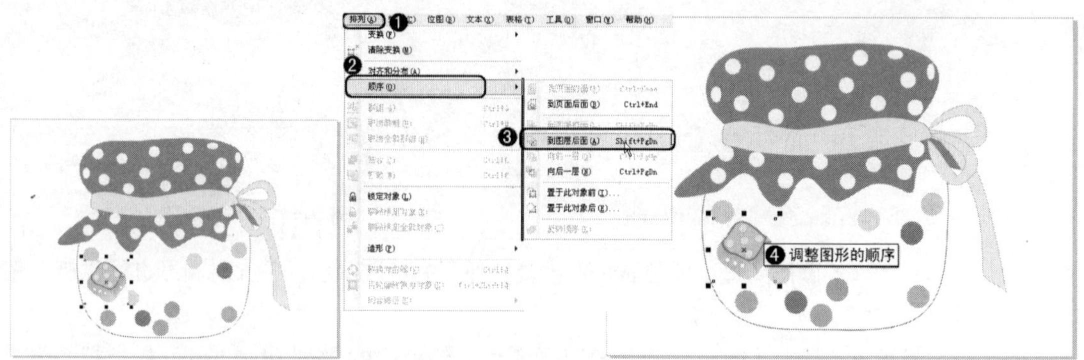

图 2-122　调整素材的大小　　图 2-123　调整素材的位置

18　使用同样的方法，将随书附带光盘【DVD|素材|cha02|礼品.jpg】素材导入到场景中，调整素材的大小和位置，并调整图层的顺序，如图 2-124 所示。

19　使用同样的方法将随书附带光盘【DVD|素材|cha02|千纸鹤.jpg】素材导入到场景中，调整素材的大小和位置，完成后的效果如图 2-125 所示。

图 2-124　导入“礼品.jpg”素材并调整位置

图 2-125　导入“千纸鹤.jpg”素材并调整位置

20　按键盘上的 Ctrl+A 组合键，将场景中的对象全部选中，按 Ctrl+G 组合键将选择的对象成组，完成后的效果如图 2-126 所示。

图 2-126　将选择的对象成组

至此，礼品罐效果制作完成，存储完成后的场景文件并将效果导出。

2.10.2　制作吊牌

本例介绍吊牌的制作。该例的制作比较简单，主要使用（矩形工具）和（星形工具）绘制吊牌形状，使用（文本工具）在吊牌上创建文本，使用（贝塞尔工具）绘制曲线并通过（形状工具）进行调整，制作完成后的效果如图 1-127 所示。

01　在工具箱中选择（矩形工具），在属性栏中将边角圆滑度设置为 15，在绘图页中绘制图形，为其填充 RGB 参数为 185、31、41 的颜色，并取消轮廓线的填充，如图 2-128 所示。

图 2-127　吊牌效果

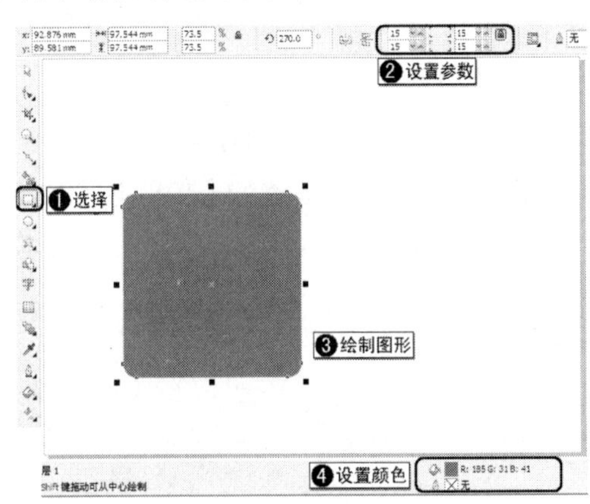

图 2-128　创建矩形

02　确定新绘制的图形处于选择状态，按 Ctrl+D 组合键复制图形，配合 Shift 键对图形进行缩放，然后将新复制的图形填充为 RGB 为 250、73、176 的颜色，将轮廓颜色填充为白色，并将其宽度色设置为 1.2mm，如图 2-129 所示。

03　在工具箱中选择（椭圆工具），在新复制的图形上绘制正圆形，将圆形填充为白色，并取消轮廓线的填充，如图 2-130 所示。

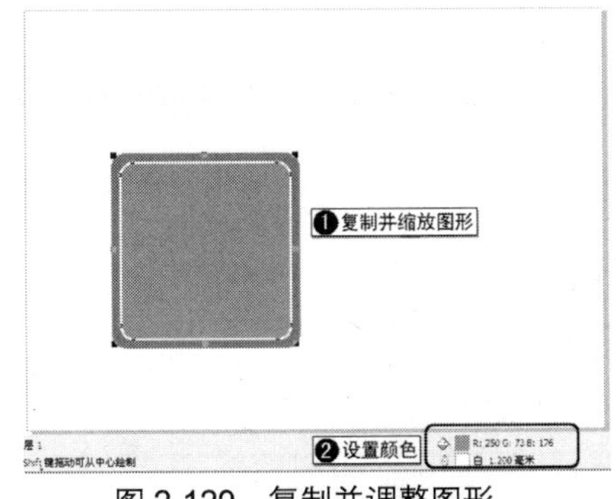

图 2-129　复制并调整图形

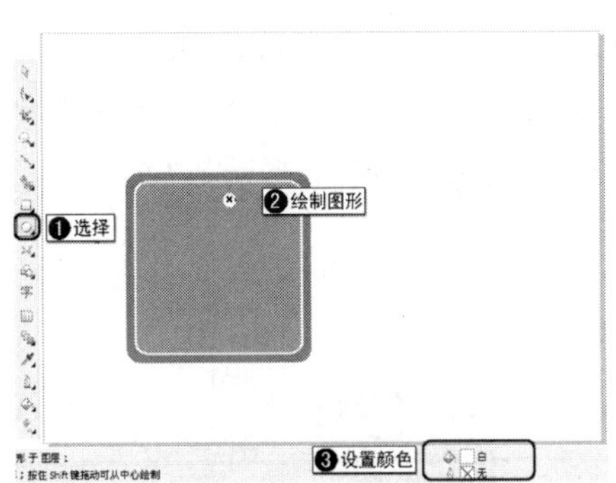

图 2-130　绘制正圆形

04　确定圆形处于选择状态，配合 Shift 键选择圆形图层下面的矩形，如图 2-131 所示。

05　在菜单栏中选择【排列】|【对齐和分布】|【对齐和分布】命令，在打开的对话框中勾选中选项，单击【应用】按钮，如图 2-132 所示。

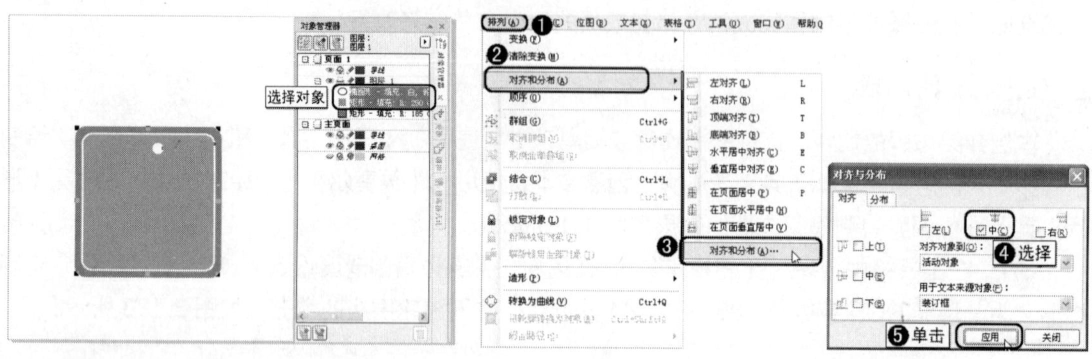

图 2-131　选择需要对齐的对象

图 2-132　勾选垂直居中对齐复选框

06　垂直居中对齐后的效果如图 2-133 所示。

07　在工具箱中选择字（文本工具），在属性栏中将字体设置为 Poplar Std，将字体大小设置为 115pt，然后在绘图页中创建文本并将文本颜色填充为白色，如图 2-134 所示。

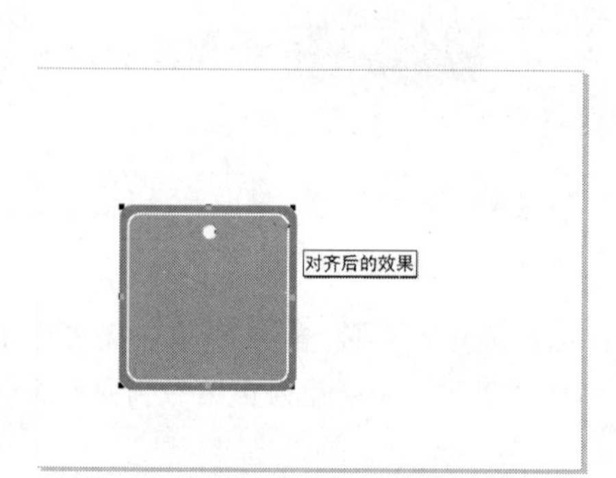

图 2-133　对齐后的效果

图 2-134　创建文本

08　确定新创建的文本处于选择状态，在属性栏中将【旋转角度】设置为 330°，将文本进行旋转，完成后的效果如图 2-135 所示。

09　在工具箱中选择（贝塞尔工具），在绘图页中绘制曲线，并使用工具箱中的（形状工具）对曲线进行调整，如图 2-136 所示。

图 2-135　旋转文本

图 2-136　绘制并调整曲线

10　继续使用（贝塞尔工具）绘制曲线，完成后的效果如图 2-137 所示。

11　在工具箱中选择（星形工具），在属性栏中将星形的点数设置为 5，然后在绘图页中绘制五角星，如图 2-138 所示。

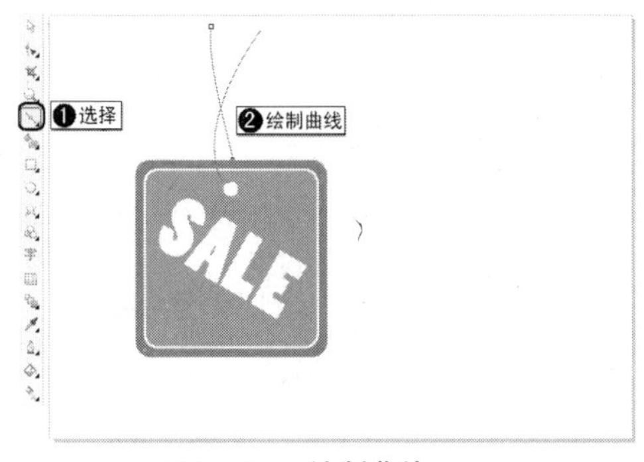

图 2-137　绘制曲线

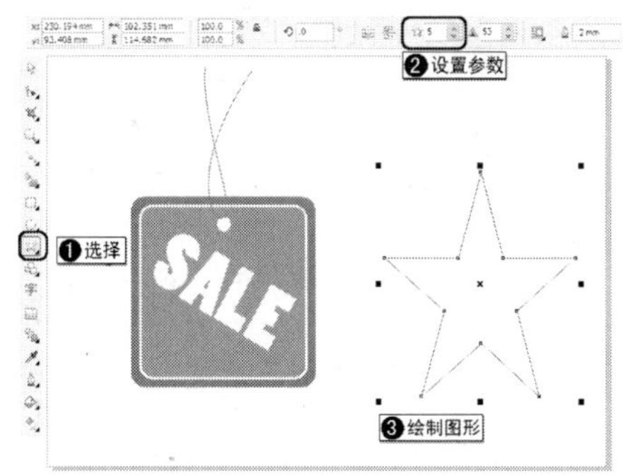

图 2-138　绘制五角星

12　确定新绘制的星形处于选择状态，选择工具箱中的（形状工具），调整节点改变星形的形状，然后将星形填充为橘红色并取消轮廓线的填充，如图 2-139 所示。

13　确定调整的图形处于选择状态，对图形进行复制，将复制后的对象缩小，然后将其填充为浅橘红色，将轮廓颜色设置为白色，并将轮廓宽度设置为 1mm，如图 2-140 所示。

图 2-139　调整图形

图 2-140　复制并调整图形

14　在工具箱中选择（椭圆工具），配合 Ctrl 键在浅橘红色星形上绘制正圆形，并与星形垂直居中对齐，将圆形填充为白色，取消轮廓线的填充，如图 2-141 所示。

15　在工具箱中选择（文本工具），在属性栏中将字体设置为 Kozuka Gohic Pro H，将字体大小设置为 55pt，然后在星形上创建文本并将文本颜色填充为白色，如图 2-142 所示。

16　在绘图页中选择前面绘制的曲线，将选择的曲线进行复制，使用工具箱中的（形状工具）调整曲线，如图 2-143 所示。

图 2-141　绘制正圆形

图 2-142　创建文本

图 2-143　复制并调整曲线

17　按 Ctrl+A 组合键选择场景中的所有对象，按 Ctrl+G 组合键将选择的对象成组，然后将成组的对象在页面中居中对齐，如图 2-144 所示。

图 2-144　将选择的对象成组

18　至此，吊牌效果制作完成，存储完成后的场景文件并将效果导出。

2.11　习题

下面通过习题巩固前面基础知识的学习。

1．选择题

（1）使用以下________工具可以绘制并应用各种各样的预设笔触，包括带箭头的笔触、填充了色彩图样的笔触等。

A．折线工具　　B．艺术笔工具　　C．挑选工具　　D．贝塞尔工具

（2）以下________工具可以绘制出各种直线段、曲线与各种形状的复杂图形，还可以精确描绘图形。

A．手绘工具　　B．折线工具　　C．钢笔工具　　D．贝塞尔工具

（3）使用以下________工具可以绘制出各种弧度的曲线或饼形，还可以绘制出指定两点之间的弧线。

A．椭圆形工具　　B．3 点椭圆形工具　　C．曲线工具　　D．3 点曲线工具

2．填空题

（1）使用手绘工具绘制直线的过程中，如果配合键盘上的________键可以绘制垂直直线和水平直线。

（2）在【艺术笔工具】属性栏中包含________、________、________、________和________5种艺术笔效果。

（3）拖动鼠标时按住________键，可从中心开始绘制多边形。在绘制多边形时，配合键盘上的________键即可绘制正多边形。

3．上机操作

使用工具箱中的基本工具绘制电视，效果如图 2-145 所示。

图 2-145　绘制电视效果

第 3 章　CorelDRAW X4 的辅助功能

CorelDRAW 程序的（缩放工具）、（手形工具）、（滴管工具）、（颜料桶工具）、标尺功能、辅助线功能、网格功能与动态导线是帮助用户查看与绘制图形的工具。熟练掌握它们可以提高工作效率。

本章重点

- 缩放工具的使用
- 手形工具
- 滴管工具和颜料桶工具的应用
- 使用网格、标尺与辅助线
- 动态导线的使用

3.1　缩放工具

利用（缩放工具）可以对当前页面中的任何对象进行缩放操作，在 CorelDRAW X4 里可以观察到任何细微对象的细部特征。

下面通过一个实例来介绍缩放工具的应用。

01　选择菜单栏中的【文件】|【导入】命令，将随书附带光盘【DVDROM | 素材 | Cha03 | 盘.jpg】素材导入到场景中，如图 3-1 所示。

02　在工具箱中选择（缩放工具），将其移动到绘图区域中的素材上，鼠标呈现（放大）状态，如图 3-2 所示。

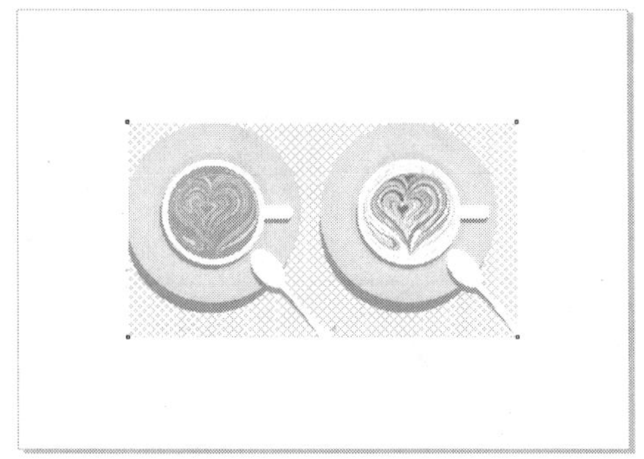

图 3-1　导入的素材文件

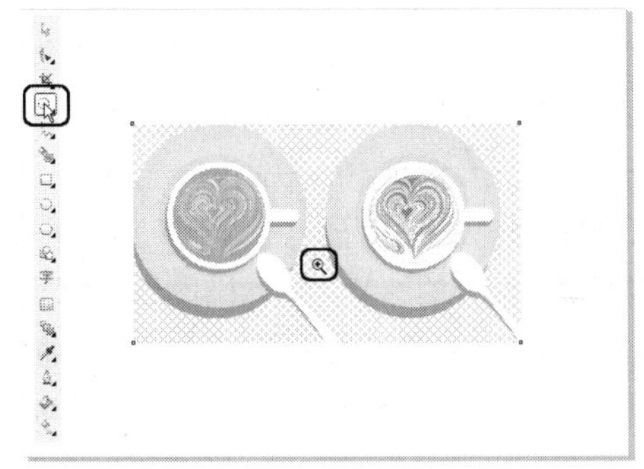

图 3-2　鼠标呈现状态

03 在素材上直接单击即可将素材放大，放大后的效果如图 3-3 所示。也可以单击属性栏中的(放大)按钮，将素材放大显示。

图 3-3 放大图像后的效果

04 按下鼠标右键，鼠标呈现(缩小)状态，如图 3-4 所示。松开鼠标右键即可将素材缩小，缩小后的效果如图 3-5 所示。也可以单击属性栏中的(缩小)按钮将素材缩小。

提示：按住 Shift 键的同时单击鼠标左键，也可以将素材图像缩小。

图 3-4 鼠标呈现状态

图 3-5 图像缩小后的效果

3.2 手形工具

【手形工具】的主要作用是平移窗口，选择工具箱中的【手形工具】，此时指针会变成抓手的形状，按住鼠标左键并拖曳，即可查看窗口中的图像。

打开任意一幅图像，配合【缩放工具】和【手形工具】来查看图像各部分的细节，具体操作步骤如下：

01 按 Ctrl+I 组合键执行导入命令，将随书附带光盘【DVD | 素材 | Cha03 | 小图标.jpg】素材导入到场景中，如图 3-6 所示。

图 3-6 导入的素材文件

02 选择工具箱中的(缩放工具)，将导入的素材放大显示，如图 3-7 所示。

03　选择工具箱中的（手形工具），在绘图区移动图形并对图形进行观察，如图 3-8 所示。

图 3-7　放大图像

图 3-8　移动图像

3.3　滴管工具与颜料桶工具

使用滴管工具可以吸取对象的颜色或属性，使用颜料桶工具可以将滴管工具吸取的颜色或属性应用到其他对象上。

在工具箱中选择（滴管工具）工具，属性栏中就会显示它的相关选项。

在【取样类型】下拉列表框中选择“示例颜色”或“对象属性”，则会显示其相关选项。

各选项说明如下：

属性：单击该按钮，弹出属性面板，可以在其中根据需要选择要应用的属性，可以选择一项，也可以选择几项。

变换：单击该按钮，弹出变换面板，可以在其中根据需要选择要应用的变换，可以选择一项，也可以选择几项。

效果：单击该按钮，弹出效果面板，可以在其中根据需要选择要应用的效果，可以选择一项，也可以选择几项。

示例尺寸：单击该按钮，弹出样本大小面板，可以在其中根据需要选择要取样颜色的范围。

从桌面选择：单击该按钮，可以在 CorelDRAW 程序窗口外选择所需的颜色（从桌面的任何对象中选择所需颜色）。

下面通过实例对【滴管工具】与【颜料桶工具】进行介绍。

01　按 Ctrl+I 组合键执行导入命令，将随书附带光盘【DVDROM | 素材 | Cha03 | 蛋糕.jpg】素材导入到场景中，调整素材的位置，如图 3-9 所示。

02　在工具箱中选择（箭头形状工具），在属性栏中将完美形状定义为形状，在绘图页中绘制图形，完成后的效果如图 3-10 所示。

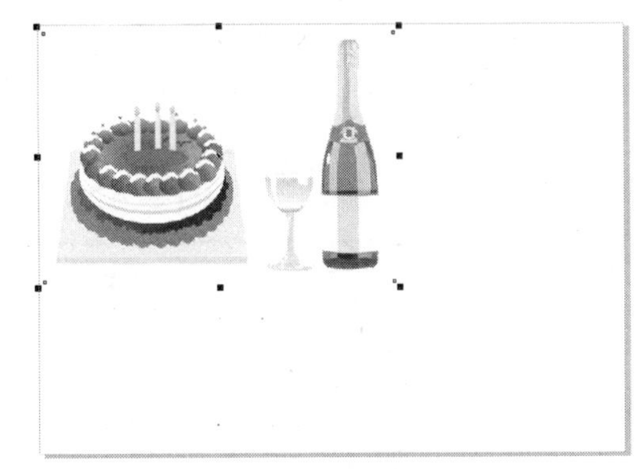

图 3-9　导入的素材文件

03 在工具箱中选择（滴管工具），此时鼠标将变成形状，在酒杯中吸取黄色，如图 3-11 所示。

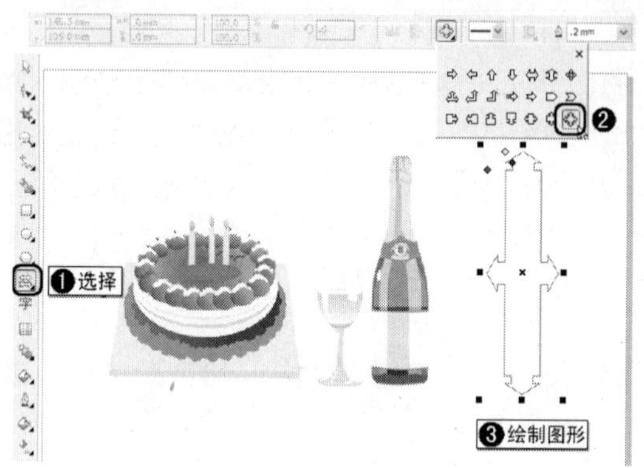

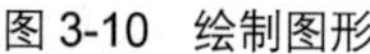
图 3-10 绘制图形

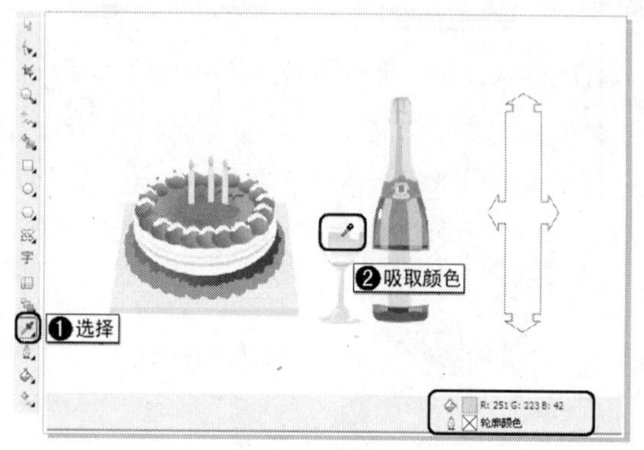

图 3-11 吸取颜色

04 吸取完颜色后，选择工具箱中的（颜料桶工具），在新绘制的形状上单击，如图 3-12 所示，此时即可将吸取的颜色填充到新创建的图形上，如图 3-13 所示。

图 3-12 选择颜料桶工具

图 3-13 填充图形后的效果

05 选择工具箱中的【缩放工具】，将黄色图形放大显示，如图 3-14 所示。

06 在黑色轮廓线上单击，将轮廓线填充为黄色，然后将图形缩小，完成后的效果如图 3-15 所示。

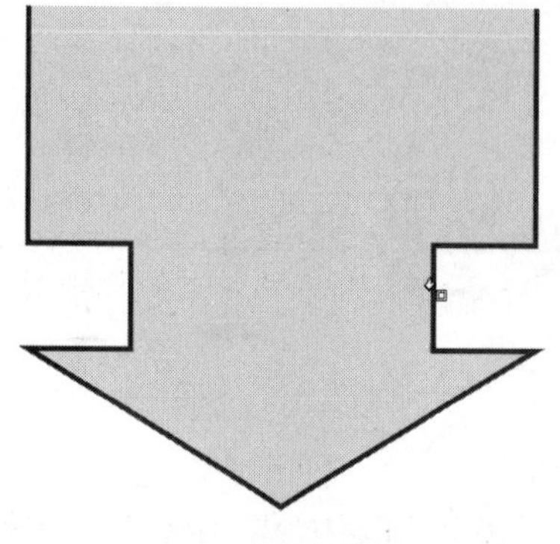
图 3-14 放大图形

图 3-15 填充轮廓后的效果

3.4　使用标尺

默认情况下，标尺在应用程序窗口左侧显示或沿绘图窗口顶部显示，还可以隐藏或移动（按 Ctrl+Shift 组合键在标尺上按下左键向所需的方向拖动，即可移动标尺）。标尺内的虚线标记显示指针移动时的位置。更改标尺原点（绘图页面的左下顶点(0,0)，如图 3-16 所示），用户可以从图像上指定点开始测量。标尺原点决定了网格的原点。

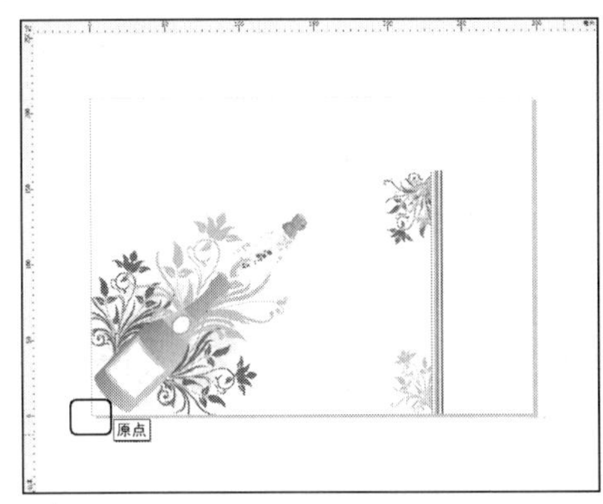

图 3-16　显示原点

3.4.1　更改标尺原点

下面继续上面的操作来介绍更改标尺原点的方法。

01　在标尺栏的左上角交叉点处按住左键并向所需的特定点拖动，在拖动的同时会出现一个十字线，如图 3-17 所示。

02　到达特定点后松开鼠标左键，该特定点即成为标尺的新原点，如图 3-18 所示。

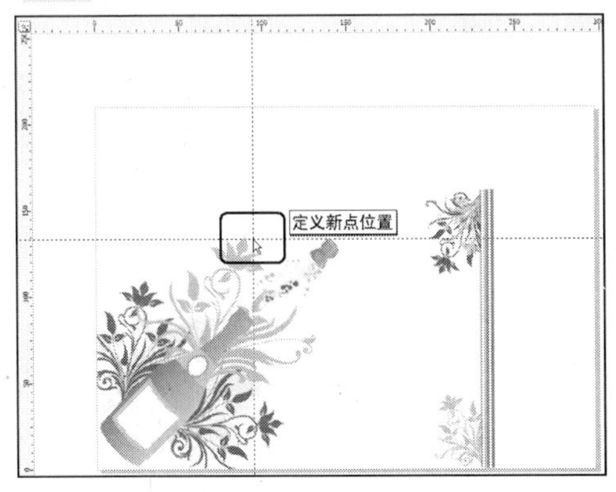

图 3-17　定义新原点位置

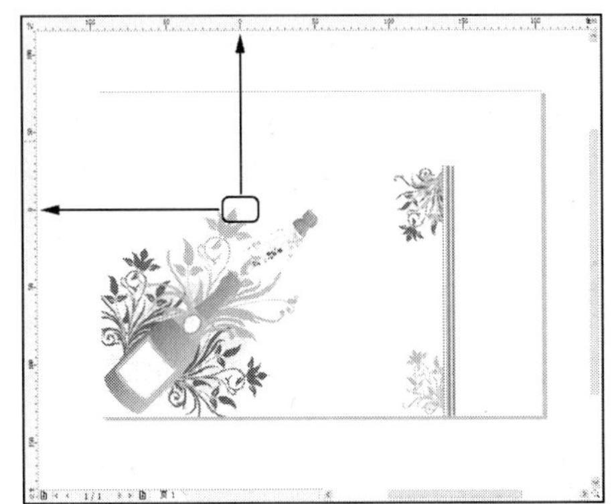

图 3-18　定义新原点位置后的效果

3.4.2　更改标尺设置

下面来介绍标尺设置的更改。

01　继续使用上节的内容进行介绍，在标尺栏中双击或在菜单栏中选择【视图】|【设置】|【网格和标尺设置】命令，打开【选项】对话框，如图 3-19 所示。在其中可设置标尺的单位、原点位

置、刻度记号，以及微调距离等。

02 在【单位】栏的【水平】下拉列表中选择“厘米”，如图 3-20 所示，其他参数为默认值，单击【确定】按钮，即可更改标尺的单位，图像如图 3-21 所示。

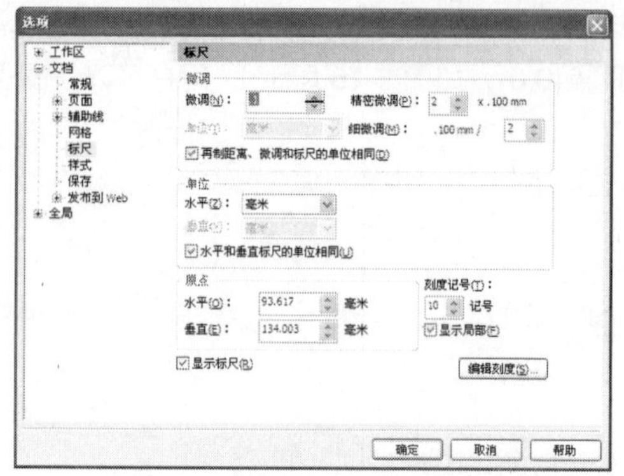

图 3-19 【选项】对话框

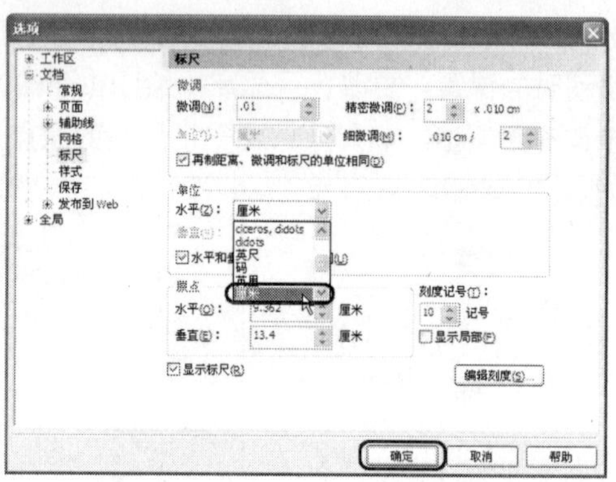

图 3-20 设置【标尺】单位

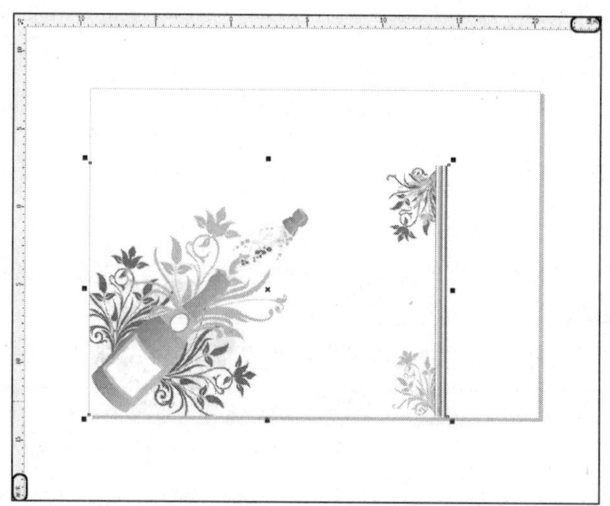

图 3-21 改变【标尺】单位后的效果

3.5 使用辅助线与网格

辅助线是可以放置在绘图窗口中任何位置的线条，用来帮助放置对象。辅助线分为 3 种类型：水平、垂直和倾斜。用户可以显示/隐藏添加到绘图窗口的辅助线，添加辅助线后，还可对辅助线进行选择、移动、旋转、锁定或删除操作。

可以使对象与辅助线贴齐，这样当对象移近辅助线时，就只能位于辅助线的中间，或者与辅助线的任意一端贴齐。

辅助线总是使用为标尺指定的测量单位。

网格就是一系列交叉的虚线或点，可以用于在绘图窗口中精确地对齐和定位对象。通过指定频率或间距，可以设置网格线或网格点之间的距离。频率是指在水平和垂直单位之间显示的线数或点

数。间距是指每条线或每个点之间的精确距离。高频率值或低间距值有利于更精确地对齐和定位对象。

可以使对象与网格贴齐，这样在移动对象时，对象就会在网格线之间跳动。

3.5.1 设置辅助线

通过标尺进行设置的步骤如下：

01 移动鼠标指针到水平标尺上，按住鼠标左键不放，向下拖曳，如图 3-22 所示。

02 释放鼠标即可创建一条水平的辅助线，完成后的效果如图 3-23 所示。

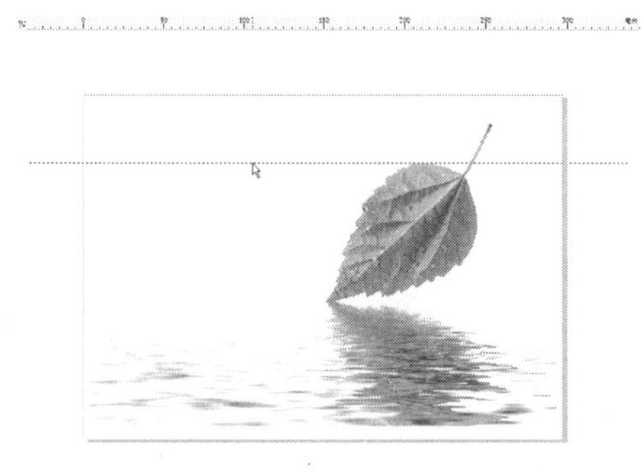

图 3-22 向下拖曳辅助线

图 3-23 创建的水平辅助线

通过【选项】对话框进行设置的步骤如下：

01 在菜单栏中选择【视图】|【设置】|【辅助线设置】命令，打开【选项】对话框，如图 3-24 所示。

02 在左边的目录栏中单击【水平】选项，在右边【水平】栏的第一个文本框中输入 190，单击【添加】按钮，即可将该数值添加到下方的文本框中，如图 3-25 所示。

图 3-24 【选项】对话框

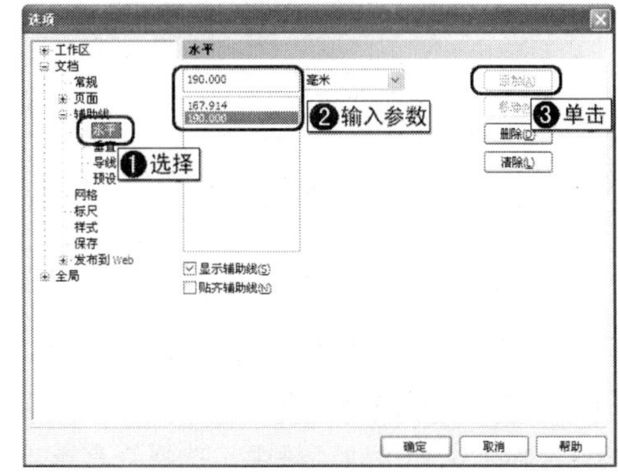

图 3-25 设置水平辅助线的参数

03 在左边的目录栏中单击【垂直】选项，在右边【垂直】栏的第一个文本框中输入 254，单击【添加】按钮，即可将该数值添加到下方的文本框中，如图 3-26 所示。

04　设置完成后单击【确定】按钮，即可在相应的位置添加辅助线，完成后的效果如图 3-27 所示。

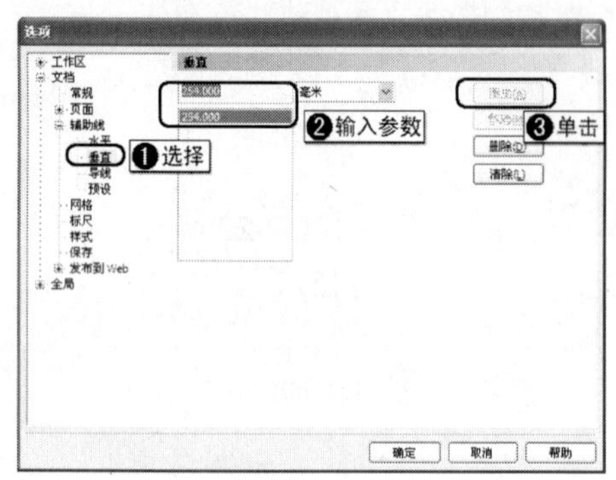

图 3-26　设置垂直辅助线的参数

图 3-27　添加辅助线后的效果

3.5.2　移动辅助线

移动辅助线的方法有两种，具体的操作如下：

01　选择工具箱中的（挑选工具），然后移动鼠标指针到辅助线上，当鼠标呈现图 3-28 所示的形状时即可移动鼠标。

02　按住鼠标向左移动，如图 3-29 所示。松开鼠标左键即可完成辅助线的移动，完成后的效果如图 3-30 所示。

图 3-28　将鼠标放到辅助线上

图 3-29　移动辅助线

图 3-30　移动辅助线后的效果

下面介绍另一种移动辅助线的方法。

01　继续上面的操作进行移动，确定垂直的辅助线处于选择状态。

02　在【选项】对话框中，选择垂直选项，在文本框中输入 100，单击【移动】按钮，如图 3-31 所示。

03　移动完成后单击【确定】按钮，即可将辅助线移动到 100 位置处，完成后的效果如图 3-32 所示。

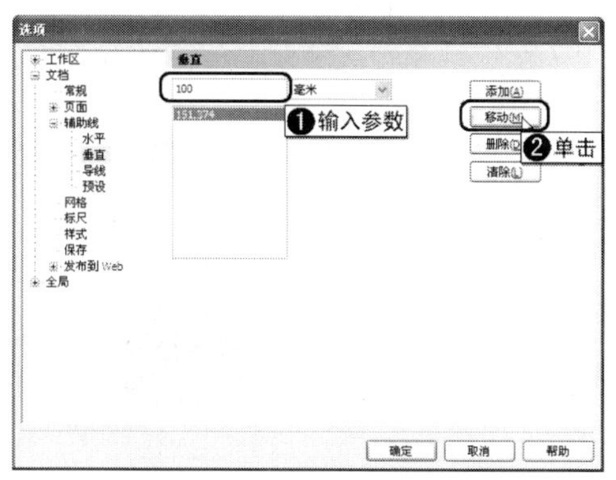

图 3-31　输入需要移动的参数

图 3-32　移动辅助线后的效果

3.5.3　旋转辅助线

下面继续使用前面的效果进行讲解。

01　确定垂直的辅助线处于选择状态，再次单击垂直的辅助线，即可使辅助线处于旋转的状态，如图 3-33 所示。

02　移动鼠标指针到辅助线的旋转坐标上，按住鼠标进行旋转，如图 3-34 所示。

图 3-33　辅助线处于旋转的状态

图 3-34　旋转辅助线

03　旋转完成后松开鼠标，即可完成辅助线的旋转，如图 3-35 所示。

图 3-35　旋转辅助线后的效果

3.5.4　显示或隐藏辅助线

下面继续使用上一节的操作进行讲解。

01　在空白处单击鼠标，取消辅助线的选择，如图 3-36 所示。

02　在菜单栏中选择【视图】|【辅助线】命令，即可显示或隐藏辅助线，如图 3-37 所示。

图 3-36　取消辅助线的选择

图 3-37　隐藏辅助线

3.5.5　删除辅助线

要删除辅助线，首先选择工具箱中的【挑选工具】，在绘图页中选择想要删除的辅助线，待辅助线变成红色后（表示选择了这条辅助线），按 Delete 键即可。

> **提示：** 在【选项】对话框中单击【删除】按钮，也可以将辅助线删除。如果选择多条辅助线，配合键盘上的 Shift 键单击辅助线即可。

3.5.6　显示或隐藏网格

在菜单栏中选择【视图】|【网格】命令，可以显示/隐藏网格。图 3-38 所示为显示网格时的状态。

图 3-38　显示网格效果

3.5.7　设置网格

下面介绍网格的设置。

01　在菜单栏中选择【视图】|【设置】|【网格和标尺设置】命令，打开【选项】对话框，如图 3-39 所示。可以在其中设置网格的间距或频率，还可以指定网格是按点显示，还是按线显示等。

02　在右边的【网格】栏中选择【按点显示网格】单选按钮，其余使用默认参数，如图 3-40 所示。单击【确定】按钮，即可将网格按点显示在绘图窗口中，效果如图 3-41 所示。

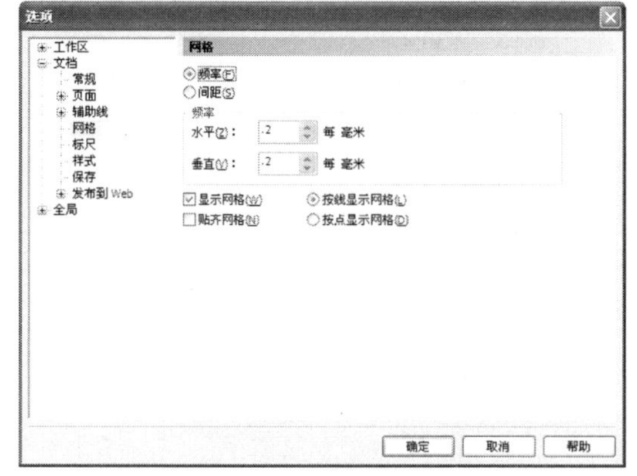

图 3-39　【选项】对话框

图 3-40　选择【按点显示网格】选项

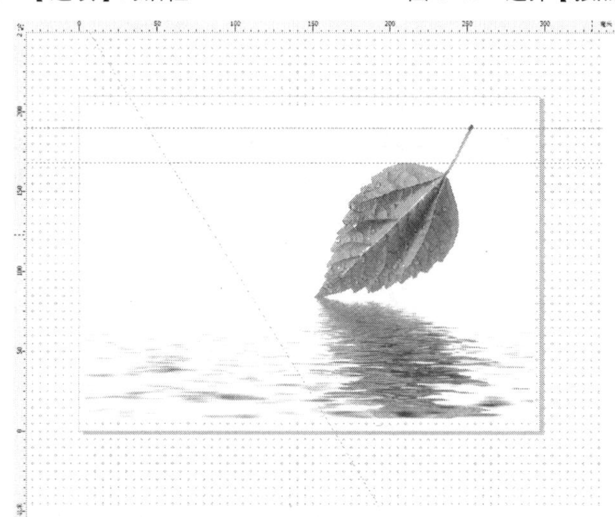

图 3-41　按点显示网格

3.6　使用动态导线

在 CorelDRAW X4 中用户可以使用动态导线来准确地移动、对齐和绘制对象。动态导线是临时辅助线，可以从对象的下列贴齐点中拉出中心、节点、象限和文本基线。

3.6.1　启用与禁止动态导线

在菜单栏中选择【视图】|【动态导线】命令，可以显示/隐藏动态导线。当【动态导线】命令前显示对号时表示已经启用了动态导线，如图 3-42 所示；如果【动态导线】命令前没有对号，则表示已经禁止了动态导线，如图 3-43 所示。

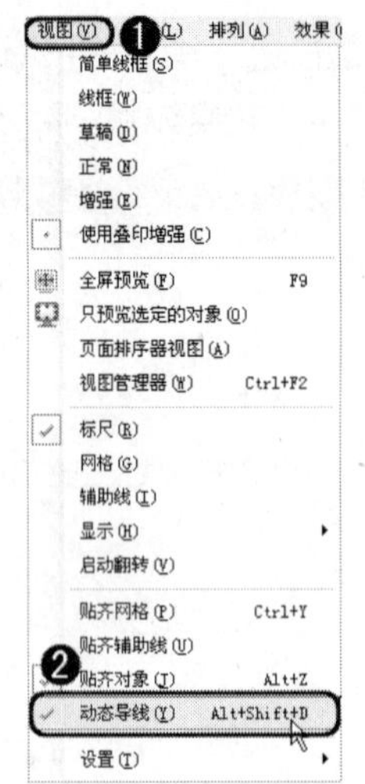

图 3-42　启用动态导线命令

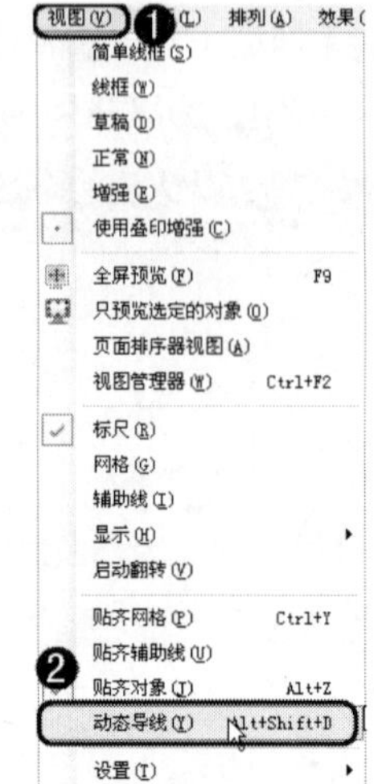

图 3-43　禁用动态导线命令

3.6.2　使用动态导线

下面以一个小实例来介绍动态导线的使用方法。

01　在菜单栏中选择【视图】|【动态导线】命令。

02　选择工具箱中的（艺术笔工具），在属性栏中单击（喷罐）按钮，在喷涂列表中选择一种喷涂文件，然后在绘图页中绘制图形，如图 3-44 所示。

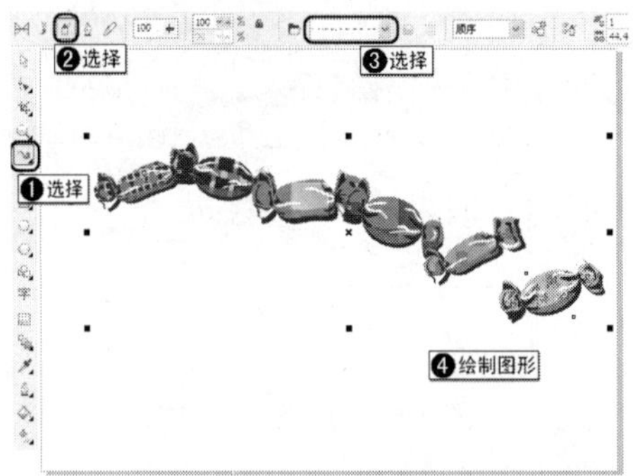

图 3-44　绘制图形

03　确定（艺术笔工具）处于选择状态，沿动态导线拖放对象，可以查看对象与用于创建动态导线的贴齐点之间的距离，如图 3-45 所示。

> **提示：**动态导线是从图形的中心点处拉出的，节点旁边提示显示动态导线的角度（90°），以及节点和指针之间的距离（15mm）。沿动态导线向上拖动，并精确放置在距离生成动态导线节点 15mm 远的位置上。

04　松开鼠标左键完成图形的移动，如图 3-46 所示。

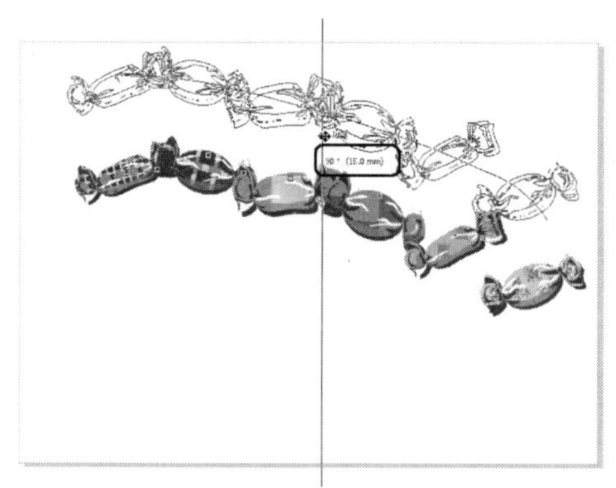

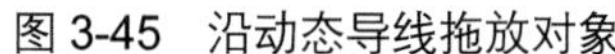

图 3-45　沿动态导线拖放对象

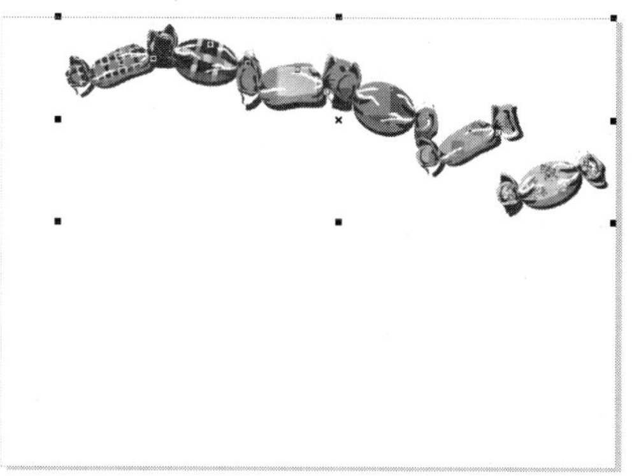

图 3-46　拖放对象后的效果

3.7　习题

下面通过课后习题来巩固前面学习的基础知识。

1．选择题

（1）利用以下________工具可将图形缩小或放大，以便查看或修改。

A．缩放工具　　B．度量工具　　C．手形工具　　D．挑选工具

（2）以下________是可以放置在绘图窗口中任何位置的线条，用来帮助放置对象。

A．直线　　B．折线　　C．曲线　　D．辅助线

2．填空题

（1）辅助线分为 3 种类型：________、________和________。

（2）使用________、________、动态导线与________可以帮助用户沿图形的宽度或高度指定位置来准确绘制或定位对象。

第4章　文本处理

文字处理功能是CorelDRAW X4最核心的部分之一。相比之前的版本，CorelDRAW X4在文章处理上有了很多优秀的改进。新增的字体识别和文本格式实时预览功能大大方便了操作，使用CorelDRAW X4中的字（文本工具）可以方便地对文本进行分栏、首字下沉、段落文本排版、文本绕图和将文字填入路径等操作。

本章重点

- 文本的创建
- 段落文本的基本应用
- 文本的编辑
- 使文本适合路径
- 文本适配图文框
- 文本的链接

4.1　创建文本

在工具箱中选择字（文本工具），属性栏中就会显示相关的选项。

属性栏各选项说明如下：

- 字体列表选项：如果在绘图窗口中选择文本或在绘图窗口中单击，可直接在该下拉列表框中选择所需的字体。

> **注意：** 也可以在拖出一个文本框后，先在字体列表与字体大小列表中选择所需的字体与字体大小，再输入所需的文字。

- 字体列表：如果在绘图窗口中选择了文本或在绘图窗口中单击，可直接在字体大小列表中选择所需的字体大小；也可以直接在该文本框中双击，然后输入1~3 000之间的数字来设置字体的大小。数值越大，字体就越大。
- 粗体：单击该按钮呈凹下状态（即选择该按钮），可以使选择的文字或将要输入的文字加粗；取消该按钮的选择，可以将选择的加粗文字还原。
- 斜体：单击该按钮，可以使选择的文字或将要输入的文字倾斜；取消该按钮的选择，可以将选择的倾斜文字还原。

- 下画线：单击该按钮，可以为选择的文字或将要输入的文字添加下画线；取消该按钮的选择，可以清除文字的下画线。
- 水平对齐：单击该按钮，弹出一个快捷菜单，可在其中选择所需的对齐方式。
- 显示/隐藏项目符号：单击该按钮呈凹下（即选择）状态将为所选的段落添加项目符号；再次单击该按钮取消它的选择，即可隐藏项目符号。
- 显示/隐藏首字下沉：单击该按钮呈选择状态，可使所选段落的首字下沉；再次单击该按钮取消它的选择时，可取消首字下沉。
- 字符格式化：单击该按钮，可打开【字符格式化】泊坞窗，用户可以在其中为字符进行格式化。
- 编辑文本：单击该按钮，打开【编辑文本】对话框，用户可在其中对文本进行编辑。
- 将文本更改为水平方向和将文本更改为垂直方向：单击▤（将文本更改为水平方向）按钮，可以使选择的文本呈水平排列；单击▥（将文本更改为垂直方向）按钮，可以使选择的文本呈垂直排列。

图 4-1　导入的素材

下面通过实例来介绍文本工具的应用。

01　新建一个横向页面的文档，导入一张素材图片并调整素材的大小，如图 4-1 所示。

02　选择工具箱中的字（文本工具），在属性栏中单击▤（将文本更改为水平方向）按钮将文本更改为水平方向，然后在绘图页中创建文本，如图 4-2 所示。

03　选择新创建的文本，在属性栏中将字体设置为“汉仪凌波体简”，将字体大小设置为 72pt，然后配合键盘上的 Enter 键和空格键调整文本并调整文本的位置，完成后的效果如图 4-3 所示。

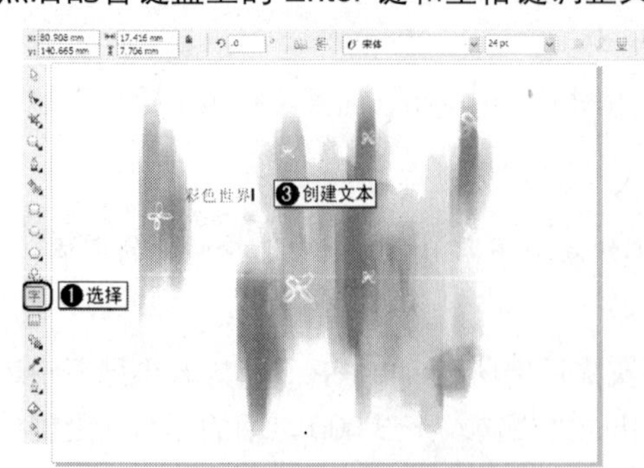

图 4-2　创建文本

图 4-3　调整文本

04　按 F11 键，打开【渐变填充】对话框，在【颜色调和】栏下将【从】设置为 RGB 颜色为 255、0、153 的颜色，将【到】设置为 RGB 参数为 0、0、51 的颜色，设置完成后单击【确定】按钮，如图 4-4 所示。

填充完渐变颜色后的效果如图 4-5 所示。

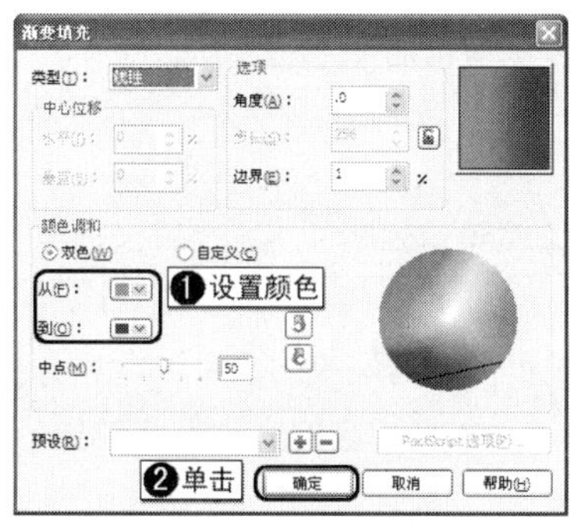

图 4-4　设置渐变颜色

图 4-5　填充完渐变颜色后的效果

4.2　段落文本

为了适应编排各种复杂版面的需要，CorelDRAW 中的段落文本应用了排版系统的框架理念，可以任意缩放、移动文字框架。

4.2.1　输入段落文本

输入段落文本之前必须先画一个段落文本框。段落文本框可以是一个任意大小的矩形虚线框，输入的文本受文本框大小的限制。输入段落文本时，如果文字超过了文本框的宽度，文字将自动换行。如果输入的文字量超过了文本框所能容纳的大小，那么超出的部分将会隐藏起来。输入段落文本的具体步骤如下：

01　选择工具箱中的字（文本工具），移动鼠标指针到页面上的适当位置，按住鼠标左键拖曳出一个矩形框，然后释放鼠标，这时在文本框的左上角将显示一个文本光标，如图 4-6 所示。

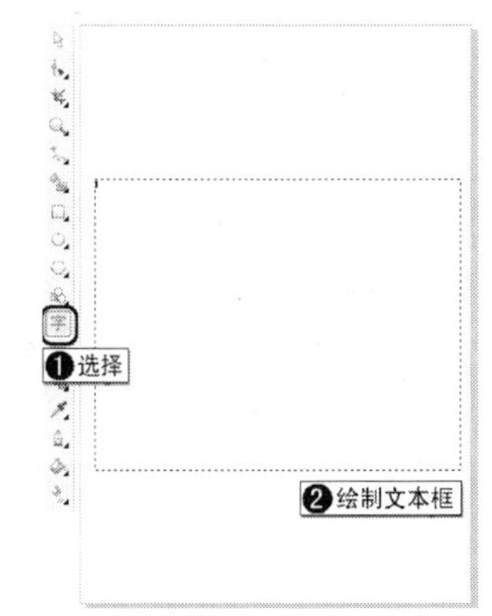

图 4-6　绘制文本框

提示：按键盘上的 F8 键也可以启动文本工具。

02　输入所需要的文本，在此文本框内输入的文本即为段落文本，如图 4-7 所示。

03　选择工具箱中的（挑选工具），然后在页面的空白位置单击即可结束段落文本的操作，如图 4-8 所示。

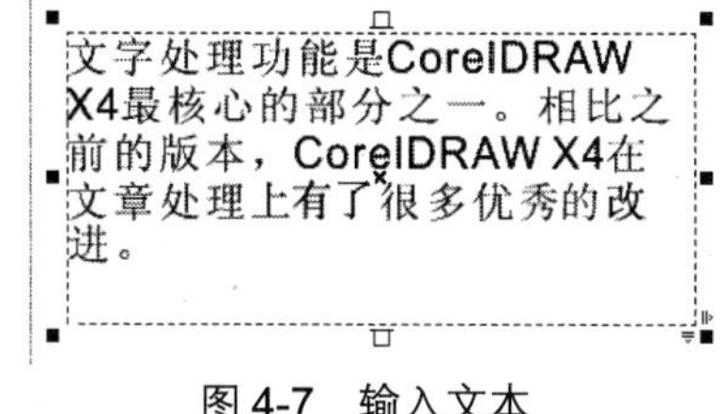

图 4-7　输入文本

文字处理功能是CorelDRAW X4最核心的部分之一。相比之前的版本，CorelDRAW X4在文章处理上有了很多优秀的改进。

图 4-8　段落文本效果

4.2.2　段落文本框架的调整

如果创建的文本框架不能容纳所输入的文字内容，则可通过调整文本框架来解决。具体操作步骤如下：

01 此处继续使用前面的段落文本进行介绍，选择工具箱中的【挑选工具】后单击段落文本，将文本的框架范围和控制点显示出来。

02 按住文本框架上方的控制点 ◻ 上下拖曳即可增加或缩短框架的长度，也可以拖曳其他的控制点来调节文本框架的大小。

03 如果文本框架下方正中的控制点变成 ▣ 形状，则表示文本框架内的文字没有完全显示出来，如图 4-9 所示；若框架正下方的控制点呈 ◻ 形状，则表示文本框架内的文字已全部显示出来，如图 4-10 所示。

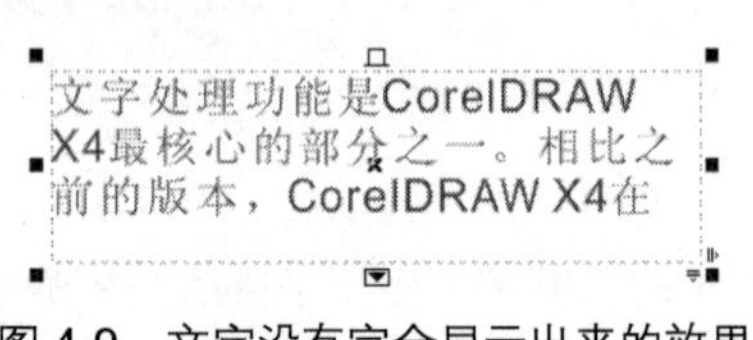

图 4-9　文字没有完全显示出来的效果

文字处理功能是CorelDRAW
X4最核心的部分之一。相比之
前的版本，CorelDRAW X4在
文章处理上有了很多优秀的改
改进。

图 4-10　文字全部显示出来的效果

4.2.3 框架间文字的连接

将一个框架中的段落文本放到另一个框架中的具体步骤如下：

01 输入一个段落文本，使文本框架无法一次将文字显示完整，如图 4-11 所示。

02 选择 （挑选工具），在文本框架正下方的控制点 ▣ 上单击，等指针变成 形状后，在页面的适当位置按住鼠标左键拖曳出一个矩形，如图 4-12 所示。

03 松开鼠标，这时会出现另一个文本框架，未显示完的文字会自动流向新的文本框架，如图 4-13 所示。

图 4-11　创建的段落文本

图 4-12　拖曳出矩形框

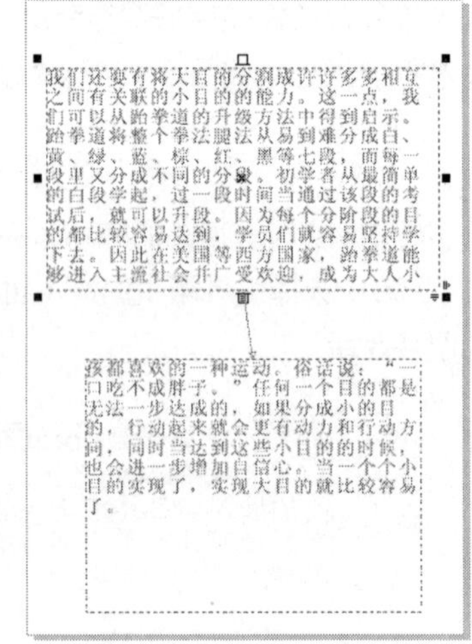

图 4-13　连接后的效果

4.3　编辑文本

选择【文本】|【编辑文本】命令对文本进行编辑的操作步骤如下：

01　继续使用上节创建的段落文本进行讲解，首先调整文本框的大小，如图 4-14 所示。

02　选择工具箱中的（挑选工具），选择绘图页中的段落文本，然后单击属性栏中的（编辑文本）按钮，打开【编辑文本】对话框，如图 4-15 所示。

图 4-14　调整文本框

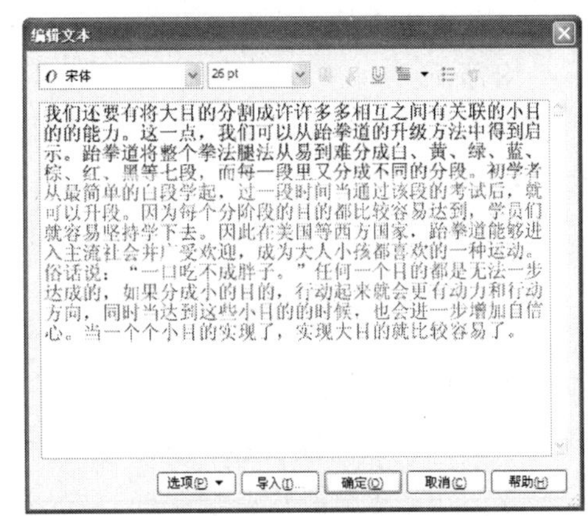

图 4-15　【编辑文本】对话框

03　在对话框中选择所有的文字，将字体设置为“经典黑体简”，将字体大小设置为 30pt，然后在文字的起始处空两格，如图 4-16 所示。

04　设置完成后单击【确定】按钮，如图 4-17 所示。

05　此时文本框架下方正中的控制点变成形状，按住鼠标左键向下拖动，直至将文字全部显示出来为止，如图 4-18 所示。

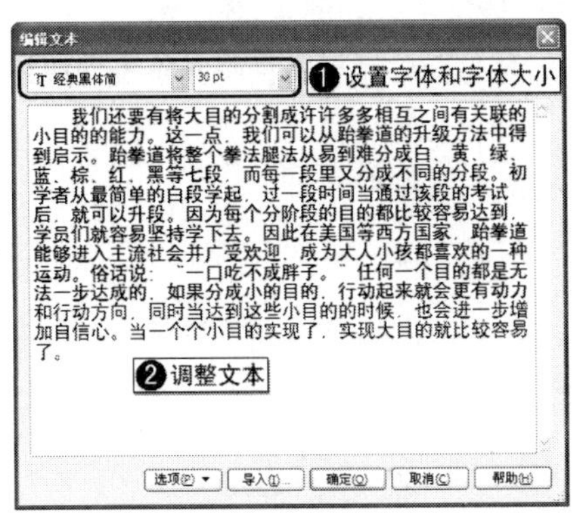

图 4-16　编辑文本

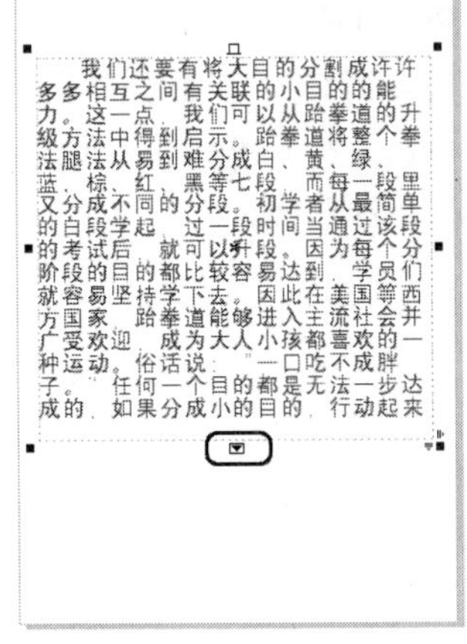

图 4-17　编辑后的效果

图 4-18　调整编辑的文本

4.4 使文本适合路径

使用 CorelDRAW 中的文本适合路径功能，可以将文本对象嵌入到不同类型的路径中，使文字具有更多变化的外观。此外，还可以设置文字排列的方式、文字的走向及位置等。

4.4.1 直接将文字填入路径

直接将文字填入路径的操作步骤如下：

01 选择工具箱中的（钢笔工具），在绘图页中绘制一条曲线并对曲线进行调整，调整后的效果如图 4-19 所示。

02 选择工具箱中的字（文字工具），然后移动鼠标指针到曲线上，当指针变成如图 4-20 所示的状态后单击。

03 输入所需文字，这时文字会随着曲线的弧度而变化，如图 4-21 所示。

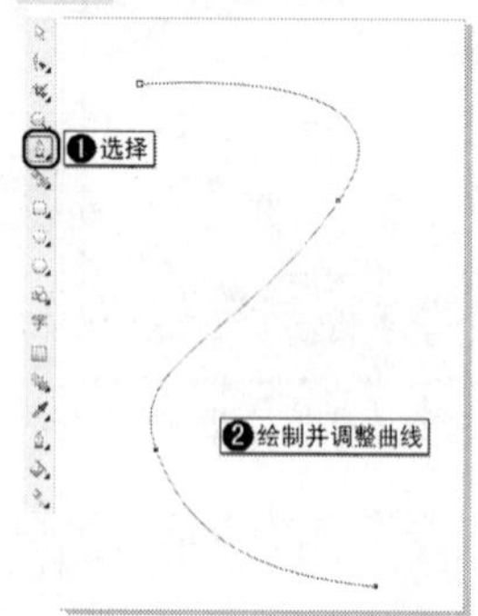

图 4-19 绘制并调整曲线

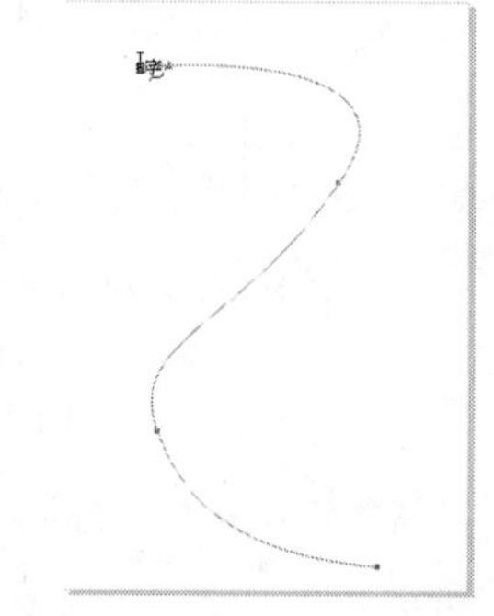

图 4-20 移动鼠标指针到曲线上

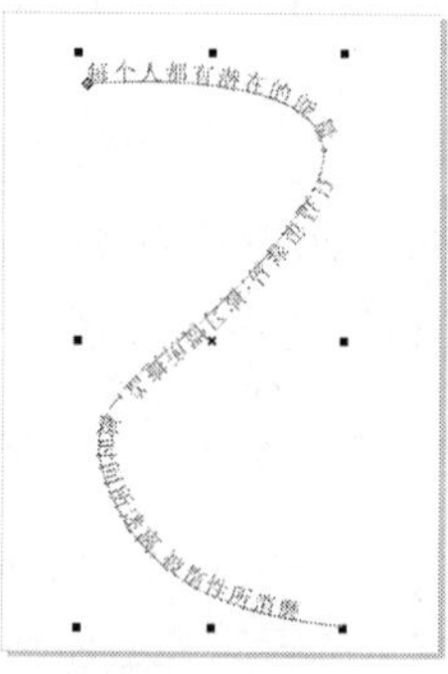

图 4-21 输入文本

4.4.2 用鼠标将文字填入路径

通过拖曳鼠标右键的方式将文字填入路径的操作步骤如下：

01 选择工具箱中的（钢笔工具），在绘图页中绘制一条曲线，如图 4-22 所示。

02 选择工具箱中的字（文本工具），在曲线的下方输入一段文字，如图 4-23 所示。

03 选择工具箱中的（挑选工具），移动指针到文字上，然后按住鼠标右键将其拖曳到曲线上，鼠标指针将变成如图 4-24 所示的形状。

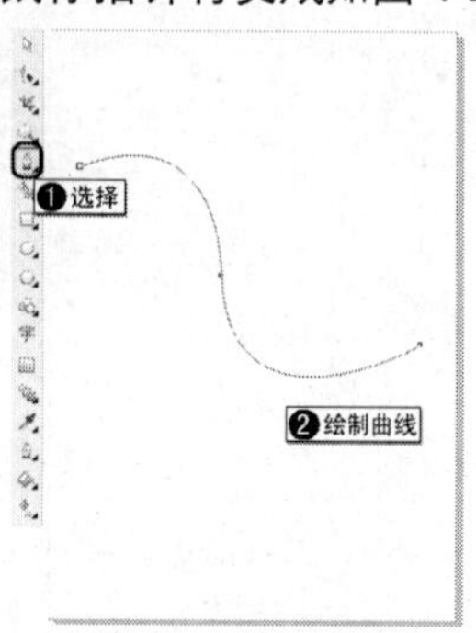

图 4-22 绘制曲线

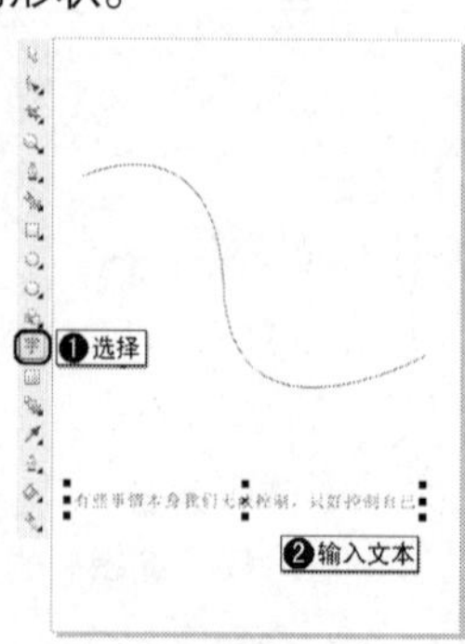

图 4-23 输入文本

图 4-24 拖动文字到曲线上

04　松开鼠标右键，在弹出的快捷菜单中选择【使文本适合路径】命令，如图 4-25 所示。

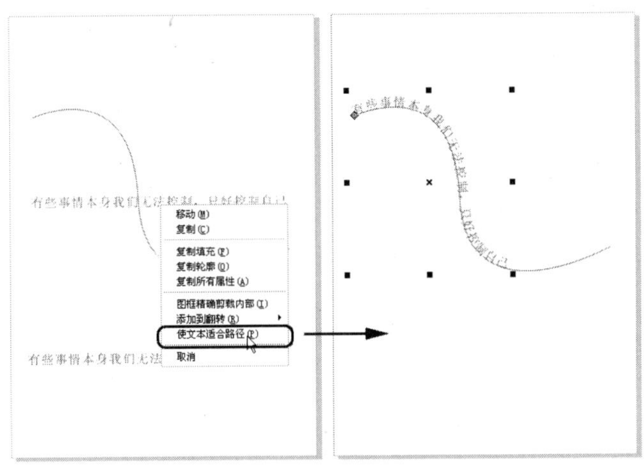

图 4-25　选择【使文本适合路径】命令

05　选择工具箱中的字（文本工具），在绘图页中滑选文本，然后在属性栏中将字体大小设置为 32pt，如图 4-26 所示。

06　选择（挑选工具），在空白处单击取消文字的选择，观察文字路径的效果，如图 4-27 所示。

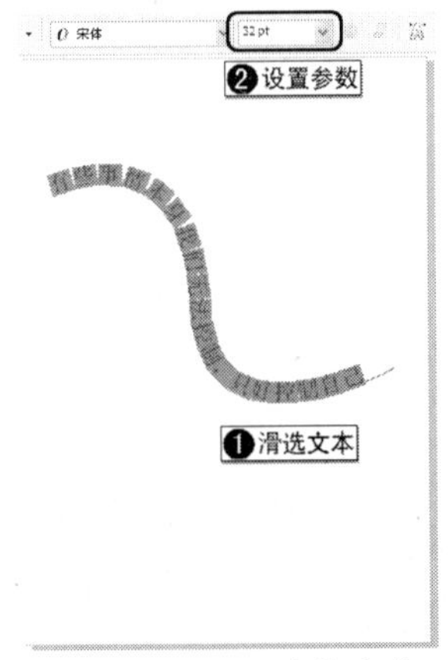

图 4-26　设置字体大小

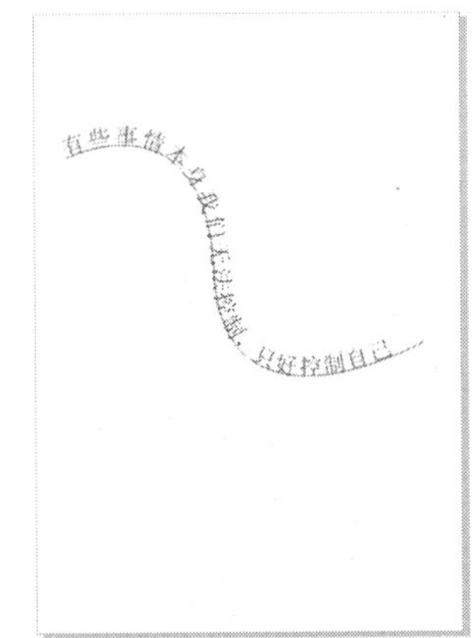

图 4-27　文字路径效果

4.4.3　使用传统方式将文字填入路径

使用传统方式将文字填入路径的操作步骤如下：

01　选择工具箱中的（椭圆工具），在绘图页中绘制椭圆，如图 4-28 所示。

02　选择工具箱中的字（文本工具），在椭圆的下方输入一段文本，如图 4-29 所示。

03　确定文本处于选择状态，在菜单栏中选择【文本】|【使文本适合路径】命令，然后将鼠标放置到椭圆路径上，如图 4-30 所示。

04　在椭圆路径上单击即可将文字沿椭圆路径放置，完成后的效果如图 4-31 所示。

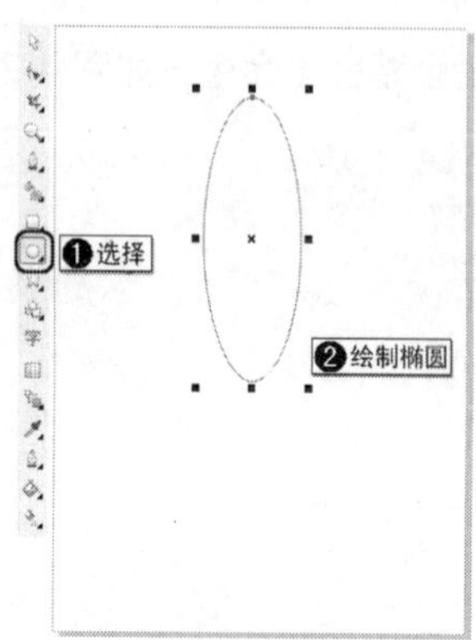

图 4-28　绘制椭圆

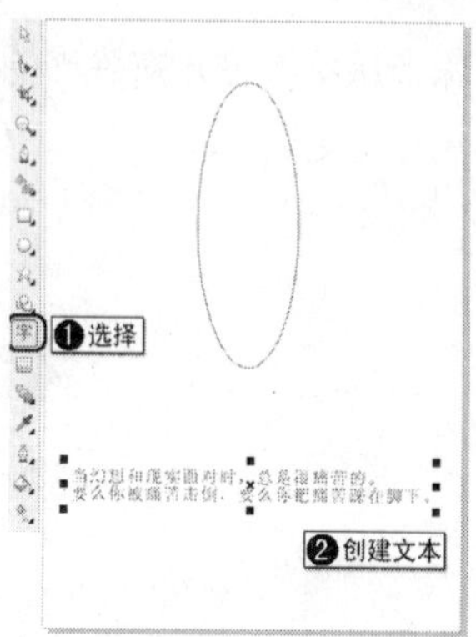

图 4-29　输入文本

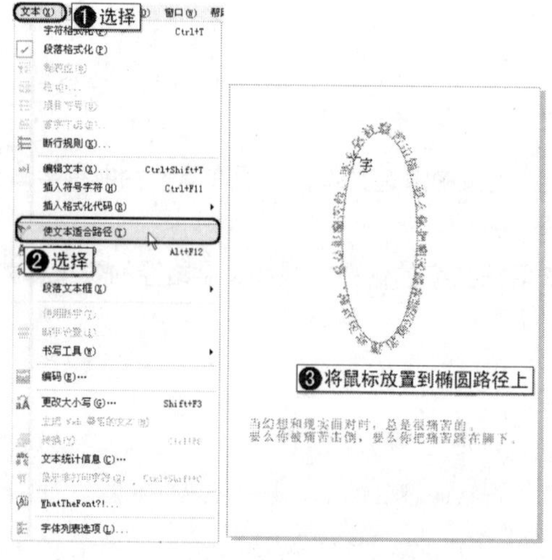

图 4-30　选择【使文本适合路径】命令

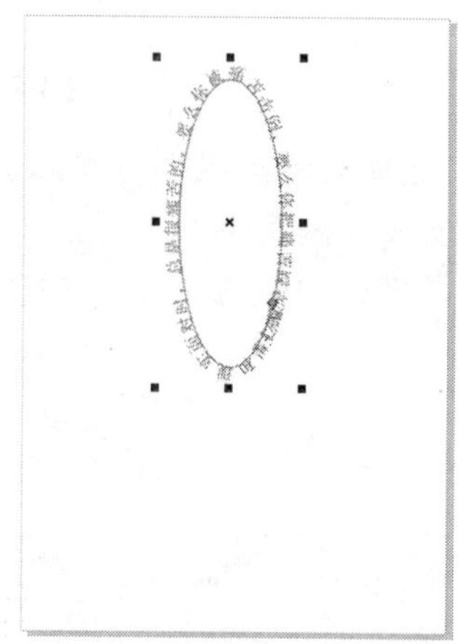

图 4-31　沿曲线路径的效果

4.5　文本适配图文框

当用户在段落文本框或者图形对象中输入文字后，其中的文字大小不会随文本框或图形对象的大小而变化。为此可以通过【使文本适合框架】命令或者调整图形对象来让文本适合框架。

4.5.1　使段落文本适合框架

要使段落文本适合框架，可以通过缩放字体大小用文字将框架填满，也可以在菜单栏中选择【文本】|【段落文本框】|【使文本适合框架】命令来实现。如果文字超出了文本框的范围，文字的字体会自动缩小以适应框架；如果文字未填满文本框，文字会自动放大填满框架：如果在段落文本里使用了不同的字体大小，将保留差别并相应地调整大小以填满框架；如果有链接的文本框使用该项命令，将调整所有链接的文本框中的文字直到填满这些文本框。具体的操作步骤如下：

01　选择工具箱中的字（文本工具），在属性栏中设置好字体和字体大小，然后在页面中输入一个段落文本，如图 4-32 所示。

02　确定新创建的文本处于选择状态，在菜单栏中选择【文本】|【段落文本框】|【使文本适合框架】命令，此时系统会按一定的缩放比例自动调整文本框中文字的大小，使文本对象适合文本框架，如图 4-33 所示。

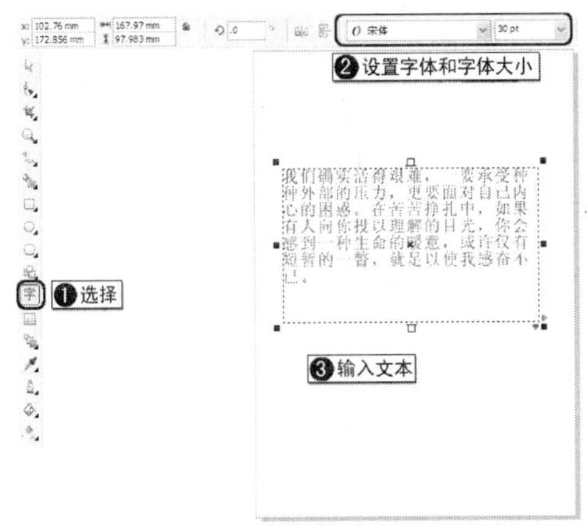

图 4-32　输入段落文本

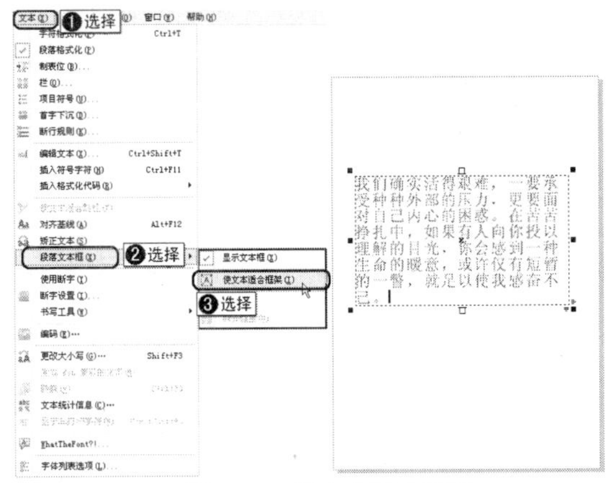

图 4-33　使文本适合框架

4.5.2　将段落文本置入对象中

将段落文本置入对象中，就是将段落文本嵌入到封闭的图形对象中，将图形对象作为段落文本使用，这样可以使文字的编排更加灵活多样。在图形对象中输入的文本对象，其属性和其他的文本对象一样。具体操作步骤如下：

01　此处继续使用上面的段落文本进行介绍。选择工具箱中的（基本形状）工具，在属性栏中将完美形状定义为，然后在段落文本的下方绘制心形图形，如图 4-34 所示。

02　选择工具箱中的（挑选工具），移动鼠标光标到文本对象上，按住鼠标右键将文本对象拖曳到绘制的心形图形上，当鼠标变为如图 4-35 所示的十字环状后释放鼠标，在弹出的快捷菜单中选择【内置文本】命令，如图 4-36 所示。

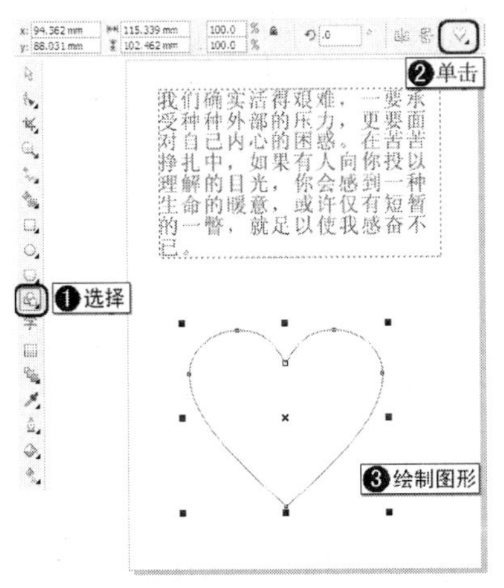

图 4-34　绘制图形

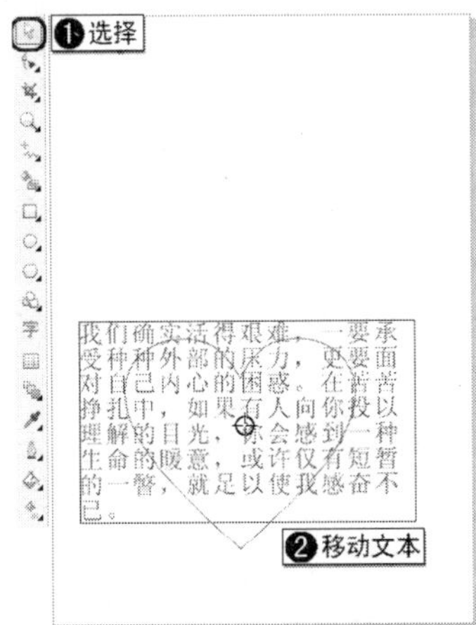

图 4-35　移动文本到心形图形上

图 4-36　选择【内置文本】命令

03　此时段落文本便会置入到图形对象中，如图 4-37 所示。在该图中可以看出其中的文本并没有完全显示出来，配合 Shift 键调整图形的大小，直至图形中的文字全部显示出来，完成后的效果如图 4-38 所示。

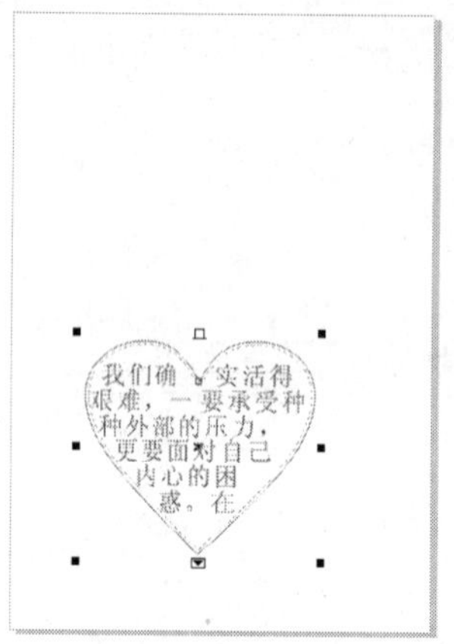

图 4-37　内置文本后的效果

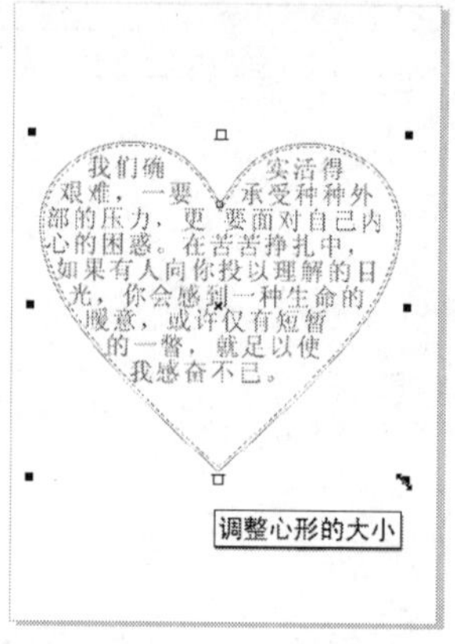

图 4-38　调整心形的大小

4.5.3　分隔对象与段落文本

将段落文本置入图形对象中后，文字将会随着图形对象的变化而变化。如果不想让图形对象和文本对象一起移动，则可分隔它们。具体操作步骤如下：

01　此处继续使用上节的段落文本进行操作。选择段落文本，在菜单栏中选择【排列】|【打散路径内的段落文本】命令，将文本和图形进行分隔，如图 4-39 所示。

02　接下来即可单独对文本对象或图形对象进行操作，选择工具箱中的（挑选工具），选择文本，将其向下移动，如图 4-40 所示。

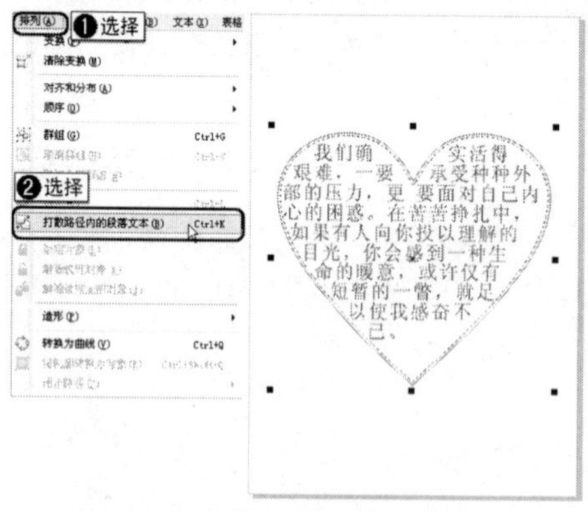

图 4-39　打散路径内的段落文本

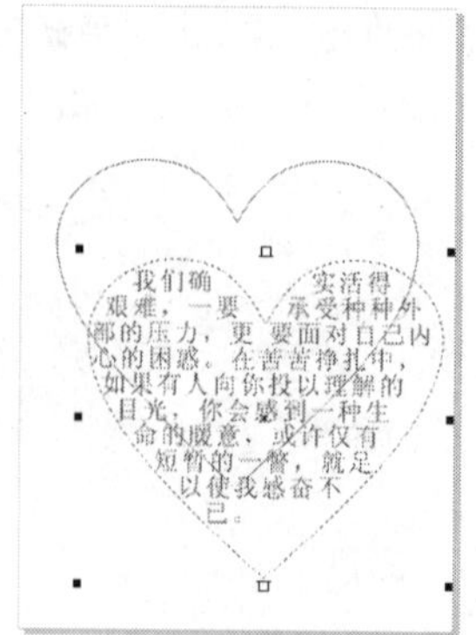

图 4-40　调整文本位置

4.6　文本链接

前面已经介绍过使文本适配图文框的方法，将文本框中的文字完全显示出来。用户还可以将文本框中没有显示的内容链接到另一个文本框中或者图形对象中，将文本对象完全显示出来。

4.6.1　链接段落文本框

链接段落文本框可以使排版更加方便容易。用户可以根据页面的具体情况，使用段落文本框将版面上文字的摆放位置事先安排好，然后将这些文本框链接起来，使文本对象完全显示。链接文本框中的文本对象的属性是相同的，改变其中的一个文本框的大小，其他的文本框中的文本内容也将自动进行调整。具体操作步骤如下：

01　选择工具箱中的字（文本工具），在属性栏中将字体大小设置为 34.686pt，然后在页面中创建一个段落文本框，输入文字，如图 4-41 所示。

图 4-41　创建段落文本

02　按 Ctrl+I 组合键，在打开的对话框中将随书附带光盘【DVDROM｜素材｜Cha04｜学习用品.psd】素材导入到场景中，调整图像的大小和位置，然后在属性栏中单击（段落文本换行）按钮，在弹出的快捷菜单中选择【跨式文本】命令，如图 4-42 所示。

03　使用（挑选工具）选择页面中的文本，可以看到文本内容已经超出了文本框的显示范围，如图 4-43 所示。

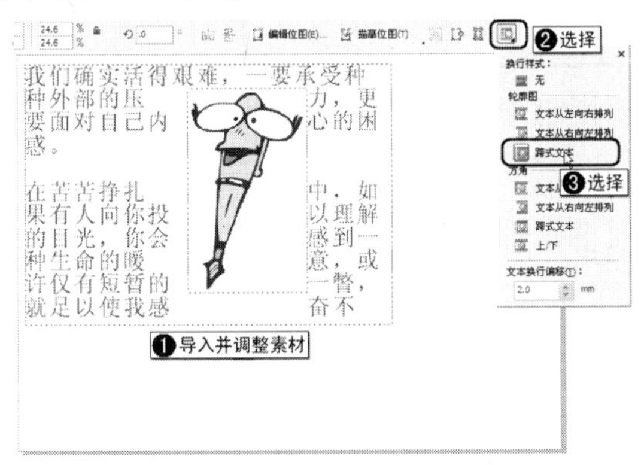

图 4-42　导入并调整素材

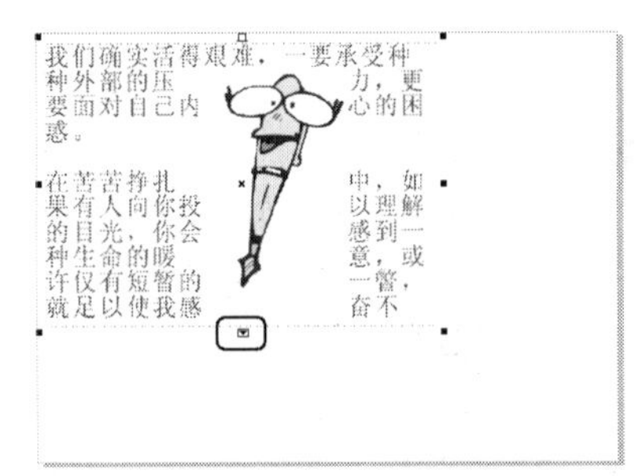

图 4-43　选择文本框

04　选择工具箱中的字（文本工具），在合适的位置创建两个段落文本框，如图 4-44 所示。

05　单击文本框底部的实心按钮，这时指针变成插入链接状态，然后移动鼠标指针到无文本对象的文本框中，指针将变成黑色箭头，如图 4-45 所示。

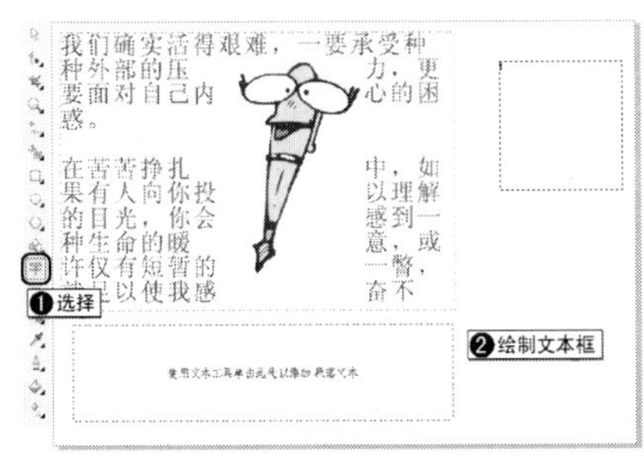

图 4-44　绘制文本框

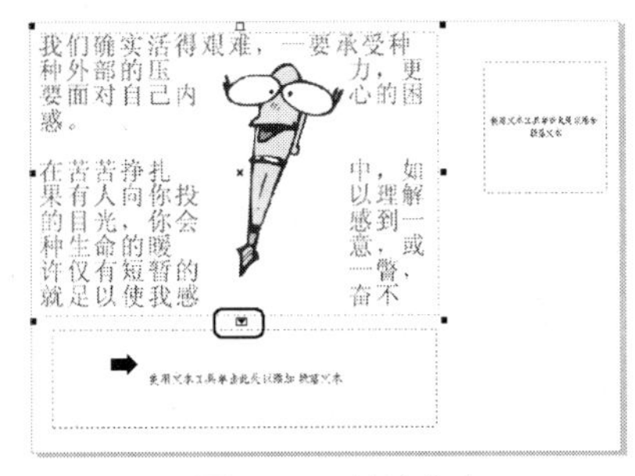

图 4-45　链接文本

06　在空白文本框中单击鼠标左键即可将隐藏的文本链接到这个文本框中，如图 4-46 所示。

07　选择新链接的文本框，单击底端的实心按钮 ，如图 4-47 所示。

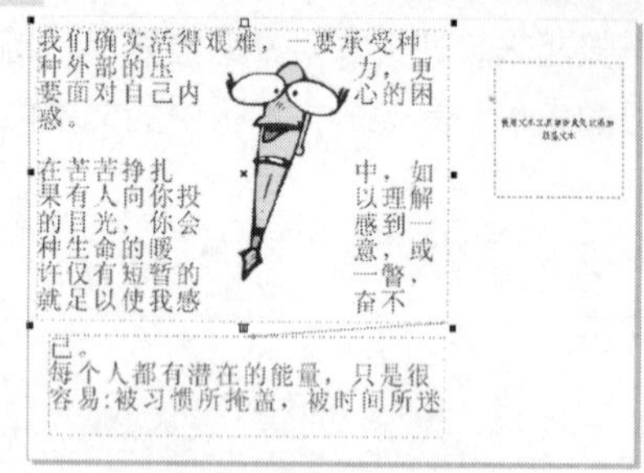

图 4-46　链接文本后的效果

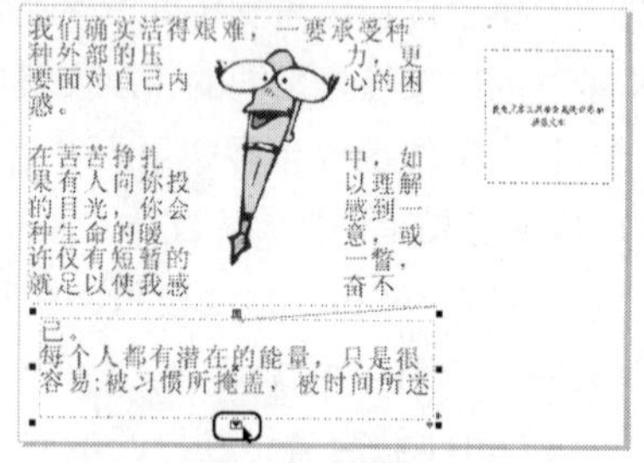

图 4-47　单击实心按钮

08　鼠标变成粗箭头的形状，将其移动到右上方的文本框上，如图 4-48 所示。在文本框中单击鼠标左键即可将隐藏的文本链接到这个文本框中，并用一个箭头表示它们之间的链接方向，如图 4-49 所示。

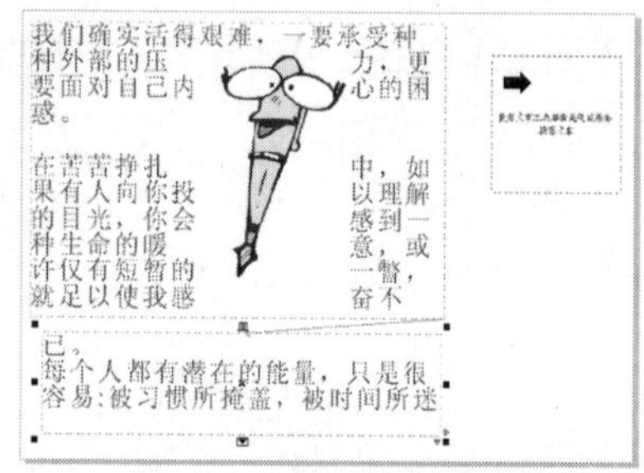

图 4-48　在空白文本框中单击

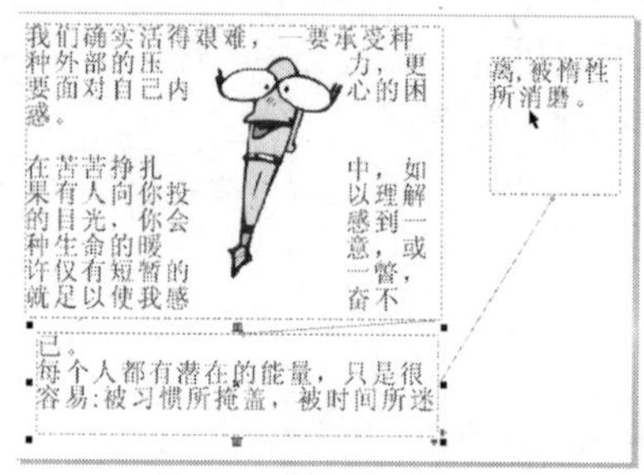

图 4-49　链接后的效果

4.6.2　将段落文本框与图形对象链接

文本对象的链接不只限于段落文本框之间，段落文本框和图形对象之间也可以进行链接。当段落文本框的文本与未闭合路径的图形对象链接时，文本对象将会沿路径进行链接；当段落文本框中的文本内容与闭合路径的图形对象链接时，文本对象会将图形对象作为文本框使用。具体操作步骤如下：

01　使用上一节的文本框和素材图片，对文本框和素材进行调整，如图 4-50 所示。

02　选择工具箱中的 （基本形状），在属性栏中将形状定义为 ，在绘图页中绘制形状，如图 4-51 所示。

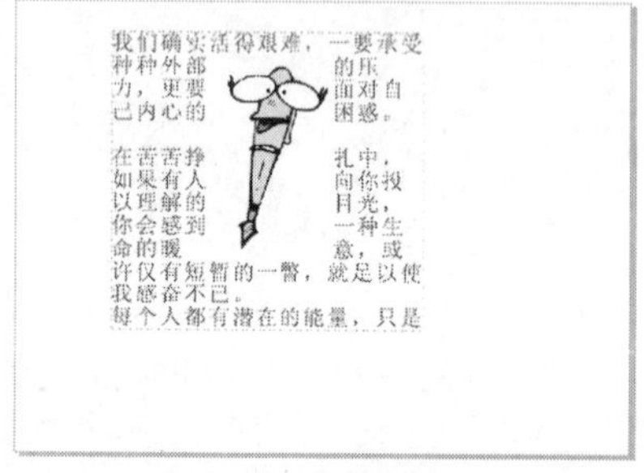

图 4-50　调整文本框

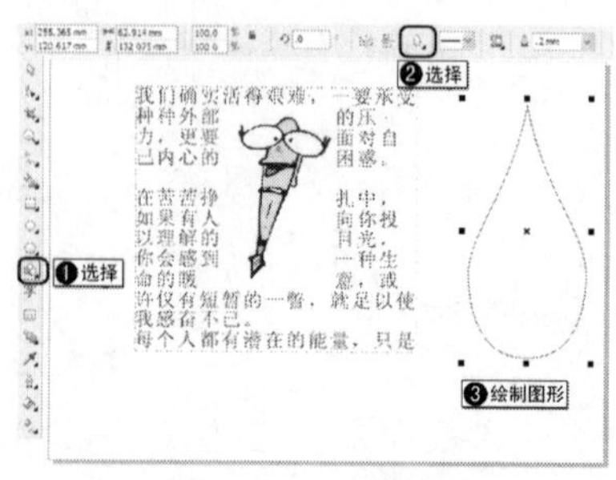

图 4-51　绘制形状

03 单击文本框底部的实心按钮 ，指针变成插入链接状态，移动鼠标指针到绘制的图形对象内，此时指针将变成黑色箭头，如图 4-52 所示。

04 在图形内单击，隐藏的文件内容就会流向图形中并会用一个箭头表示它们之间的链接方向，如图 4-53 所示。

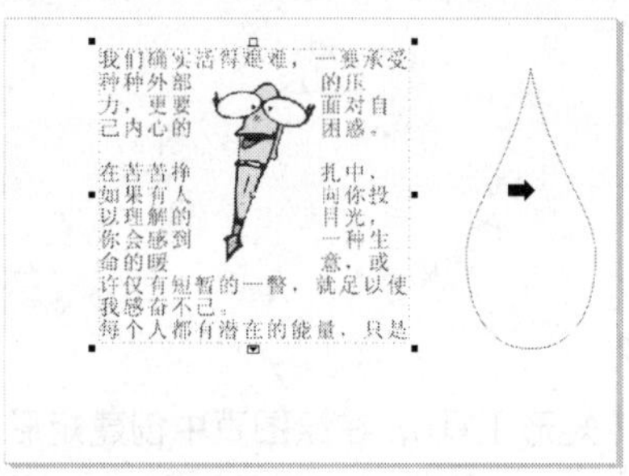

图 4-52 移动指针到绘制的图形上

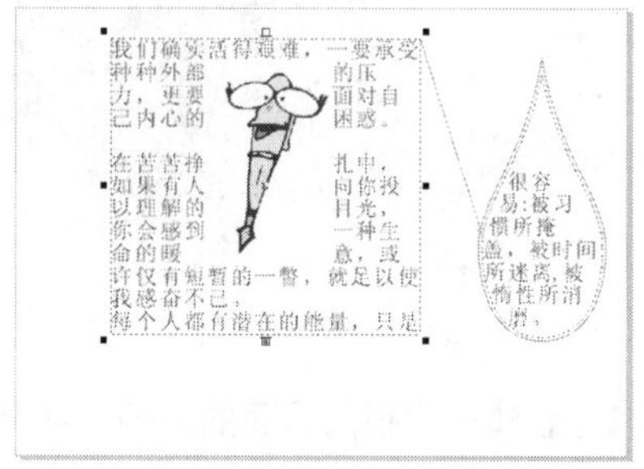

图 4-53 段落文本框与图形链接后的效果

4.6.3 解除对象之间的链接

解除对象之间的链接操作，可以将段落文本框之间或者段落文本框和图形对象之间的链接解除。下面将介绍解除对象之间的链接。

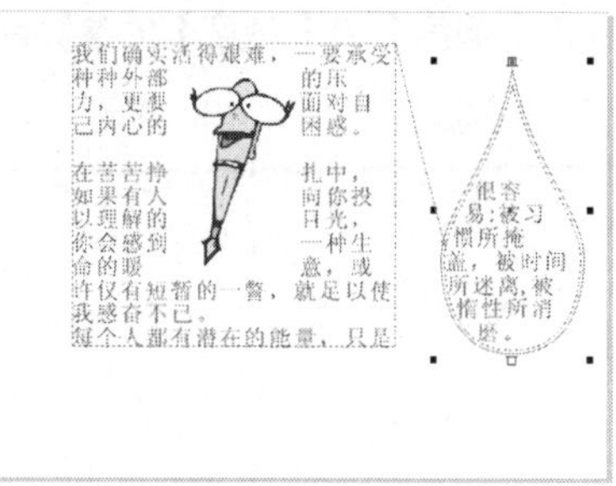

图 4-54 选择水滴形状

01 此处继续使用前面的链接效果进行讲解，在绘图页中选择水滴形状，如图 4-54 所示。

02 确定对象处于选择状态，在菜单栏中选择【排列】|【打散路径内的段落文本】命令，如图 4-55 所示。

03 此时即可解除链接对象，如图 4-56 所示。

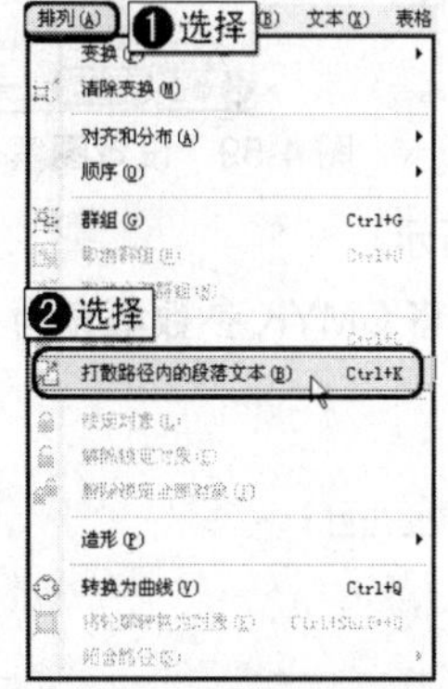

图 4-55 选择【打散路径内的段落文本】命令

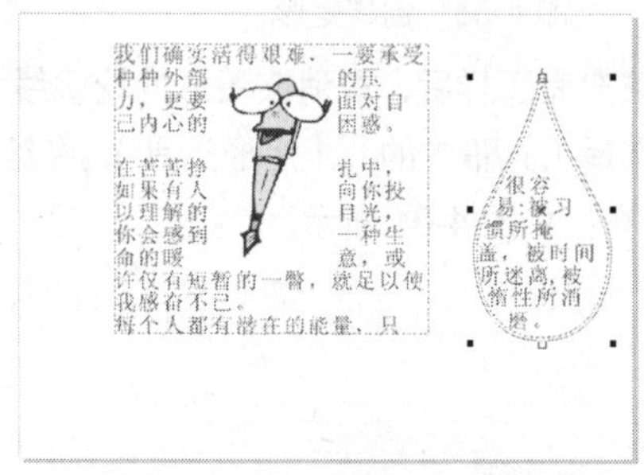

图 4-56 解除链接后的效果

4.7 上机练习——排版效果

本例介绍排版效果的制作。该例的制作比较简单，主要介绍图文混排和沿路径创建文本的方法，完成后的效果如图 4-57 所示。

图 4-57　排版效果

01　新建一个横向页面的文档，选择工具箱中的□（矩形工具），在绘图页中创建矩形，如图 4-58 所示。

02　确定新绘制的矩形处于选择状态，选择工具箱中的◇（填充）按钮，在弹出的下拉列表中选择【图样填充】命令，在打开的对话框中选择一种图样，设置【前部】和【后部】的颜色，然后将【宽度】和【高度】的参数都设置为 80mm，设置完成后单击【确定】按钮，如图 4-59 所示。

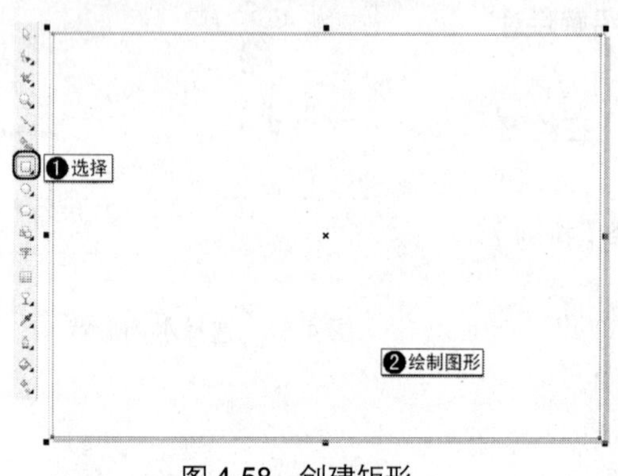

图 4-58　创建矩形

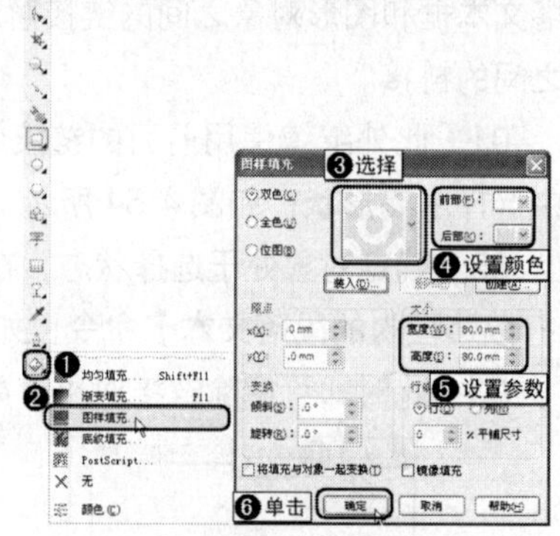

图 4-59　设置图案

03　填充完图样后，取消该图形的轮廓线填充，如图 4-60 所示。

04　选择工具箱中的□（矩形工具），在绘图页中绘制矩形，将 CMYK 参数填充为 39 并取消轮廓线的填充，如图 4-61 所示。

图 4-60　填充图案后的效果

图 4-61　绘制矩形

05 选择工具箱中的▢（矩形工具），在绘图页中绘制矩形，填充70%的黑色并取消轮廓线的填充，如图4-62所示。

06 选择工具箱中的▢（矩形工具），在绘图页中绘制矩形，填充40%的黑色并取消轮廓线的填充，如图4-63所示。

图4-62 绘制矩形

图4-63 绘制矩形

07 继续使用▢（矩形工具），在绘图页中绘制矩形，填充白色并取消轮廓线的填充，如图4-64所示。

08 继续使用▢（矩形工具），在绘图页中绘制矩形，填充蓝紫色并取消轮廓线的填充，如图4-65所示。

图4-64 绘制矩形

图4-65 绘制矩形

09 选择工具箱中的字（文本工具），在绘图页中绘制文本框，如图4-66所示。

10 在文本框中创建文本，在属性栏中将字体设置为楷体，将字体大小设置为24pt，如图4-67所示。

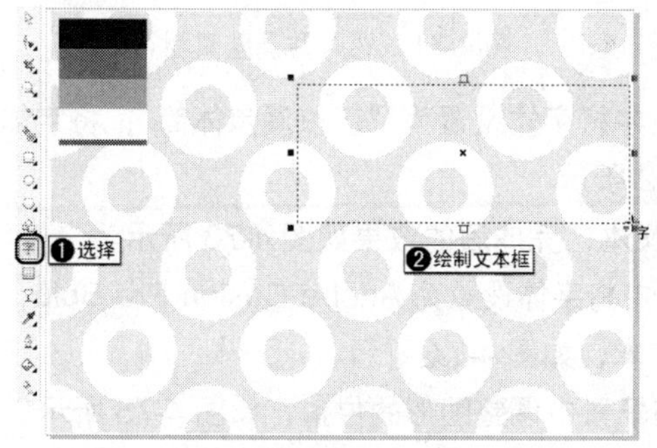

图4-66 绘制文本框

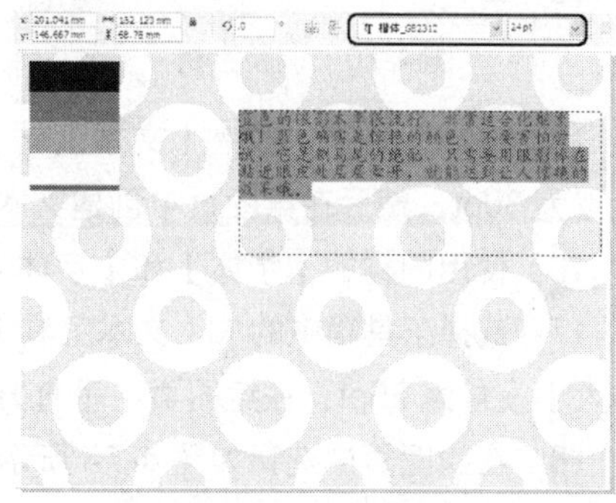

图4-67 创建文本

11 继续使用工具箱中的字（文本工具），在绘图页中绘制段落文本，并在属性栏中对字体和字体大小进行设置，完成后的效果如图 4-68 所示。

12 按 Ctrl+I 组合键，在打开的对话框中选择随书附带光盘【DVDROM | 素材 | Cha04 | 侧马尾.jpg】文件，单击【导入】按钮，如图 4-69 所示。

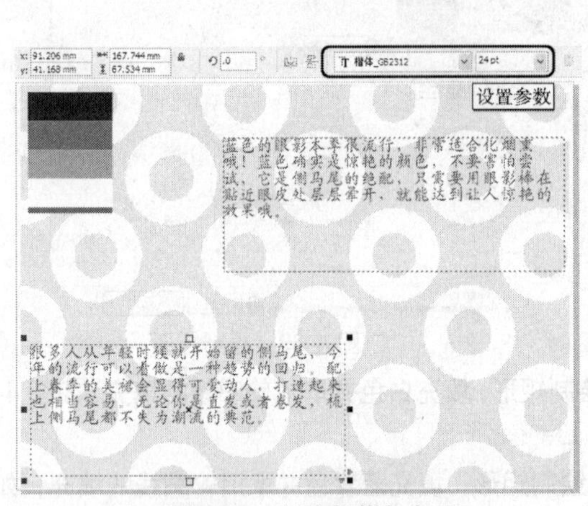

图 4-68　创建段落文本

图 4-69　导入素材文件

13 按 Enter 键将选择的素材导入到绘图页中央，调整素材的大小和位置，在属性栏中单击（段落文本换行）按钮，在弹出的下拉菜单中选择【跨式文本】命令，如图 4-70 所示。

14 使用同样的方法导入蓝眼影.jpg 素材，并对素材文件进行调整，完成后的效果如图 4-71 所示。

图 4-70　调整素材

图 4-71　导入并调整素材

15 选择工具箱中的字（文本工具），在属性栏中将字体设置为“汉仪漫步体简”，将字体大小设置为 30pt，然后在绘图页中创建文本，如图 4-72 所示。

16 使用同样的【字体】和【字体大小】创建文本，完成后的效果如图 4-73 所示。

17 选择工具箱中的字（文本工具），在属性栏中将字体设置为 Adobe Caslon Pro Bold，将字体大小设置为 35pt，在绘图页中垂直方向上创建文本，如图 4-74 所示。

18 在绘图页中选择如图 4-75 所示的图形，在场景中调整图形的位置，如图 4-75 所示。

图 4-72 创建文本

图 4-73 创建文本

图 4-74 创建文本

图 4-75 调整图形的位置

19 选择工具箱中的（贝塞尔工具），在绘图页中绘制曲线，使用（形状工具）对图形进行调整，如图 4-76 所示。

20 选择工具箱中的（文本工具），在属性栏中将字体设置为“汉仪雪君体简”，将字体大小设置为 42pt，然后在绘图页中沿曲线创建文本并将文本颜色填充为蓝紫色，如图 4-77 所示。

图 4-76 绘制曲线

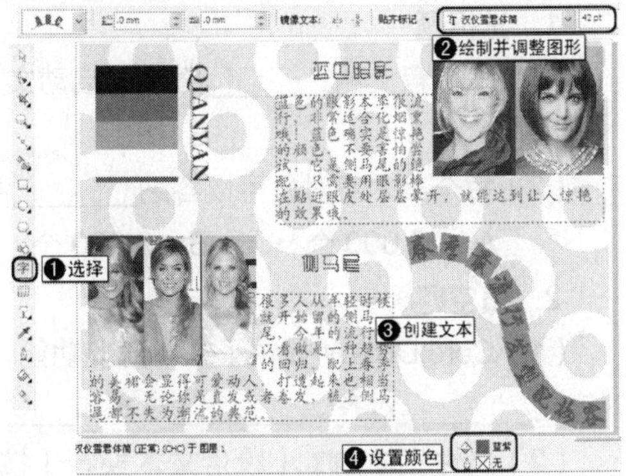

图 4-77 沿曲线创建文本

21 确定新创建的文本处于选择状态，在菜单栏中选择【排列】|【打散在一路径上的文本】命令，如图 4-78 所示。

图 4-78　打散文本

22　选择打散后的曲线，按 Delete 键将曲线删除，如图 4-79 所示。

23　按 Ctrl+A 组合键，选择绘图页中的所有文件，按 Ctrl+G 组合键将选择的对象成组，如图 4-80 所示。

图 4-79　删除曲线

图 4-80　将对象成组

至此，排版效果制作完成，将完成后的场景文件进行存储。

4.8　习题

1．选择题

（1）按键盘上的________键可以启动文本工具。

A．F5　　B．F6　　C．F7　　D．F8

（2）每个美术字对象可以容纳________字符。

A．20 000 个　　B．3 200 个　　C．21 000 个　　D．32 000 个

2．填空题

（1）CorelDRAW 提供了文本对齐功能，可以将选择的文字以文本框的边界为标准进行________对齐、________对齐、________对齐和________对齐。

（2）属性栏中的（段落文本换行）按钮下包括________、________、________、________、________、________、________和________。

3．上机操作

结合本章学习的内容制作书签效果。

第 5 章　颜 色 填 充

在绘制与编辑彩色图形的过程中选择颜色与填充颜色是用户必备的工作，只有为图形选择了漂亮的颜色，图形才会变得生动而优美。因此用户需要熟练掌握颜色的选择与应用，从而为制作出优美的作品打下牢固的基础。本章将介绍选择颜色的几种方法并为图形填充颜色。

本章重点

- 标准填充
- 渐变填充、图样填充和底纹填充
- 交互式填充工具组

5.1　标准填充

标准填充是 CorelDRAW X4 中最基本的填充方式，默认的调色板模式为 CMYK 模式。如果该调色板处于目前不可见的状态，则可选择【窗口】|【调色板】命令，其中集合了全部的 CorelDRAW 调色板。从中选择【默认 CMYK 调色板】命令，调色板就会立即出现在窗口的右侧。

在进行标准填充之前，需要先选中要进行标准填充的对象，然后单击调色板中所需的颜色即可完成填充。

使用调色板为对象填充颜色的步骤如下：

01　按 Ctrl+O 组合键打开随书附带光盘【DVDROM | 素材 | Cha05 | 卡通男孩.cdr】文件，如图 5-1 所示。

02　选择工具箱中的（挑选工具），在画面中选择要填充颜色的图形，如图 5-2 所示。

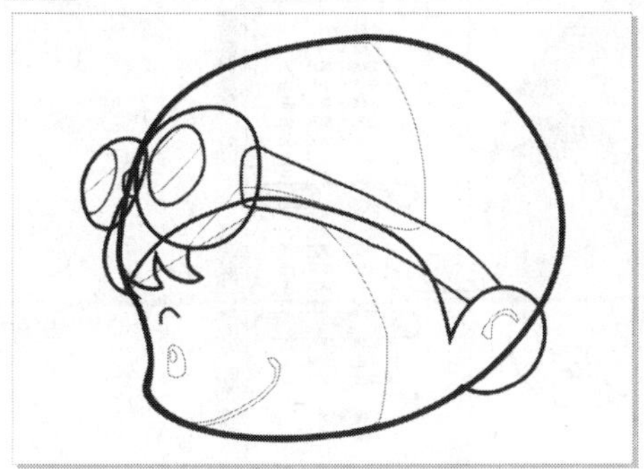

图 5-1　打开的场景文件

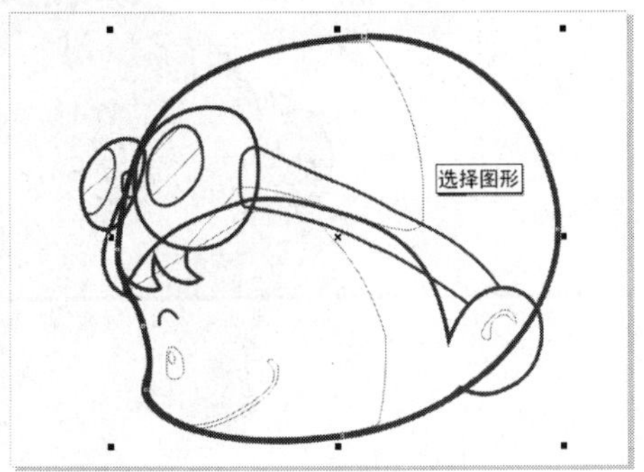

图 5-2　选择图形

03 在默认 CMYK 调色板中单击青色色块，将选择的图形填充为青色，如图 5-3 所示。

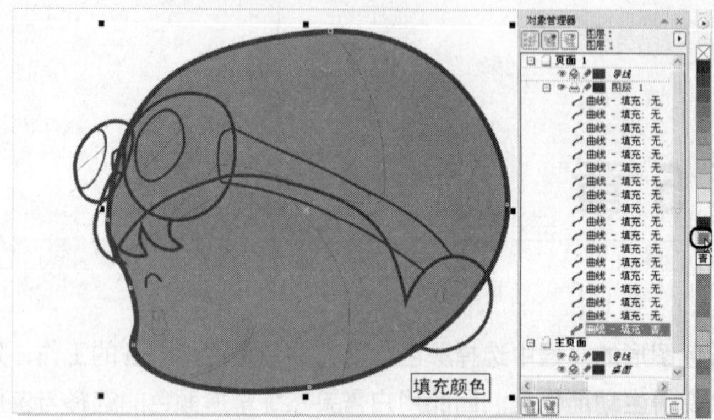

图 5-3 为图形填充颜色

04 选择工具箱中的 (挑选工具)，配合 Shift 键在绘图页中选择如图 5-4 所示的图形。

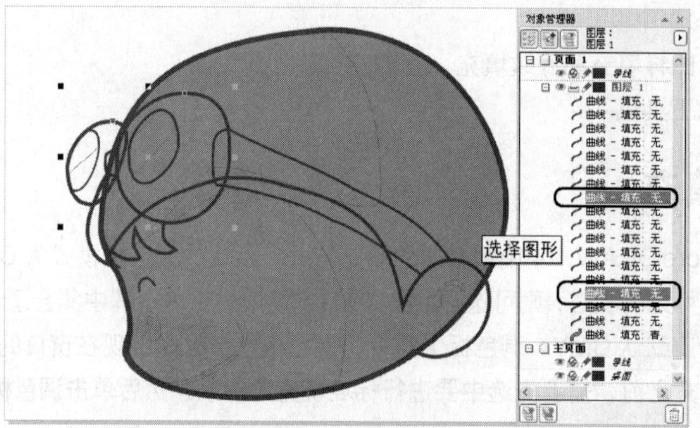

图 5-4 选择图形

05 确定对象处于选择状态，在默认 CMYK 调色板中单击红色色块，将选择的图形填充为红色，如图 5-5 所示。

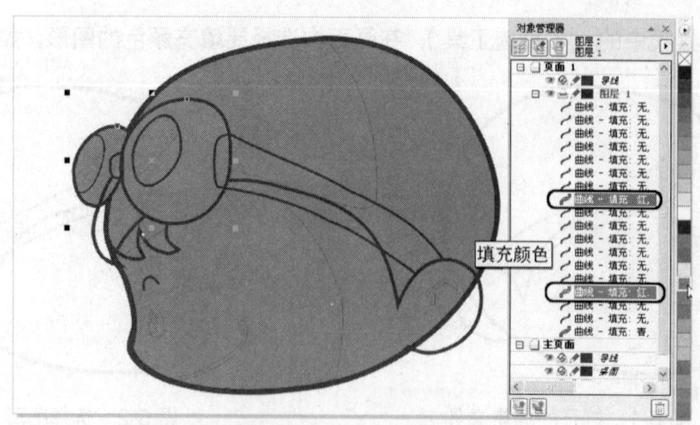

图 5-5 填充红色

06 继续使用 (挑选工具) 在绘图页中选择如图 5-6 所示的图形。

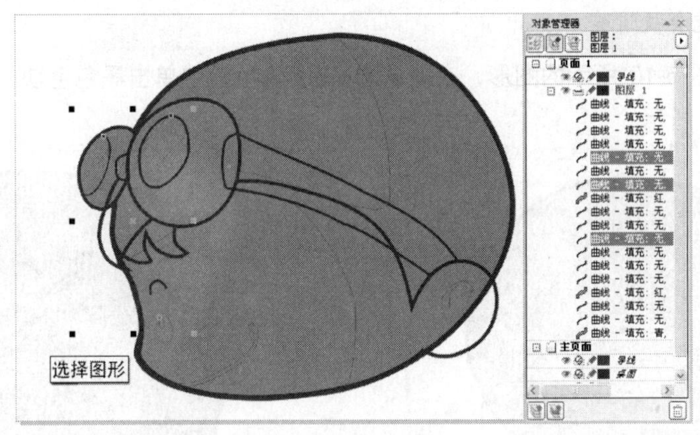

图 5-6 选择图形

07 在默认 CMYK 调色板中单击白色色块，将选择的图形填充为白色，如图 5-7 所示。

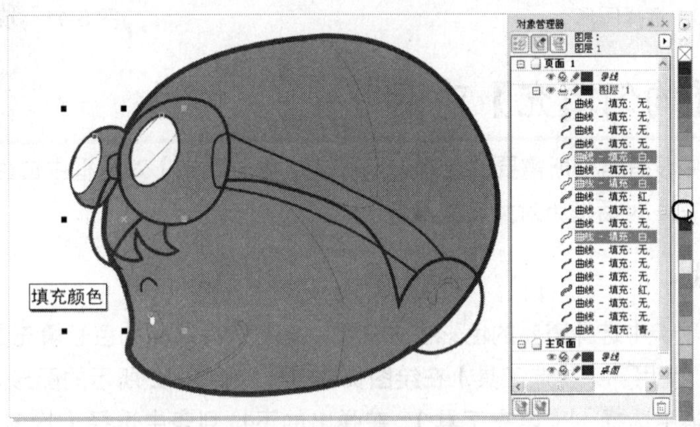

图 5-7 填充白色

08 在绘图页中选择作为眼睛的白色图形，如图 5-8 所示。

09 确定图形处于选择状态，在默认 CMYK 调色板中右击⊠色块，取消轮廓线的填充，如图 5-9 所示。

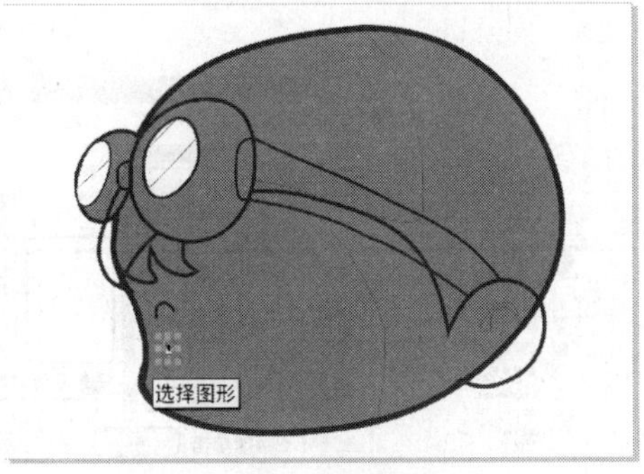

图 5-8 选择图形

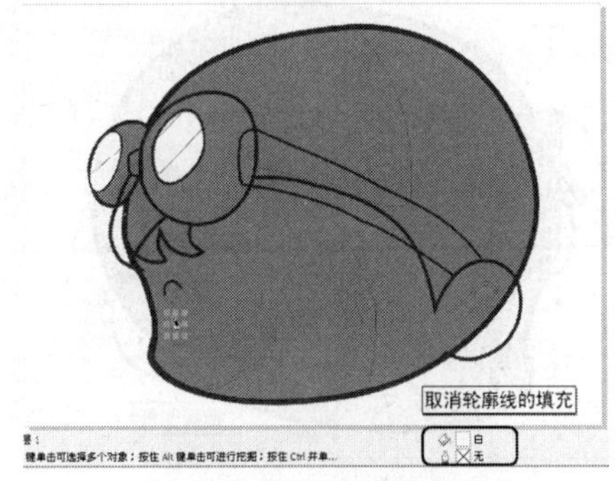

图 5-9 取消轮廓线的填充

> ❓ **提示：** 如果想清除填充的颜色，在选中图形后单击调色板上的☒色块即可，这样图形中填充的颜色就会被清除。

10　选择如图 5-10 所示的图形，在默认 CMYK 调色板中单击黑色色块，将选择的图形填充为黑色，如图 5-11 所示。

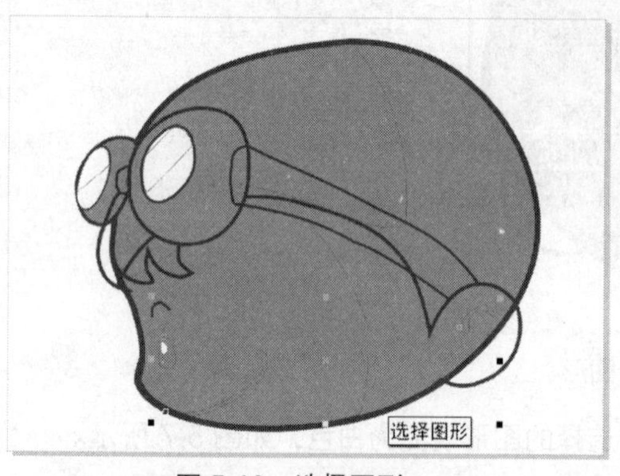

图 5-10　选择图形

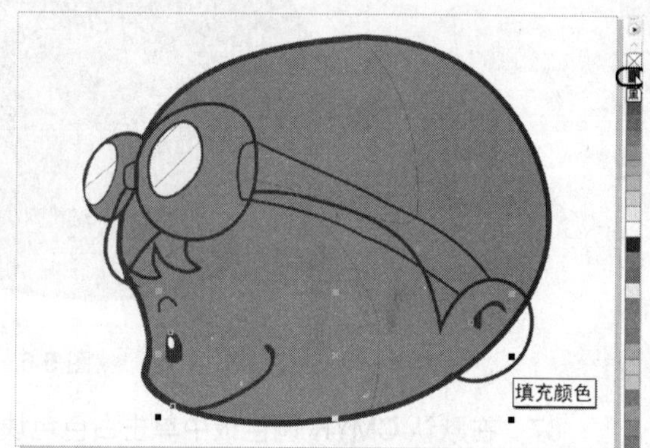

图 5-11　填充黑色

5.2　使用【均匀填充】对话框

如果在调色板中没有当前所需要的色彩，则可从【均匀填充】对话框中自由地选色。下面介绍如何使用【均匀填充】对话框为对象填充颜色。

5.2.1　标准模式

在【模型】选项卡中选择需要的色彩模式，可以任意选择所需的色彩填充图形。

01　接上节，使用 (挑选工具) 在绘图页中选择如图 5-12 所示的图形。

02　在工具箱中选择 (填充工具)，在弹出的下拉列表中选择【均匀填充】命令，或按 Shift+F11 组合键，打开【均匀填充】对话框，在该对话框中将 CMYK 参数设置为 1、25、49、0，设置完成后单击【确定】按钮，如图 5-13 所示。

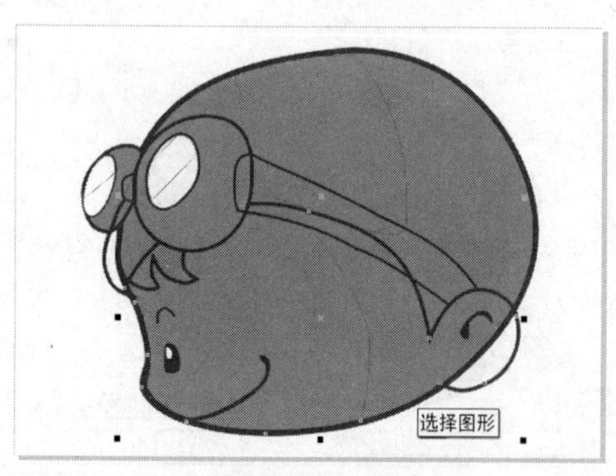

图 5-12　选择图形

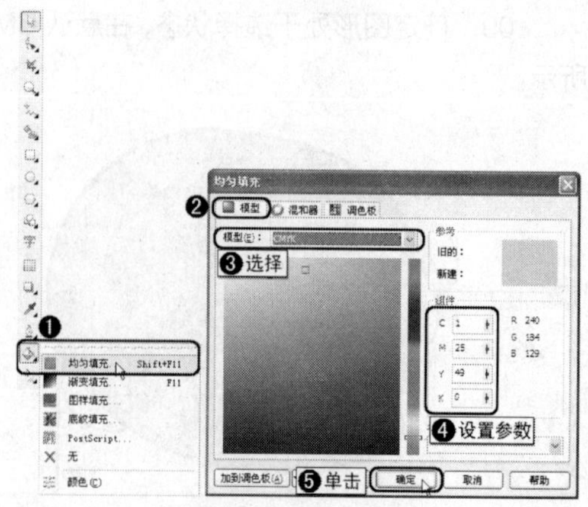

图 5-13　设置颜色

03 填充完颜色后的效果如图 5-14 所示。

04 选择绘图页中的图形，如图 5-15 所示。按 Shift+F11 组合键，在打开的对话框中将模型定义为 RGB，将 RGB 参数设置为 255、224、193，单击【确定】按钮，如图 5-16 所示。

05 确定填充后的图形处于选择状态，在 CMYK 调色板中右击☒色块，取消该图形轮廓线的填充，如图 5-17 所示。

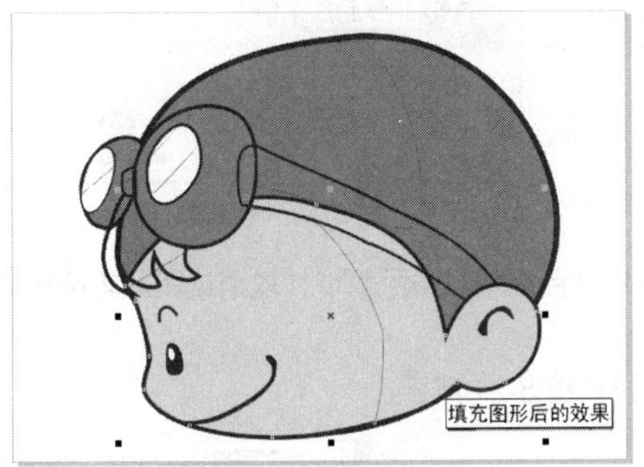

图 5-14　填充图形后的效果

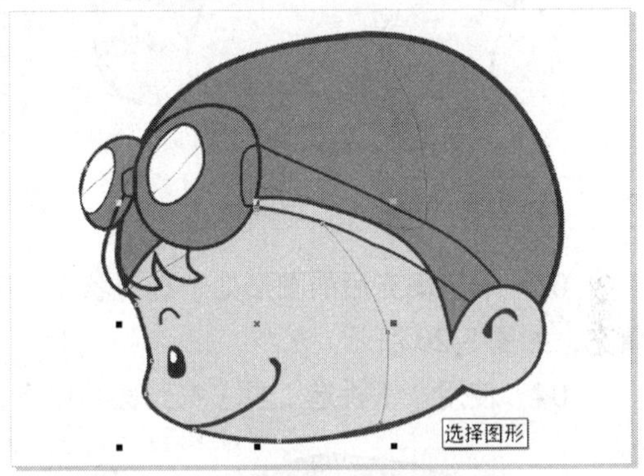

图 5-15　选择图形

图 5-16　设置颜色

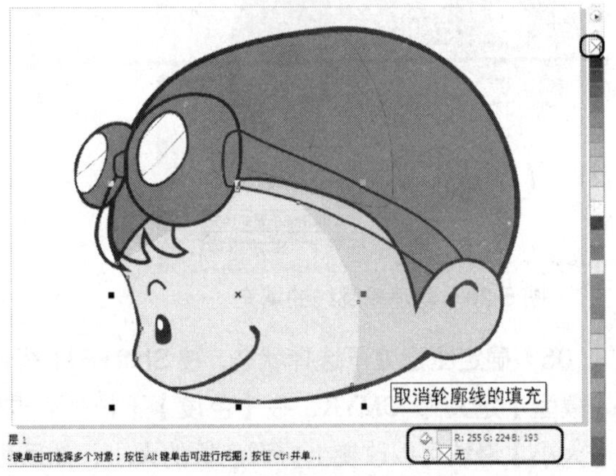

图 5-17　填充颜色后的效果

5.2.2　混合器模式

利用混和器可以在一组特定的颜色中进行颜色的调配。

此处继续使用前面的场景进行讲解。

01 选择工具箱中的（挑选工具），在绘图页中选择图形，如图 5-18 所示。

02 确定图形处于选择状态，按 Shift+F11 组合键，在打开的对话框中选择【混合器】选项卡，将【模型】定义为 RGB，在【色度】下拉列表框中选择所需的选项，这里选择的是【三角形 1】；拖动【大小】滑块可以改变上方调色板的大小，然后可通过拖动小圆点或在调色板中单击来选择所需的颜色，设置完毕后单击【确定】按钮，如图 5-19 所示。

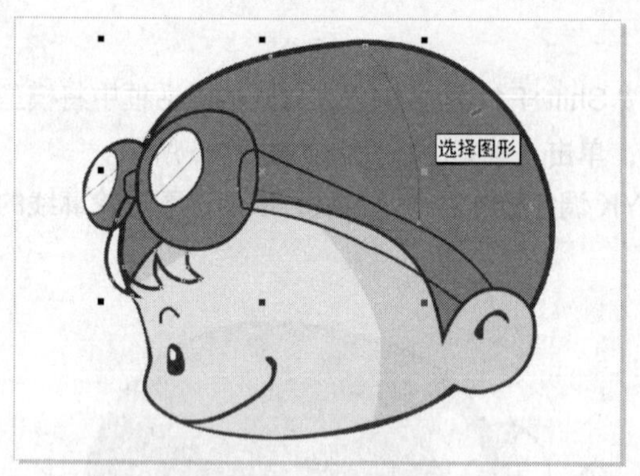

图 5-18 选择图形

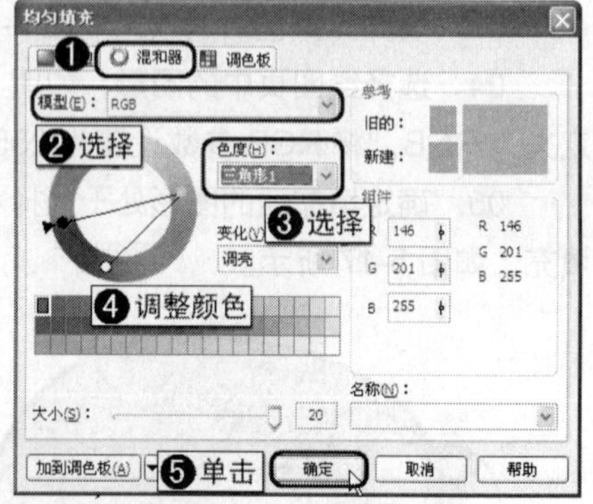

图 5-19 设置颜色

03 确定填充后的图形处于选择状态，在 CMYK 调色板中右击☒色块，取消该图形轮廓线的填充，如图 5-20 所示。

04 使用 （挑选工具）在绘图页中选择图形，如图 5-21 所示。

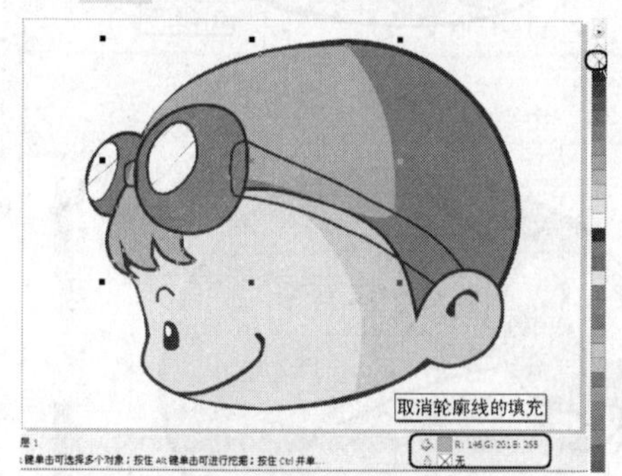

图 5-20 取消轮廓线的填充

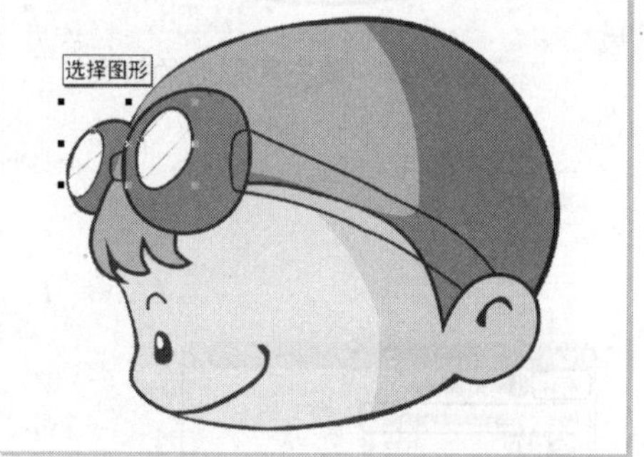

图 5-21 选择图形

05 确定图形处于选择状态，按 Shift+F11 组合键，在打开的对话框中选择【混合器】选项卡，将【模型】定义为 CMYK，在【色度】下拉列表框中选择所需的选项，这里选择的是【矩形】；拖动【大小】滑块可以改变上方调色板的大小，然后可通过拖动小圆点或在调色板中单击来选择所需的颜色，设置完毕后单击【确定】按钮，如图 5-22 所示。

06 为选择的图形填充颜色，完成后的效果如图 5-23 所示。

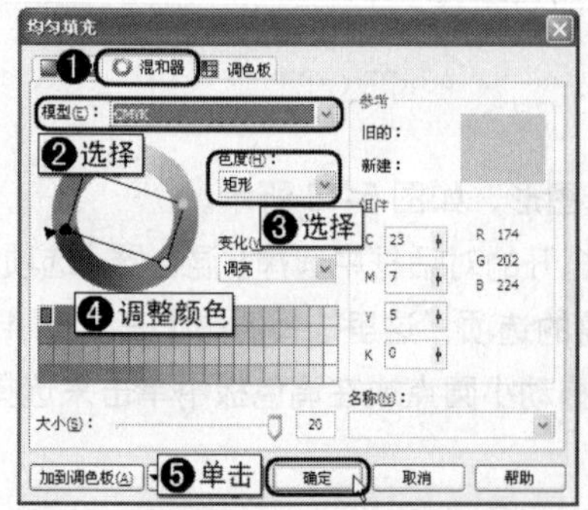

图 5-22 设置颜色

图 5-23 填充颜色后的效果

5.2.3　调色板模式

【调色板】选项卡和【混和器】选项卡基本相似，但它比【混和器】选项卡多了【淡色】滑动条，【组件】栏中只显示目前所选色彩的数值，不能被自由编辑。此处，在【名称】下拉列表框中还为用户提供了颜色样式。

01　使用（挑选工具），配合 Shift 键在绘图页中选择图形，如图 5-24 所示。

02　确定图形处于选择状态，按 Shift+F11 组合键，在打开的对话框中选择【调色板】选项卡，在色谱上拖动滑块至适当位置，在调色盒中选择沙黄色，如图 5-25 所示，单击【确定】按钮即可将选择的颜色填充到选择的对象上。填充颜色后的效果如图 5-26 所示。

图 5-24　选择图形

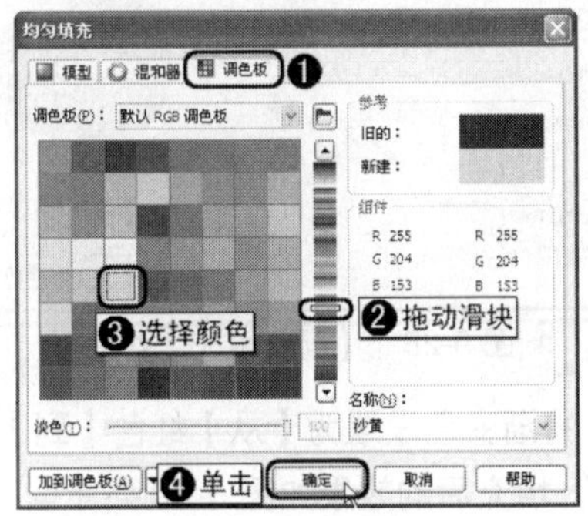

图 5-25　设置颜色

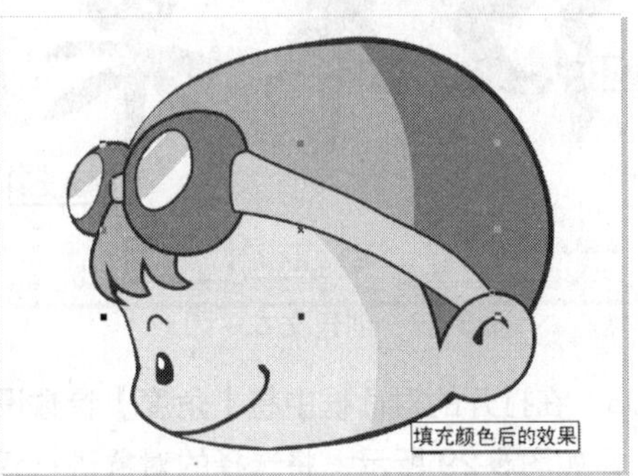

图 5-26　填充颜色后的效果

5.3　渐变填充

渐变填充是为对象增加两种或多种颜色的平滑渐变。渐变填充有 4 种类型：线性渐变、圆锥渐变、辐射渐变和方形渐变。线性渐变填充沿着对象作直线流动，圆锥渐变填充产生光线落在圆锥上的效果，辐射渐变填充从对象中心向外辐射，而方形渐变填充则以同心方形的形式从对象中心向外扩散。

用户可以在对象中应用预设渐变填充、双色渐变填充和自定义渐变填充。自定义渐变填充可以包含两种或两种以上的颜色，用户可以在填充渐变的任何位置定位这些颜色。创建自定义渐变填充之后，可以将其保存为预设。

应用渐变填充时，可以指定所选填充类型的属性。例如，填充的颜色调和方向、填充的角度、中心位移、中点和边衬。还可以通过指定渐变步长值来调整渐变填充的打印和显示质量。默认情况下，渐变步长值设置处于锁定状态，因此渐变填充的打印质量由打印设置中的指定值决定，而显示质量由设定的默认值决定。但是，在应用渐变填充时，可以解除锁定渐变步长值设置并指定一个适用于打印与显示质量的填充值。

5.3.1 应用双色渐变填充

双色渐变填充的步骤如下：

01 新建一个横向页面的文件，选择工具箱中的字（文本工具），在属性栏中设置字体和字体大小，创建文本并设置颜色，如图 5-27 所示。

02 在工具箱中选择（填充工具）下的【渐变填充工具】或按 F11 键，打开【渐变填充】对话框，如图 5-28 所示。

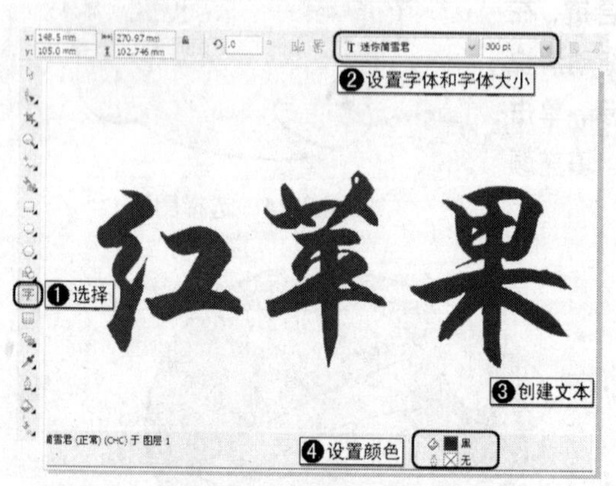

图 5-27 创建文本

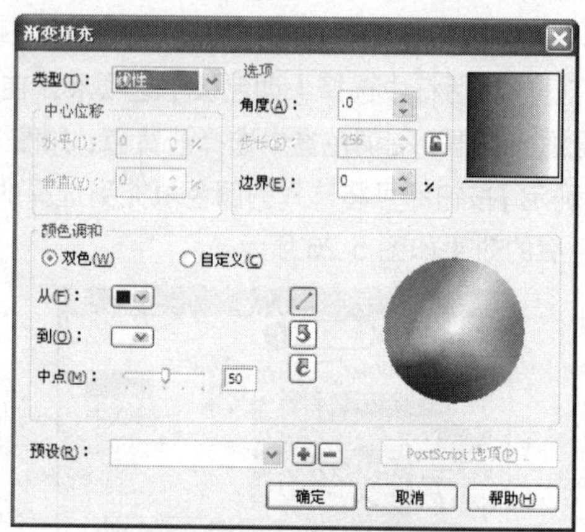

图 5-28 【渐变填充】对话框

03 在打开的对话框中将【角度】参数设置为-90°，将渐变色设置为【从】红色【到】黄色的渐变，如图 5-29 所示，将选择的对象进行双色渐变填充，填充后的效果如图 5-30 所示。

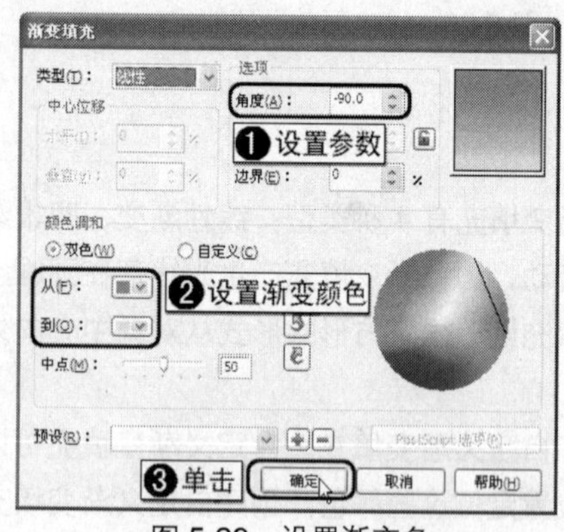

图 5-29 设置渐变色

图 5-30 填充渐变色后的效果

5.3.2 应用预设渐变填充

下面将介绍使用系统中预设的渐变颜色对文字进行填充。

继续使用前面的文本进行讲解。

01 按 Ctrl+Z 组合键返回上一步，确定文本处于选择状态，按 F11 键打开【渐变填充】对话框，在【预设】下拉列表框中选择所需的渐变，这里选择的是“87–彩虹–04”，然后单击【确定】按钮，如图 5-31 所示。

02 添加完渐变后的效果如图5-32所示。

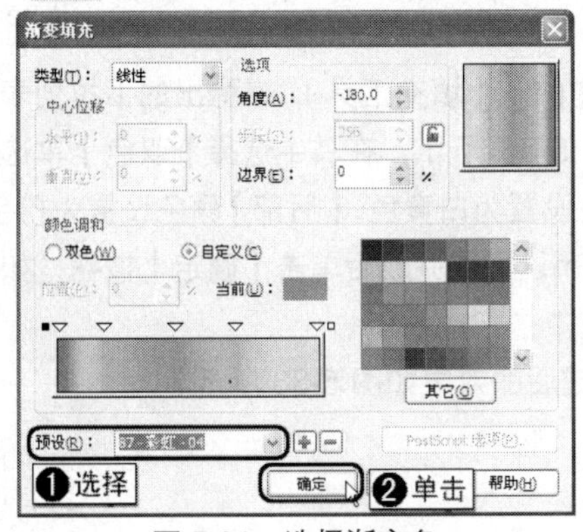

图5-31 选择渐变色

图5-32 完成后的效果

5.3.3 应用自定义渐变填充

下面对自定义渐变填充进行简单的介绍。

此处继续使用前面的文本进行讲解。

01 按Ctrl+Z组合键返回上一步，确定文本处于选择状态，按F11键打开【渐变填充】对话框，将【类型】定义为方角，将【边界】参数设置为5%，选择【自定义】单选按钮，然后设置渐变颜色，设置完成后单击【确定】按钮，如图5-33所示。

02 填充渐变后的效果如图5-34所示。

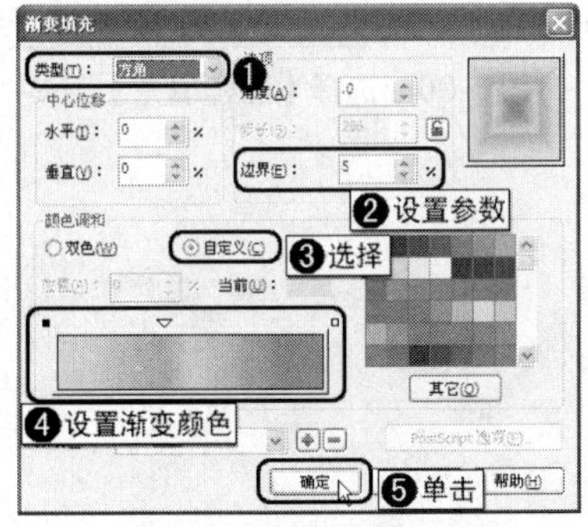

图5-33 设置渐变色

图5-34 填充渐变后的效果

5.4 图样填充

CorelDRAW 提供有预设图案填充，可以直接应用于对象，也可以自行创建图样填充。例如，可以使用双色、全色或者位图图案等来填充对象，也可以根据自己绘制的对象或者导入的图像来创建图案填充。

5.4.1 应用双色图样填充

在进行图样填充之前首先在画面中创建图形，可参照下面的步骤进行操作。

01 首先新建一个横向页面的文档，选择工具箱中的□（矩形工具），配合 Ctrl 键在绘图页中绘制一个正方形，如图 5-35 所示。

02 确定新绘制的图形处于选择状态，选择工具箱中的◈（填充工具），在弹出的下拉列表中选择【图样填充】工具，打开【图样填充】对话框，如图 5-36 所示。在其中选择【双色】单选按钮，然后在图样选择器中选择所需的图样，将【前部】颜色设置为白黄色，【后部】颜色设置为粉色，然后将【大小】栏下的【宽度】和【高度】都设置为 30mm，设置完成后单击【确定】按钮，如图 5-37 所示。

03 填充完图样后，取消该图形的轮廓线填充，完成后的效果如图 5-38 所示。

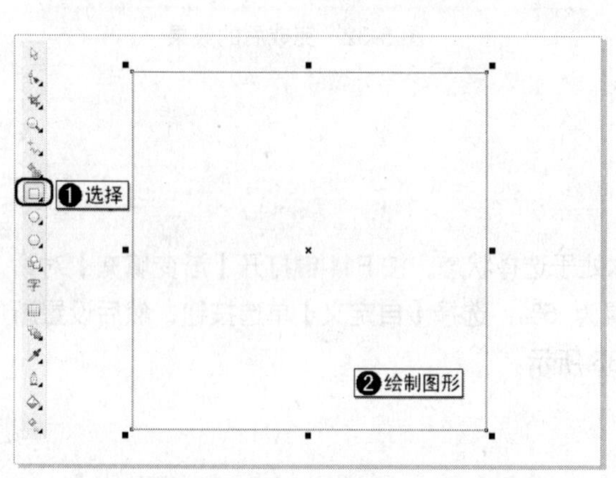

图 5-35 绘制正方形

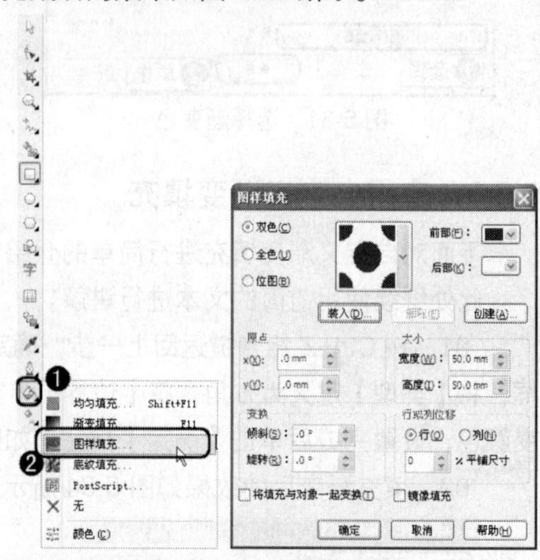

图 5-36 选择【图样填充】工具

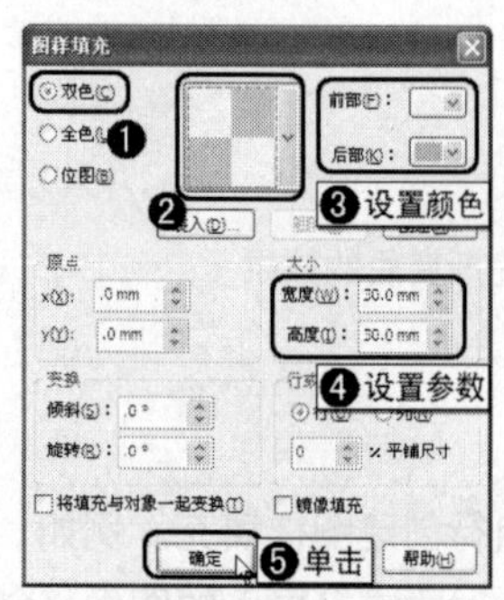

图 5-37 设置图样

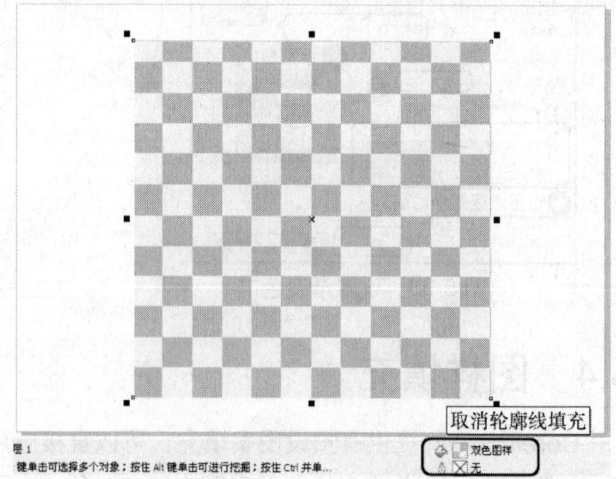

图 5-38 填充图样后的效果

5.4.2 应用全色图样填充

下面继续在前面绘制的图形基础上进行讲解。

01 确定双色图样处于选择状态，按小键盘上的+键，将选择的图形进行复制，然后配合 Shift

键对图形进行缩放，如图 5-39 所示。

02　确定新复制的图形处于选择状态，在属性栏中双击填充框，打开【图样填充】对话框，在其中选择【全色】单选按钮，然后在图样选择器中选择所需的图样，将【大小】栏下的【宽度】和【高度】参数分别设置为 4mm 和 40mm，设置完成后单击【确定】按钮，如图 5-40 所示。

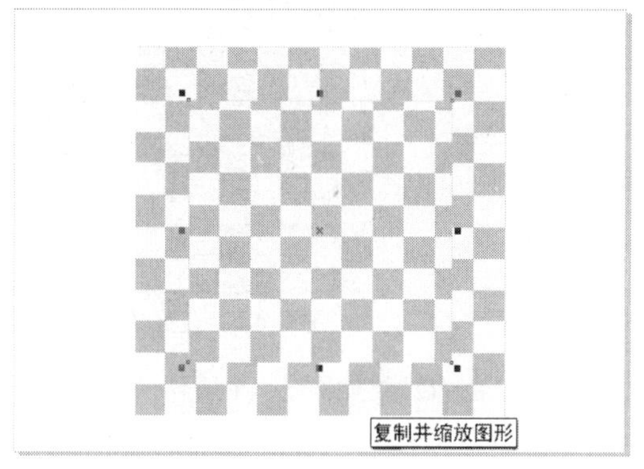

图 5-39　复制并缩放图形

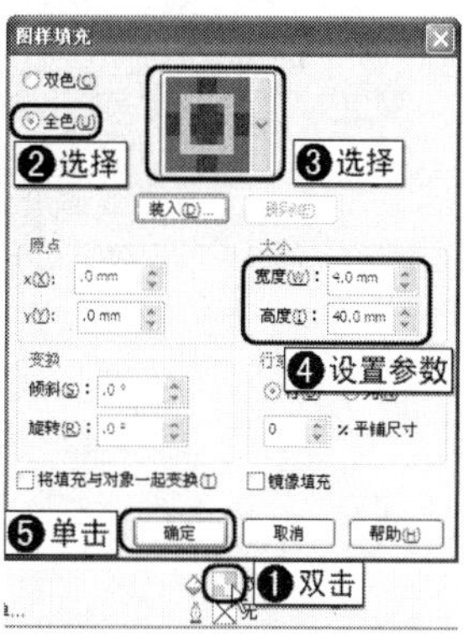

图 5-40　设置全色图样

03　填充全色图样后的效果如图 5-41 所示。

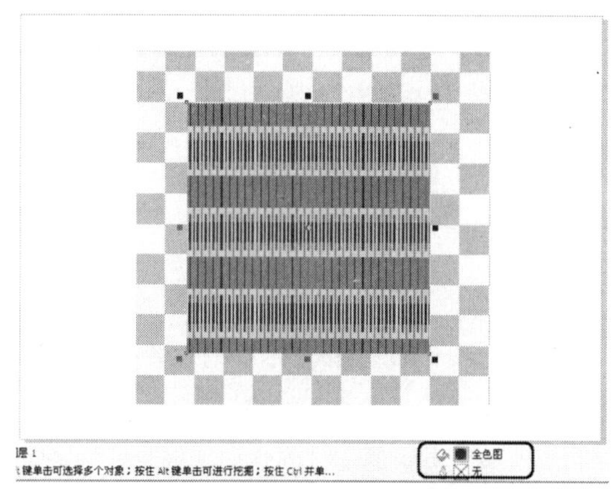

图 5-41　填充全色图样的效果

5.4.3　应用位图图样填充

下面继续在前面绘制的图形基础上进行讲解。

01　选择工具箱中的（基本形状工具），在属性栏中将完美形状定义为心形，然后在绘图页中绘制心形图形，如图 5-42 所示。

02　确定新绘制的图形处于选择状态，选择工具箱中的（填充工具），在打开的下拉列表中选择【图样填充工具】，打开【图样填充】对话框，在其中选择【位图】单选按钮，然后在图样选择器中选择所需的图样，将【大小】栏下的【高度】参数设置为 4mm，设置完成后单击【确定】按钮，如图 5-43 所示。

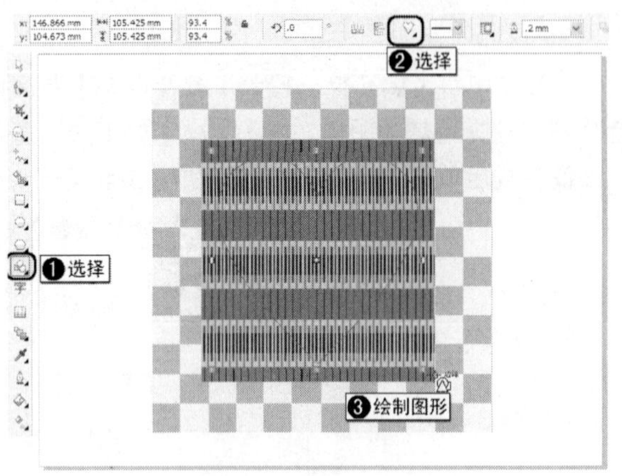

图 5-42　绘制心形图形

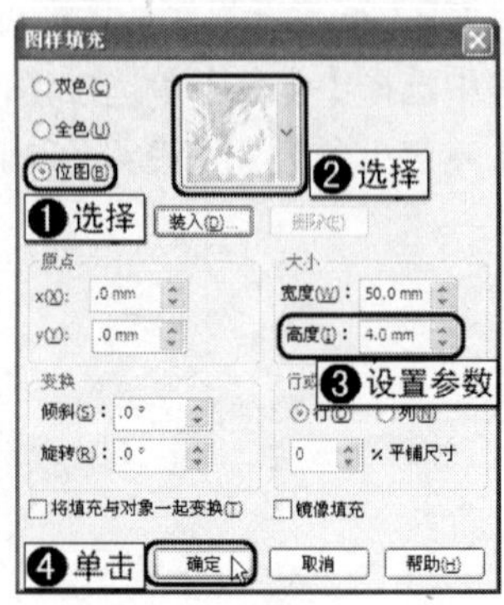

图 5-43　设置位图图样

03　填充完图样后，取消该图形的轮廓线填充，完成后的效果如图 5-44 所示。

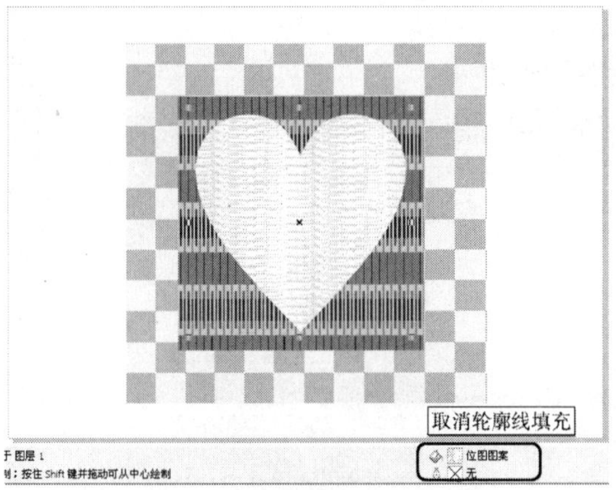

图 5-44　填充图样后的效果

5.5　底纹填充

底纹填充是随机生成的填充，可以赋予对象自然的外观。用户可以在【底纹填充】对话框中使用任一颜色模型或调色板中的颜色来自定义底纹填充，底纹填充只能包含 RGB 颜色。

在 CorelDRAW 中提供了许多预设的底纹填充，而且每种底纹均有一组可以更改的选项。例如，用户可以更改底纹填充的平铺大小（增加底纹填充的分辨率时，会增加填充的精确度）；可以通过设置平铺原点来准确指定填充的起始位置，以及偏移填充中的平铺（相对于对象顶部调整第一个平铺的水平或垂直位置时，会影响其余的填充）；也可以旋转、倾斜、设置平铺大小，并通过更改底纹中心来创建自定义填充；使用镜像填充能够使底纹填充与对象所做的操作一起变化。

下面通过简单的实例来介绍底纹填充。

01　新建一个横向页面的文档，选择工具箱中的（矩形工具），在绘图页中绘制矩形，如图 5-45 所示。

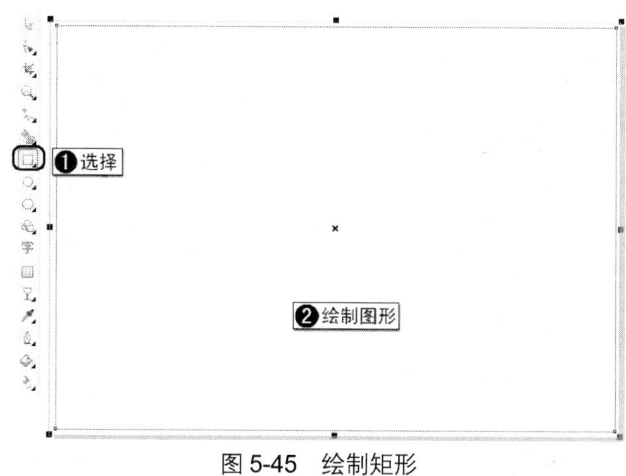

图 5-45　绘制矩形

02　在工具箱中选择（填充工具），在弹出的下拉列表中选择【底纹填充】工具，打开【底纹填充】对话框，在【底纹库】下拉列表框中选择“样式”，在【底纹列表】中选择“5 色水彩”，将【底纹#】设置为 7，【波浪柔和%】设置为 25，【波浪密度%】设置为 60，【透视%】设置为 95，其中【底】、【中底部】、【中间】、【中部表面】选择白色，【表面】选择蓝色，设置完成后单击【确定】按钮，如图 5-46 所示。

03　填充底纹后的效果如图 5-47 所示。

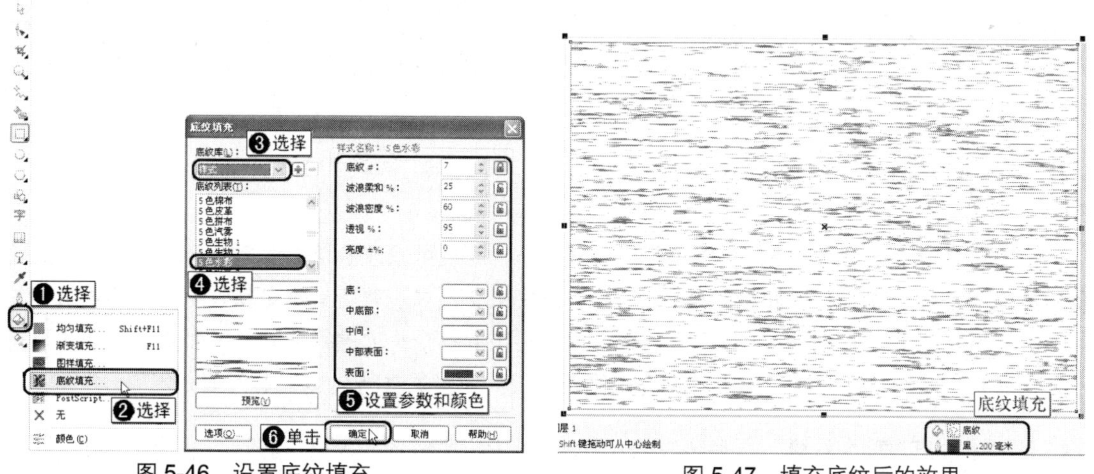

图 5-46　设置底纹填充　　　图 5-47　填充底纹后的效果

04　在填充图案的矩形上面绘制一个大小相同的矩形，如图 5-48 所示。确定绘制的矩形处于选择状态，按 F11 键打开【渐变填充】对话框，将渐变颜色设置为从蓝色到天蓝色的渐变，设置完成后单击【确定】按钮，如图 5-49 所示。

05　填充渐变后的效果如图 5-50 所示。

06　选择工具箱中的（交互式透明工具），在绘图页中为渐变图形添加透明效果，如图 5-51 所示。

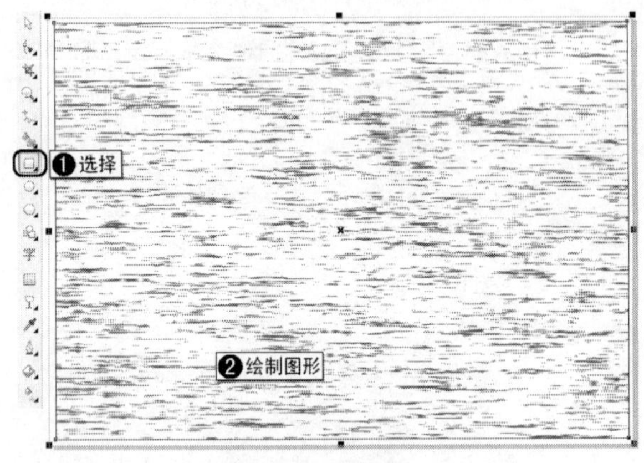

图 5-48　绘制矩形

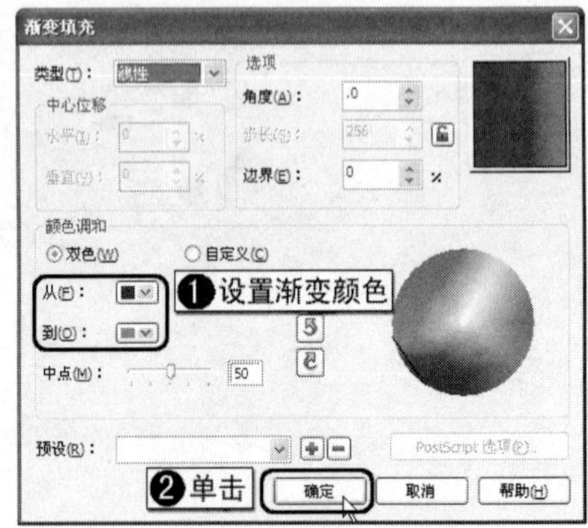

图 5-49　设置渐变颜色

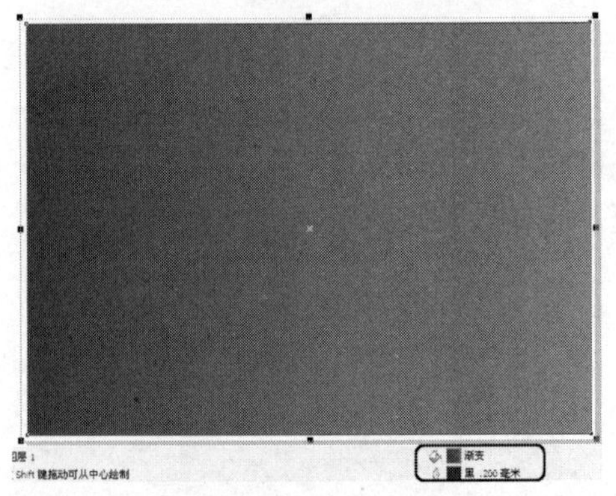

图 5-50　填充渐变后的效果

图 5-51　添加透明效果

5.6　使用交互式填充工具组

使用交互式填充工具组不仅可以进行交互式填充，而且可以改变填充对象的形状。无论对象填充的是单色、渐变色，还是图案或者纹理，都可以使用交互式填充工具改变其效果。交互式填充工具主要使用鼠标操作来控制填充，也可以通过属性栏中的各个选项进行控制。下面介绍交互式填充工具和交互式网格填充工具，用户可以运用这两个工具为对象进行交互式颜色填充。

5.6.1　交互式填充工具

使用交互式填充工具可以进行标准填充、双色图样填充、全色图样填充、位图图样填充、底纹填充和 PostScript 填充等。

下面以实例的形式对交互式填充工具进行讲解。

01　新建一个横向页面的文档，按 Ctrl+I 组合键，在打开的对话框中选择随书附带光盘【DVDROM | 素材 | Cha05 | 矢量吉他.jpg】文件，按 Enter 键将选择的素材导入到页面中央，并调整素材的大小，如图 5-52 所示。

02　选择工具箱中的字（文本工具），在属性栏中将字体设置为“文鼎 CS 长美黑”，将字体大小设置为 100pt，然后在绘图页的右下方创建文本，如图 5-53 所示。

图 5-52　导入的素材文件

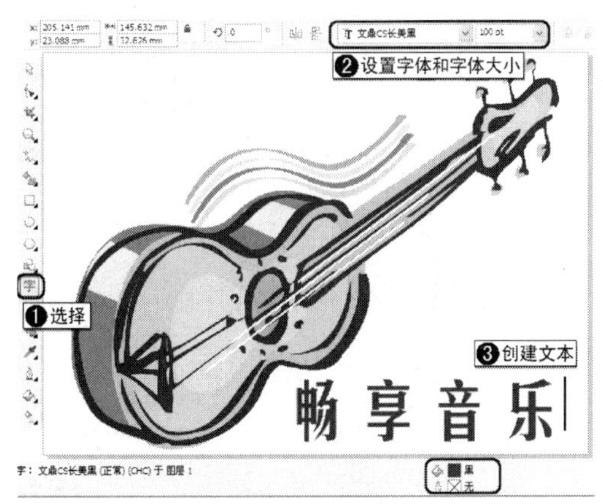

图 5-53　创建文本

03　确定新创建的文本处于选择状态，选择工具箱中的（形状工具），调整文本，完成后的效果如图 5-54 所示。

04　选择工具箱中的（交互式填充工具），在文本左侧按住鼠标向右侧拖动，为文本添加交互式填充，如图 5-55 所示。

图 5-54　调整文本

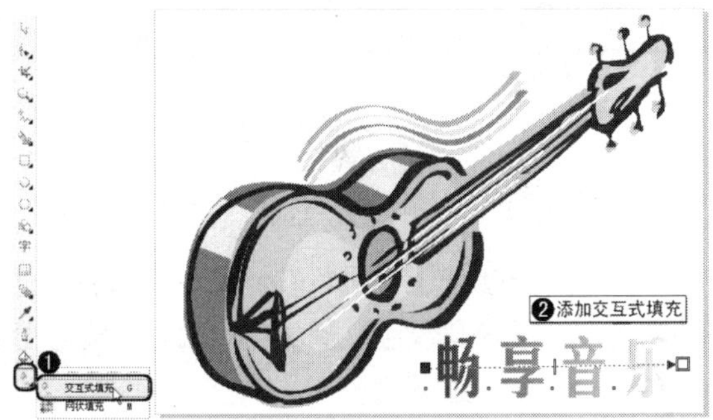

图 5-55　添加交互式填充

05　在绘图页中为交互式图形填充颜色，如图 5-56 所示。

06　将鼠标放置在如图 5-57 所示的位置双击，为其添加色块，如图 5-58 所示。

07　确定新添加的色块处于选择状态，在属性栏中为其设置颜色，如图 5-59 所示。

图 5-56　设置颜色

图 5-57　放置鼠标

图 5-58　添加色块

图 5-59　设置颜色

08　继续在虚线上双击鼠标添加颜色块，并在属性栏中设置颜色，如图 5-60 所示。

09　使用同样的方法在虚线上添加蓝色和粉色颜色块，如图 5-61 所示。

图 5-60　添加色块并设置颜色

图 5-61　继续添加色块并设置颜色

5.6.2　交互式网格填充工具

交互式网格填充工具是从 CorelDRAW 9 才开始增加的工具，使用它可以生成一种比较细腻的渐变效果，实现不同颜色之间的自然融合，能够更好地对图形进行变形和多样填色处理，从而增强软件在色彩渲染上的能力。

下面对交互式网格填充工具进行讲解。

01　接上节，在工具箱中选择（椭圆工具），配合 Ctrl 键在绘图页中绘制正圆形，如图 5-62 所示。

02　确定新绘制的图形处于选择状态，按 F11 键，在打开的对话框中将【类型】定义为射线，将【水平】和【垂直】的参数分别设置为 27%和-30%，将渐变颜色设置为从洋红到白色的渐变，设置完成后单击【确定】按钮，如图 5-63 所示。

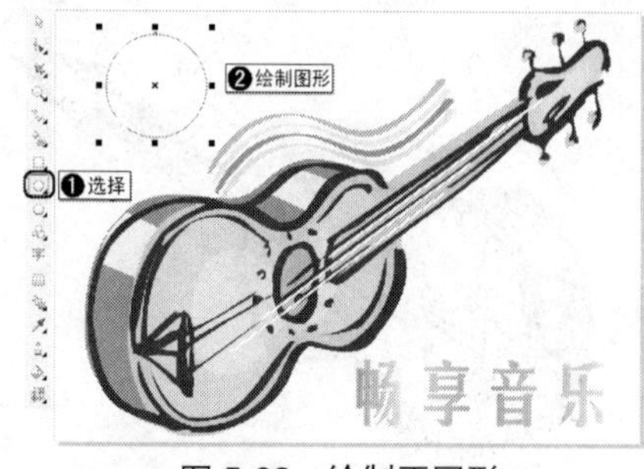

图 5-62　绘制正圆形

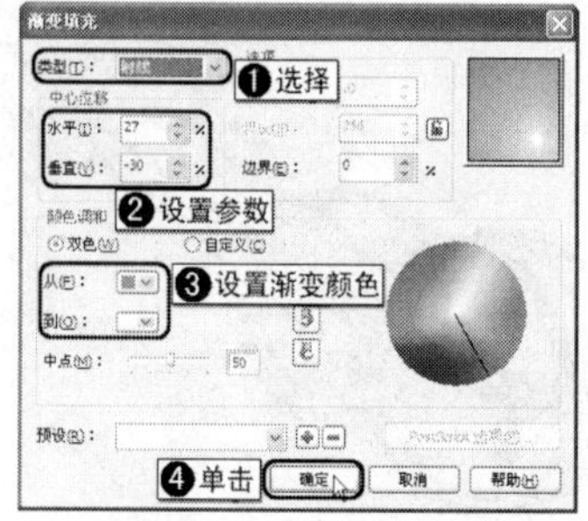

图 5-63　设置渐变颜色

03　填充完渐变颜色后，取消该图形轮廓线的填充，如图 5-64 所示。

04　按小键盘上的+键复制圆形，然后配合 Shift 键对图形进行缩放，如图 5-65 所示。

图 5-64　填充渐变颜色后的效果

图 5-65　复制并缩放图形

05　确定复制的图形处于选择状态，按 F11 键，在打开的对话框中将【类型】定义为射线，将【水平】和【垂直】的参数分别设置为-44%和 45%，将渐变颜色设置为从洋红到白色的渐变，设置完成后单击【确定】按钮，如图 5-66 所示。

06　修改渐变颜色后的效果如图 5-67 所示。

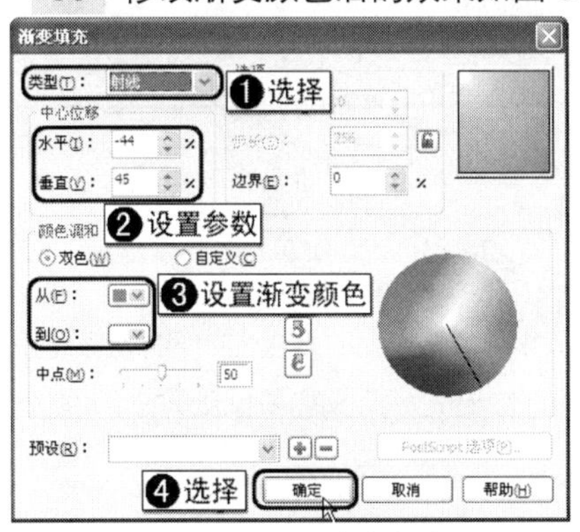

图 5-66　设置渐变颜色

图 5-67　修改渐变颜色后的效果

07　按 M 键，此时选择对象上会显示出网格，如图 5-68 所示。

08　下面再来对添加的网格进行编辑，在画面中要选择的控制点左上方按下左键向右下方拖动，拖出一个虚框，如图 5-69 所示。

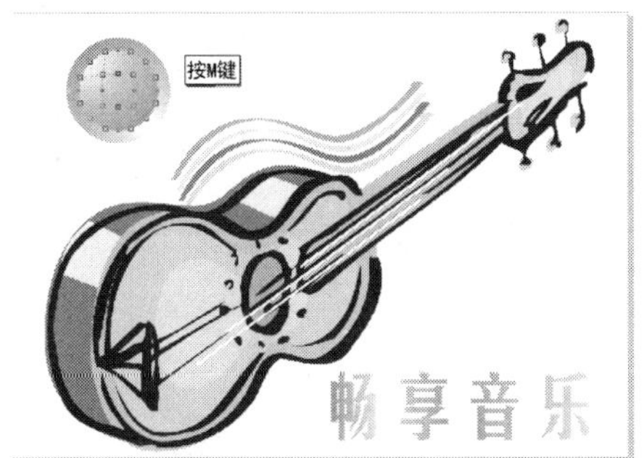

图 5-68　显示网格

图 5-69　框选节点

09 松开左键选中虚框内的控制点，如图 5-70 所示，按 Delete 键将选择的控制点删除，如图 5-71 所示。

图 5-70 选择节点后的效果

图 5-71 删除选择的节点

10 使用同样的方法选择横向控制点，如图 5-72 所示，按 Delete 键将选择的控制点删除，如图 5-73 所示。

图 5-72 选择横向节点

图 5-73 删除选择的节点

11 在网格线上双击添加多条网格线，如图 5-74 所示。

> **提示：** 如果用户需要添加网格线，可以在网格线上双击添加一条穿过该网格线的网格线，也可以在网格中双击添加两条穿过双击点的网格线。

12 在网格中单击一个要填充颜色的节点，然后在默认 CMYK 调色板中单击白色色块将该点填充为白色，如图 5-75 所示。

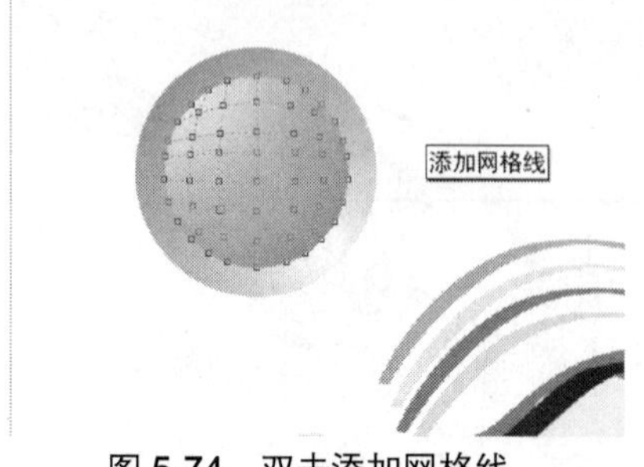

图 5-74 双击添加网格线

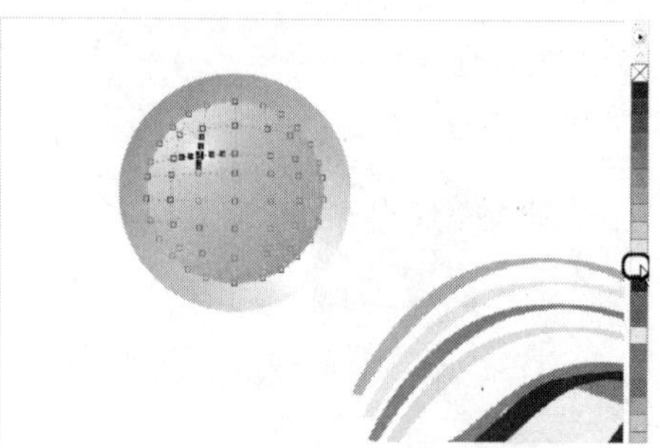

图 5-75 为节点填充颜色

13　在画面中多次移动控制点的位置，调整渐变色，如图5-76所示。

14　为网状图形添加蓝紫色轮廓线，如图5-77所示。

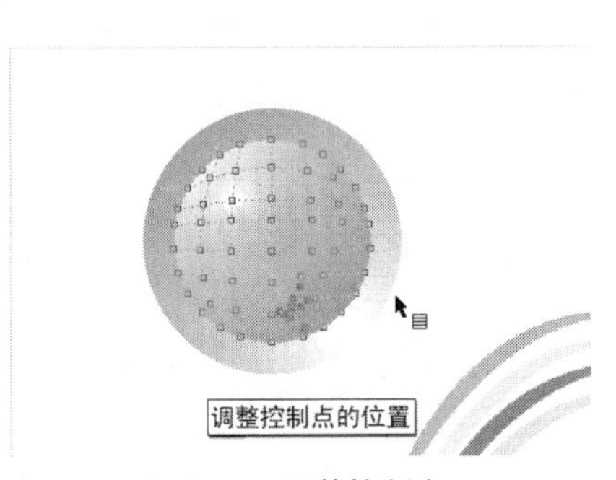

图5-76　调整控制点

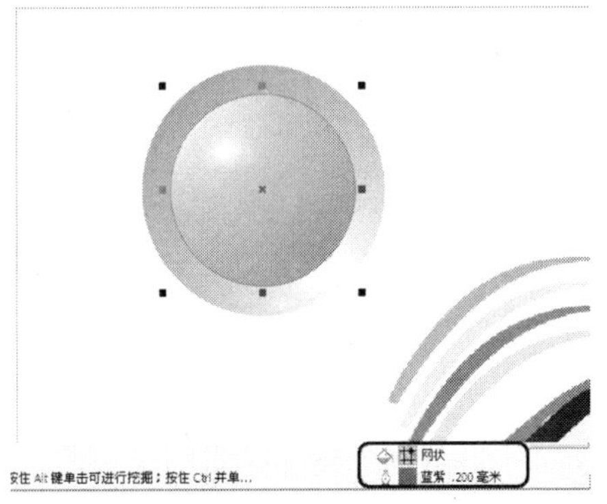

图5-77　添加轮廓线

15　选择工具箱中的字（文本工具），在属性栏中将字体设置为 Impact，将字体大小设置为36pt，然后在网状图形上创建文本，将文本填充为浅黄色，如图5-78所示。

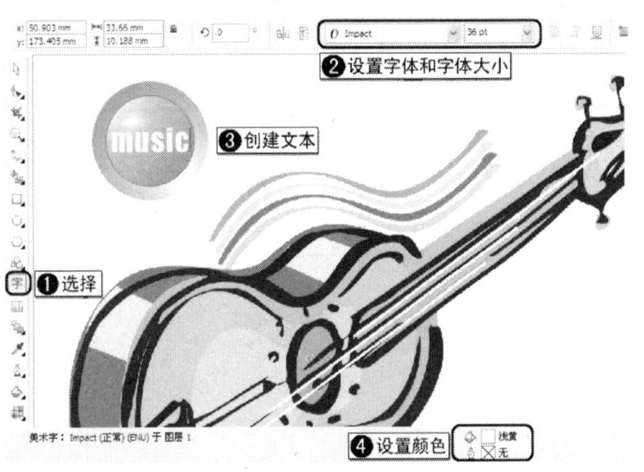

图5-78　创建文本

5.7　上机练习

本例介绍柠檬汁效果的绘制。该例的制作比较简单，主要是通过（贝塞尔工具）绘制酒杯和果汁，为各部分填充颜色，并适当地为其添加透明效果。完成后的效果如图5-79所示。

图5-79　柠檬汁效果

5.7.1　绘制高脚杯

下面介绍高脚杯的绘制。

01　选择工具箱中的（椭圆工具），在绘图页中绘制椭圆，如图5-80所示。

02　确定新绘制的图形处于选择状态，按F11键，在打开的对话

框中将【角度】和【边界】分别设置为-135 和 10%，选择【自定义】单选按钮，设置一种渐变颜色，设置完成后单击【确定】按钮，如图 5-81 所示。

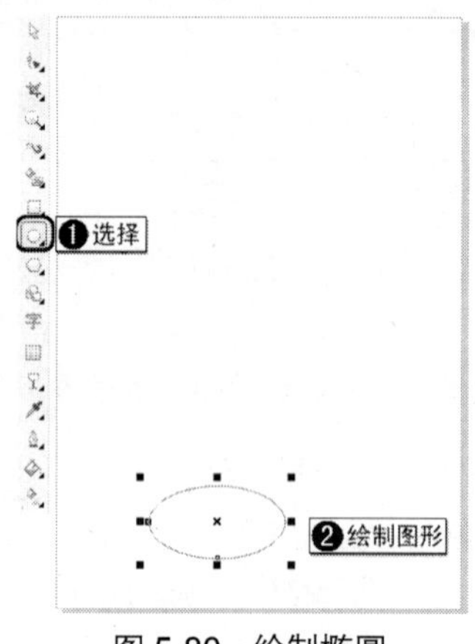

图 5-80 绘制椭圆

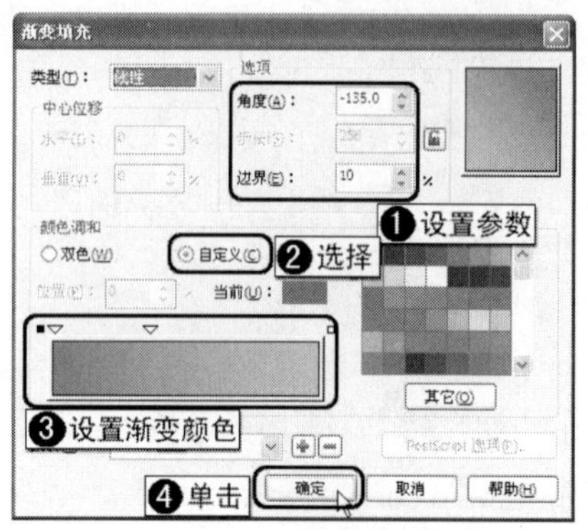

图 5-81 设置渐变颜色

03 填充完渐变颜色后，取消该图形轮廓线的填充，如图 5-82 所示。

04 确定渐变图形处于选择状态，将其向上移动，移动到适当的位置后右击对图形进行复制，如图 5-83 所示。

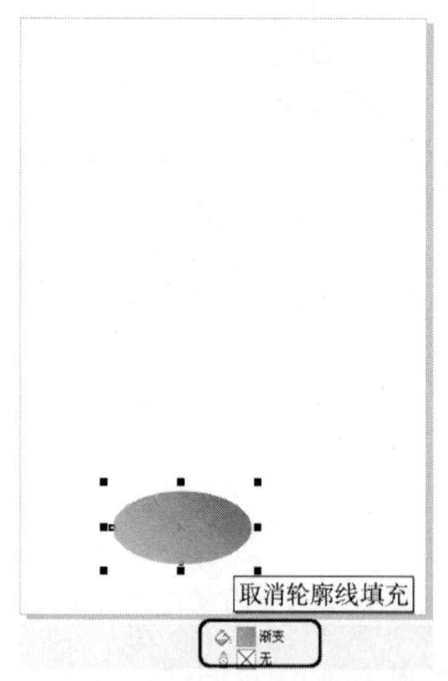

图 5-82 填充渐变颜色后的效果

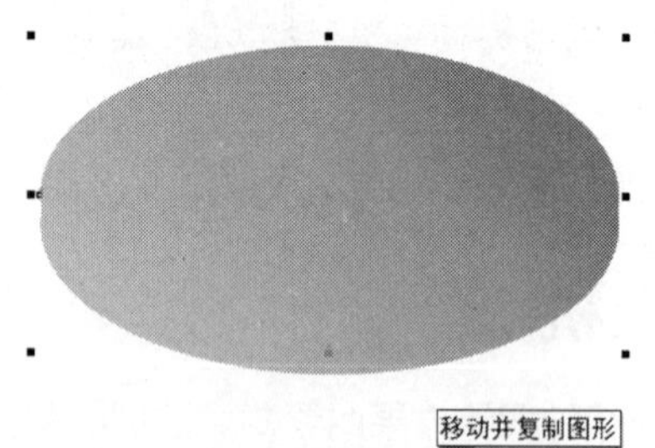

图 5-83 移动并复制图形

05 确定新复制的图形处于选择状态，按 F11 键，在打开的对话框中将【类型】定义为射线，将【水平】和【垂直】的参数分别设置为-33%和 1%，将【边界】参数设置为 9%，将【从】的 CMYK 参数设置为 6、0、49、0，将【到】的 CMYK 参数设置为 3、30、79、0，设置完成后单击【确定】按钮，如图 5-84 所示。

06 更改渐变颜色后的效果如图 5-85 所示。

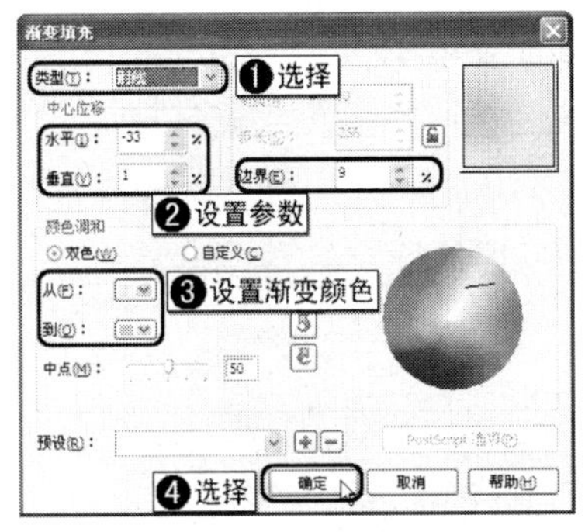

图 5-84　设置渐变颜色

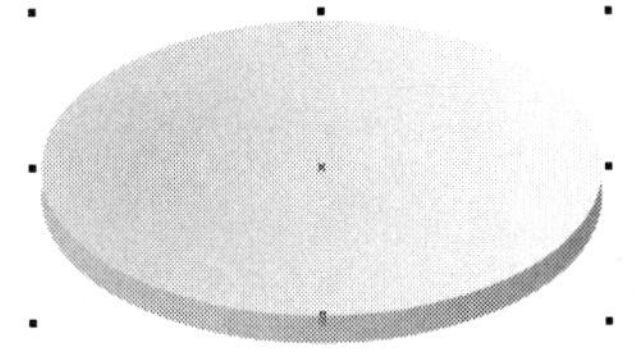

图 5-85　更改渐变颜色后的效果

07　选择工具箱中的 （椭圆工具），在渐变图形上绘制椭圆，如图 5-86 所示。

08　确定新绘制的图形处于选择状态，为该图形填充 CMYK 参数值为 1、0、12、0 的颜色，取消轮廓线的填充，如图 5-87 所示。

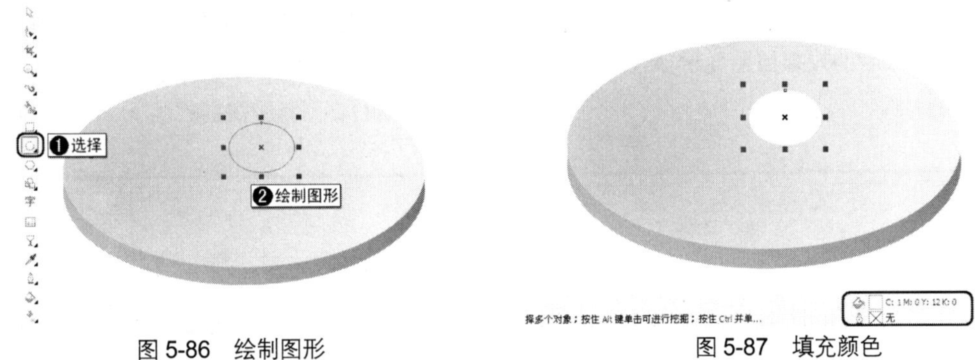

图 5-86　绘制图形　　图 5-87　填充颜色

09　选择工具箱中的 （贝塞尔工具），在渐变图形上绘制图形，并使用 （形状工具）对图形进行调整，完成后的效果如图 5-88 所示。

10　确定新绘制的图形处于选择状态，为该图形填充 CMYK 参数值为 1、0、12、0 的颜色，取消轮廓线的填充，如图 5-89 所示。

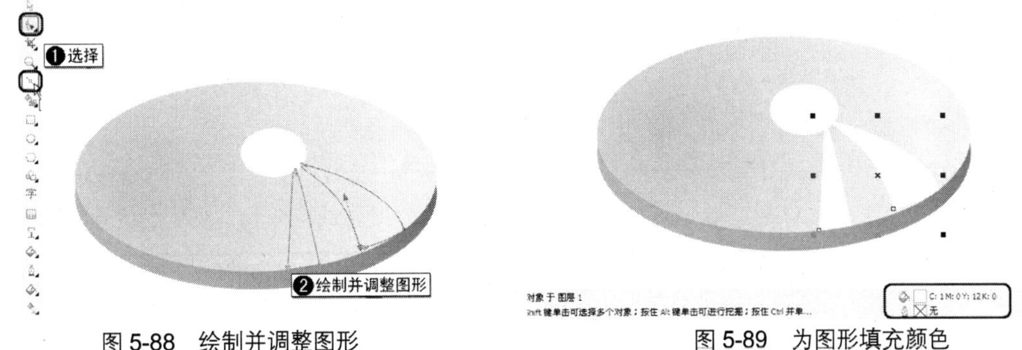

图 5-88　绘制并调整图形　　图 5-89　为图形填充颜色

11　选择工具箱中的 （椭圆工具），在绘图页中绘制椭圆，按 F11 键，在打开的对话框中将【角度】和【边界】的参数分别设置为-124 和 12，选择【自定义】单选按钮，然后设置一种渐变颜色，设置完成后单击【确定】按钮并取消轮廓线的填充，如图 5-90 所示。

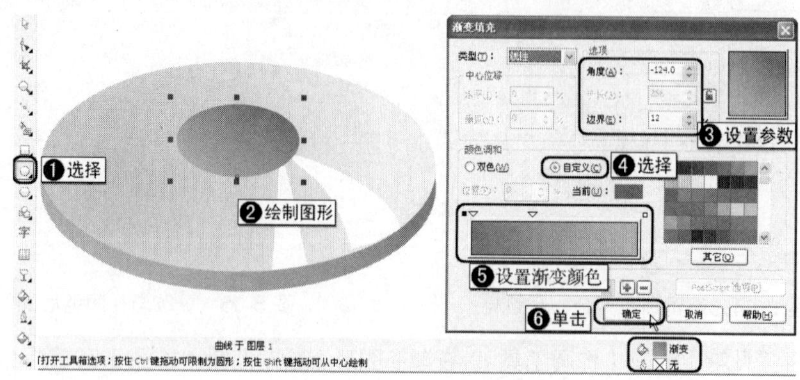

图 5-90　绘制图形并填充颜色

12　继续使用（椭圆工具），在渐变图形上绘制椭圆，按 F11 键，在打开的对话框中将【从】的 CMYK 参数设置为 3、30、79、0，将【到】的 CMYK 参数设置为 6、0、49、0，然后取消轮廓线的填充，完成后的效果如图 5-91 所示。

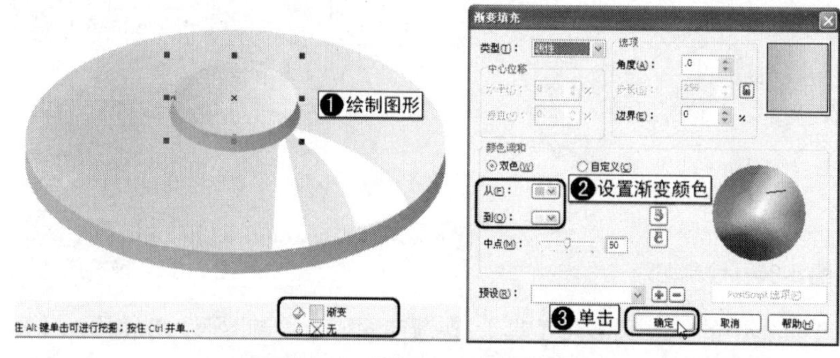

图 5-91　绘制图形并填充颜色

13　选择工具箱中的（矩形工具），在绘图页中绘制矩形，如图 5-92 所示。

14　选择工具箱中的（多边形工具），在属性栏中将多边形边数设置为 3，然后在绘图页中从下向上绘制图形并调整图形的位置，如图 5-93 所示。

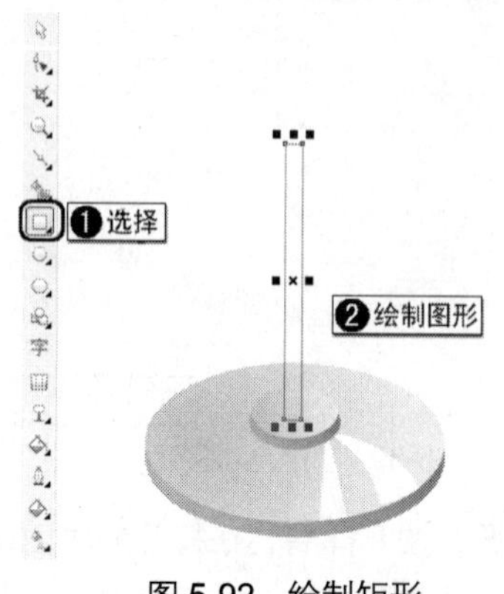

图 5-92　绘制矩形

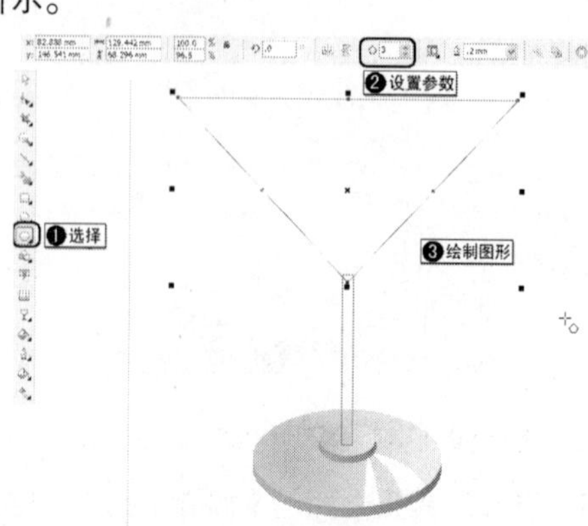

图 5-93　绘制三角形

15 确定新绘制的三角形处于选择状态，右击图形，在打开的对话框中选择【转换为曲线】命令将图形转换为曲线，选择工具箱中的(形状工具)，对图形进行调整，完成后的效果如图 5-94 所示。

16 确定调整的图形处于选择状态，选择工具箱中的(挑选工具)并配合 Shift 键选择矩形，然后单击属性栏中的(焊接)按钮，如图 5-95 所示。

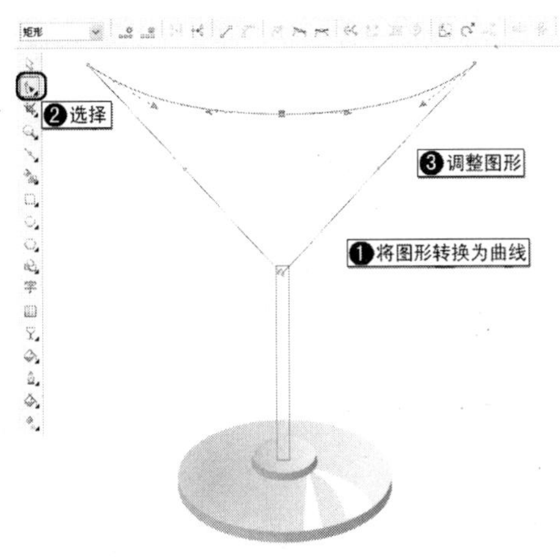

图 5-94 调整图形

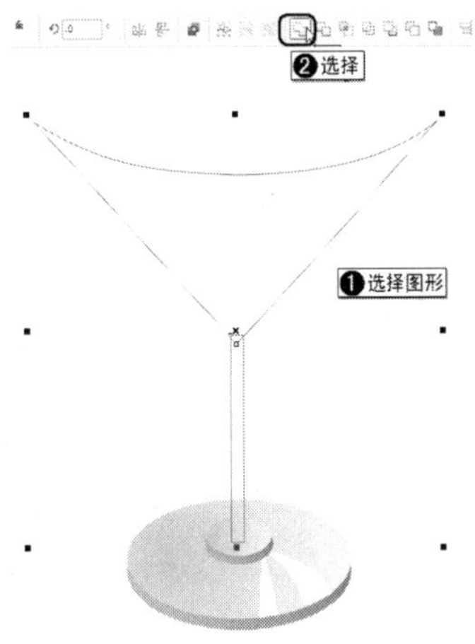

图 5-95 选择需要焊接的图形

17 将选择的对象焊接到一起，完成后的效果如图 5-96 所示。

18 确定焊接后的图形处于选择状态，按 F11 键，在打开的对话框中将【角度】和【边界】参数设置为-150°和 6%，将【从】的 CMYK 参数设置为 4、0、35、0，将【到】的 CMYK 参数设置为 3、15、49、0，设置【中点】为 32，如图 5-97 所示。

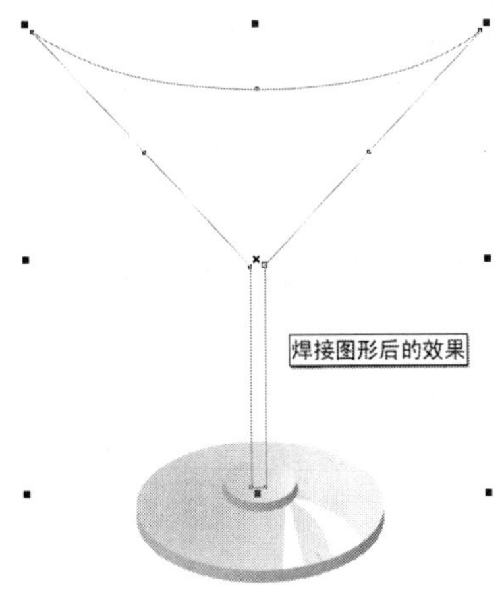

图 5-96 焊接图形后的效果

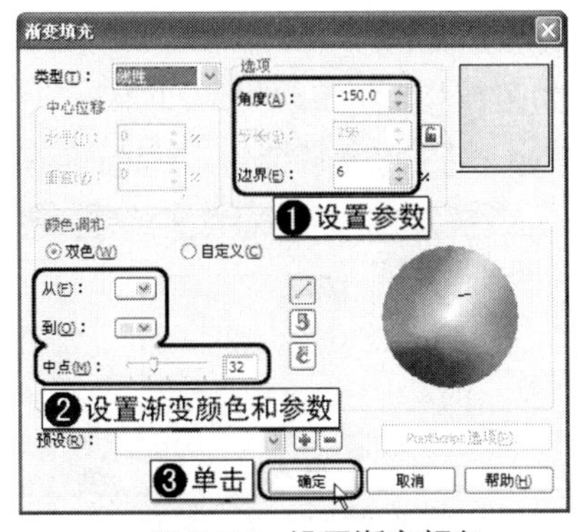

图 5-97 设置渐变颜色

19 填充颜色后取消轮廓线的填充，完成后的效果如图 5-98 所示。

20 选择工具箱中的(椭圆工具)，在绘图页中绘制两个椭圆，如图 5-99 所示。

图 5-98　填充渐变颜色后的效果

图 5-99　绘制图形

21　确定新绘制的两个椭圆处于选择状态，在属性栏中单击（移除前面对象）按钮，如图 5-100 所示。

22　修剪图形后的效果如图 5-101 所示。

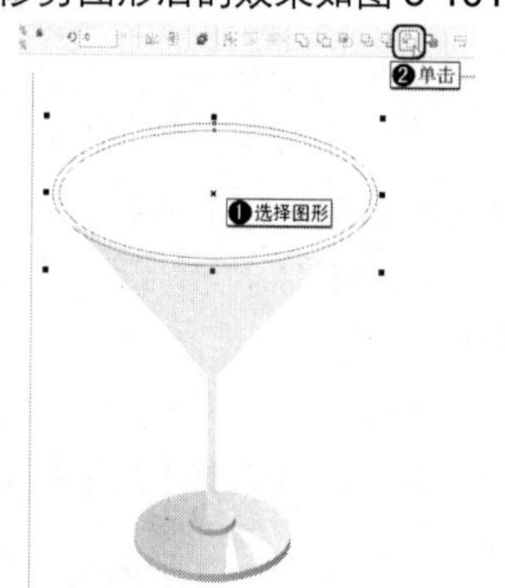

图 5-100　选择图形

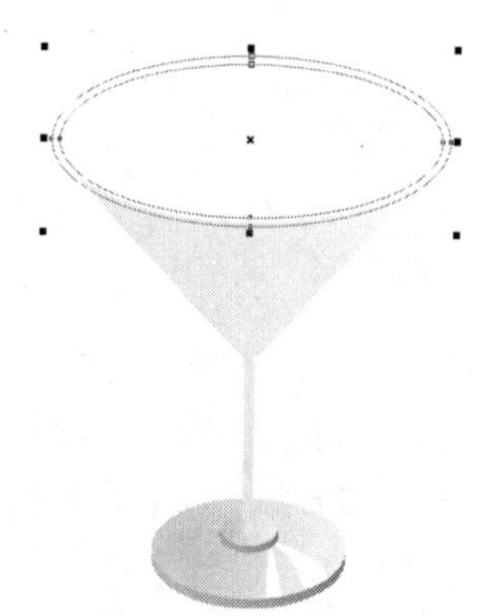
图 5-101　修剪图形后的效果

23　确定修剪后的图形处于选择状态，按 F11 键，在打开的对话框中将【角度】和【边界】的参数分别设置为 106.4、15%，选择【自定义】单选按钮并设置渐变颜色，然后单击【确定】按钮，如图 5-102 所示。

24　填充渐变颜色后，取消该图形的轮廓线填充，完成后的效果如图 5-103 所示。

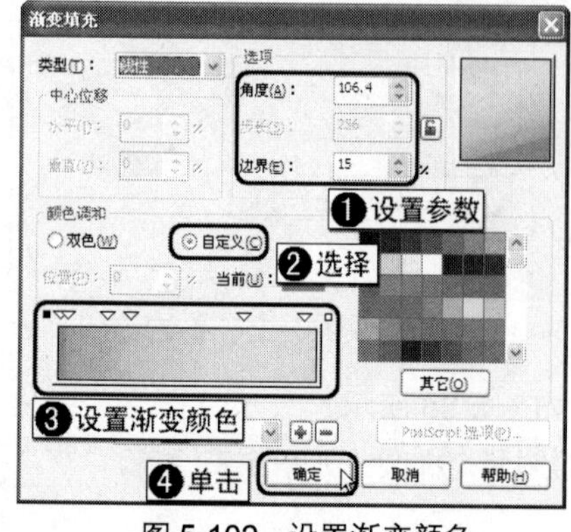

图 5-102　设置渐变颜色

图 5-103　填充渐变颜色后的效果

25 选择工具箱中的（椭圆工具），在绘图页中绘制椭圆，如图 5-104 所示。

26 确定新绘制的图形处于选择状态，按 F11 键，在打开的对话框中将【从】的 CMYK 参数设置为 2、20、54、0，将【到】的 CMYK 参数设置为 4、0、35、0，设置完成后单击【确定】按钮，如图 5-105 所示。

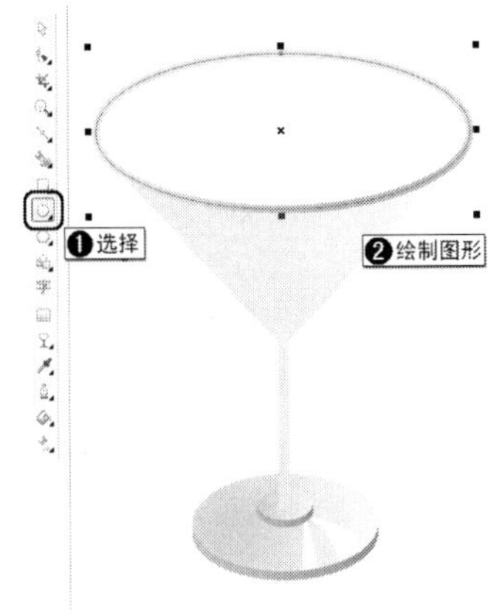

图 5-104　绘制图形

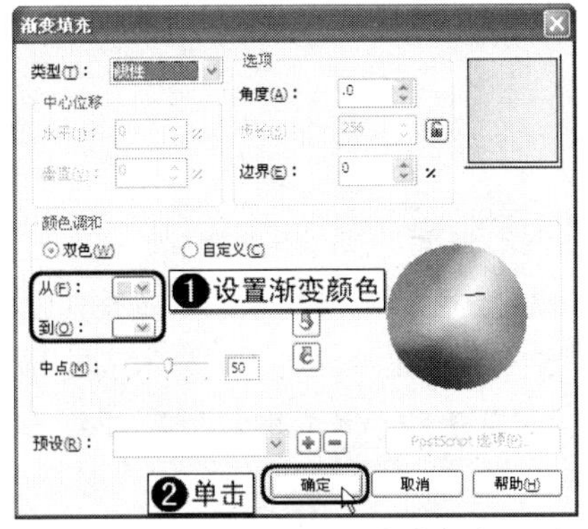

图 5-105　设置渐变颜色

27 填充渐变颜色后，取消该图形的轮廓线填充，完成后的效果如图 5-106 所示。

28 确定渐变图形处于选择状态，在菜单栏中选择【排列】|【顺序】|【向后一层】命令，调整图层的位置，如图 5-107 所示。

图 5-106　填充渐变颜色后的效果

图 5-107　调整图层位置

5.7.2　绘制柠檬汁

下面来介绍柠檬汁的制作。

01 选择工具箱中的（贝塞尔工具），在绘图页中绘制图形，使用（形状工具）对新绘制的图形进行调整，如图 5-108 所示。

02 确定新绘制的图形处于选择状态，为其填充 CMYK 参数值为 0、42、73、0 的颜色，取消轮廓线的填充，完成后的效果如图 5-109 所示。

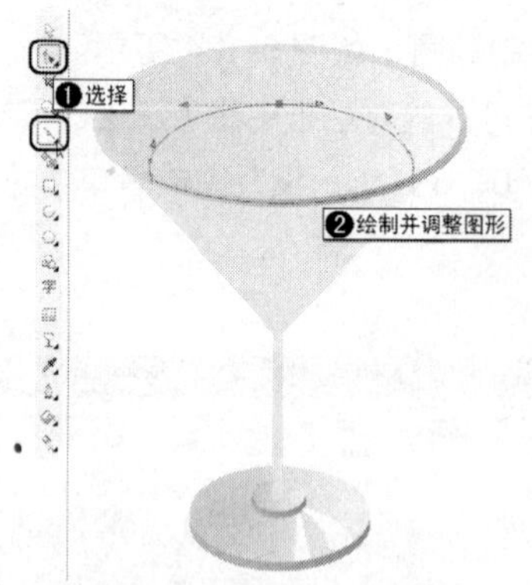

图 5-108　绘制并调整图形

图 5-109　为图形填充颜色

03　确定图形处于选择状态，调整其位置，完成后的效果如图 5-110 所示。

04　选择工具箱中的（贝塞尔工具），在绘图页中绘制图形并使用（形状工具）对图形进行调整，为其填充 CMYK 参数值为 2、24、60、0 的颜色，取消轮廓线的填充，完成后的效果如图 5-111 所示。

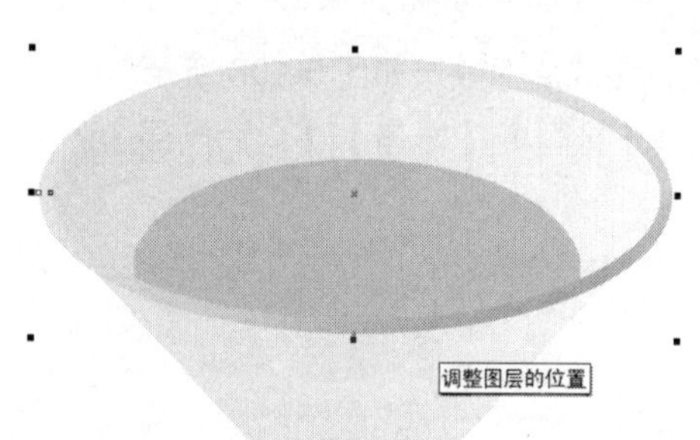

图 5-110　调整图层的位置

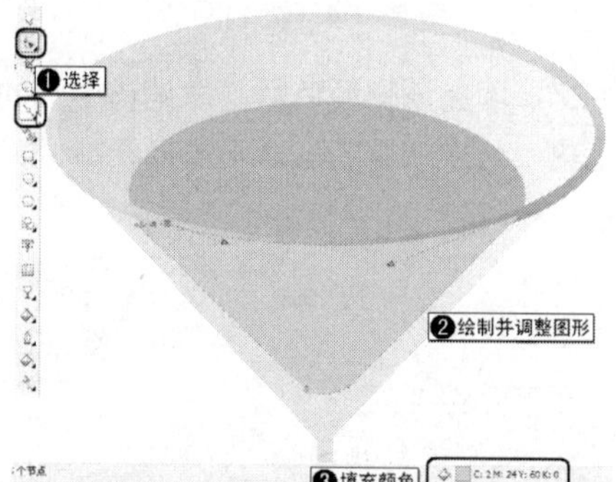

图 5-111　绘制不规则图形

05　确定新绘制的图形处于选择状态，在【图层管理器视图】面板中调整图层的位置，如图 5-112 所示。

06　选择工具箱中的（贝塞尔工具）和（形状工具）在绘图页中绘制两个不规则的图形为杯子添加明暗效果，并将新绘制的图形填充为白色并取消轮廓线的填充，完成后的效果如图 5-113 所示。

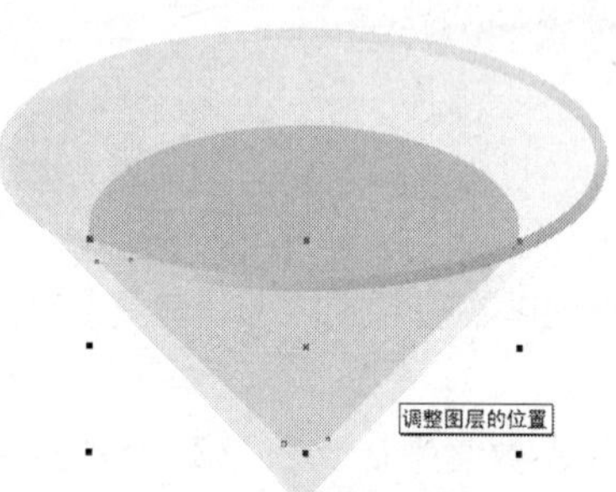

图 5-112　调整图层的位置

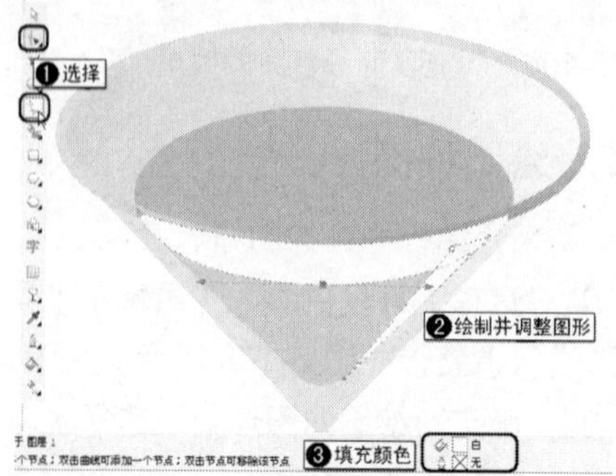

图 5-113　绘制高光图形

07　确定高光图形处于选择状态，选择工具箱中的 (交互式透明工具)，在属性栏中将【透明度类型】定义为标准，将【开始透明度】参数设置为 25，调整图层的位置，如图 5-114 所示。

08　选择工具箱中的 (贝塞尔工具)和 (形状工具)，在绘图页中绘制不规则图形作为果汁的高光，将其填充为白色并取消轮廓线的填充，如图 5-115 所示。

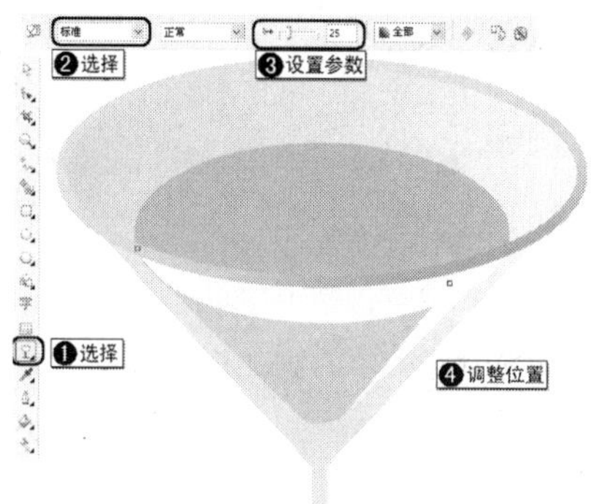

图 5-114　为图形添加透明效果

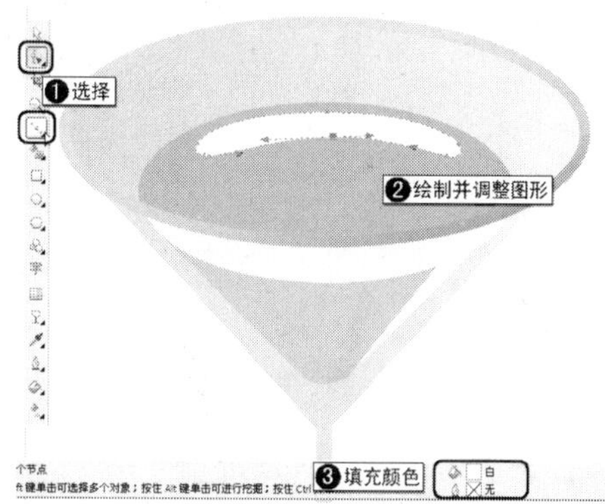

图 5-115　绘制高光

09　确定新绘制的图形处于选择状态，选择工具箱中的 (交互式透明工具)，在属性栏中将【透明度类型】定义为标准，将【开始透明度】参数设置为 30，如图 5-116 所示。

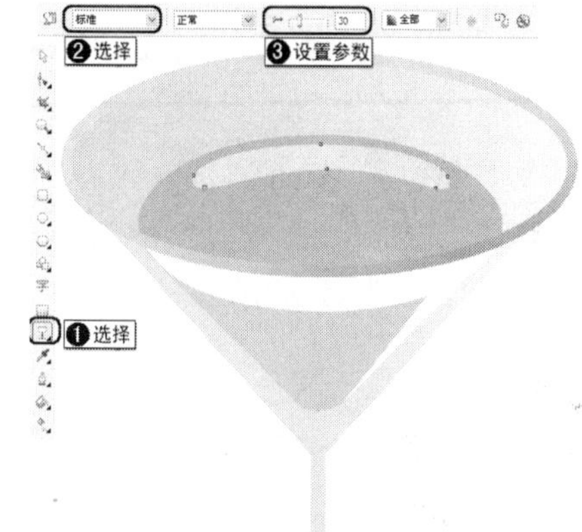

图 5-116　为图形添加透明效果

5.7.3　绘制樱桃

下面来介绍樱桃的绘制。

01　选择工具箱中的 (椭圆工具)，在绘图页中绘制圆形，按 F11 键，在打开的对话框中将【类型】定义为射线，将【水平】和【垂直】参数分别设置为-3%、20%，将【边界】设置为 16%，将【从】的 CMYK 参数设置为 30、100、100、0，将【到】的 CMYK 参数设置为 0、96、94、0，设置完成后单击【确定】按钮，取消轮廓线的填充，如图 5-117 所示。

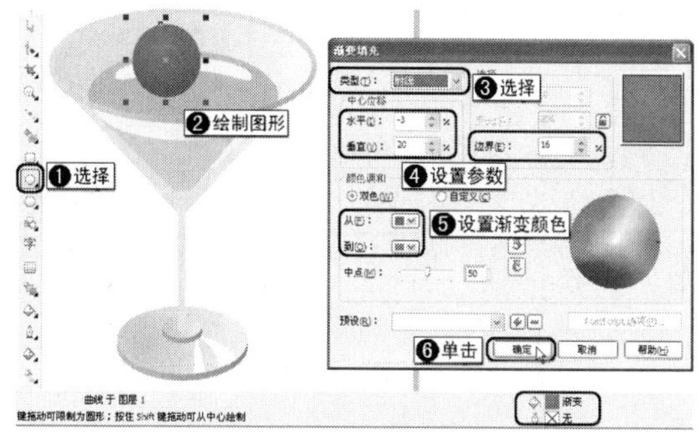

图 5-117　绘制并调整图形

02 选择工具箱中的（贝塞尔工具）和（形状工具），绘制不规则图形作为樱桃的高光部分，参照图 5-118 中的参数设置渐变颜色，然后取消轮廓线的填充。

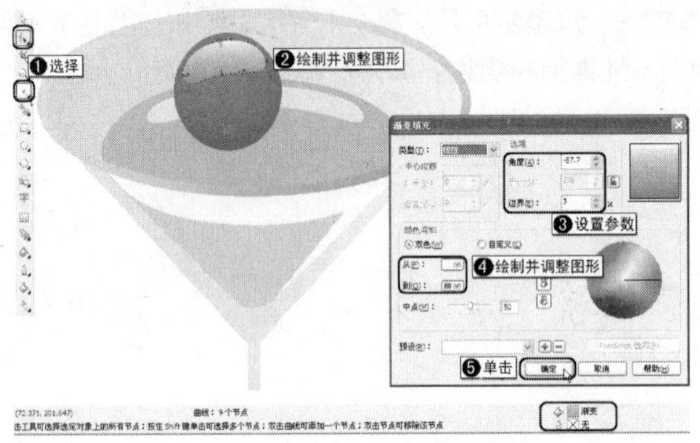

图 5-118 绘制图形并填充渐变颜色

03 选择工具箱中的（贝塞尔工具）和（形状工具），绘制不规则图形作为樱桃把，如图 5-119 所示，参照图 5-120 中的参数设置渐变颜色。

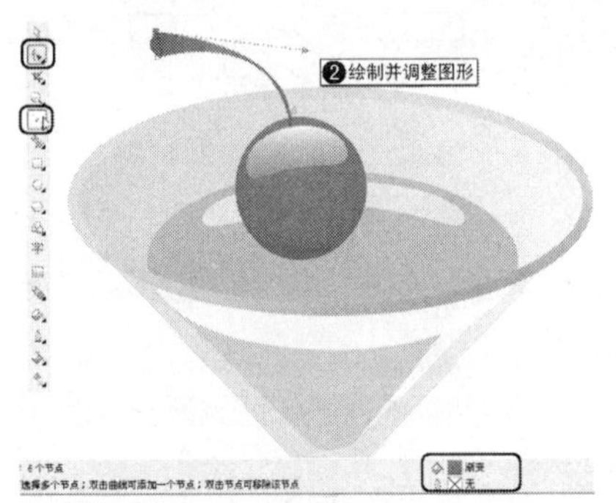

图 5-119 绘制图形

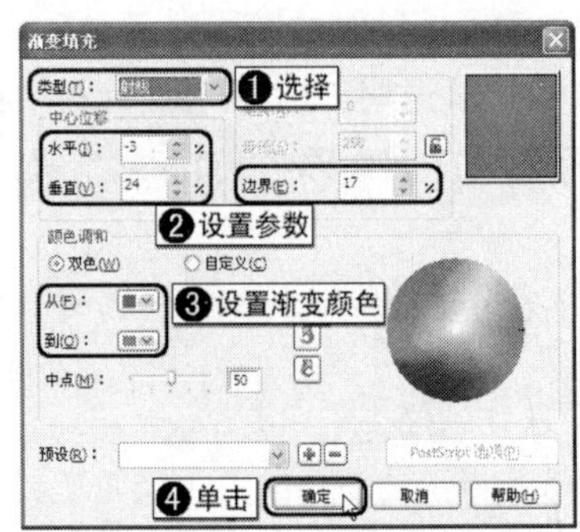

图 5-120 设置渐变颜色

04 继续使用工具箱中的（贝塞尔工具）和（形状工具），绘制不规则图形作为果汁高光，将其填充为白色并取消轮廓线的填充，如图 5-121 所示。

05 确定新绘制的图形处于选择状态，选择工具箱中的（交互式透明工具），在属性栏中将【透明度类型】定义为标准，将【开始透明度】参数设置为 30，如图 5-122 所示。

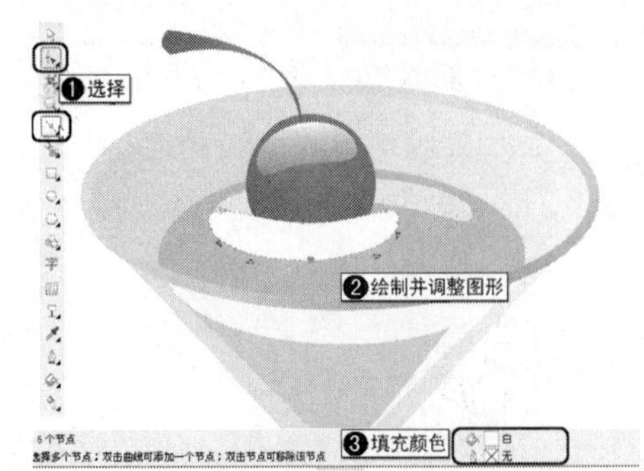

图 5-121 绘制图形并填充颜色

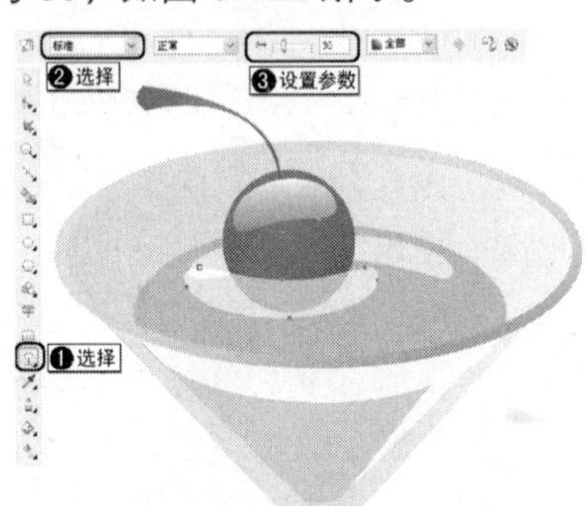

图 5-122 添加透明效果

5.7.4 绘制柠檬片

下面介绍柠檬片的绘制。

01 选择工具箱中的（椭圆工具），在绘图页中绘制圆形，并将其转换为曲线，选择（形状工具）对其进行调整，完成后的效果如图 5-123 所示。

02 确定新绘制的图形处于选择状态，按 F11 键，在打开的对话框中设置渐变颜色，设置完成后单击【确定】按钮，取消轮廓线的填充，如图 5-124 所示。

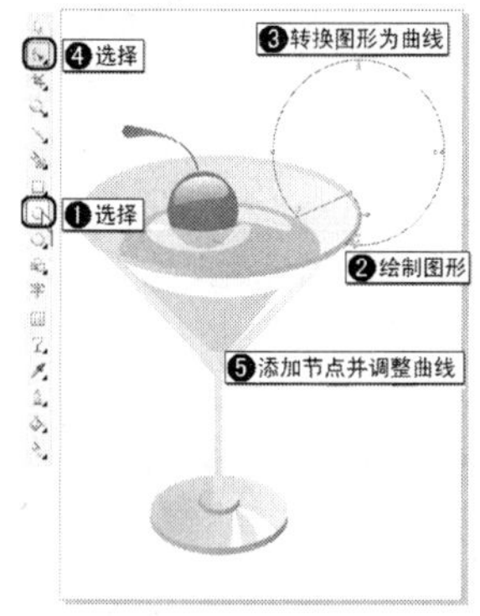

图 5-123 绘制并调整图形

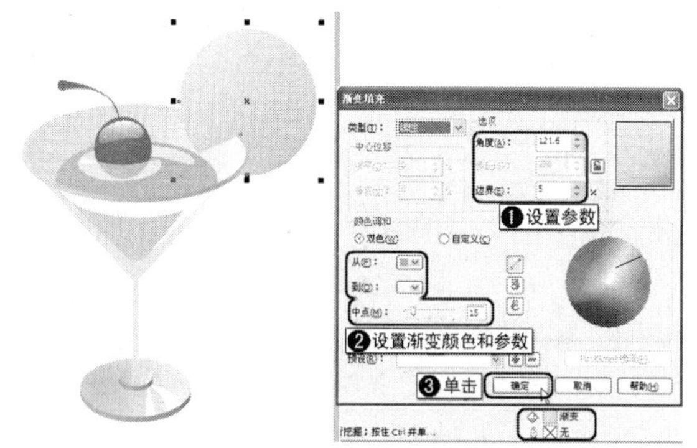

图 5-124 设置渐变颜色

03 选择工具箱中的（贝塞尔工具）和（形状工具），绘制图形并对图形进行调整，如图 5-125 所示。

04 确定新绘制的图形处于选择状态，按 F11 键，打开【渐变填充】对话框，参照如图 5-126 所示的参数设置渐变颜色，设置完成后单击【确定】按钮。

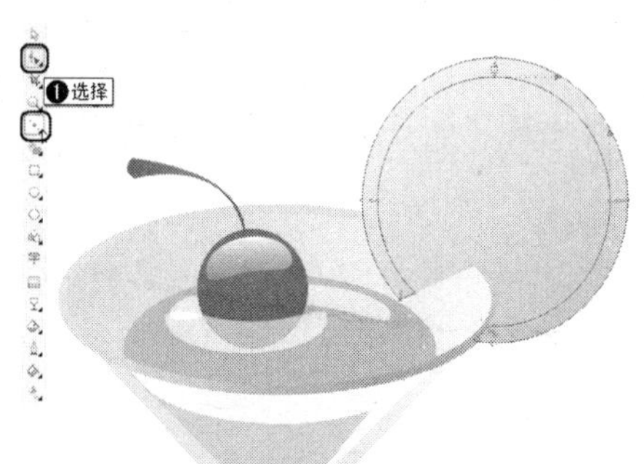

图 5-125 绘制并调整图形

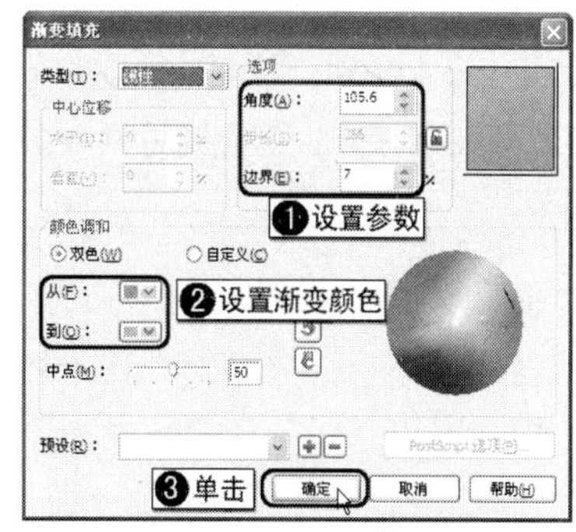

图 5-126 设置渐变颜色

05 填充渐变颜色后，取消该图形的轮廓线填充，完成后的效果如图 5-127 所示。

06 继续使用工具箱中的（贝塞尔工具）和（形状工具），在绘图页中绘制柠檬瓣并为其填充渐变颜色，取消轮廓线的填充，完成后的效果如图 5-128 所示。

07 确定新绘制的柠檬瓣处于选择状态，多次复制并旋转图形，完成后的效果如图 5-129 所示。

08 按 Ctrl+A 组合键选择场景中的所有对象，按 Ctrl+G 组合键将选择的对象成组，如图 5-130 所示。

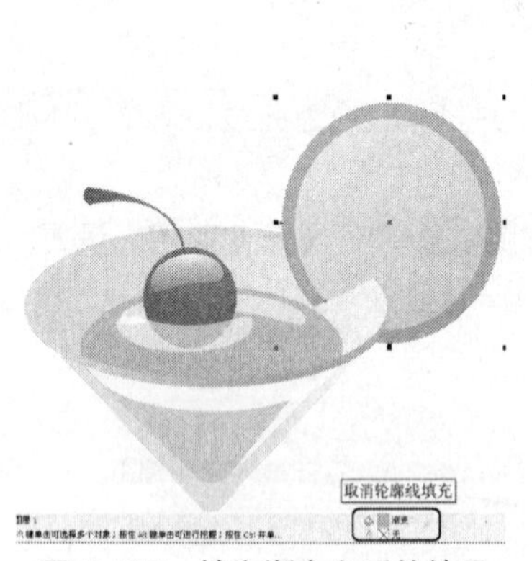

图 5-127　填充渐变色后的效果

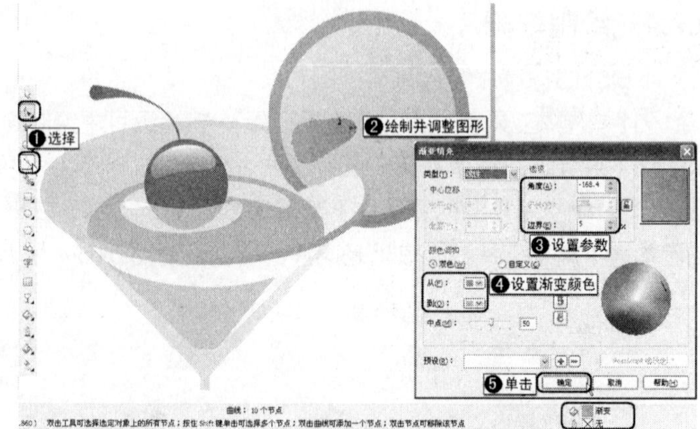

图 5-128　绘制图形并填充渐变颜色

图 5-129　复制并旋转图形

图 5-130　选择图形并成组

09　按 Ctrl+I 组合键，在打开的对话框中选择随书附带光盘【DVDROM | 素材 | Cha05 | 柠檬汁背景.jpg】文件，按 Enter 键将素材导入到页面中央并调整素材的大小，如图 5-131 所示。

10　按 Ctrl+End 组合键将素材放置到最下面，调整杯子的大小和位置，完成后的效果如图 5-132 所示。

图 5-131　导入并调整素材

图 5-132　调整素材的位置和图形的大小

至此，柠檬汁效果制作完成，将完成后的场景文件进行存储。

5.8 习题

1．选择题

（1）以下________是随机生成的填充，可赋予对象自然的外观。

A．底纹填充　　B．单色填充　　C．图样填充　　D．渐变填充

（2）使用以下________可以在对象中进行网状填充，以产生独特的效果。

A．交互式填充工具

B．填充工具

C．交互式网格填充工具

2．填空题

（1）渐变填充是给对象增加深度的________或________的平滑渐变。渐变填充有 4 种类型：________、________、________和________。

（2）使用【图样填充】对话框可以为对象进行________、________或________填充。

3．上机操作

使用底纹填充工具和艺术笔工具绘制一个海底世界。

第 6 章　编辑与造型对象

CorelDRAW 程序允许用户使用多种方式为对象造型，编辑对象是绘图的必要步骤。因此本章将结合实例对各种编辑形状工具和造型工具的操作与运用进行讲解。其中的挑选工具、形状工具是 CorelDRAW 中使用最频繁的，也是最重要的工具。只有熟练掌握编辑图形工具与造型工具的操作方法与应用，才能在绘图与创作过程中操作自如。

本章重点

- 选择对象的方法
- 形状工具的应用
- 复制、再制与删除对象
- 变形对象和修剪对象
- 焊接对象、调和对象和裁剪对象的应用

6.1　选择对象

在编辑对象之前，必须先选定对象。可以在群组或嵌套工具群组中选择可见对象、隐藏对象和单个对象，可以按创建对象的顺序选择对象。可以同时选择所有对象或同时取消对多个对象的选择。

6.1.1　使用挑选工具

选择工具箱中的（挑选工具），在没有选中任何对象的情况下，属性栏将显示为默认的属性，如果选择了对象，则会显示与选择对象相关的选项。

属性栏中各选项说明如下：

- 在 A4 （纸张类型/大小）下拉列表框中可以选择所需的纸张类型/大小，在 210.0 mm 297.0 mm （纸张宽度和高度）文本框中可以设置所需的纸张宽度和高度。
- 单击（纵向）按钮可以将页面设为纵向，单击（横向）按钮可以将页面设置为横向。
- 单击（对所有页面应用页面布局）按钮时，可以将多页文件中的页面设置为相同页面方向，单击（对当前页面应用页面布局）按钮时，可以将多页文件中的页面设置为不同页面方向。
- 在单位：毫米 （绘图单位）下拉列表框中可以选择所需的单位。
- 在 .1 mm （微调偏移）文本框中可以输入所需的偏移值（即在键盘上按方向键移动的距离）。

- 在 5.0 mm 5.0 mm（再制距离）文本框中可以输入所需的再制距离，即选择【再制】命令后副本所移动的距离。

挑选工具主要用来选取图形和图像。当选中当前一个图形或图像时，可对其进行旋转、缩放等操作，下面对挑选工具进行简单的介绍。

01 新建一个空白文档，按 Ctrl+I 组合键，在打开的对话框中选择随书附带光盘【DVDROM | 素材 | Cha06 | 礼品盒.jpg】文件，单击【导入】按钮，如图 6-1 所示。

图 6-1 选择需要导入的素材文件

02 按 Enter 键将选择的对象导入到绘图页中心，如图 6-2 所示。

> 提示：导入后的素材比较大，下面来调整素材的大小。

03 确定导入的素材文件处于选择状态，将鼠标放到 4 个角的任意一个角处，配合键盘上的 Shift 键对素材图片进行缩放，完成后的效果如图 6-3 所示。

图 6-2 导入素材后的效果

图 6-3 调整素材文件

6.1.2 使用全选命令选择所有对象

下面介绍使用全选命令选择场景中的对象。

01 打开随书附带光盘【DVDROM | Scene | Cha02 | 绘制吊牌.cdr】场景文件，如图 6-4 所示。

图 6-4 打开的场景文件

02 在菜单栏中选择【编辑】|【全选】|【对象】命令，如图 6-5 所示，即可将场景中除辅助线之外的所有对象选中，如图 6-6 所示。

03 在菜单栏中选择【编辑】|【全选】|【文本】命令，如图 6-7 所示，即可将场景中所有的文本效果选中，完成后的效果如图 6-8 所示。

04 在菜单栏中选择【编辑】|【全选】|【辅助线】命令，如图 6-9 所示，即可将场景中的所

有辅助线选中，如图 6-10 所示。

图 6-5　选择【对象】命令

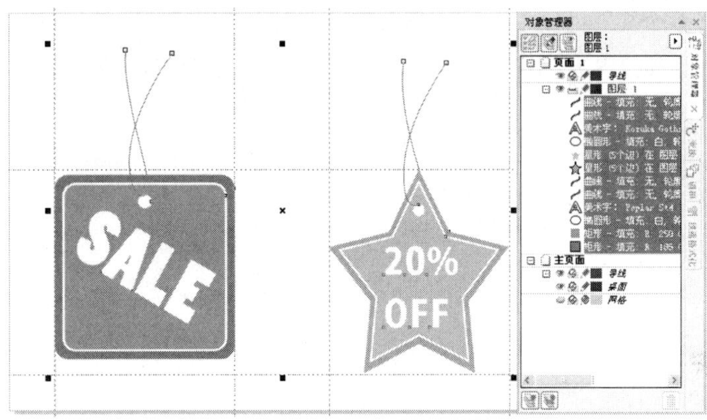

图 6-6　选择场景中的所有对象

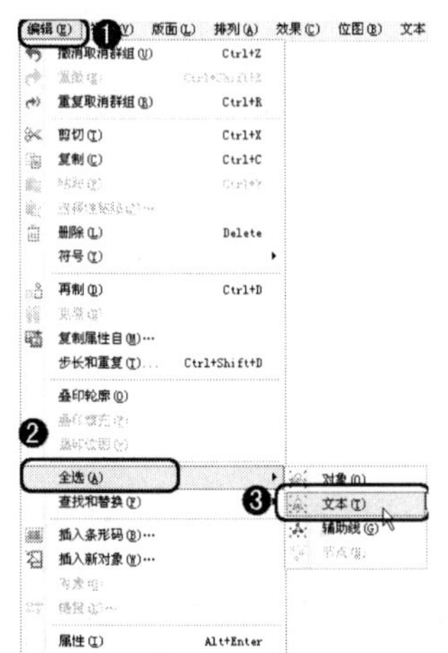

图 6-7　选择【文本】命令

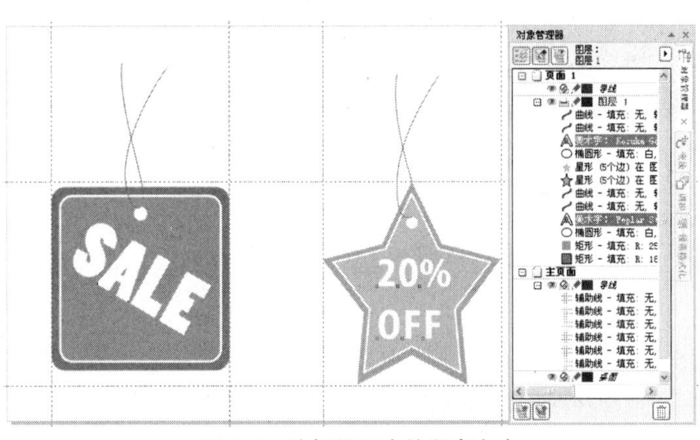

图 6-8　选择场景中的所有文本

图 6-9　选择【辅助线】命令

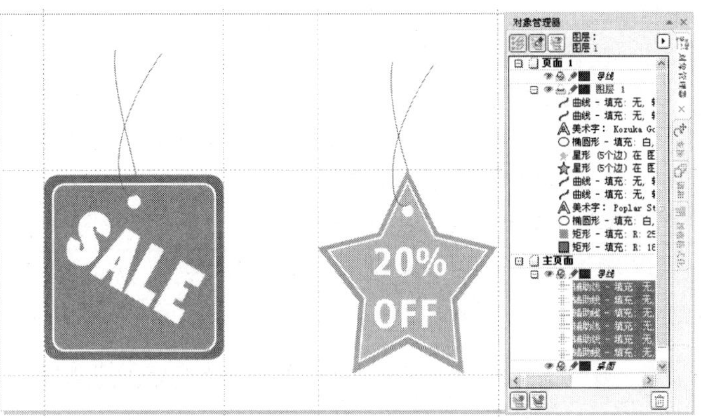

图 6-10　选择场景中的所有辅助线

6.1.3 选择多个对象

在实际的操作中，往往需要选择多个对象同时进行编辑，所以需要同时选择场景中的多个文件。选择多个文件可以使用（挑选工具）在场景中框选或按 Shift 键单击来实现操作。下面分别进行讲解，首先来介绍使用（挑选工具）在场景中框选需要选择的对象。

01 打开一个场景文件，如图 6-11 所示。

图 6-11 打开文件

02 在工具箱中选择（挑选工具）工具，移动指针到适当的位置按下左键拖出一个虚框，如图 6-12 所示。

03 松开鼠标后即可选中虚框中的对象，如图 6-13 所示。

图 6-12 框选需要选择的图形

图 6-13 框选对象后的效果

下面来介绍配合 Shift 键选择多个对象的方法。继续使用前面的场景进行介绍。

01 选择（挑选工具）在绘图页的空白处单击取消对象的选择，然后在场景中选择如图 6-14 所示的对象。

02 配合 Shift 键选择左侧的花，如图 6-15 所示。

图 6-14 选择中间的花

图 6-15 配合 Shift 键选择左侧的花

03 使用同样的方法选择其他对象，完成后的效果如图 6-16 所示。

图 6-16　选择其他的花

6.1.4　取消对象的选择

如果想取消选择全部对象，在场景中的空白处单击即可；如果想取消场景中对某个或某几个对象的选择，可以在按住 Shift 键的同时单击要取消选择的对象。

6.2　形状工具

形状工具可以更改所有曲线对象的形状。曲线对象是指用手绘工具、贝赛尔工具、钢笔工具等创建的绘图对象，以及由矩形、多边形和文本对象转换而成的曲线对象。形状工具对对象形状的改变是通过对所有曲线对象的结点和线段的编辑实现的。

在工具箱中选择（形状工具），即可在属性栏中显示相应的属性按钮。

矩形（选取范围模式）列表：在该列表中可以选取范围的模式。例如，矩形与手绘。选择矩形选项，可以通过矩形来选取所需的节点；选择手绘选项，则可通过手绘的模式来选取所需的节点。

- （添加节点）按钮：在曲线对象上单击，出现一个小黑点，再次单击该按钮，即可在该曲线对象上添加一个节点。
- （删除节点）按钮：在对象上单击一个节点将其选中，再次单击该按钮，即可将该节点删除。
- （连接两个节点）按钮：在绘图窗口中绘制一个未闭合的曲线对象，选择起点与终点，单击该按钮，即可使选择的两个节点连接成一个节点。
- （断开曲线）按钮：该按钮的作用与（连接两个节点）按钮相反，先选择要分割的节点，然后单击该按钮，即可将一个节点分割成两个节点。
- （转换曲线为直线）按钮：单击该按钮可以将选择节点与逆时针方向相邻节点之间的曲线段转换为直线段。
- （转换直线为曲线）按钮：单击该按钮可以将选择节点与逆时针方向相邻节点之间的直线段转换为曲线段。
- （使节点成为尖突）按钮：当在曲线对象上选择的节点为平滑节点或对称节点时，单击该按钮，可以通过调节每个控制点来使节点变得尖突。
- （平滑节点）按钮：该按钮与（使节点成为尖突）按钮相反，单击该按钮可以将尖突节点转换为平滑节点。
- （生成对称节点）按钮：单击该按钮可以将选择的节点转换为两边对称的平滑节点。

- （反转选定子路径的曲线方向）按钮：当在曲线对象上进行直线段与曲线段互换时，默认情况下，只会将节点与逆时针方向相邻节点之间的线段进行互换；如果单击该按钮，则可以将节点与顺时针方向相邻节点之间的线段进行互换。
- （延长曲线使之闭合）按钮：如果在绘图窗口中绘制了一个未封闭曲线对象，并且选择了起点与终点，此时单击该按钮，即可将这两个节点用直线段连接起来，从而得到一个封闭的曲线对象。
- （提取子路径）按钮：如果一个曲线对象中包括了多个子路径，并且在一个子路径上选择了一个节点或多个节点，此时单击该按钮，即可将选择节点所在的子路径提取出来。
- （自动闭合曲线）按钮：它的作用与（延长曲线使之闭合）按钮的作用相同，单击后可以将未封闭曲线闭合，但它无须选择起点与终点两个节点。
- （延展与缩放节点）按钮：先在曲线对象上选择节点（一般要两个节点或多个节点），单击该按钮，在选择节点的周围出现一个缩放框，用户可以调整缩放框上的任意控制点来调整所选节点之间的连线。
- （旋转与倾斜节点）按钮：先在曲线对象上选择节点（一般要两个节点或多个节点），单击该按钮，在选择节点的周围出现一个旋转框，用户可以拖动旋转框上的旋转箭头或双向箭头调整旋转节点之间的连线。
- （对齐节点）按钮：如果在曲线对象上选择了两个以上的节点，单击该按钮，可打开【节点对齐】对话框，用户可根据需要在其中选择所需的选项，选择好后单击【确定】按钮，选择的节点将按照指定方向对齐。
- （水平反射节点）按钮：单击该按钮可编辑水平镜像中对象的对应节点。

注意：此操作的前提是画面中存在镜像的曲线对象并且同时选择了镜像对象，此时选择形状工具，并用形状工具在镜像曲线上选择相对应的节点，然后在属性栏中单击（水平反射节点）按钮，则可在拖动蓝色（或红色）控制柄时，将更改反映在对应的红色（或蓝色）控制柄中。

- （垂直反射节点）按钮：单击该按钮，可编辑垂直镜像中对象的对应节点，操作方法与水平反射节点相同。
- （弹性模式）按钮：在选择曲线对象上所有的节点时，单击该按钮，可以局部调整曲线对象的形状。
- （选择全部节点）按钮：单击该按钮可以选择曲线对象上的所有节点。
- 减少节点按钮：单击该按钮可以将选择曲线上所选节点中的重叠或多余节点删除。
- （曲线平滑度）按钮：拖动滑杆上的滑块可以对不平滑的曲线进行平滑处理。

提示：双击该工具可将对象上的节点全选，按住 Shift 键并单击可进行多重选择，在曲线上双击可添加一个节点，在某节点上双击可将其移除。

6.2.1 将直线转换为曲线并调整节点

下面将介绍如何将直线转换为曲线并对曲线进行调整。

01　选择工具箱中的 (星形工具)，在属性栏中将星形的点数设置为 5，然后在绘图页中绘制形状，如图 6-17 所示。

02　确定星形处于选择状态，右击图形，在弹出的快捷菜单中选择【转换为曲线】命令，如图 6-18 所示。

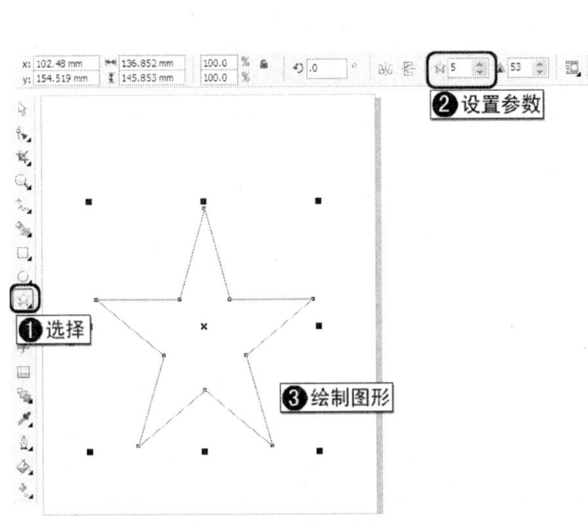

图 6-17　绘制星形

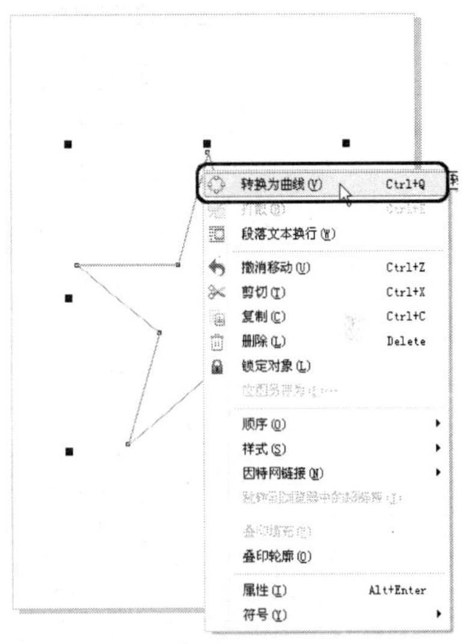

图 6-18　选择【转换为曲线】命令

03　选择工具箱中的 (形状工具)，在绘图页中选择所有的节点，单击属性栏中的 (转换直线为曲线) 按钮，如图 6-19 所示。在绘图页中调整图形，调整后的效果如图 6-20 所示。

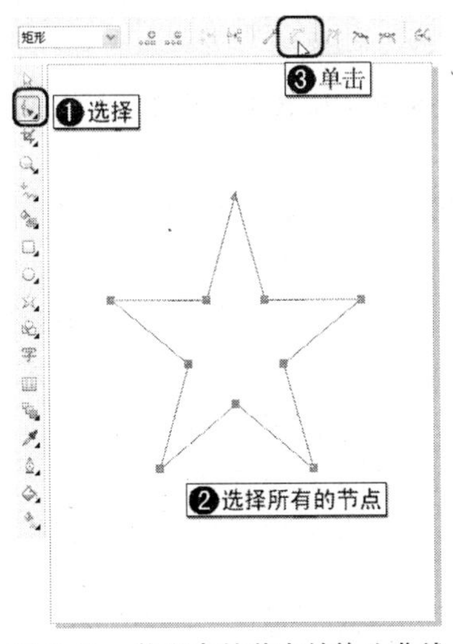

图 6-19　将所有的节点转换为曲线

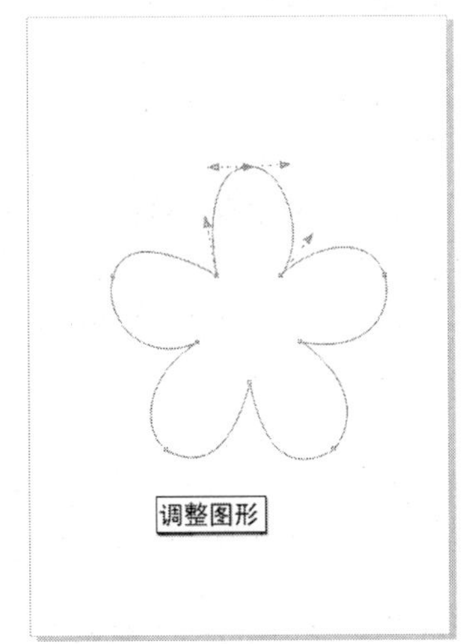

图 6-20　调整星形的形状

04　将调整后的图形填充为红色，并取消轮廓线的填充，完成后的效果如图 6-21 所示。

05　选择工具箱中的 (椭圆工具)，在红色图形的中央配合 Ctrl 键绘制白色无边框正圆形，如图 6-22 所示。

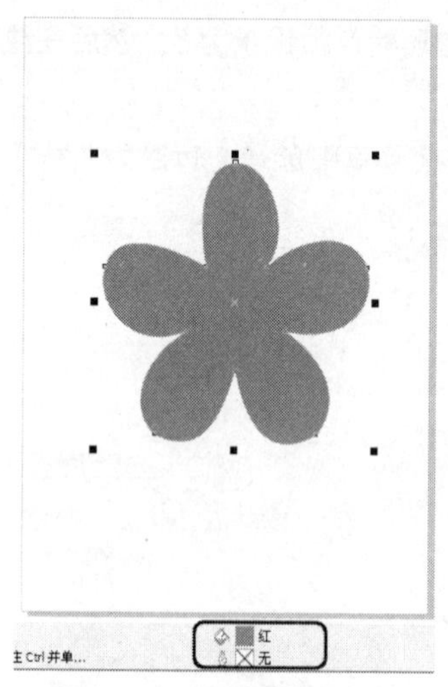
图 6-21　为图形填充颜色

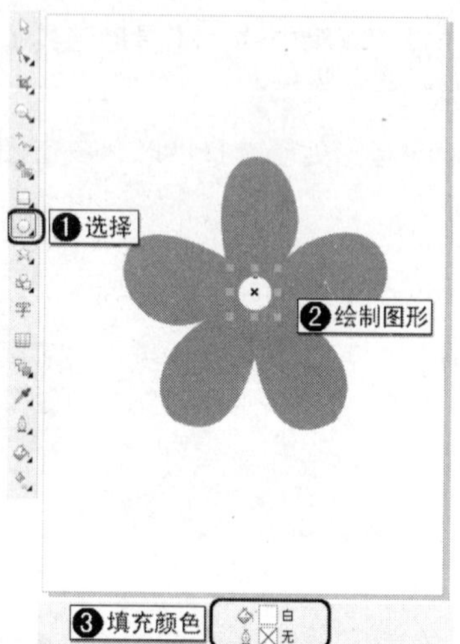

图 6-22　绘制圆形

6.2.2　添加与删除节点

下面继续使用前面绘制的图形进行讲解。

01　选择工具箱中的（形状工具），使用鼠标框选如图 6-23 所示的节点。

02　单击属性栏上的（删除节点）按钮将选择的节点删除，完成后的效果如图 6-24 所示。

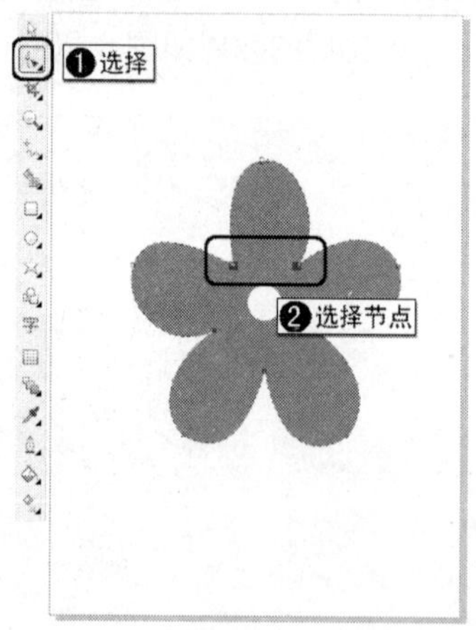

图 6-23　选择需要删除的节点

图 6-24　删除节点后的效果

下面介绍添加节点的方法。

01　选择工具箱中的（形状工具），在想要添加节点的位置单击鼠标，在相应的位置出现一个黑点，如图 6-25 所示。

02　在属性栏中单击（添加节点）按钮，即可为对象添加一个节点，效果如图 6-26 所示。

图 6-25　定义节点位置

图 6-26　添加节点效果

6.2.3　断开与连接节点

下面介绍节点的断开与连接。

01　选择工具箱中的 （基本形状工具），在属性栏中将完美形状定义为心形，然后在绘图页中绘制心形并为其填充渐变色，如图 6-27 所示。

02　确定新绘制的图形处于选择状态，右击图形，在弹出的快捷菜单中选择【转换为曲线】命令将心形图形转换为曲线，如图 6-28 所示。

03　选择工具箱中的 （形状工具），在绘图页中选择如图 6-29 所示的节点，在属性栏中单击 （断开节点）按钮将选择的节点断开。

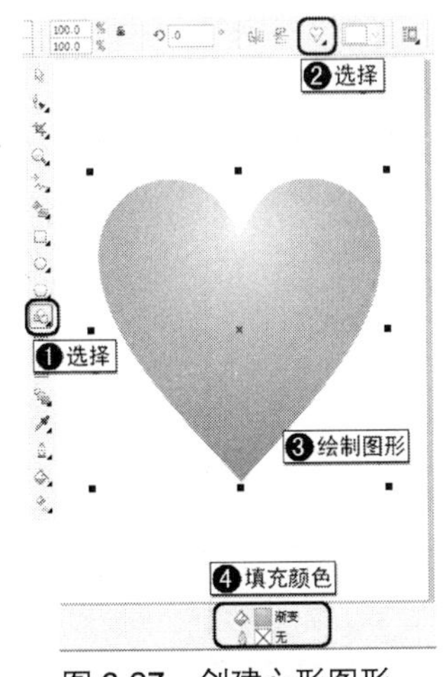

图 6-27　创建心形图形

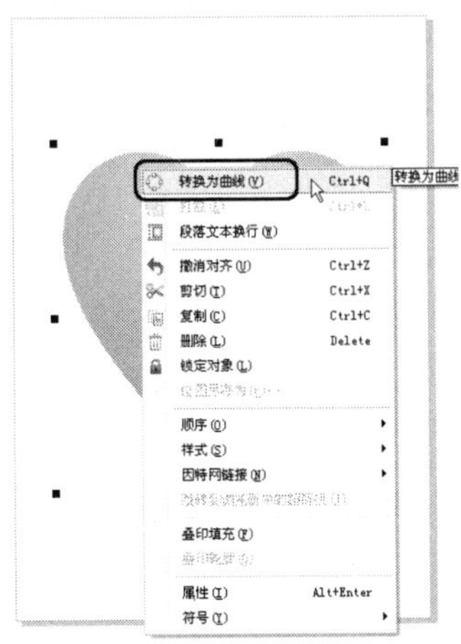

图 6-28　将图形转换为曲线

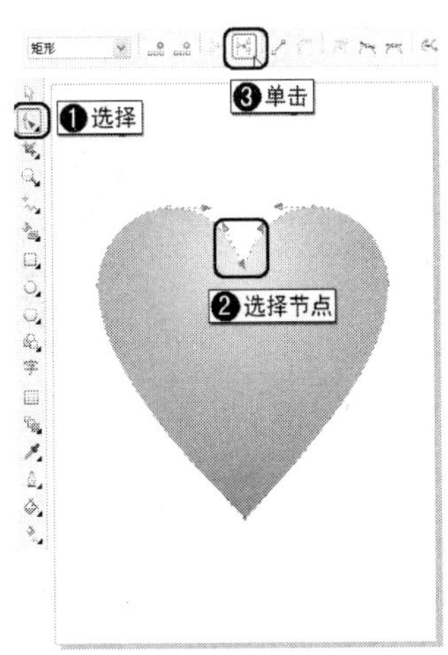

图 6-29　选择需要断开的节点

04　使用鼠标调整节点的位置即可观看断开后的效果，如图 6-30 所示。

05　在绘图页中选择需要连接的节点，在属性栏中单击 （连接两个节点）按钮，如图 6-31 所示。

06　连接节点后的效果如图 6-32 所示。

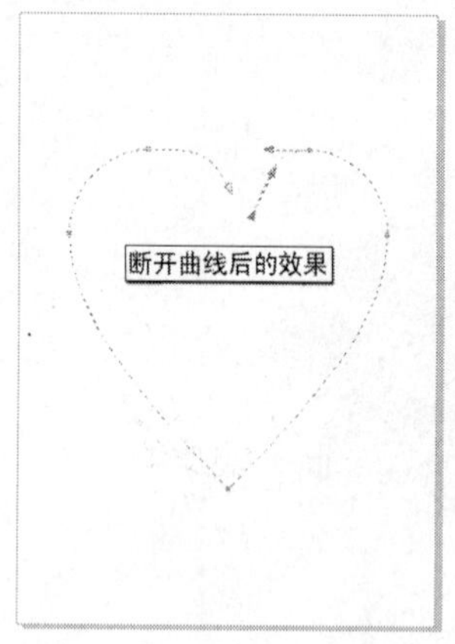

图 6-30　断开曲线后的效果

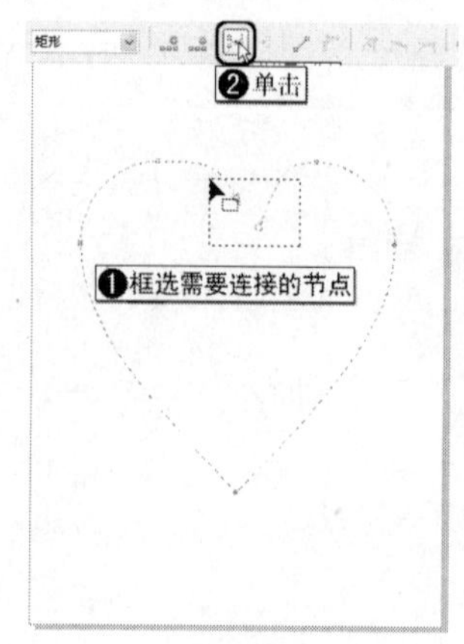

图 6-31　选择需要连接的节点

图 6-32　连接节点后的效果

6.3　复制、再制与删除对象

本节将对复制、再制与删除对象进行简单的讲解，并将分别介绍复制对象的两种不同方法。

6.3.1　复制对象

复制对象的操作步骤如下：

01　选择一个或者多个需要复制的对象，如图 6-33 所示。

02　在菜单栏中选择【编辑】|【复制】命令，如图 6-34 所示，此时即可将对象复制到剪贴板中。

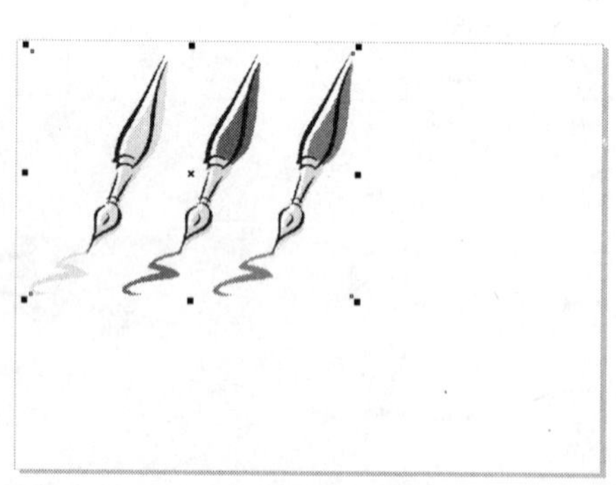

图 6-33　选择需要复制的对象

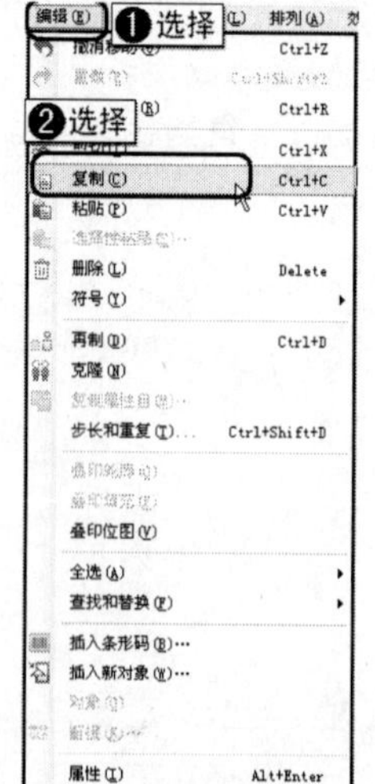

图 6-34　选择【复制】命令

提示： 下面来介绍 3 种复制图形的方法，即单击标准工具栏中的（复制）按钮、按键盘上的 Ctrl+C 组合键或者按小键盘上的"+"键。执行这 3 种方式中的任何一种方式都可以实现复制图形操作。

03　选择【编辑】|【粘贴】命令，可将剪贴板中的对象粘贴到图形对象的原位置。用鼠标移开复制的图形对象，即可看到原对象与复制的对象，如图 6-35 所示。

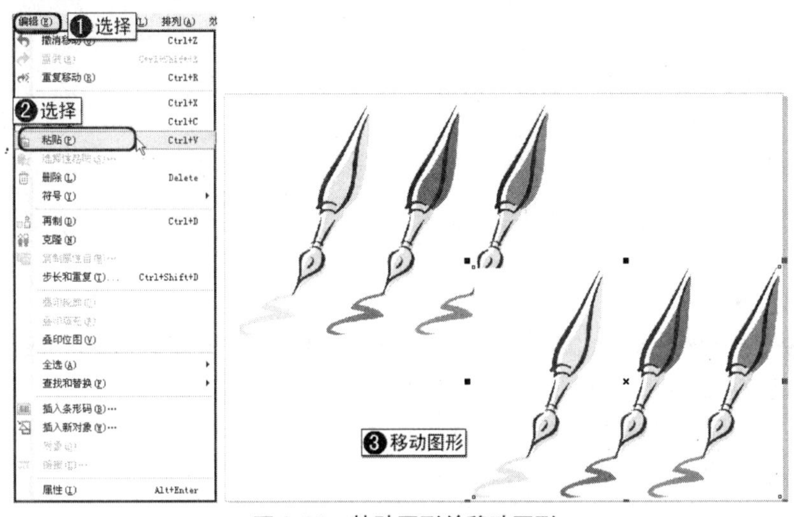

图 6-35　粘贴图形并移动图形

6.3.2　再制对象

使用再制功能可以快捷地生成对象的副本，并把再制出来的副本对象放置在页面中。

> 提示：【再制】命令与【复制】命令的不同之处在于，【再制】命令不通过剪贴板来复制对象，而是直接将对象的副本生成在页面中。

再制对象的具体操作步骤如下：

01　首先设置再制距离。选择工具箱中的（挑选工具），在属性栏中将【再制距离】参数设置为 8mm，如图 6-36 所示。

02　在页面中选择需要再制的对象，如图 6-37 所示。

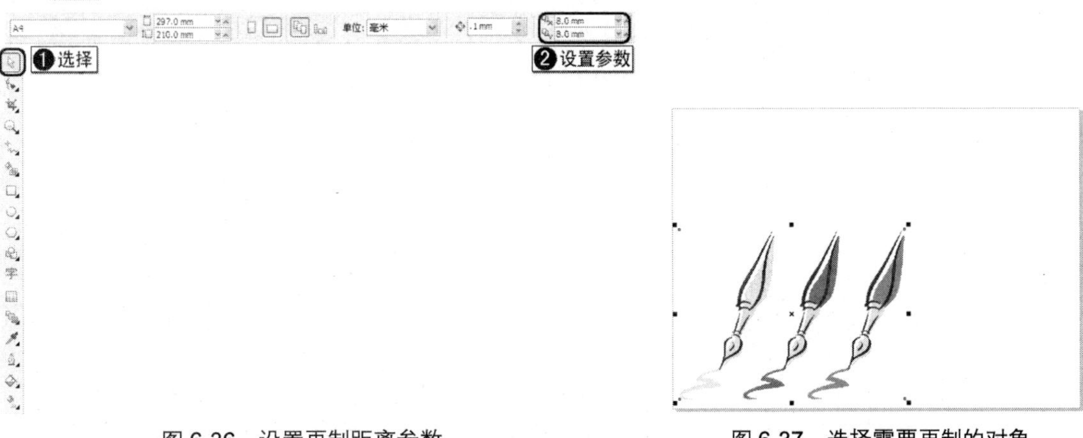

图 6-36　设置再制距离参数　　图 6-37　选择需要再制的对象

03　按 Ctrl+D 组合键或者选择【编辑】|【再制】命令即可再制一个对象，如图 6-38 所示。

04 如果多次按下 Ctrl+D 组合键，则可沿一定的方向再制多个图形对象，如图 6-39 所示。

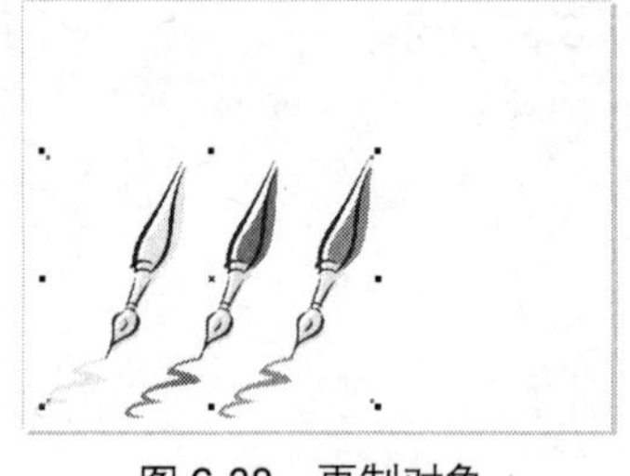

图 6-38 再制对象

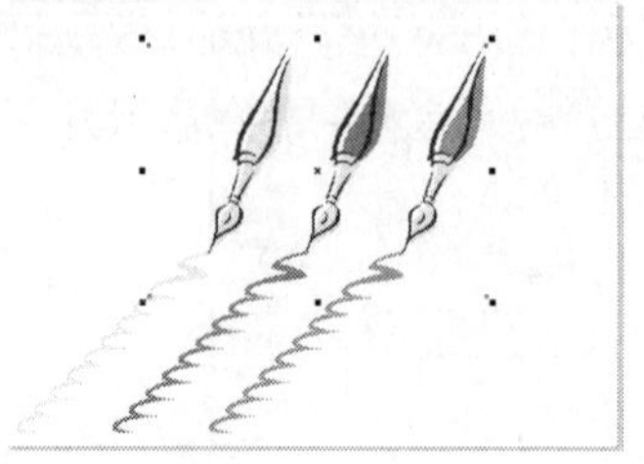

图 6-39 多次再制后的效果

6.3.3 删除对象

要删除不需要的对象，首先在场景中选择它，然后在菜单栏中选择【编辑】|【删除】命令或直接按 Delete 键将其删除。

6.4 变形对象

在 CorelDRAW 中用户可以应用 3 种类型（例如，推拉、拉链与扭曲）的变形效果来为对象造型。

- 推拉变形：可以将选择对象的边缘推进或拉出。
- 拉链变形：可以为选择对象的边缘添加锯齿效果。添加锯齿效果后还可以调整效果的振幅和频率。
- 扭曲变形：可以将选择的对象进行旋转，以创建漩涡效果。可以选定漩涡的方向、旋转原点、旋转度及旋转量。

对象变形后，可通过改变变形中心来改变其效果。此点由菱形控制柄确定，变形在此控制柄周围产生。可以将变形中心放在绘图窗口中的任意位置，或者将其定位在对象的中心位置，这样变形就会均匀分布，而且对象的形状也会随中心的改变而改变。

6.4.1 使用交互式变形工具变形对象

下面以花形图案为例介绍交互式变形工具的使用。

01 新建一个横向文档，选择工具箱中的（多边形工具），在属性栏中将边数设置为 10，在绘图页中配合 Ctrl 键绘制正多边形，如图 6-40 所示。

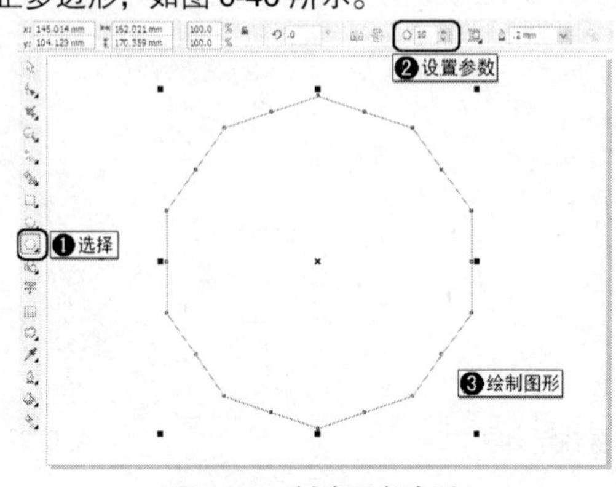

图 6-40 创建正多边形

02　选择工具箱中的（交互式变形工具），将鼠标光标移动到图形的中心位置，按住左键从右向左拖曳鼠标，对图形进行变形，如图 6-41 所示。

03　移动鼠标到合适的位置后松开，完成后的效果如图 6-42 所示。

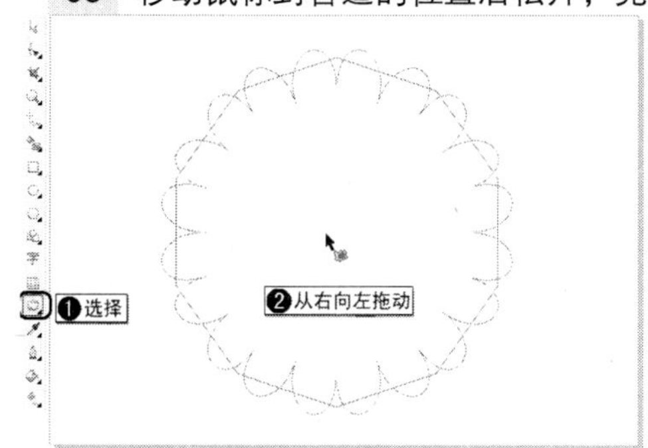

图 6-41　调整图形

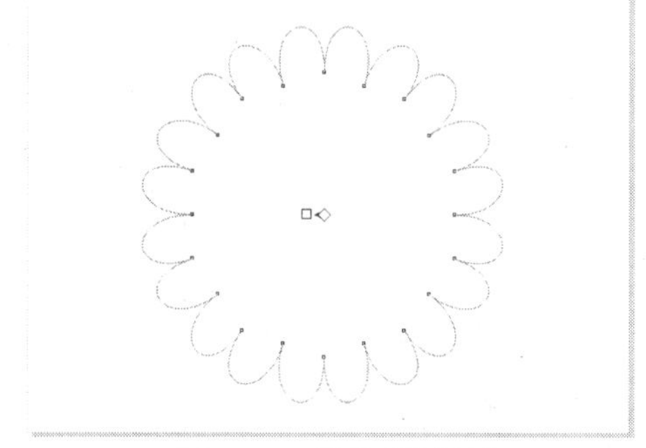

图 6-42　调整后的效果

04　确定调整后的图形处于选择状态，按 Ctrl+D 组合键将新调整的图形再制，在属性栏中将【缩放因素】设置为 85%，如图 6-43 所示。

05　选择如图 6-44 所示的图形，将其填充为蓝紫色。

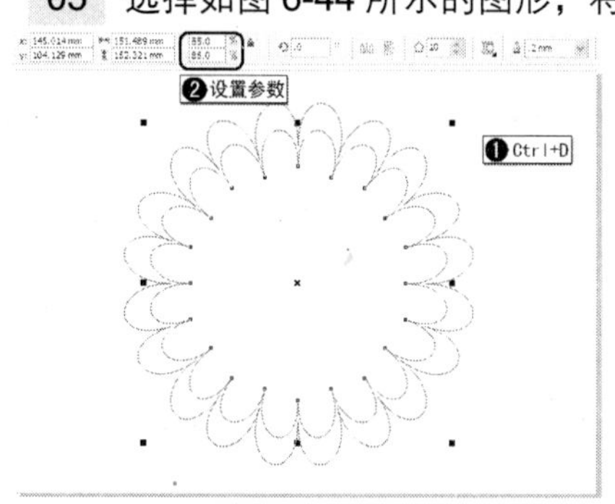

图 6-43　复制并缩放图形

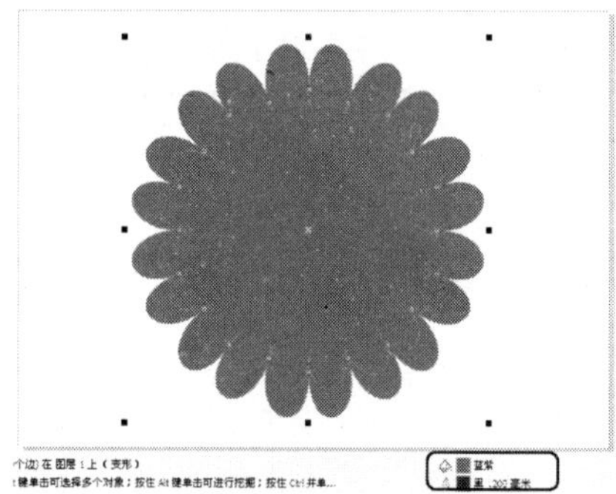

图 6-44　填充颜色

06　按 Ctrl+A 组合键选择场景中的两个图形，按 Ctrl+L 组合键将选择的图形结合并取消轮廓线的填充，如图 6-45 所示。

07　确定结合后的图形处于选择状态，配合 Shift 键将其等比例缩放，缩放到合适的位置后右击复制图形，如图 6-46 所示。

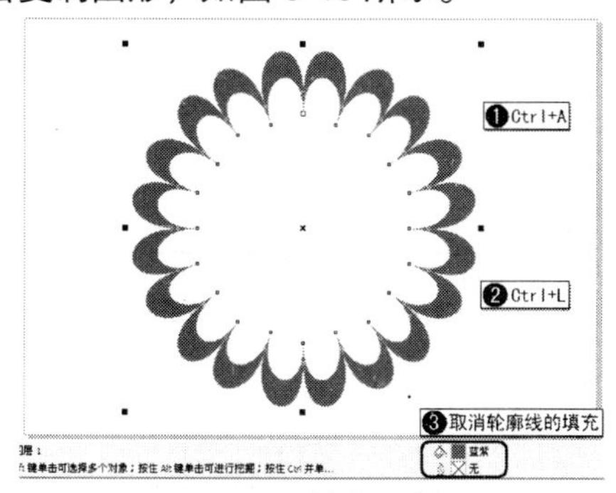

图 6-45　结合图形

图 6-46　缩放并复制图形

08 在菜单栏中选择【编辑】|【重复再制】命令，或者按 Ctrl+R 组合键将图形依次缩放复制，如图 6-47 所示。

09 为复制的图形填充不同的颜色，完成后的效果如图 6-48 所示。

图 6-47 缩放复制图形

图 6-48 为图形填充不同的颜色

10 保存完成后的场景文件。

6.4.2 复制变形效果

下面介绍如何复制变形效果。

01 打开随书附带光盘【DVDROM | 素材 | Cha06 | 复制变形.cdr】文件，如图 6-49 所示。

02 在绘图页中选择洋红色正圆形，然后选择工具箱中的（交互式变形工具），在属性栏中单击（复制变形属性）按钮，如图 6-50 所示。

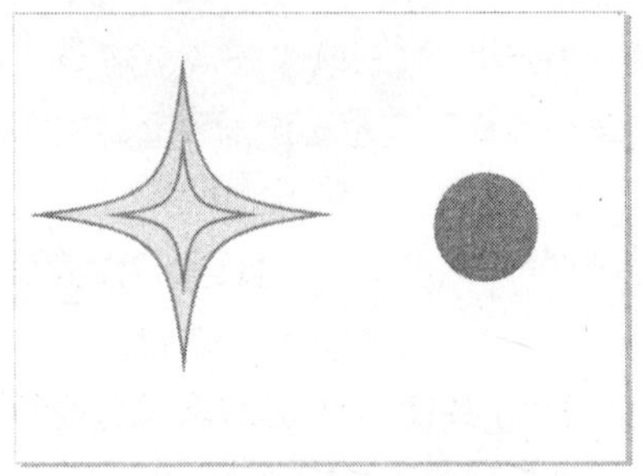

图 6-49 导入的场景文件

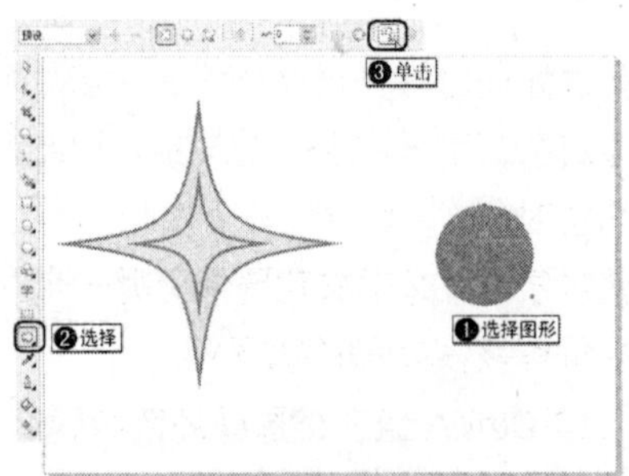

图 6-50 选择圆形

03 此时指针呈粗箭头状，在黄色图形上单击，如图 6-51 所示，即可将变形的属性进行复制，如图 6-52 所示。

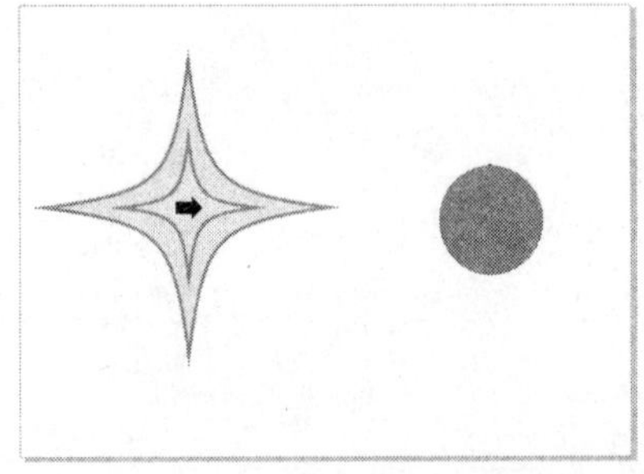

图 6-51 在黄色图形上单击

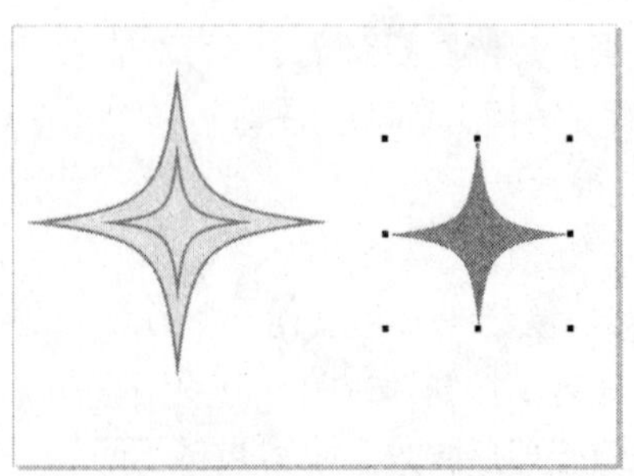

图 6-52 复制变形属性后的效果

6.4.3　清除变形效果

如果用户不想使用某对象的变形效果，可以将其变形效果清除。

此处继续使用上面的场景文件进行讲解。

01　在绘图页中选择如图 6-53 所示的图形。

02　选择工具箱中的（交互式变形工具），在属性栏中单击（清除变形）按钮，如图 6-54 所示，即可将变形效果清除，效果如图 6-55 所示。

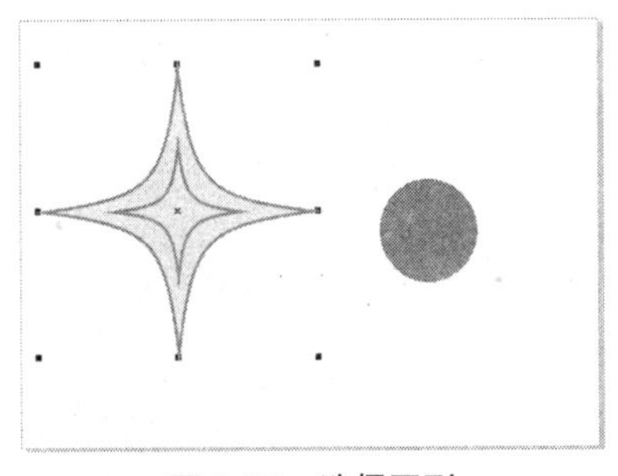

图 6-53　选择图形

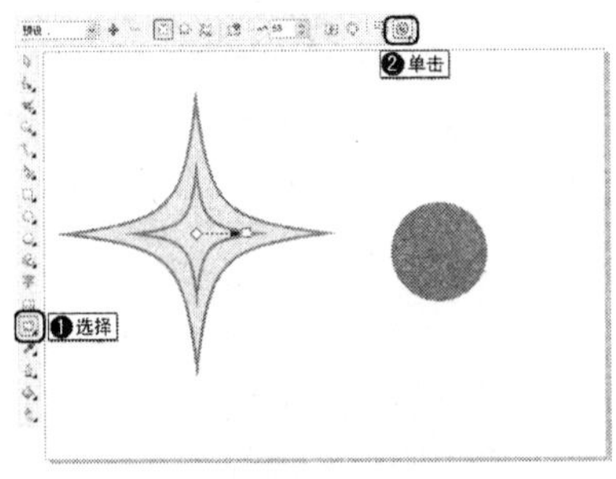

图 6-54　单击（清除变形）按钮

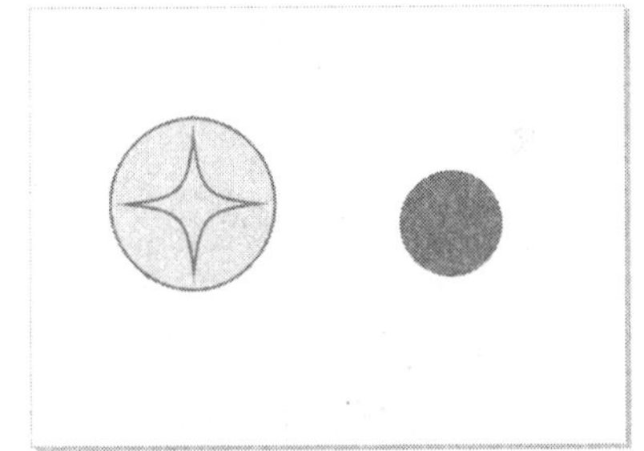

图 6-55　清除变形后的效果

6.5　修剪对象

修剪功能通过移除重叠的对象区域来创建形状不规则的对象。此功能几乎可以修剪任何对象，包括克隆对象、不同图层上的对象，以及带有交叉线的单个对象。但是不能修剪段落文本、尺度线或克隆的主对象。

修剪对象前，必须决定要修剪哪一个对象（目标对象），以及用哪一个对象执行修剪（源对象）。目标对象保留其填充和轮廓属性。

CorelDRAW 允许以不同的方式修剪对象。可以用前面的对象作为来源对象来修剪其后面的对象，也可以用后面的对象来修剪前面的对象，还可以移除重叠对象的隐藏区域，以便绘图中只保留可见区域。将矢量图形转换为位图时，移除隐藏区域可减小文件大小。

6.5.1　使用修剪命令修剪对象

下面介绍使用修剪命令修剪对象的方法。

01　选择工具箱中的（基本形状工具），在属性栏中将完美形状定义为心形，在绘图页中配合 Shift 键绘制心形，然后将其填充为红色，如图 6-56 所示。

02　选择工具箱中的（椭圆工具），在绘图页中绘制椭圆，如图 6-57 所示。

03　按 Ctrl+A 组合键选择场景中的所有对象，选择工具箱中的（挑选工具），在属性栏中单击（修剪）按钮，如图 6-58 所示。

修剪图形后的效果如图 6-59 所示。

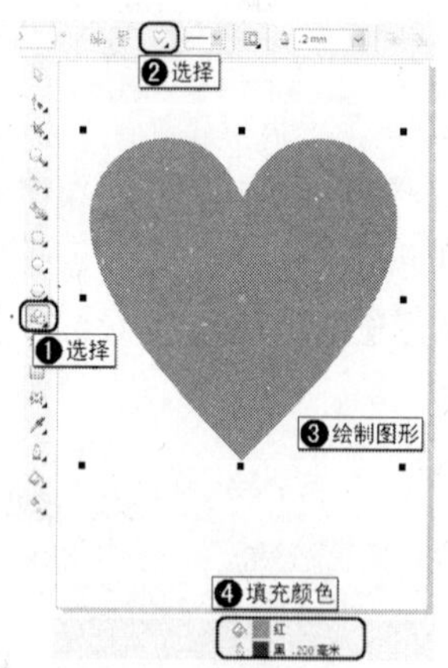

图 6-56　绘制红色心形

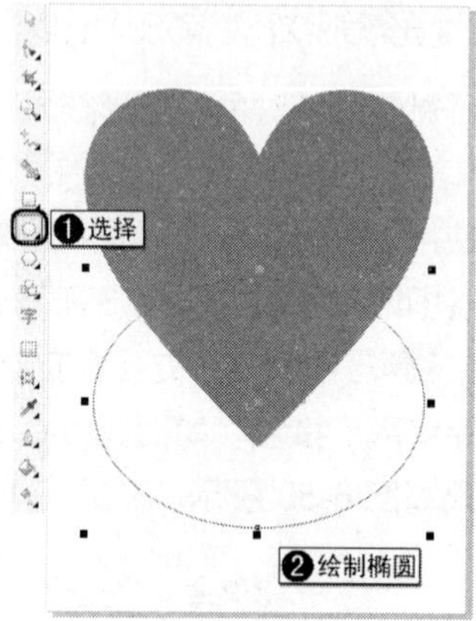

图 6-57　绘制椭圆

图 6-58　选择图形

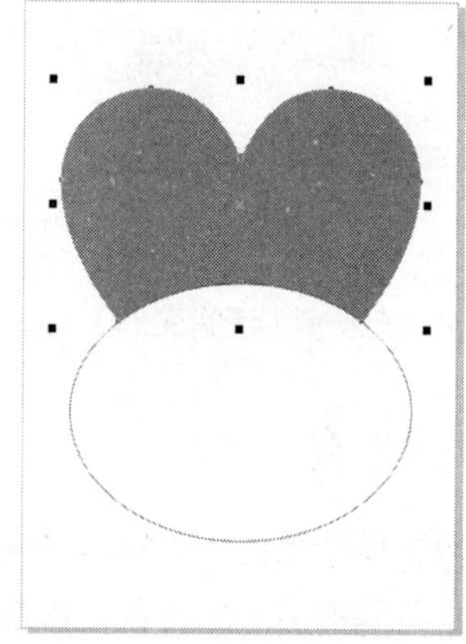

图 6-59　修剪图形后的效果

6.5.2　使用移除后面对象按钮修剪图形

下面继续使用前面绘制的心形和椭圆图形进行讲解。

01　按 Ctrl+Z 组合键返回修剪图形前的效果，选择绘图页中的所有对象，如图 6-60 所示。

02　在属性栏中单击（移除后面对象）按钮，效果如图 6-61 所示。

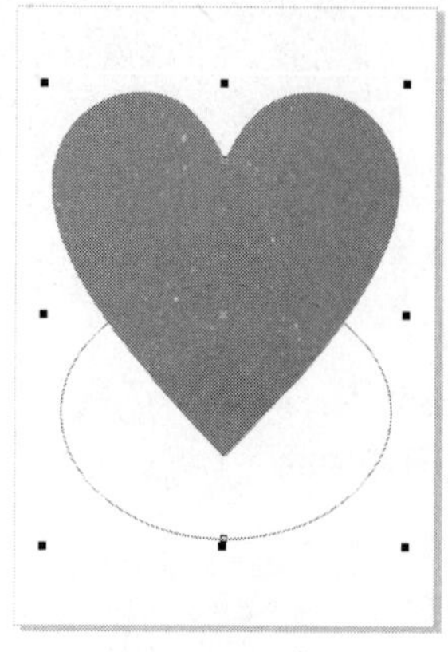

图 6-60　选择图形

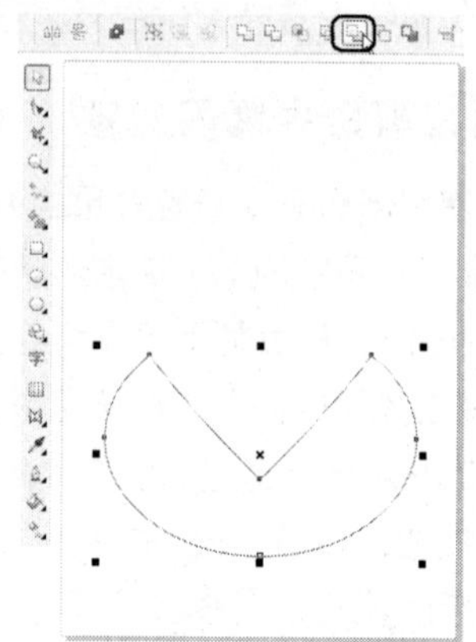

图 6-61　单击（移除后面对象）按钮后的效果

6.5.3　使用移除前面对象按钮修剪图形

下面继续使用前面绘制的图形进行介绍。

01　按 Ctrl+Z 组合键返回修剪图形前的效果，按 Ctrl+A 组合键选择绘图页中的全部对象，然后单击属性栏中的（移除前面对象）按钮，如图 6-62 所示。

02　单击（移除前面对象）按钮后即可对选择的图形进行修剪，完成后的效果如图 6-63 所示。

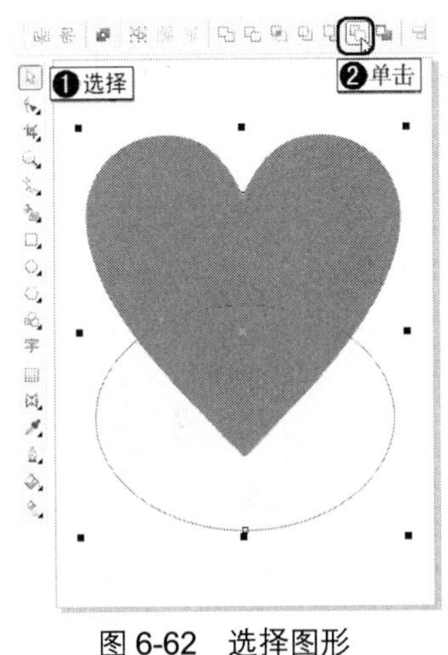

图 6-62　选择图形

图 6-63　修剪图形后的效果

6.5.4　使用简化命令修剪对象中的重叠区域

下面继续使用前面绘制的图形进行介绍。

01　按 Ctrl+Z 键返回修剪图形前的效果，按 Ctrl+A 组合键选择绘图页中的全部对象，然后单击属性栏中的（简化）按钮，如图 6-64 所示。

02　单击（简化）按钮后的效果如图 6-65 所示。

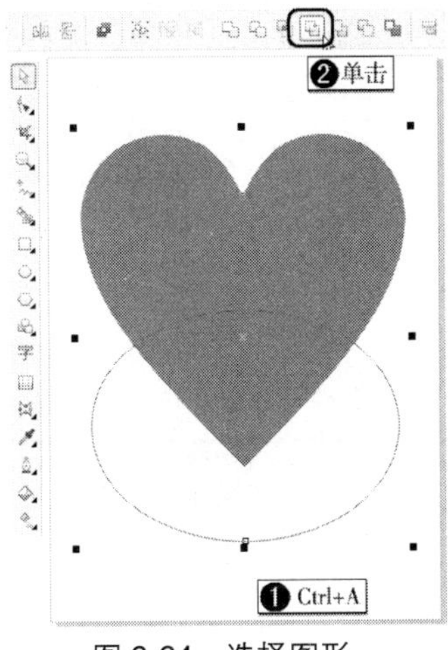

图 6-64　选择图形

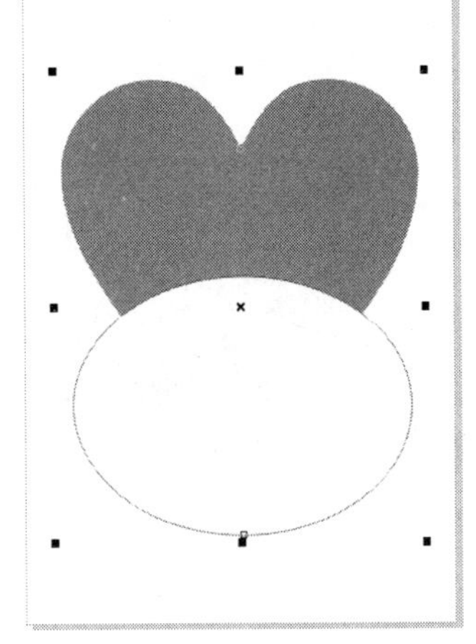

图 6-65　单击（简化）按钮后的效果

6.6 焊接和相交对象

焊接几个重叠对象是通过把它们捆绑在一起创建一个新的对象，该对象使用被焊接对象的边界作为它的轮廓，所有相交的线条都会消失；相交命令是通过两个或多个对象的重叠部分来创建新对象的。

01 选择工具箱中的 (基本形状工具)，在属性栏中将完美形状定义为心形，然后在绘图页中绘制心形图形并将其填充为红色，如图 6-66 所示。

02 选择工具箱中的 (基本形状工具)，在属性栏中将完美形状定义为 ，在心形图形上绘制黄色图形，如图 6-67 所示。

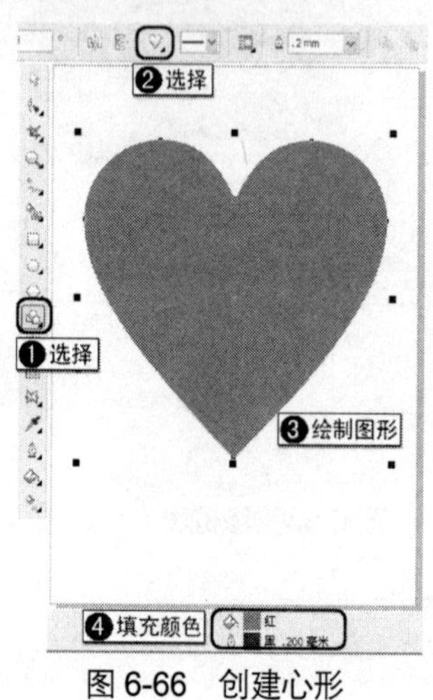

图 6-66 创建心形

图 6-67 创建黄色图形

03 按 Ctrl+A 组合键选择绘图页中的所有图形，在属性栏中单击 (焊接按钮)，如图 6-68 所示。

焊接完图形后的效果如图 6-69 所示。

图 6-68 选择图形

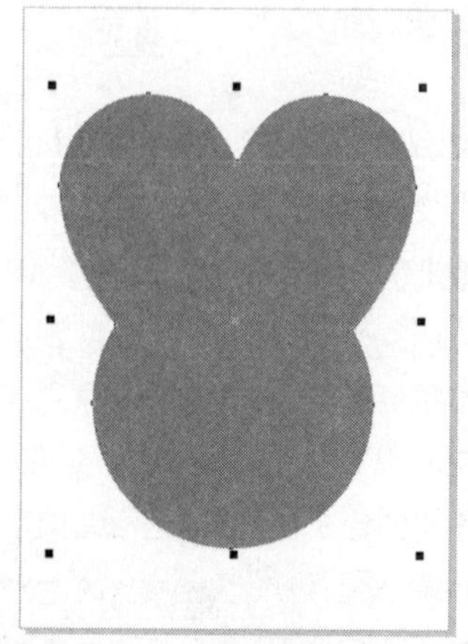

图 6-69 焊接图形后的效果

下面继续使用前面绘制的图形讲解相交对象的操作。

01　按 Ctrl+Z 组合键撤消焊接操作，确定两个图形处于选择状态，单击属性栏中的（相交按钮），如图 6-70 所示。

02　此时创建出一个新的对象，如图 6-71 所示。为了方便观看，将新创建出的对象向外移动，效果如图 6-72 所示。

图 6-70　单击（相交按钮）

图 6-71　相交图形后的效果

图 6-72　向外移动图形

6.7　调和对象

使用（交互式调和工具）可以在对象上直接产生形状和颜色的调和效果。

如果画面中没有选择任何对象，在工具箱中选择（交互式调和工具），属性栏中就会显示它的相关选项，有部分参数不会显示。

如果在画面中绘制了两个以上的对象，并对两个对象进行了调和，则属性栏中将会显示相关内容。

属性栏中各选项的说明如下：

- （步长或调和形状之间的偏移量）选项：在（调和步长）文本框中可以输入所需的调和步数。
- （调和方向）选项：在该文本框中可以输入所需的调和角度。
- （环绕调和）按钮：在【调和方向】文本框中输入所需的角度后，该按钮才显示为活动状态，单击该按钮，可以在两个调和的对象之间围绕调和中心旋转中间的对象。
- （直接调和）按钮、（顺时针调和）按钮、（逆时针调和）按钮：单击（直接调和）按钮，可以用直接渐变的方式填充中间的对象。单击（顺时针调和）按钮，可以用代表色彩轮盘的顺时针方向的色彩填充中间的对象。单击（逆时针调和）按钮，可以用代表色彩轮盘的逆时针方向的色彩填充中间的对象。
- （对象和颜色加速）按钮：单击该按钮将打开【加速】面板，在面板中拖动【对象】与【颜色】上的滑块可以调整渐变路径上对象与色彩的分布情况，单击按钮，取消锁定后可以单独调整对象或颜色在调和路径上的分布情况。
- （加速调和时的大小调整）按钮：单击该按钮，可以加大加速时影响中间对象的程度。

- （杂项调和选项）按钮：单击该按钮将弹出一个菜单，可以在其中单击所需的按钮来映射节点和拆分调和中间的对象。如果选择的调和对象是沿新路径进行调和的，则【沿全路径调和】选项和【旋转全部对象】选项显示为活动状态。
- （起始和结束对象属性）按钮：单击该按钮将弹出一个菜单，在其中可以重新选择或显示调和的起点或终点。
- （路径属性）按钮：单击该按钮将弹出一个菜单，用户可以在其中单击【新路径】命令，使原调和对象依附在新路径上。
- （复制调和属性）按钮：单击该按钮可以将一个调和对象的属性复制到所选的对象上。
- （清除调和）按钮：单击该按钮可以将所选的调和对象运用的调和效果清除。

下面介绍调和效果的基本操作。

01 新建一个横向文档，选择工具箱中的（椭圆工具），配合 Ctrl 键在绘图页中绘制正圆形，为其填充渐变颜色，完成后的效果如图 6-73 所示。

02 选择（挑选工具）在绘图页中选择新创建的圆形，将其向右侧移动，移动到合适的位置后右击进行复制，如图 6-74 所示。

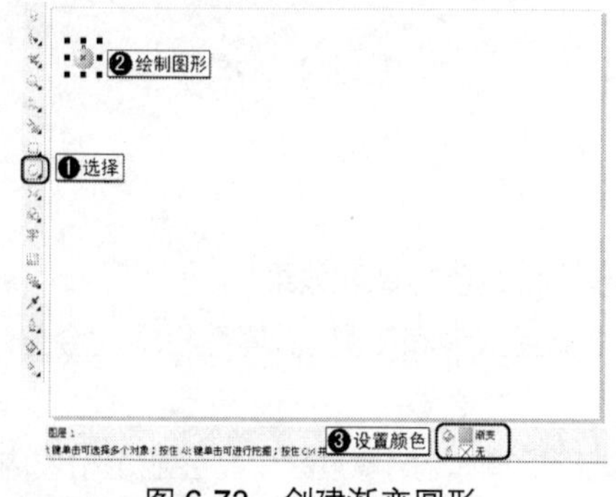

图 6-73 创建渐变圆形

图 6-74 辅助图形

03 选择工具箱中的（交互式调和工具），移动指针到左边的圆形上，如图 6-75 所示，然后按下鼠标左键并向右拖曳，如图 6-76 所示，到适当的位置松开左键，即可在两个圆形之间创建调和效果，如图 6-77 所示。

04 在属性栏中将【步长】参数设置为 22 即可调整调和对象的数量，如图 6-78 所示。

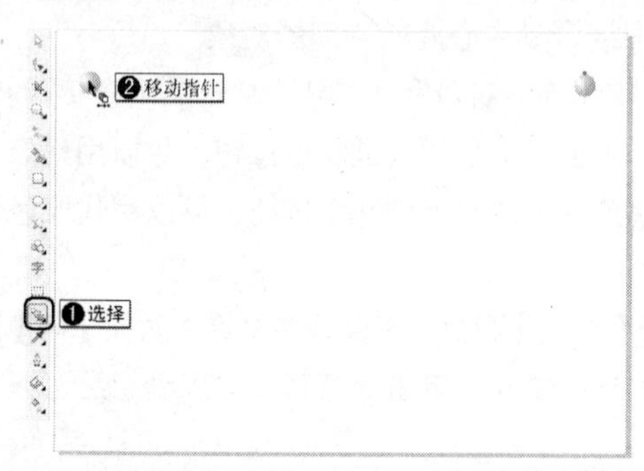

图 6-75 选择调和工具

图 6-76 拖曳鼠标

图 6-77　调和图形后的效果

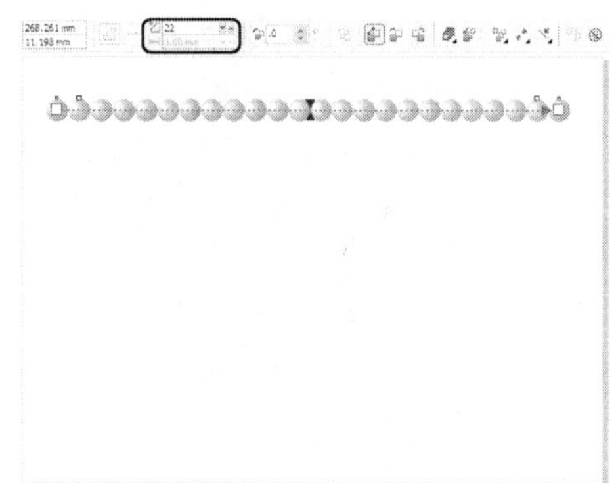

图 6-78　设置步长参数

05　选择工具箱中的（钢笔工具），在绘图页中绘制图形，使用（形状工具）对图形进行调整，如图 6-79 所示。

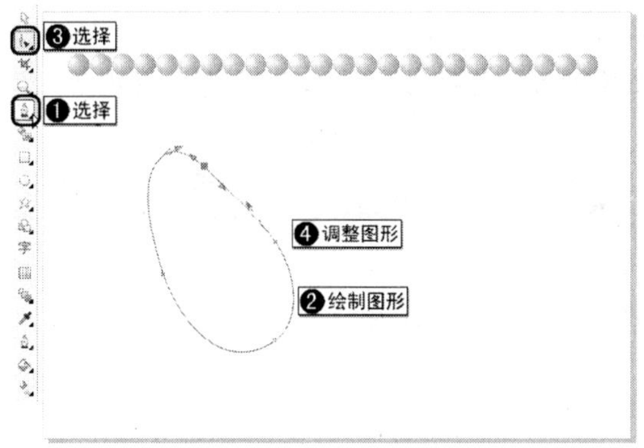

图 6-79　绘制并调整图形

06　在绘图页中选择调和图形后的效果，在属性栏中单击（路径属性）按钮，在弹出的下拉菜单中选择【新路径】命令，如图 6-80 所示。

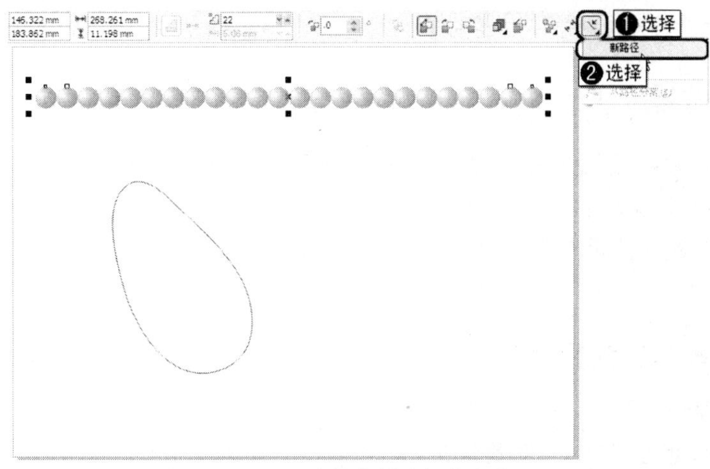

图 6-80　选择【新路径】命令

07 此时鼠标变成形状，在新绘制的曲线上单击，如图 6-81 所示。单击路径后调和对象将依附在新路径上，如图 6-82 所示。

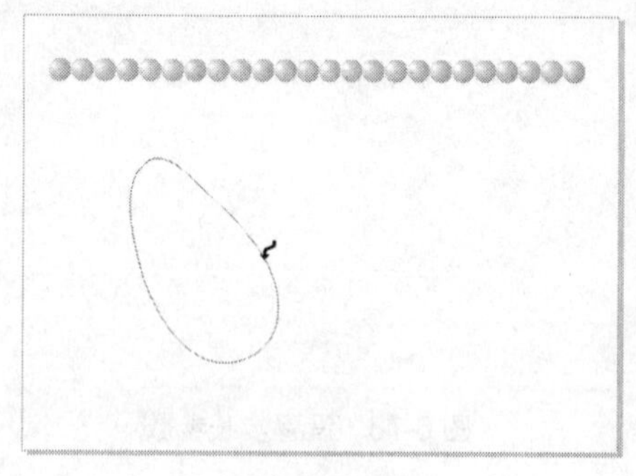
图 6-81 选择路径

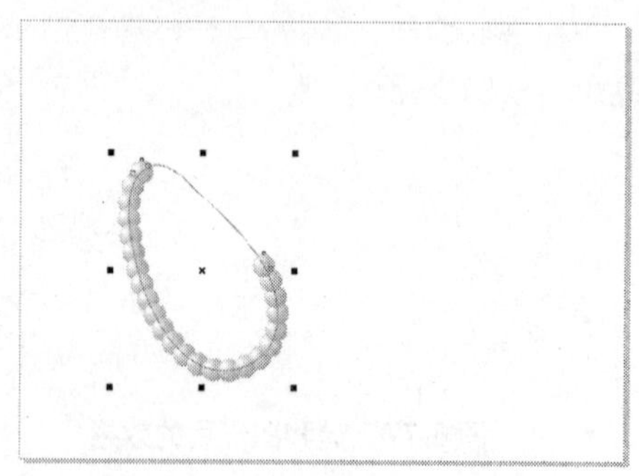
图 6-82 沿路经排列的效果

08 在属性栏中单击（杂项调和选项）按钮，在弹出的下拉菜单中选择【沿全路径调和】复选框项，如图 6-83 所示。

09 在菜单栏中选择【排列】|【打散路径群组上的混合】命令，然后将曲线路径删除，如图 6-84 所示。

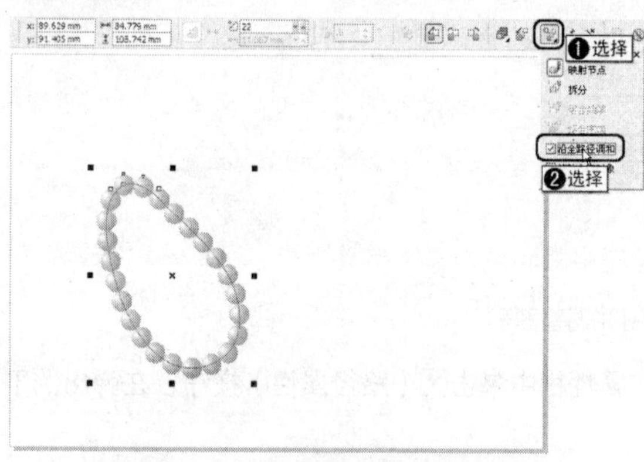

图 6-83 选择【沿全路径调和】复选框

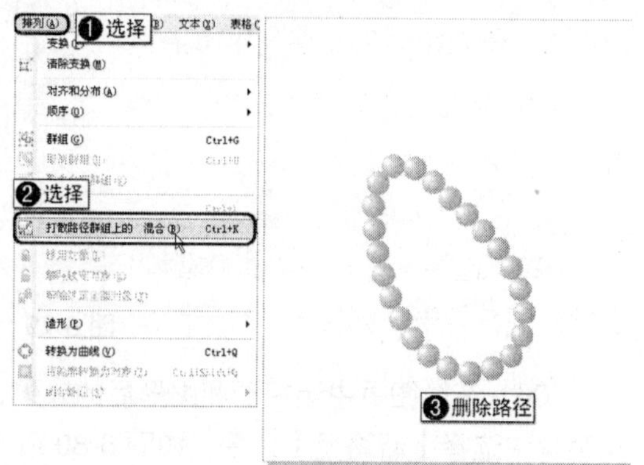

图 6-84 拆分群组并删除路径

6.8 裁剪对象

裁剪工具可以对画面里的任意对象进行裁切。需要注意的是：在裁切时，如果不选择对象，则裁切过后只保留裁切框内的内容，裁切框外的对象将全部被裁切掉；如果选择了要裁切的对象，则裁切过后仍然保留没有选择的对象，只对选择的对象进行裁剪，并且保留裁切框内的内容。

6.8.1 使用裁剪工具裁剪对象

下面介绍使用（裁剪工具）对对象进行裁剪。

01 按 Ctrl+I 组合键导入一张素材文件，如图 6-85 所示。

02 在工具箱中选择（裁剪工具），然后在场景中拖曳出一个裁剪框，如图 6-86 所示，用户可以在其中调整裁剪框。

03 调整好裁剪框后，在其中双击确定裁剪操作即可将裁剪框以外的内容裁剪掉，裁剪后的效果如图 6-87 所示。

图 6-85　导入的素材文件

图 6-86　拖曳出裁剪框效果

图 6-87　裁剪图形

6.8.2　创建图框精确剪裁对象

如果要使用【图框精确剪裁】命令裁剪多个对象，必须先将对象进行群组，使用【图框精确剪裁】命令裁剪过的对象，只是将不需要的部分隐藏起来，如果需要还可以进行编辑。

01 按 Ctrl+I 组合键导入一张素材文件，如图 6-88 所示。

02 选择工具箱中的（矩形工具），在属性栏中将边角圆滑度参数设置为 15，在导入的素材上绘制圆角矩形，如图 6-89 所示。

图 6-88　导入的素材文件

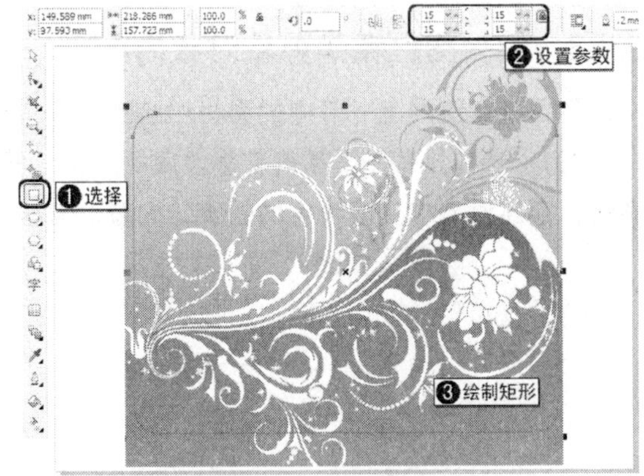

图 6-89　创建圆角矩形

03 在绘图页中选择导入的素材文件，在菜单栏中选择【效果】|【图框精确剪裁】|【放置在容器中】命令，此时指针呈粗箭头状，在矩形中单击，如图 6-90 所示。

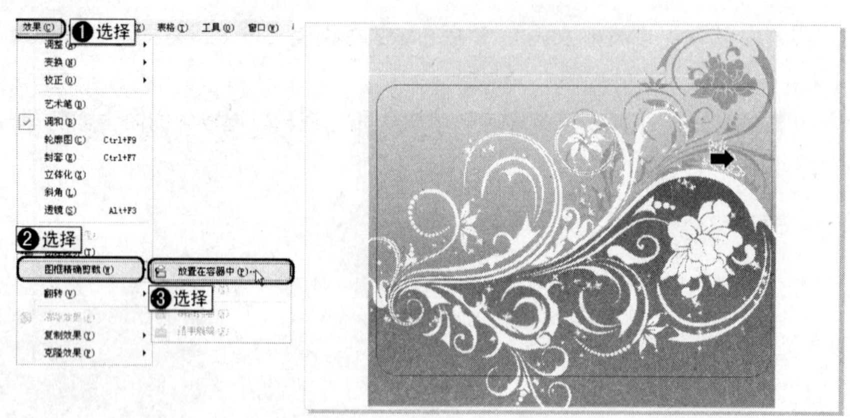

图 6-90　在矩形上单击

此时即可将选择的对象放置在矩形中，如图 6-91 所示。

图 6-91　放置到容器后的效果

6.8.3　编辑图框精确剪裁对象内容

下面继续使用上一节中的素材对编辑内容进行讲解。

01　选择具有图框精确剪裁效果的对象，然后选择【效果】|【图框精确剪裁】|【编辑内容】命令，容器对象会变成浅色的轮廓，内置对象被完整地显示出来，如图 6-92 所示。

图 6-92　选择【编辑内容】命令

提示：在绘图页中按住 Ctrl 键同时单击图框中的对象，也可以对对象进行编辑。

02　选择工具箱中的（挑选工具）调整图像的位置，对内置对象进行修改，如图 6-93 所示。修改完成后，选择【效果】|【图框精确剪裁】|【结束编辑】命令即可结束对内置对象的编辑，编辑后的效果如图 6-94 所示。

图 6-93　调整图像的位置

图 6-94　完成编辑效果

6.9　上机练习

本例将介绍音乐钟的绘制。该例的制作比较简单，主要使用（贝塞尔工具）绘制图形，使用（形状工具）调整图形，并通过（交互式调和工具）为图形添加调和效果，制作完成后的效果如图 6-95 所示。

图 6-95　音乐钟效果

6.9.1　绘制音乐钟钟身

下面介绍音乐钟钟身的制作。

01　选择工具箱中的（贝塞尔工具），在绘图页中绘制图形并使用（形状工具）对图形进行调整，如图 6-96 所示。

02　选择工具箱中的（贝塞尔工具），在绘图页中绘制图形并使用（形状工具）对图形进行调整，然后将其填充为淡黄色并取消轮廓线的填充，如图 6-97 所示。

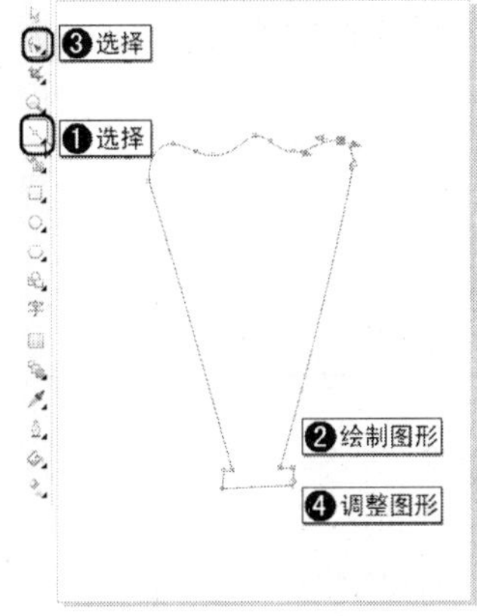

图 6-96　绘制并调整图形

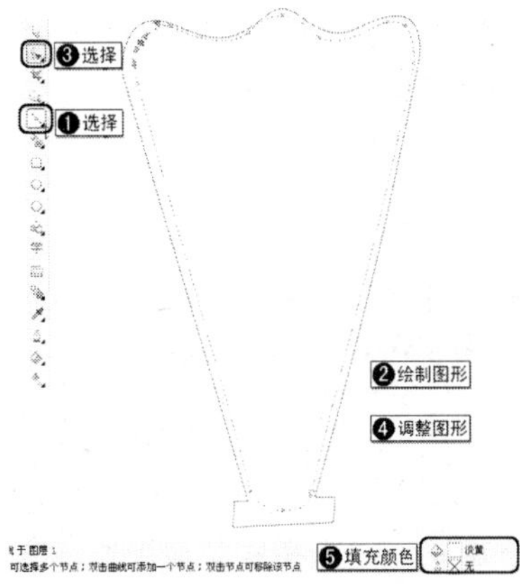

图 6-97　绘制并调整黄色图形

03 确定淡黄色图形处于选择状态，配合 Shift 键将其缩小，调整到适当的位置后右击复制图形，然后将其填充为深黄色图形，如图 6-98 所示。

04 选择工具箱中的（交互式调和工具），为两个黄色图形添加调和效果，在属性栏中将步长参数设置为 5，如图 6-99 所示。

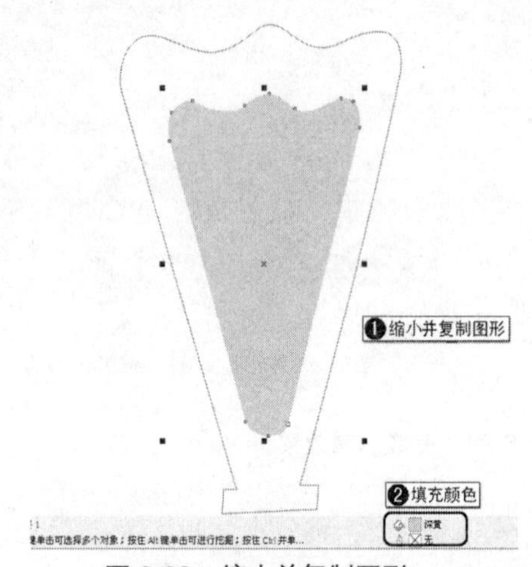

图 6-98 缩小并复制图形

图 6-99 为图形添加调和效果

05 选择工具箱中的（贝塞尔工具），在绘图页中绘制图形，使用（形状工具）对图形进行调整，然后将其填充为 70%黑色并取消轮廓线的填充，如图 6-100 所示。

06 将新绘制的图形进行复制，单击属性栏中的（水平镜像）按钮，并使用（形状工具）对图形进行调整，完成后的效果如图 6-101 所示。

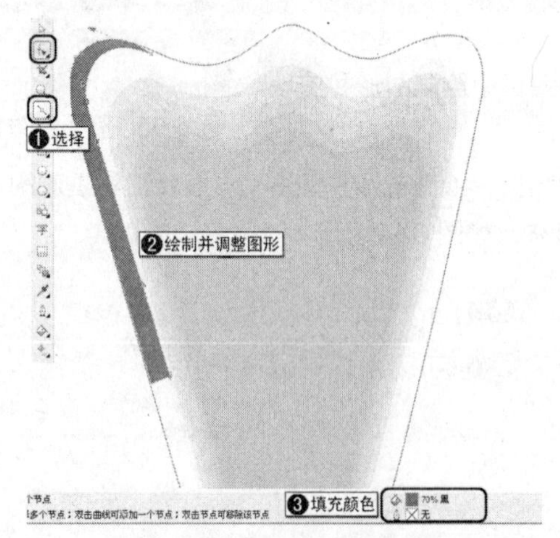

图 6-100 绘制并调整图形

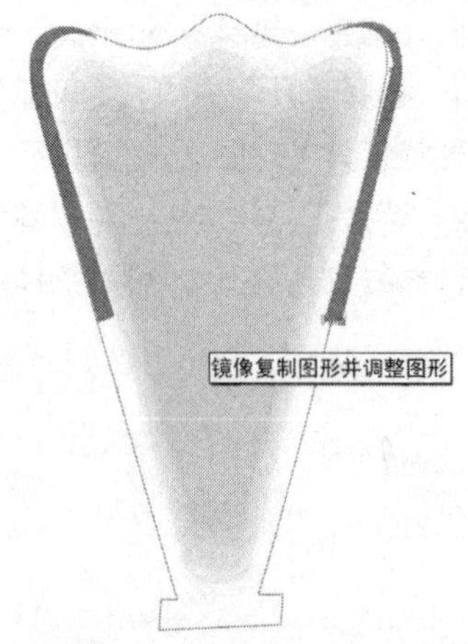

图 6-101 镜像复制图形并调整图形

07 选择工具箱中的（贝塞尔工具），在绘图页中绘制图形，使用（形状工具）对图形进行调整，然后将其填充为 70%黑色并取消轮廓线的填充，如图 6-102 所示。

08 使用同样的方法绘制其他图形，完成后的效果如图 6-103 所示。

09 选择最下面的图形，将其填充为白色并取消轮廓线的填充，如图 6-104 所示。

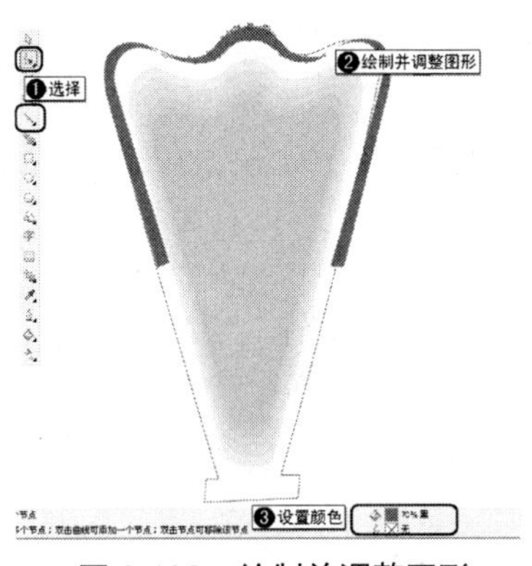

图 6-102　绘制并调整图形

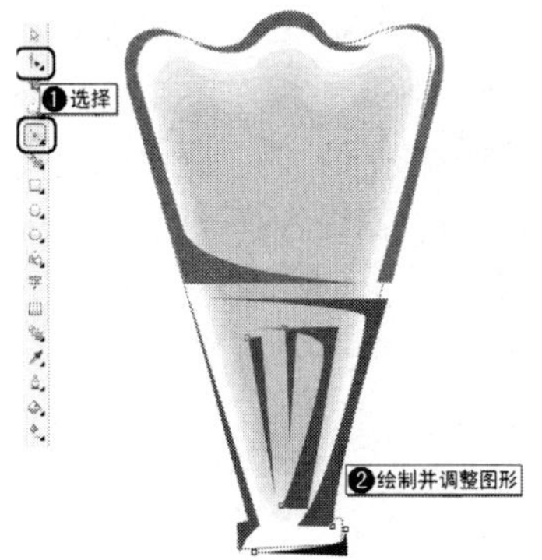

图 6-103　绘制并调整其他图形

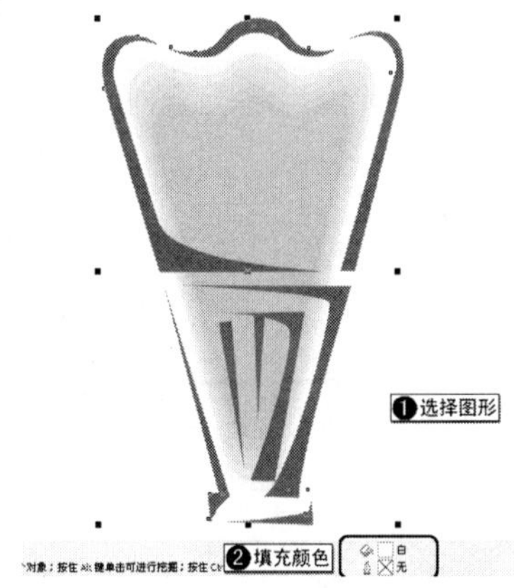

图 6-104　为选择的图形填充颜色

6.9.2　绘制表盘

下面再来介绍表盘效果的绘制。

01　选择工具箱中的（椭圆工具），配合 Ctrl 键在绘图页中绘制正圆形，将其填充为白色并取消轮廓线的填充，如图 6-105 所示。

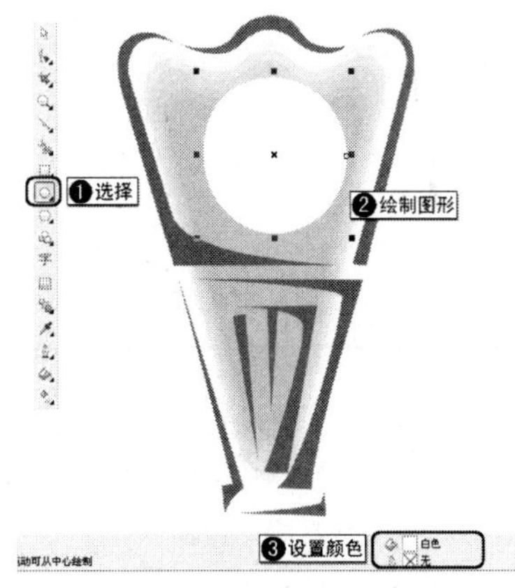

图 6-105　绘制正圆形

02 选择工具箱中的（椭圆工具），配合 Ctrl 键在绘图页中绘制两个正圆形，并调整圆形的位置，如图 6-106 所示。

03 选择新绘制的两个圆形，在属性栏中单击（移除前面对象）按钮，如图 6-107 所示，对选择的图形进行修剪，效果如图 6-108 所示。

04 将修剪后的图形放置到如图 6-109 所示的位置。

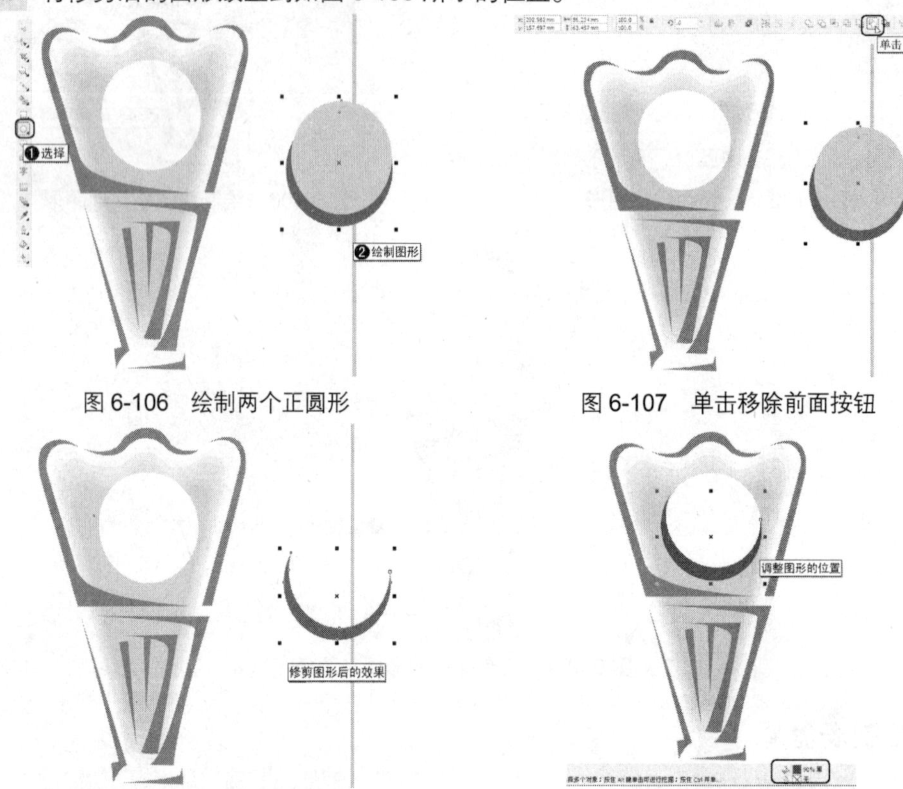

图 6-106　绘制两个正圆形

图 6-107　单击移除前面按钮

图 6-108　修剪图形后的效果

图 6-109　调整图形的位置

05 确定修剪后的图形处于选择状态，对图形进行复制并调整，完成后的效果如图 6-110 所示。

06 选择工具箱中的（箭头形状）工具，在属性栏中将完美形状定义为，在绘图页中绘制形状，如图 6-111 所示。

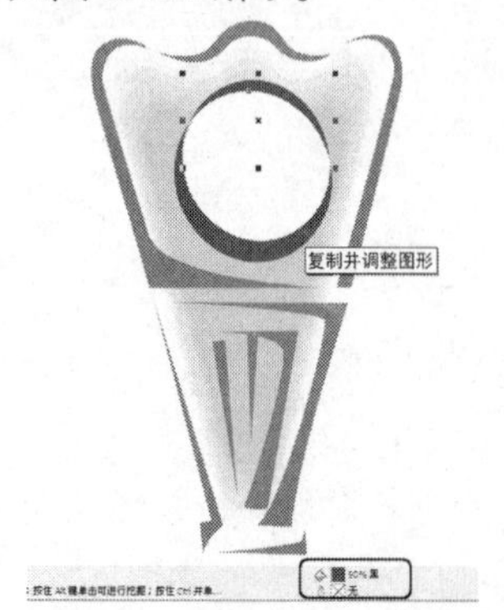

图 6-110　复制并调整图形

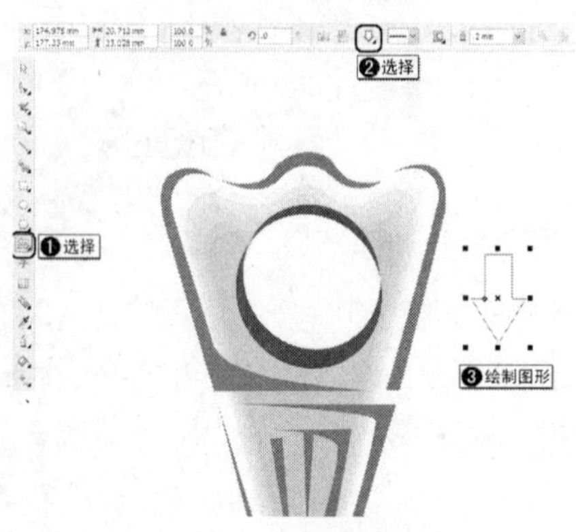

图 6-111　绘制箭头形状

07　确定新绘制的箭头图形处于选择状态，右击图形，在弹出的快捷菜单中选择【转换为曲线】命令，如图 6-112 所示。

08　选择工具箱中的 （形状工具），对图形进行调整，完成后的效果如图 6-113 所示。

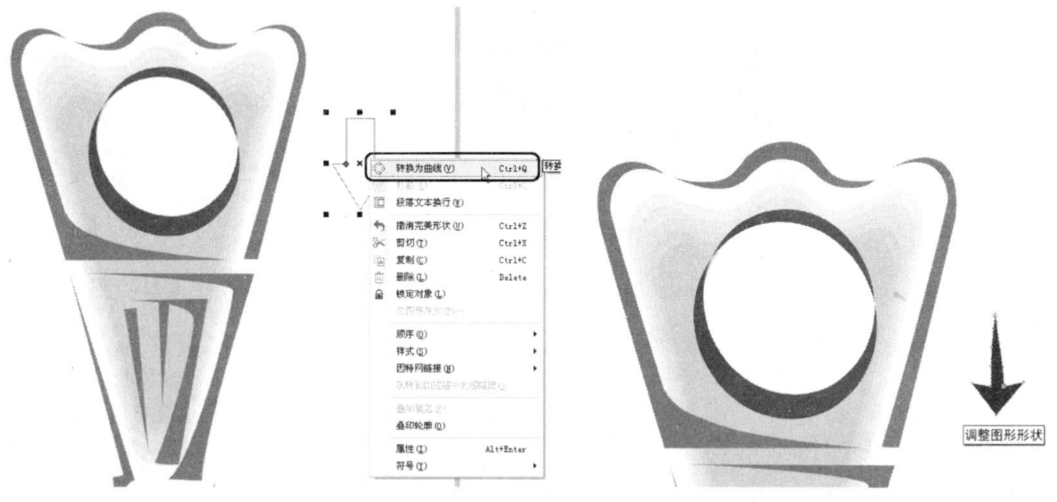

图 6-112　选择【转换为曲线】命令　　图 6-113　调整图形

09　选择工具箱中的 （挑选工具）调整图形的位置，如图 6-114 所示。

10　将箭头图形进行复制并对图形进行调整，完成后的效果如图 6-115 所示。

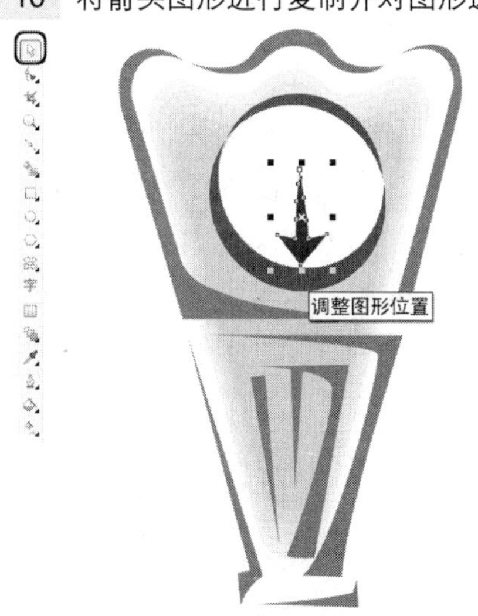

图 6-114　调整图形的位置

图 6-115　复制并调整图形

11　选择工具箱中的 （多边形工具），在属性栏中将多边形边数设置为 12，然后在绘图页中绘制图形，将其填充为黑色并取消轮廓线的填充，如图 6-116 所示。

12　确定新绘制的图形处于选择状态，对图形进行复制并调整图形的位置，如图 6-117 所示。

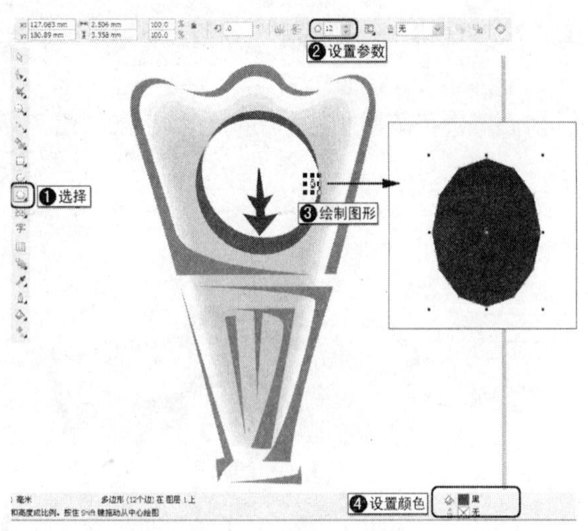

图 6-116　绘制多边形

图 6-117　复制并调整图形

6.9.3　添加投影和背景

音乐钟效果已经绘制完成，下面为它添加投影和背景。

01　选择工具箱中的（椭圆工具），在绘图页中绘制椭圆，在属性栏中将【旋转角度】设置为 19，对图形进行旋转，完成后的效果如图 6-118 所示。

02　确定新创建的图形处于选择状态，将其填充为淡黄色并取消轮廓线的填充，如图 6-119 所示。

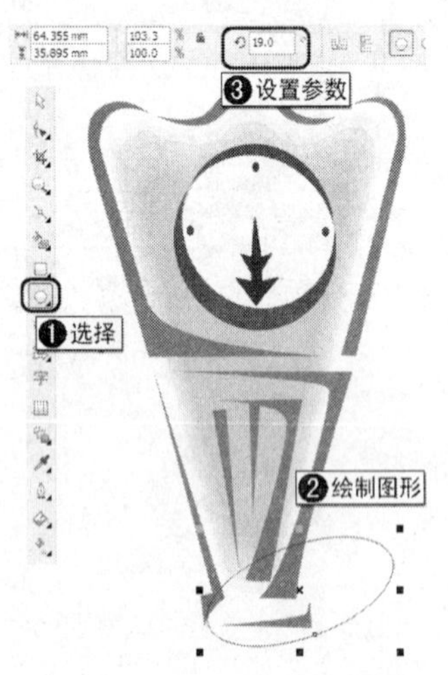

图 6-118　绘制并旋转椭圆

图 6-119　为图形填充颜色

03　复制并缩小图形，然后对图形进行调整，将图形填充为深黄色并取消轮廓线的填充，如图 6-120 所示。

04　选择工具箱中的（交互式调和工具），为两个黄色图形添加调和效果，在属性栏中将步长参数设置为 3，如图 6-121 所示。

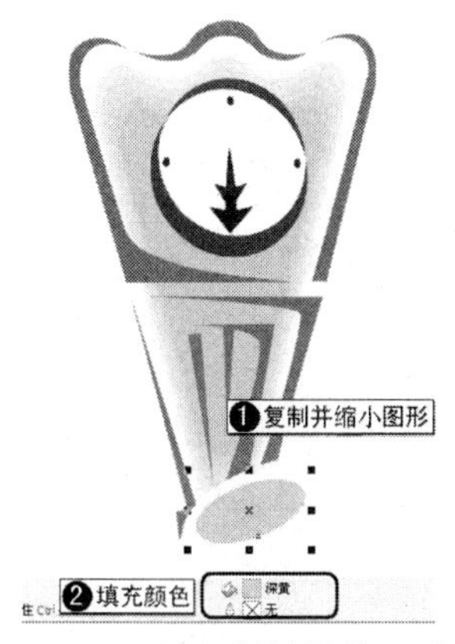

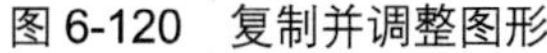

图 6-120　复制并调整图形

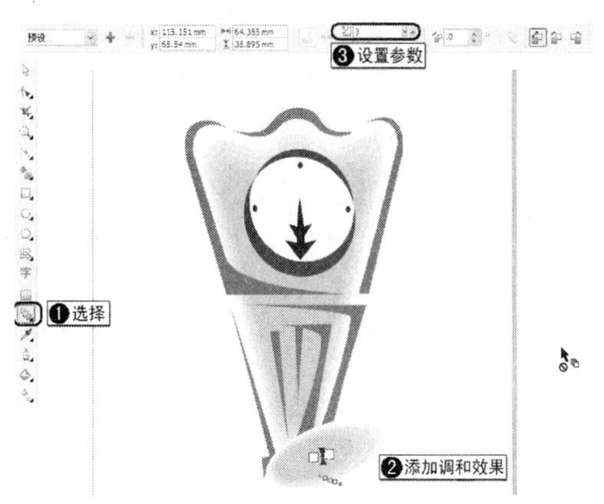

图 6-121　为图形添加调和效果

05　确定调和后的图形处于选择状态，调整图层的位置，如图 6-122 所示。

06　按 Ctrl+I 组合键，在打开的对话框中选择【DVDROM | 素材 | Cha06 | 背景.jpg】文件，单击【导入】按钮并按 Enter 键将素材导入到场景中央，调整素材的大小和位置，如图 6-123 所示。

图 6-122　调整调和图形的位置

图 6-123　导入素材文件

07　选择菜单栏中的【效果】|【调整】|【调合曲线】命令，在打开的对话框中向上调整曲线的形状，完成后单击【确定】按钮，如图 6-124 所示。

08　调整图形后的效果如图 6-125 所示。

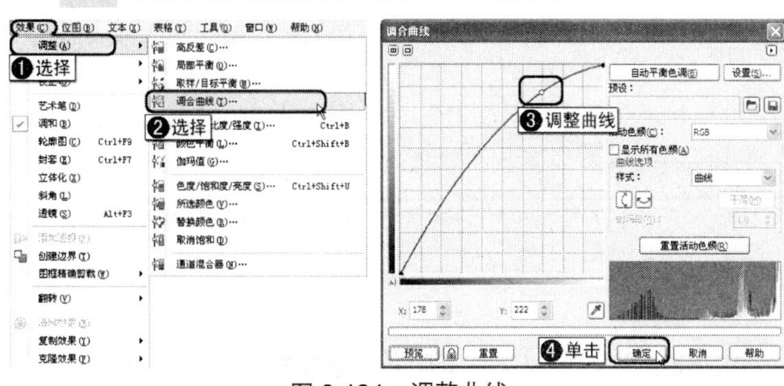

图 6-124　调整曲线

图 6-125　调整曲线后的效果

09 选择工具箱中的（贝塞尔工具），在绘图页中绘制图形，并使用（形状工具）进行调整，然后将其填充为蓝紫色并取消轮廓线的填充，如图 6-126 所示。

10 使用同样的方法绘制其他颜色的图形，如图 6-127 所示。

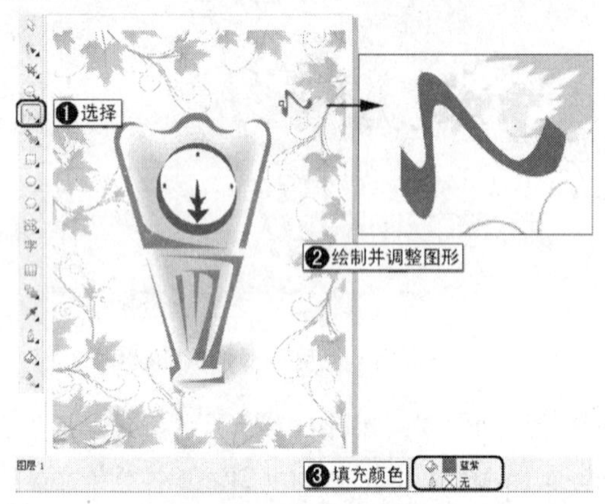

图 6-126 绘制并调整图形

图 6-127 绘制图形

11 选择工具箱中的（椭圆工具），配合 Ctrl 键绘制正圆形并填充不同的颜色，如图 6-128 所示。

12 按 Ctrl+A 组合键将场景中的对象全部选中，按 Ctrl+G 组合键将选择的对象成组，如图 6-129 所示。

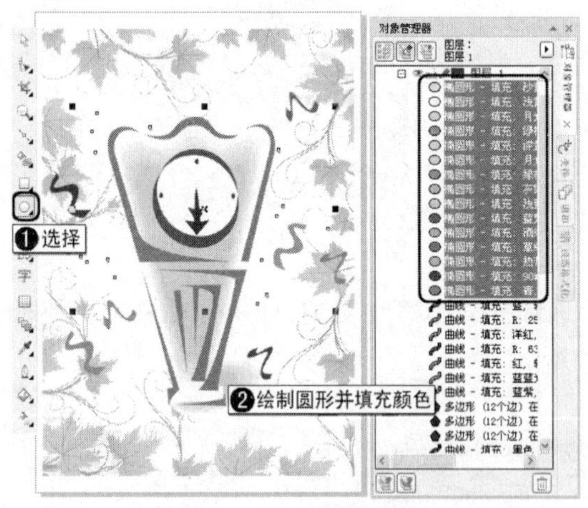

图 6-128 绘制圆形

图 6-129 将对象成组

至此，音乐钟效果制作完成，将完成后的场景文件进行存储。

6.10 习题

1．选择题

（1）利用________可以使简单的曲线复杂化，也可以任意修改曲线的形状。

A．粗糙笔刷　　B．涂抹笔刷　　C．形状工具　　D．刻刀工具

（2）利用________可把一个对象分成几个对象或几个部分。

A．粗糙笔刷　　B．涂抹笔刷　　C．形状工具　　D．刻刀工具

（3）利用________可以擦除对象中一些不需要的部分。

A．橡皮擦工具　　B．涂抹笔刷　　C．裁剪工具　　D．刻刀工具

2．**填空题**

（1）使用形状工具可以________、________、________连接多个子路径的节点、从组合对象中提取子路径、减少曲线对象中的节点数、连接单个子路径的两端节点、________、________；可以使用尖突、平滑或对称节点为曲线对象造型；也可以修改圆形、矩形与多边形等基本图形的形状；还可以延展、缩放、旋转或倾斜节点，以及调整________与________之间的间距，________与________之间的行距等。

（2）利用自由变换工具可以使对象________、________、________、自由倾斜，更换对象位置和变换对象大小；也可将对象进行________或________镜像，输入旋转角度并以确定点为中心进行旋转等。

3．**上机操作**

结合本章学习的内容，绘制一个卡通效果。

第 7 章　排列与管理对象

一幅复杂的作品，如果不经过合理地排列、组织与管理，就会杂乱无章，分不清主次与前后，也就很难达到优美而精彩的效果。因此，需要对所绘制的对象进行合理的组织、排列和管理。

本章将介绍如何在 CorelDRAW X4 中将多个对象进行对齐与分布、排列顺序、群组与取消群组、结合与拆分等操作，以及使用对象管理器来管理绘图中的所有对象。

本章重点

- 对齐与分布对象
- 排列对象的方法
- 调整对象大小的 3 种方法
- 旋转和镜像对象
- 将对象成组、结合和打散
- 图层的基本使用

7.1　对齐与分布对象

在绘制图形的时候，经常需要对某些图形对象按照一定的规则进行排列，以达到更好的视觉效果。在 CorelDRAW 中，可以将图形或者文本按照指定的方式排列，使它们按照中心或边缘对齐，或者按照中心或边缘均匀分布。

7.1.1　使用对齐功能

CorelDRAW 允许用户在绘图中准确地对齐和分布对象。用户可以使对象互相对齐，也可以使对象与绘图页面的各个部分对齐。

CorelDRAW 还允许将多个对象水平或垂直对齐绘图页面的中心。

下面通过实例来介绍对齐多个对象的方法。

01　按 Ctrl+O 组合键，在打开的对话框中将随书附带光盘【DVDROM｜素材｜Cha07｜对齐素材.cdr】素材导入到场景中，如图 7-1 所示。

02　按 Ctrl+A 组合键将场景中的对象全部选中，如图 7-2 所示。

03　在菜单栏中选择【排列】|【对齐和分布】|【左对齐】命令，如图 7-3 所示，即可使选择的对象以最底层的对象为准左对齐，效果如图 7-4 所示。

图 7-1　打开的素材文件

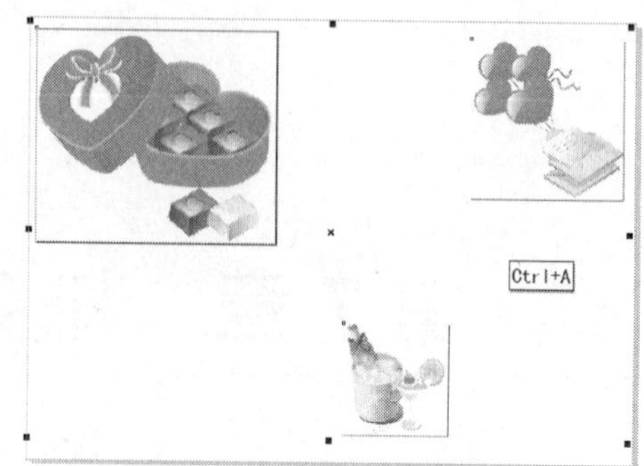

图 7-2　选择全部对象

图 7-3　选择【左对齐】命令

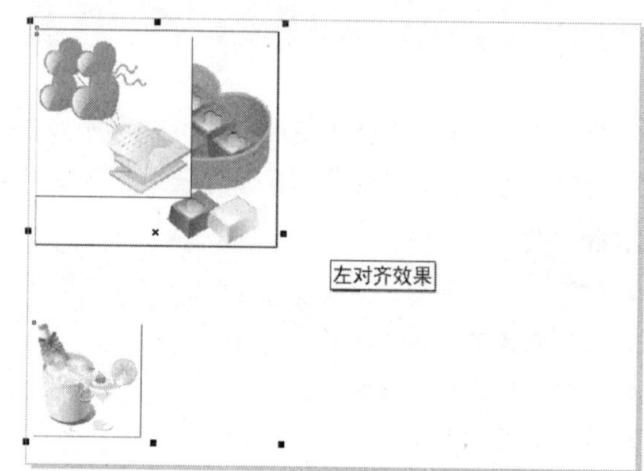

图 7-4　执行【左对齐】命令后的效果

04　按 Ctrl+Z 组合键返回到上一步，然后在菜单栏中选择【排列】|【对齐和分布】|【底端对齐】命令，如图 7-5 所示，即可使选择的对象以最底层对象为准底端对齐，效果如图 7-6 所示。

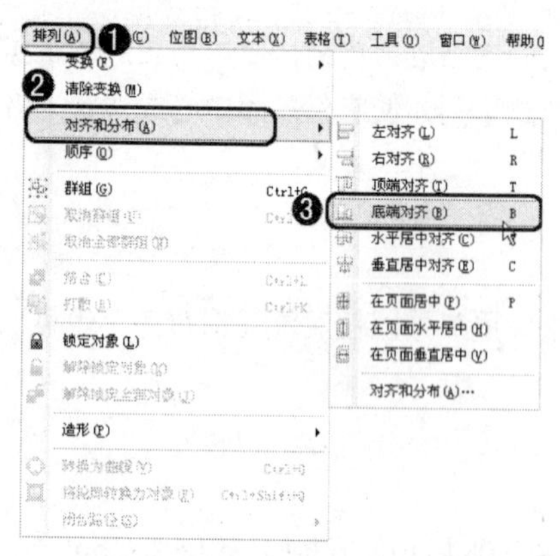

图 7-5　选择【底端对齐】命令

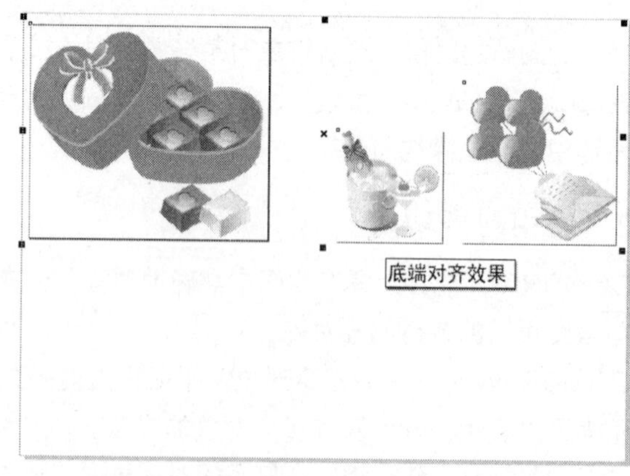

图 7-6　执行【底端对齐】命令后的效果

05　按 Ctrl+Z 组合返回上一步，在菜单栏中选择【排列】|【对齐与分布】|【水平居中对齐】命令，如图 7-7 所示，即可使选择的对象以最底层为准水平居中对齐，效果如图 7-8 所示。

图 7-7　选择【水平居中对齐】命令

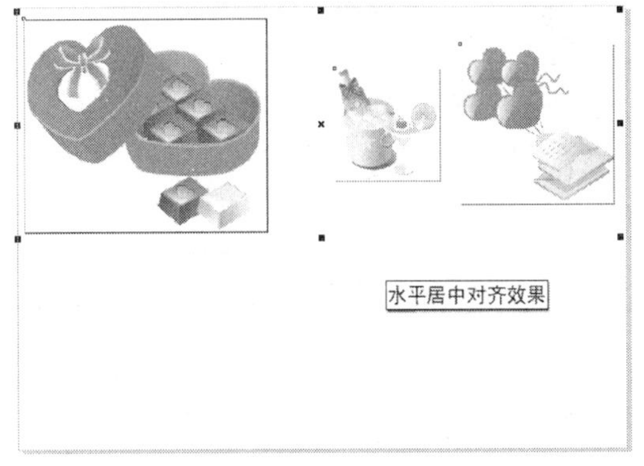

图 7-8　执行【水平居中对齐】命令后的效果

06　按 Ctrl+Z 组合返回上一步，在菜单栏中选择【排列】|【对齐与分布】|【垂直居中对齐】命令，如图 7-9 所示，即可使选择的对象以最底层为准垂直居中对齐，效果如图 7-10 所示。

图 7-9　选择【垂直居中对齐】命令

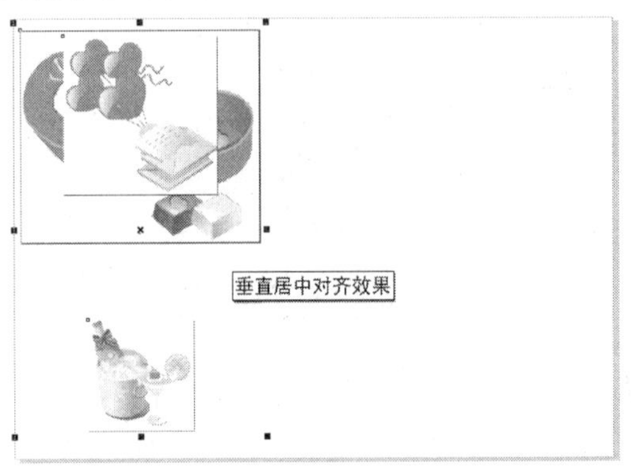

图 7-10　执行【垂直居中对齐】命令后的效果

07　按 Ctrl+Z 组合返回一步，在菜单栏中选择【排列】|【对齐与分布】|【在页面居中】命令，如图 7-11 所示，即可使选择的对象在页面中心对齐，效果如图 7-12 所示。

图 7-11　选择【在页面居中】命令

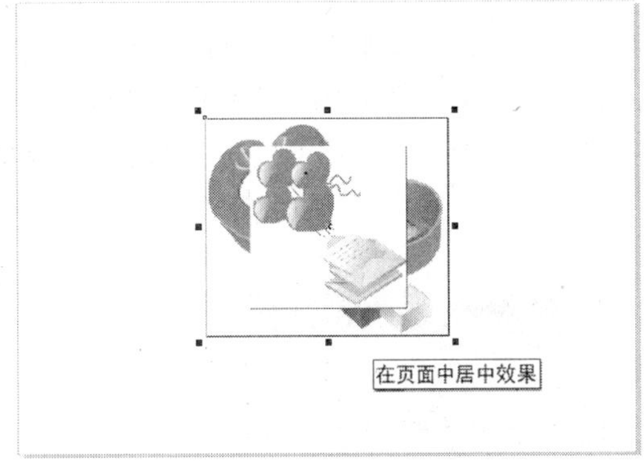

图 7-12　执行【在页面居中】命令后的效果

08　按 Ctrl+Z 组合键返回上一步，在菜单栏中选择【排列】|【对齐与分布】|【在页面水平居中】命令，如图 7-13 所示，即可使选择的对象以页面为准水平居中对齐，效果如图 7-14 所示。

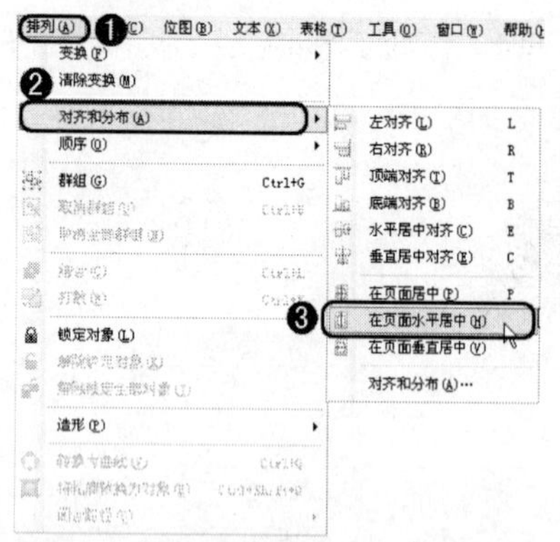

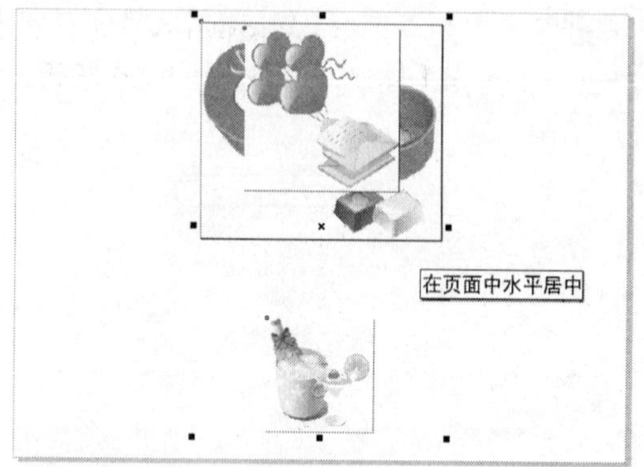

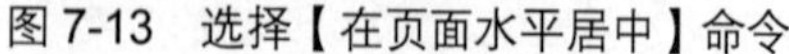
图 7-13　选择【在页面水平居中】命令　　图 7-14　执行【在页面水平居中】命令后的效果

09 按 Ctrl+Z 组合键返回上一步，在菜单栏中选择【排列】|【对齐与分布】|【在页面垂直居中】命令，如图 7-15 所示，即可使选择的对象以页面为准垂直居中对齐，效果如图 7-16 所示。

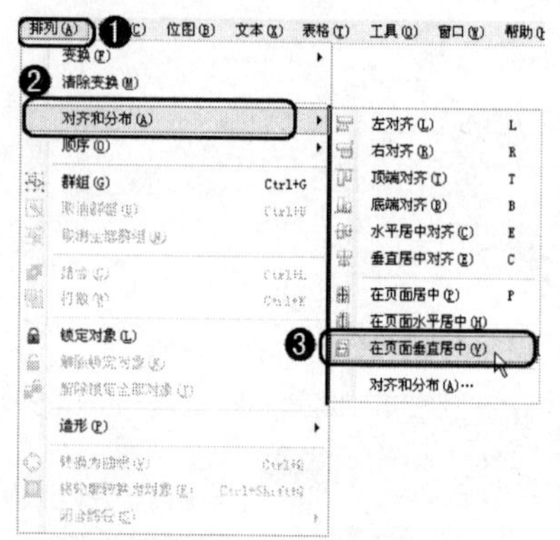

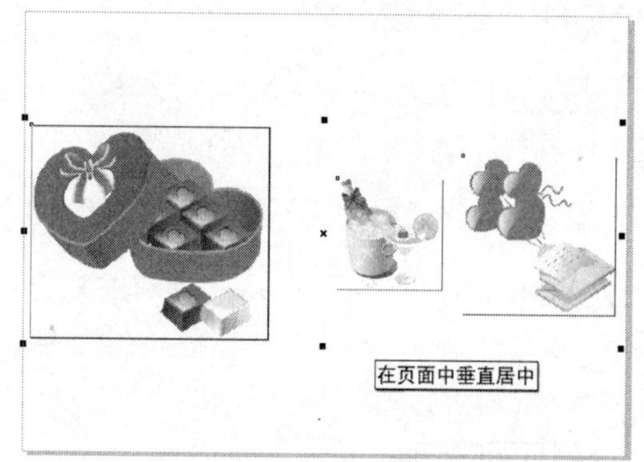

图 7-15　选择【在页面垂直居中】命令　　图 7-16　执行【在页面垂直居中】命令后的效果

7.1.2　使用对话框来对齐对象

下面分别对【对齐与分布】对话框中的【对齐】和【分布】选项卡进行简单的介绍。

01 接上节，按 Ctrl+Z 组合键返回上一步，在菜单栏中选择【排列】|【对齐与分布】|【对齐和分布】命令，打开【对齐与分布】对话框，勾选 ☑上(T) 复选框，使选择的对象沿顶部对齐，如图 7-17 所示，单击【应用】按钮，选择的对象将沿着最底层对象的顶部对齐，效果如图 7-18 所示。

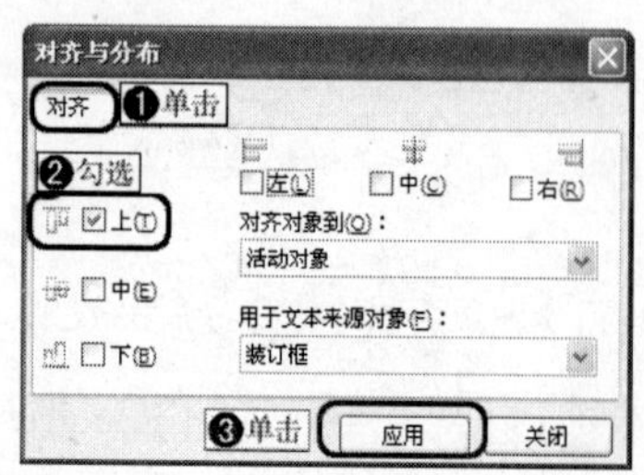

图 7-17　【对齐与分布】对话框

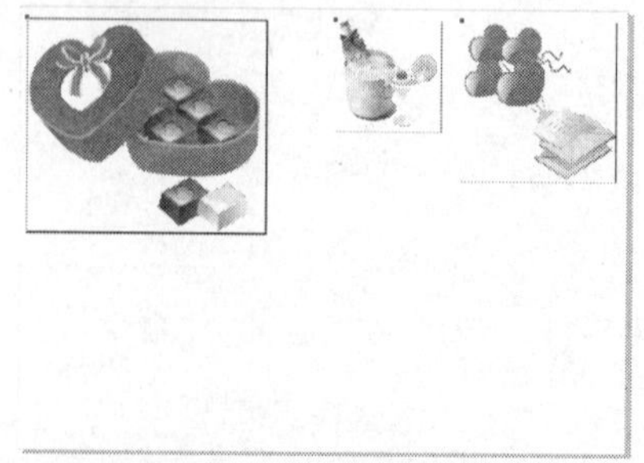

图 7-18　对齐后的效果

02　在【对齐与分布】对话框中单击【分布】选项卡，勾选☑中(E)和☑间距(P)复选框，如图 7-19 所示，单击【应用】按钮，效果如图 7-20 所示。

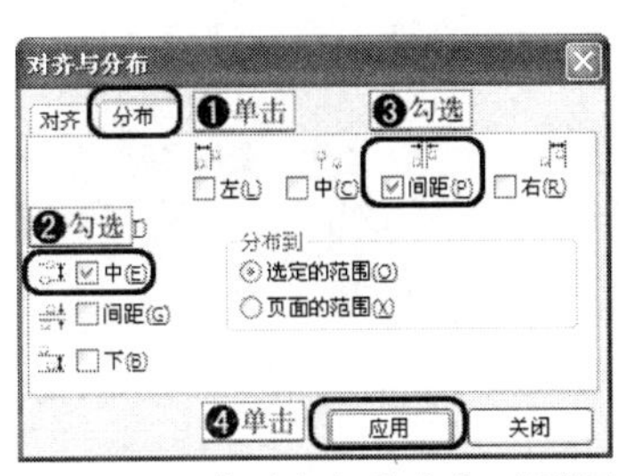

图 7-19　【对齐与分布】对话框

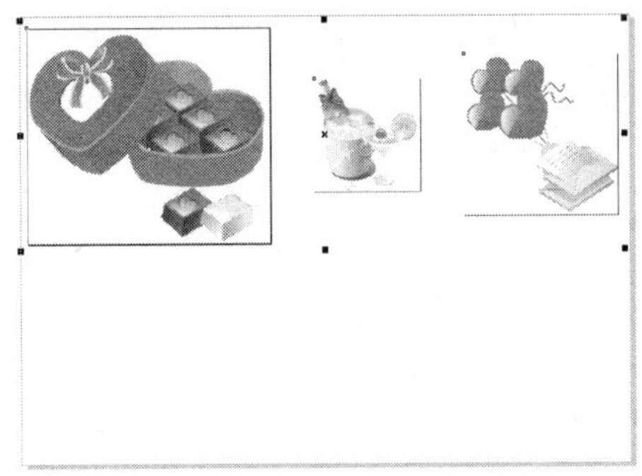
图 7-20　对齐后的效果

7.2　排列对象

如果用户在绘制好一个对象后，发现它的顺序不正确，这时可以通过改变图层上对象的顺序或直接在场景中改变对象的顺序进行精确定义。

7.2.1　改变对象顺序

应用 CorelDRAW 中的顺序功能可以将对象有条不紊地按照前后顺序排列起来，使绘制的对象有次序。一般最后创建的对象排在最前面，最早建立的对象排在最后面。选择【排列】|【顺序】命令会弹出其子菜单，如图 7-21 所示。

1．到页面的前面

选择【到页面前面】命令，可以将选定对象移到页面上所有其他对象的前面，快捷键是 Ctrl+Home。

到页面前面的具体操作步骤如下：

01　选择【排列】|【顺序】|【到页面前面】命令，如图 7-22 所示。

图 7-21　【顺序】子菜单

图 7-22　导入的两个素材文件

02　使用▢（挑选工具）选择最下面的图形，如图 7-23 所示。

03　在菜单拦中选择【排列】|【顺序】|【到页面前面】命令，选择的图形就会移到所有对象的最前面，如图 7-24 所示。

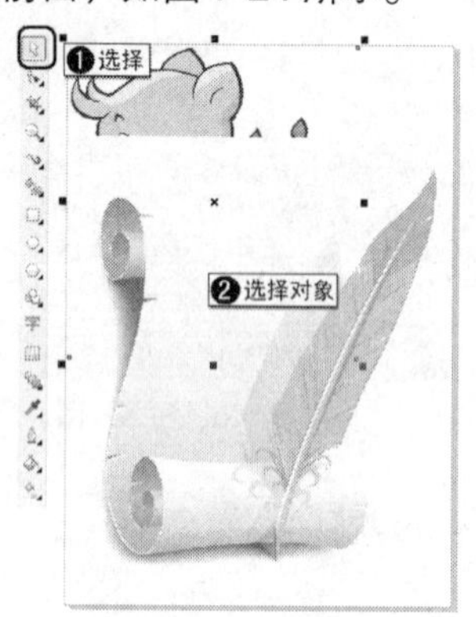

图 7-23　选择下面的图形

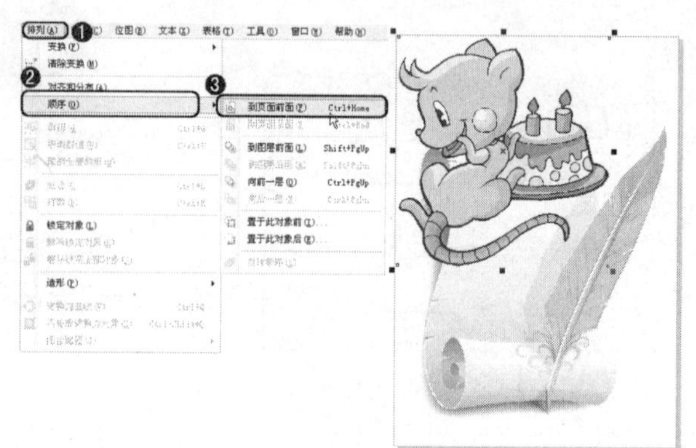

图 7-24　调整图形的位置

2．到页面的后面

选择【到页面后面】命令可以将选定对象移到页面上所有对象的后面，快捷键是 Ctrl+End。

到页面后面具体的操作步骤如下：

01　随意导入几个素材文件，然后使用▢（挑选工具）将最上面的图形选中，如图 7-25 所示。

图 7-25　导入素材并选择图形

02　在菜单栏中选择【排列】|【顺序】|【到页面后面】命令，选择的图形就会被移到所有对象的后面，如图 7-26 所示。

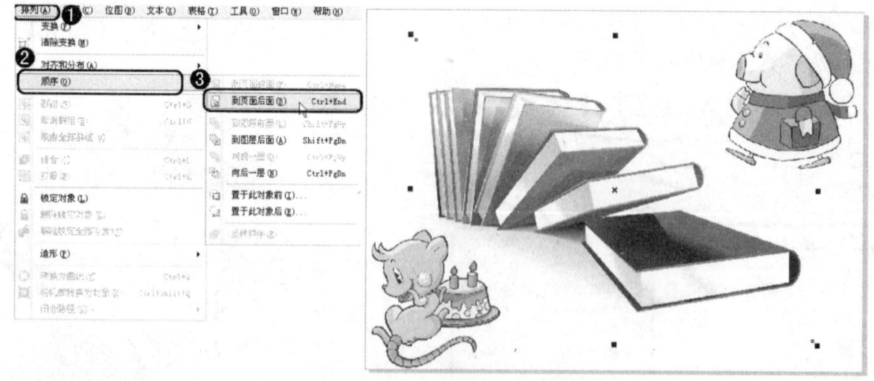

图 7-26　调整图形的位置

3．到图层前面和到图层后面

选择【到图层前面】命令可以将选定对象移到活动图层上所有对象的前面，快捷键是 Shift+PageUp。其操作步骤和【到页面前面】的操作相似，这里不再赘述。

提示：使用鼠标在【对象管理器】面板中直接拖动图层，也可以调整图层的位置。

选择【到图层后面】命令，可以将选定对象移到活动图层上所有对象的后面，快捷键是 Shift+PageDown。其操作步骤和【到页面后面】的操作相似。

图 7-27　选择卡通猪图形

4．向前一层和向后一层

选择【向前一层】命令可以使选择的对象在排列顺序上向前移动一位，快捷键是 Ctrl+PageUp。

向前一层的具体操作步骤如下：

01　此处继续使用前面的素材进行讲解。选择工具箱中的（挑选工具），选择卡通猪图形，如图 7-27 所示。

02　在菜单栏中选择【排列】|【顺序】|【向前一层】命令，卡通猪图形就会向前移动一层，如图 7-28 所示。

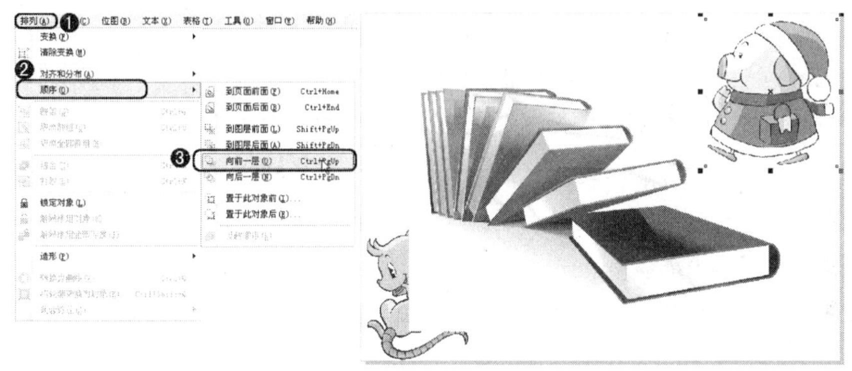

图 7-28　移动后的效果

选择【向后一层】命令可以使选择的对象在排列顺序上向后移动一位，快捷键是 Ctrl+PageDown，其操作步骤和【向前一层】的操作相似。

5．置于此对象前和置于此对象后

选择【置于此对象前】命令可以将所选对象放在指定对象的前面。具体的操作步骤如下：

01　随意导入 3 个素材文件并调整文件的顺序，使用（挑选工具）选择最下面的卡通鼠图形，如图 7-29 所示。

02　在菜单栏中选择【排列】|【顺序】|【置于此对象前】命令，这时鼠标指针会变成➡形状，然后移动鼠标指针到书本图形上，如图 7-30 所示。

03　此时卡通鼠图形移到了书本图形的上方，如图 7-31 所示。

图 7-29　导入素材并选择文件

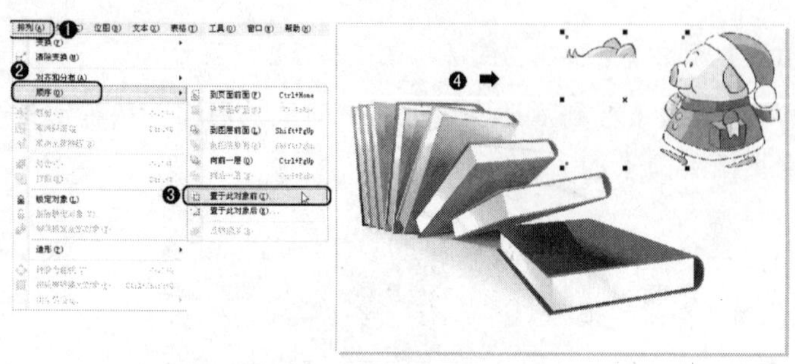

图 7-30　移动鼠标指针到书本图形上

图 7-31　调整后的效果

选择【至于此对象后】命令可以将所选对象放置到指定对象的后面，此功能正好与【置于此对象前】命令的作用相反。其操作步骤和【置于此对象前】的操作相似，这里不再赘述。

7.2.2　反转多个对象顺序

下面介绍反转多个对象顺序的方法。

01　在绘图页中导入 3 张素材图片，并调整它们的大小和位置，如图 7-32 所示。

02　按 Ctrl+A 组合键选择场景中的所有对象，在菜单栏中选择【排列】|【顺序】|【反转顺序】命令，即可将选定对象的顺序进行颠倒，效果如图 7-33 所示。

图 7-32　导入的素材图片

图 7-33　执行【反转顺序】命令后的效果

7.3　调整对象大小

CorelDRAW 允许用户调整对象的大小和缩放对象。在这两种情形中，可以通过保持对象的纵横比来按比例改变对象的尺寸，也可以通过指定相应的值或直接改变对象来调整对象的尺寸。缩放对象可按照指定的百分比改变对象的尺寸。本节将介绍 3 种调整对象大小的方法，下面分别进行讲解。

7.3.1　使用挑选工具调整对象的大小

下面使用（挑选工具）调整对象的大小。

01　按 Ctrl+I 组合键，在打开的对话框中导入一张素材图片，如图 7-34 所示。

02　确定新导入的素材文件处于选择状态，移动指针到右下角的控制柄上，指针呈双向箭头状，如图 7-35 所示，按下左键向右下方拖动，如图 7-36 所示，达到所需的大小后松开左键，即可

得到所需的图形，效果如图 7-37 所示。

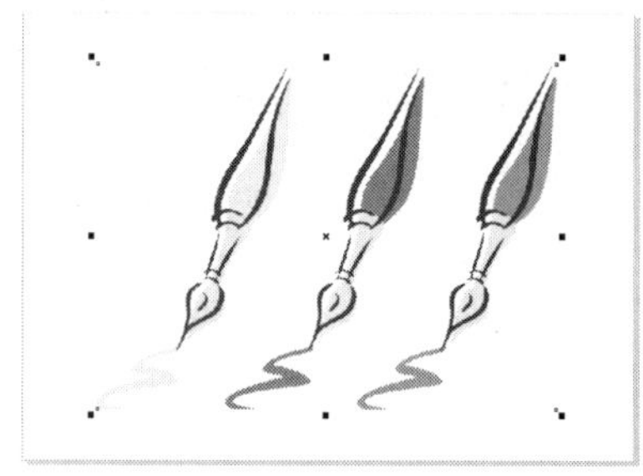

图 7-34　导入的素材文件

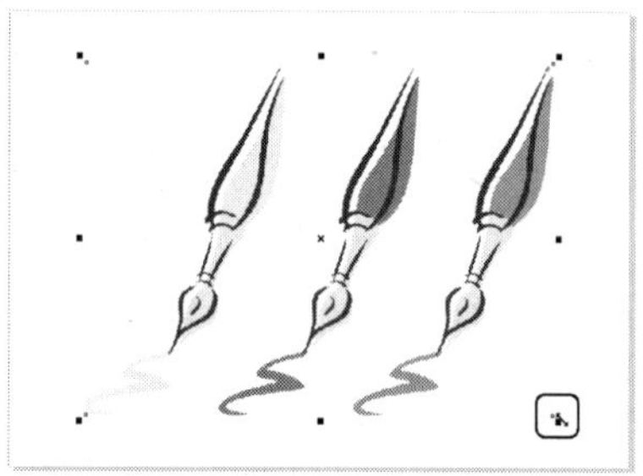

图 7-35　定义指针位置

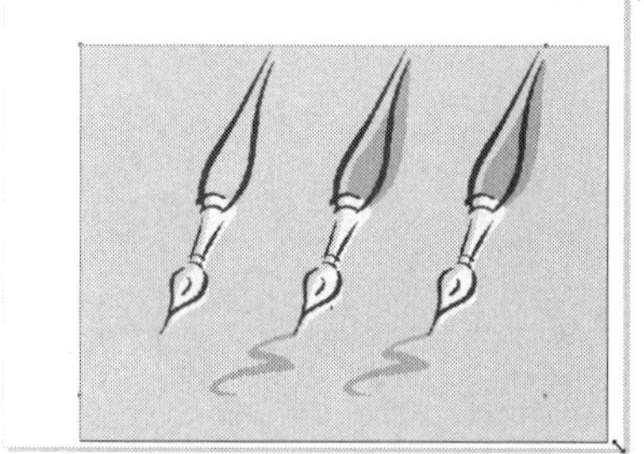

图 7-36　拖曳对象效果

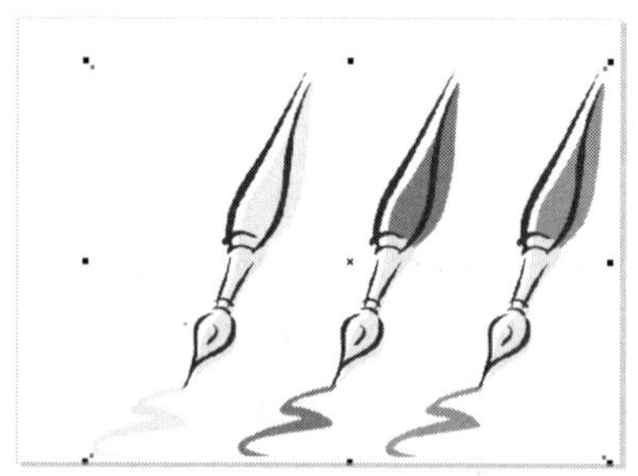

图 7-37　调整大小后的效果

7.3.2　使用比例命令调整对象的大小

下面介绍调整对象大小的第 2 种方法——使用【比例】命令调整对象大小。

01　继续使用前面导入的素材文件，按 Ctrl+Z 组合键返回上一步。

02　在菜单栏中选择【排列】|【变换】|【比例】命令或按 Alt+F9 组合键，打开【变换】泊坞窗，如图 7-38 所示。

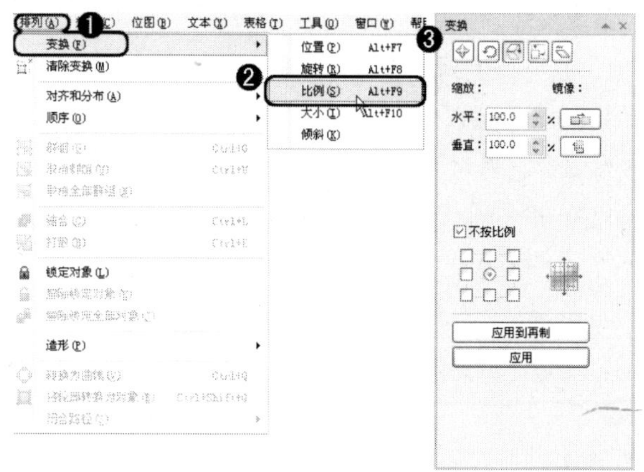

图 7-38　【变换】泊坞窗

03　在【缩放】栏的【水平】和【垂直】文本框中输入 115，单击【应用】按钮，即可将圆形等比例放大到 115%，效果如图 7-39 所示。

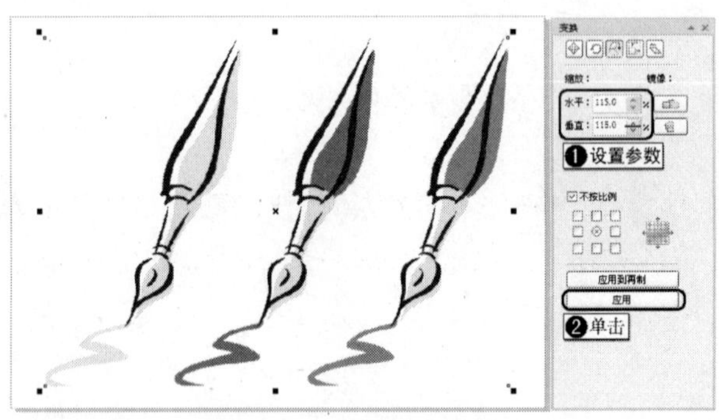

图 7-39　设置比例参数

7.3.3　配合 Shift 键调整对象的大小

下面介绍使用 Shift 键调整对象大小的方法。

01　继续使用前面导入的素材文件，按 Ctrl+Z 组合键返回上一步。

02　确定素材处于选择状态，按 Shift 键移动指针到右上角的控制柄上，指针呈移动状态，按下左键向右上方拖动，达到所需的大小后松开左键，即可得到所需的图形，效果如图 7-40 所示。

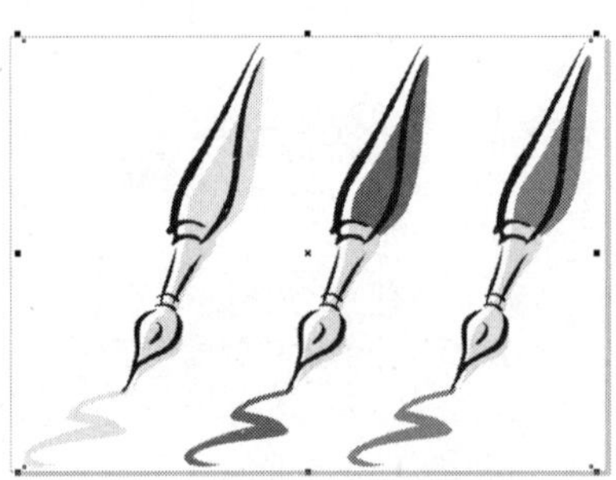

图 7-40　配合 Shift 键调整素材

7.4　旋转和镜像对象

CorelDRAW 允许用户旋转和镜像对象。

7.4.1　旋转对象

下面介绍旋转对象的基本操作。

01　按 Ctrl+I 组合键，在打开的对话框中导入一张素材图片，如图 7-41 所示。

02　在【变换】泊坞窗中单击（旋转按钮），打开【旋转】面板，将【角度】设置为 30°，单击【应用】按钮，即可将选中的素材进行旋转，效果如图 7-42 所示。

图 7-41　导入的素材文件

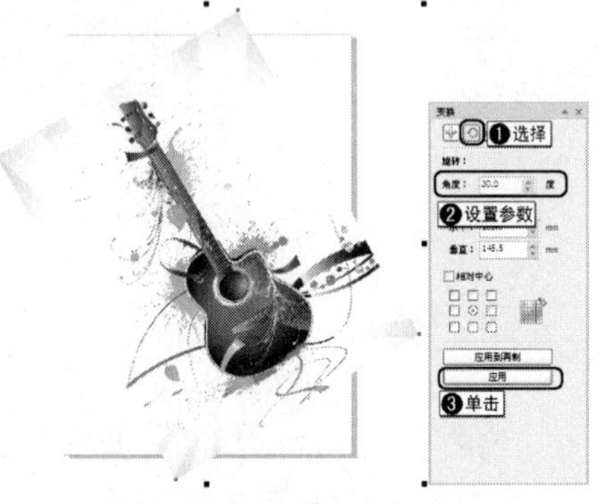

图 7-42　设置旋转参数

7.4.2　镜像对象

下面继续使用前面的素材讲解镜像对象的操作步骤。

01　按 Ctrl+Z 组合键返回上一步。

02　在【变换】泊坞窗中单击（缩放和镜像）按钮，打开【缩放和镜像】面板，单击（水平镜像）按钮，再单击【应用到再制】按钮，如图 7-43 所示，即可将选择的所有对象进行水平镜像复制，效果如图 7-44 所示。

图 7-43　【缩放和镜像】面板

图 7-44　水平镜像后的效果

7.5　群组对象

在 CorelDRAW 中用户可以将两个或多个对象进行群组。CorelDRAW 还允许用户群组其他群组，以创建嵌套群组；还可以将对象添加到群组，从群组中删除或移除对象；并可以编辑群组中的对象，而不需要解组。

7.5.1　将对象群组

下面对群组命令进行介绍。

01　打开随书附带光盘【DVDROM | 素材 | Cha07 | 成组.cdr】文件，如图 7-45 所示。

02　按键盘上的 Ctrl+A 组合键选择场景中的所有对象，如图 7-46 所示。在菜单栏中选择【排列】|【群组】命令或者按 Ctrl+G 组合键将选择的对象成组，如图 7-47 所示。

图 7-45　打开的场景文件

图 7-46　选择场景中的所有对象

图 7-47　群组后的效果

7.5.2 编辑群组中的对象

将对象成组后，下面来编辑群组中的对象。

01 接上节，按 Ctrl 键单击群组中要编辑的对象，这里选择的是“元”字，如图 7-48 所示。

02 在默认 CMYK 调色板中单击红色，将选择的文本填充为红色，如图 7-49 所示。

图 7-48 选择需要编辑的对象

图 7-49 填充颜色后的效果

7.5.3 取消群组对象

接上节，在场景中选择要取消群组的对象，如图 7-50 所示。在菜单栏中选择【排列】|【取消群组】命令或按 Ctrl+U 组合键，即可以将成组的对象解组，如图 7-51 所示。

图 7-50 选择要取消群组的对象

图 7-51 为选择对象取消群组

7.6 结合与打散对象

在 CorelDRAW 中可以组合两个或多个对象来创建带有常用填充和轮廓属性的单个对象，可以结合矩形、椭圆、多边形、星形、螺纹、图形或文本。CorelDRAW 将这些对象转换为单个曲线对象。如果要修改结合对象的属性，可以打散对象；可以从结合的对象中提取子路径以创建两个单独的对象；还可以将两个或多个对象焊接在一起，以创建单个对象。

7.6.1 结合对象

下面来介绍结合对象的应用。

01 打开随书附带光盘【DVDROM | 素材 | Cha07 | 结合对象.cdr】文件，如图 7-52 所示。

02　按 Ctrl+A 组合键选择场景中的所有对象，在菜单栏中选择【排列】|【结合】命令或者按 Ctrl+L 组合键将选择的对象结合为一个对象，如图 7-53 所示。

图 7-52　打开的场景文件

图 7-53　执行【结合】命令

7.6.2　打散结合的对象

接上节，确定结合的对象处于选择状态，在菜单栏中选择【排列】|【打散曲线】命令或按 Ctrl+K 组合键，即可将结合的对象打散，如图 7-54 所示。

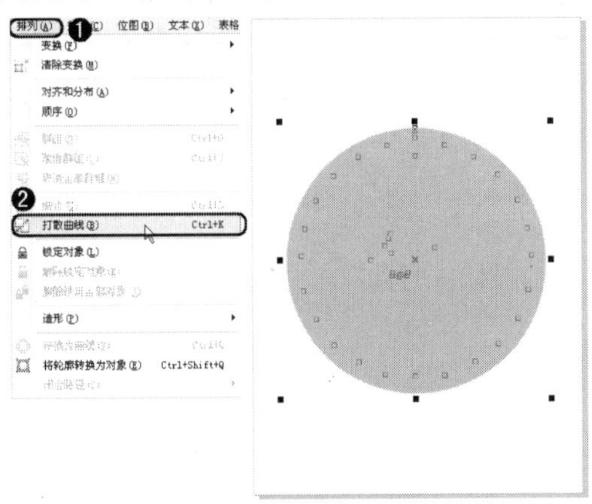
图 7-54　打散曲线后的效果

7.7　使用图层

所有 CorelDRAW 绘图都由叠放的对象组成。这些对象的叠放顺序决定了绘图的外观。用户可以使用图层组织这些对象。

通过将对象放置到不同的级别或图层上可以组合绘图。层次化允许用户独立地更改前景和背景。

图层为用户组织和编辑复杂绘图中的对象提供了更大的灵活性。用户可以把一个绘图划分成若干个图层，每个图层分别包含一部分绘图内容，每个新文件都有一个主页面，用于包含和控制 3 个默认图层：网格图层、导线图层和桌面图层。网格图层、导线图层和桌面图层包含了网格、辅助线和绘图页边框外的对象。桌面图层使用户可以创建以后使用的绘图，可以在主页上指定网格和辅助线的设置，还可以指定主页面上每个图层的设置（如颜色等）并显示选定的对象。

可以在主页面中添加一个或多个主图层。此图层包含用户希望出现在多页文档的每一页上的信息。例如，可以使用主图层在每一页上插放页眉、页脚或静态背景。

7.7.1 创建图层

下面介绍在【对象管理器】面板中创建图层的方法。

01 按 Ctrl+N 组合键，新建一个文档，然后在菜单栏中选择【窗口】|【泊坞窗】|【对象管理器】命令，打开【对象管理器】泊坞窗，如图 7-55 所示。

02 在【对象管理器】泊坞窗底端单击（新建图层）按钮新建一个图层，如图 7-56 所示，用户可以根据自己的需要在此输入图层名称，输入完成后按 Enter 键确定，即可为创建的新图层命名，如图 7-57 所示。

图 7-55 打开【对象管理器】泊坞窗

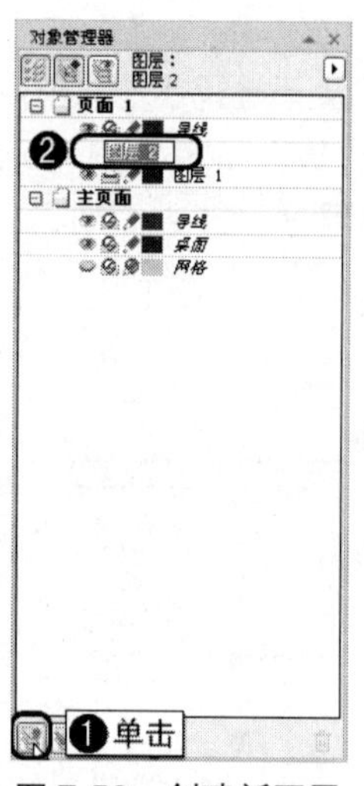

图 7-56 创建新图层

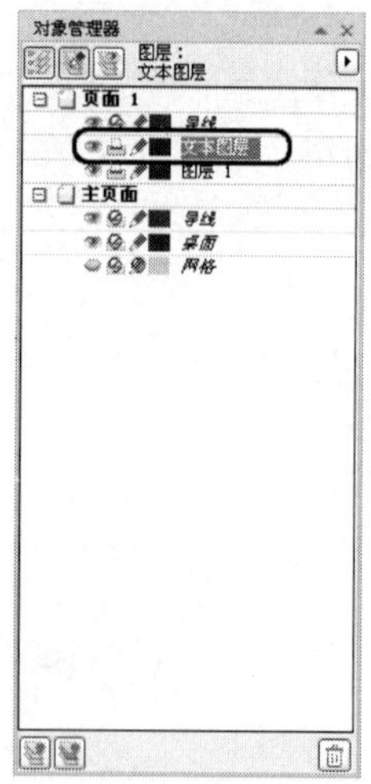

图 7-57 为图层重命名

7.7.2 在指定的图层中创建对象

在【对象管理器】泊坞窗中，如果选择的图层为"图层一"，则在绘图区中创建的对象就会添加到"图层一"中；反之，创建的对象就会添加到选择的图层中。在指定的图层中创建对象的方法很简单，此处不再详细介绍。

7.7.3 更改图层叠放顺序

下面介绍更改图层叠放顺序的方法。

01 按 Ctrl+O 组合键，在打开的对话框中打开随书附带光盘【DVDROM | 素材 | Cha07 | 图层顺序.cdr】文件，如图 7-58 所示。

图 7-58 打开的素材文件

02　在【对象管理器】泊坞窗中选择如图 7-59 所示的曲线，将选择的曲线拖曳到美术字图层的上方，如图 7-60 所示。

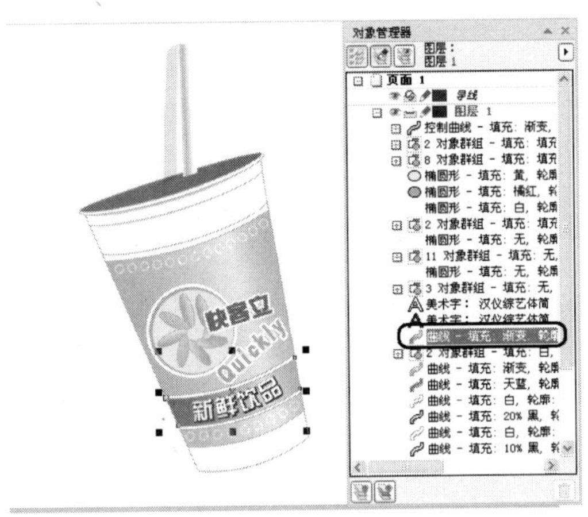

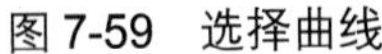

图 7-59　选择曲线

图 7-60　调整图层顺序

7.7.4　在图层中复制对象

下面介绍复制图层的方法。

01　接上节，在【对象管理器】泊坞窗中选择如图 7-61 所示的文本对象。

02　右击鼠标，在弹出的快捷菜单中选择【复制】命令，如图 7-62 所示。

图 7-61　选择文本对象

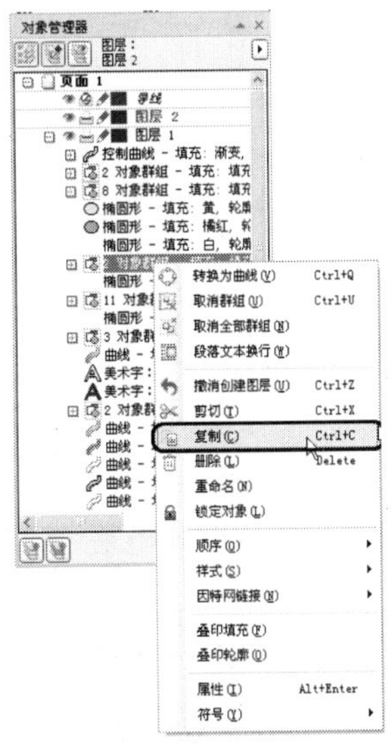

图 7-62　选择【复制】命令

03　单击【对象管理器】泊坞窗底端的（新建图层）按钮新建一个图层，然后在该图层上右击，在弹出的快捷菜单中选择【粘贴】命令，如图 7-63 所示，即可将上一步中复制的对象粘贴到新建图层上，如图 7-64 所示。

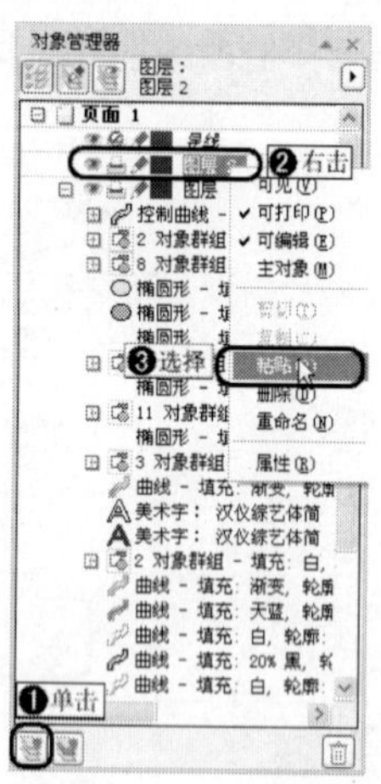
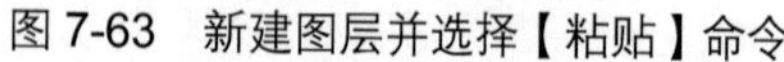

图 7-63　新建图层并选择【粘贴】命令

图 7-64　粘贴复制对象效果

04　此时场景中并没有发生太大的变化，在工具箱中选择（挑选工具），在场景中将上面复制出的对象向上移动，效果如图 7-65 所示。

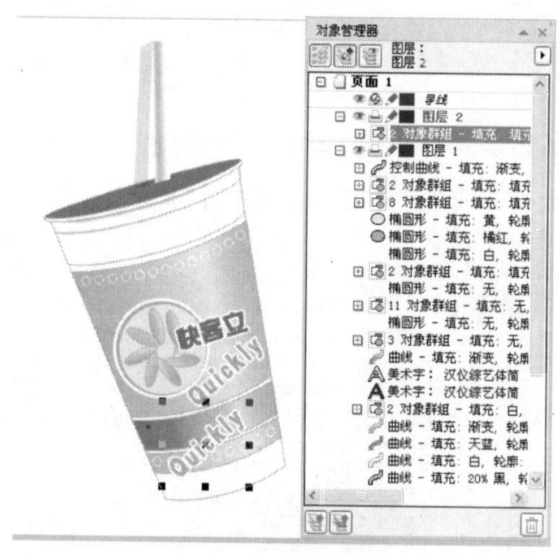

图 7-65　移动对象效果

7.8　上机练习

7.8.1　制作桌面联网图标

本例将介绍桌面联网图标的制作。该例的制作比较简单，主要是通过（矩形工具）、（贝塞尔工具）绘制图形，并为图形填充渐变颜色，制作出立体效果。然后为其添加背景图片并调整它们之间的位置，完成后的效果如图 7-66 所示。

图 7-66　桌面联网图标效果

1．绘制基本图形

下面介绍图形的基本绘制。

01　按 Ctrl+N 组合键新建一个文件。

02　选择工具箱中的□（矩形工具），在属性栏中将边角圆滑度设置为 30，然后在绘图页中绘制圆角矩形，将其填充为绿色并取消轮廓线的填充，如图 7-67 所示。

03　确定新绘制的图形处于选择状态，在菜单栏中选择【排列】|【变换】|【比例】命令，打开【变换】泊坞窗，将【水平】和【垂直】参数都设置为 90%，单击【应用到再制】按钮，如图 7-68 所示。

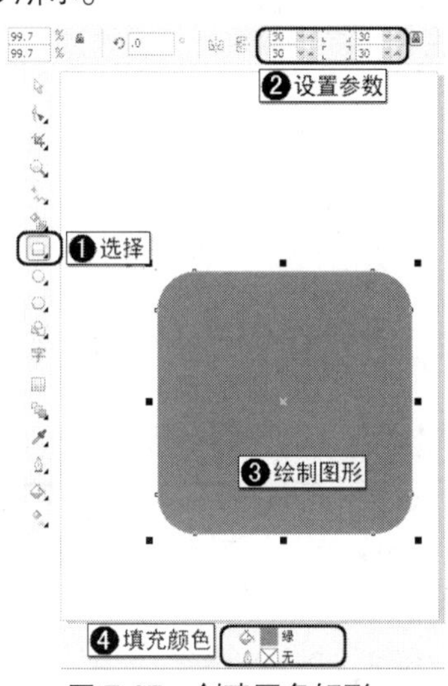

图 7-67　创建圆角矩形

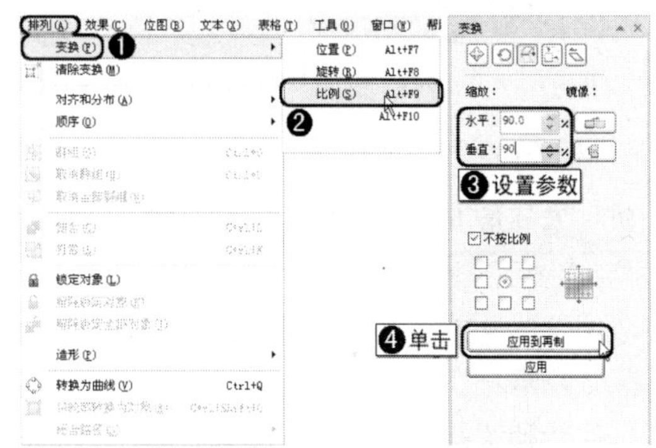

图 7-68　设置缩放参数

04　确定复制的图形处于选择状态，按 F11 键，打开【渐变填充】对话框，在该对话框中将【角度】设置为 57.7，【边界】参数设置为 4%，将渐变颜色设置为从 60%黑到白的颜色，将【中心】参数设置为 20，设置完成后单击【确定】按钮，如图 7-69 所示。

05　填充渐变颜色后的效果如图 7-70 所示。

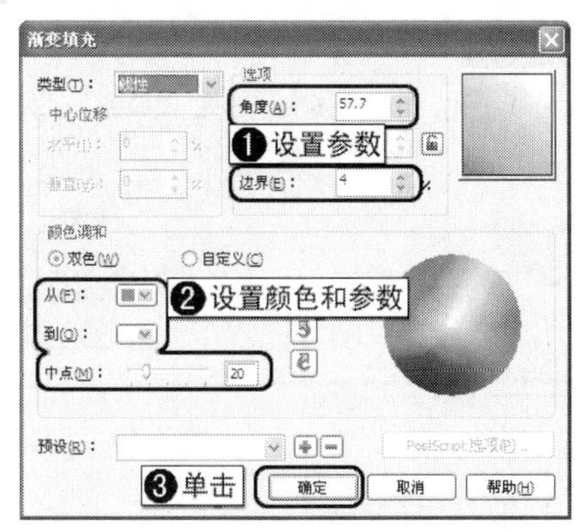

图 7-69　设置渐变颜色

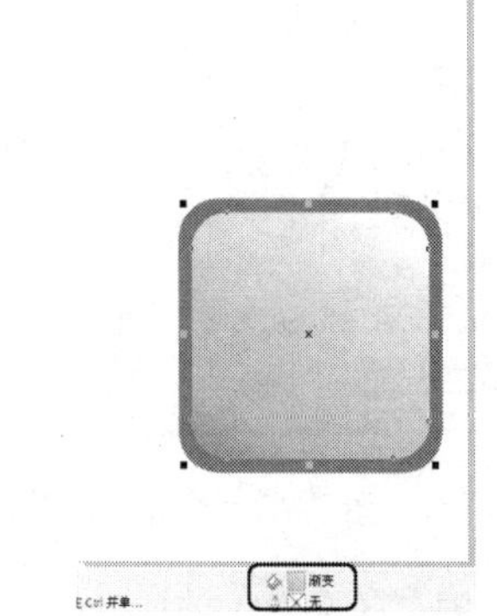

图 7-70　填充渐变颜色后的效果

06　选择绘图页中的所有对象，将其向左上方移动，移动到合适的位置后右击将选择的图形进行复制，如图 7-71 所示。

07 选择下面的矩形，按 F11 键，在打开的对话框中将【类型】定义为射线，将【水平】和【垂直】参数分别设置为 1%和-65%，将【从】的 CMYK 参数设置为 74、11、81、0，将【到】的 CMYK 参数设置为 3、6、92、0，将【中点】参数值设置为 73，设置完成后单击【确定】按钮，如图 7-72 所示。

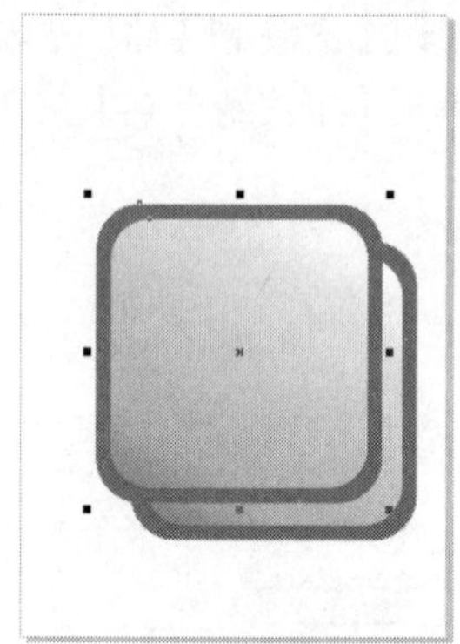

图 7-71 移动复制图形

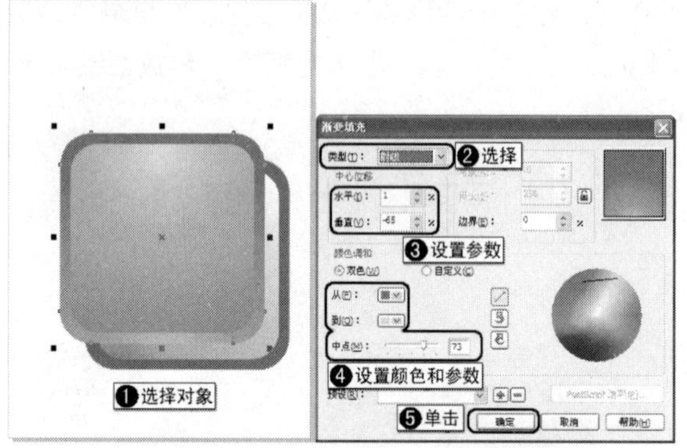

图 7-72 选择图形并设置渐变颜色

08 选择最上面的矩形，按 F11 键，在打开的对话框中将【类型】定义为射线，将【水平】和【垂直】参数分别设置为-1%和 46%，将【从】的 CMYK 参数设置为 56、4、99、0，将【到】的 CMYK 参数设置为 3、7、86、0，将【中点】参数设置为 56，设置完成后单击【确定】按钮，如图 7-73 所示。

09 选择工具箱中的字（文本工具），在属性栏中将字体设置为“方正超粗黑简体”，将【字体大小】 设置为 370pt，然后在绘图页中创建文本，如图 7-74 所示。

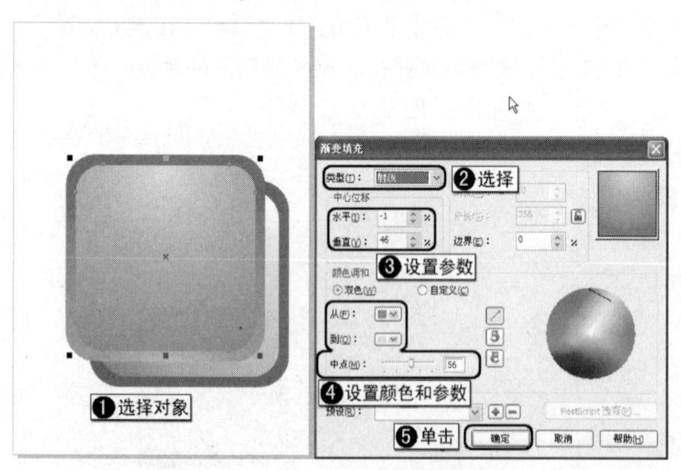

图 7-73 选择图形并设置渐变颜色

图 7-74 创建文本

10 确定文本处于选择状态，按 F11 键，在打开的对话框中将【类型】定义为射线，将【水平】和【垂直】的参数设置为-1%和-39%，将渐变颜色设置为从 20%黑到白色的渐变，将【中点】参数设置为 67，设置完成后单击【确定】按钮，如图 7-75 所示。

11　将文本的轮廓宽度设置为 2.5mm，将轮廓颜色设置为蓝紫色，如图 7-76 所示。

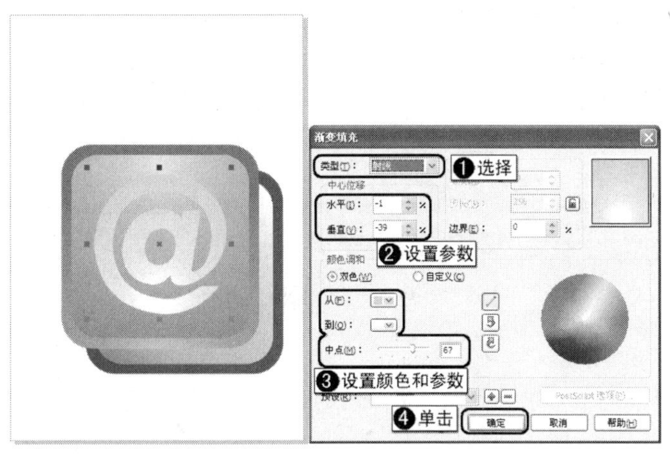

图 7-75　为文本填充渐变颜色

图 7-76　为文本添加轮廓线

2．制作圆环图案

下面来为图标添加圆环图案。

01　选择工具箱中的（贝塞尔工具），在绘图页中绘制图形，使用（形状工具）对图形进行调整，完成后的效果如图 7-77 所示。

02　确定新绘制的图形处于选择状态，按 F11 键，在打开的对话框中将【类型】定义为射线，将【水平】和【垂直】的参数分别设置为 5%和 79%，将【边界】设置为 4%，选择【自定义】单选按钮，设置一种渐变颜色，设置完成后单击【确定】按钮，如图 7-78 所示。

图 7-77　绘制并调整图形

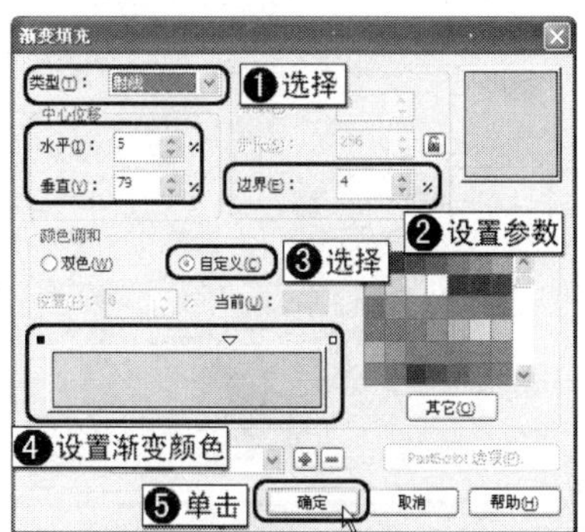

图 7-78　设置渐变颜色

03　填充渐变颜色后，取消轮廓线的填充，效果如图 7-79 所示。

04　确定渐变图形处于选择状态，在菜单栏中选择【排列】|【变换】|【位置】命令，打开【变换】泊坞窗，将【垂直】参数设置为-15mm，设置完成后单击【应用到再制】按钮，如图 7-80 所示。

图 7-79　填充渐变颜色后的效果

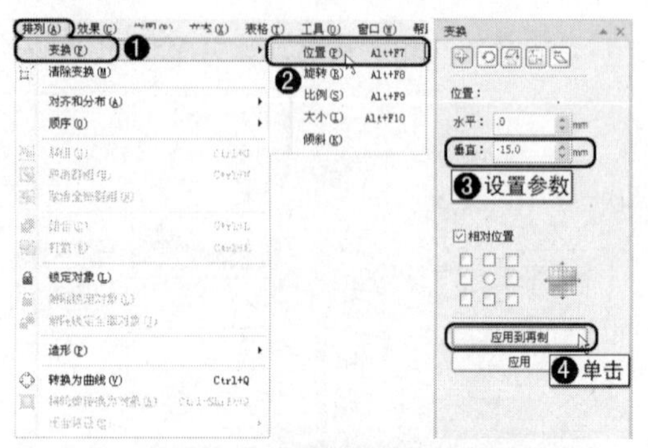

图 7-80　设置复制图形的参数

05　复制完图形后的效果如图 7-81 所示。

06　单击【应用到再制】按钮 4 次对图形进行复制，完成后的效果如图 7-82 所示。

图 7-81　复制图形后的效果

图 7-82　多次对图形进行复制

07　选择工具箱中的 （椭圆工具），在绘图页中绘制圆形，如图 7-83 所示。

08　确定新绘制的圆形处于选择状态，按 F11 键，在弹出的对话框中将【角度】和【边界】参数设置为-57.3 和 4%，将【从】的 RGB 参数设置 7、51、2，将【到】的 RGB 参数设置为 153、204、102，将【中点】设置为 73，设置完成后单击【确定】按钮，如图 7-84 所示。

图 7-83　绘制圆形

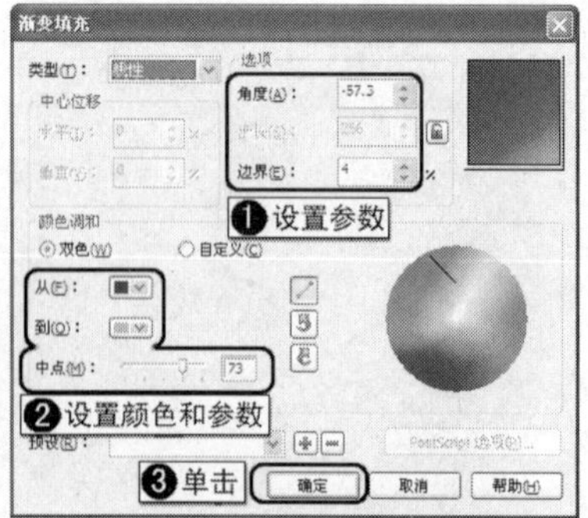

图 7-84　设置渐变颜色

09　填充渐变颜色后取消轮廓线的填充，完成后的效果如图 7-85 所示。

10　确定椭圆图形处于选择状态，在菜单栏中选择【排列】|【顺序】|【置于此对象后】命令，在绘图页中将鼠标放置到如图 7-86 所示的图形上。

图 7-85　填充渐变颜色后的效果

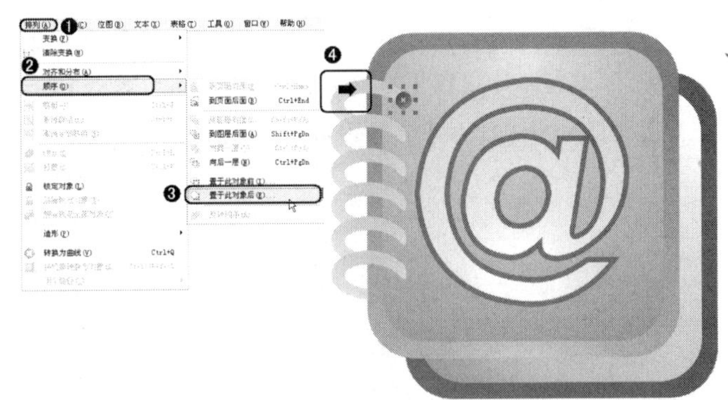

图 7-86　调整图形的位置

11　调整图形后的效果如图 7-87 所示。

12　在菜单栏中选择【排列】|【变换】|【位置】命令，打开【变换】泊坞窗，将【垂直】参数设置为-15mm，设置完成后单击【应用到再制】按钮，如图 7-88 所示。

图 7-87　调整图形后的效果

图 7-88　设置参数

13　复制图形后的效果如图 7-89 所示。

14　单击【应用到再制】按钮 4 次对图形进行复制，完成后的效果如图 7-90 所示。

图 7-89　复制图形后的效果

图 7-90　多次复制图形

3．绘制透镜效果的图形

下面来绘制透镜效果。

01　选择工具箱中的（贝塞尔工具），在绘图页中绘制图形，选择工具箱中的（形状工具）

对图形进行调整，然后将其填充为白色并取消轮廓线的填充，完成后的效果如图 7-91 所示。

02 在菜单栏中选择【窗口】|【泊坞窗】|【透镜】命令，打开【透镜】泊坞窗，将透镜类型定义为透明度，将【比率】参数设置为 50%，如图 7-92 所示。

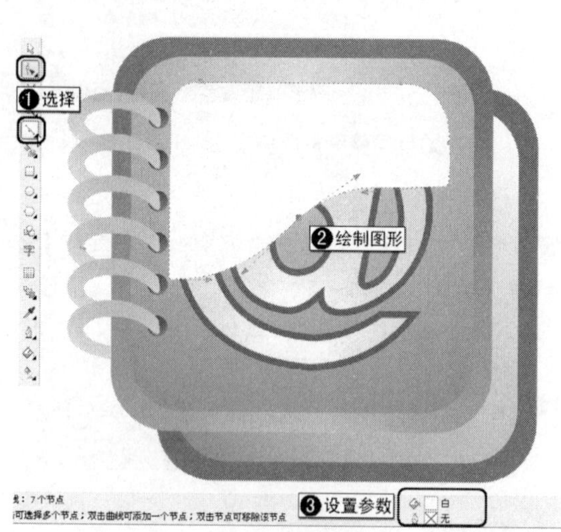

图 7-91 绘制白色图形

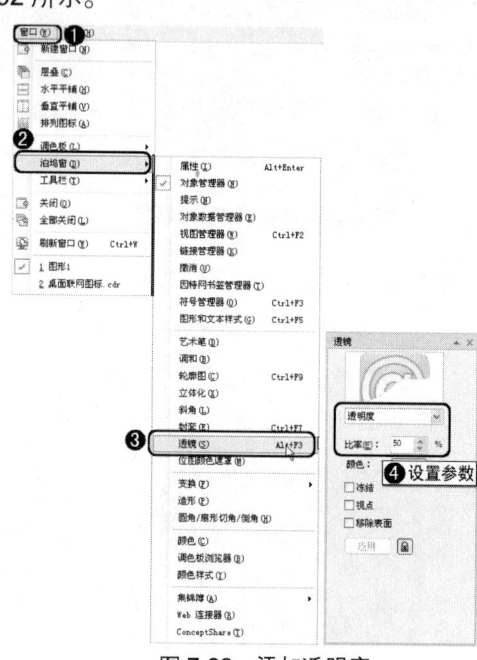

图 7-92 添加透明度

03 添加透镜后的效果如图 7-93 所示。

04 按 Ctrl+A 组合键选择场景中的所有对象，按 Ctrl+G 组合键将选择的对象成组，如图 7-94 所示。

图 7-93 添加透镜后的效果

图 7-94 将对象成组

4. 添加背景

下面为图标添加背景素材。

01 按 Ctrl+I 组合键，在打开的对话框中选择随书附带光盘【DVDROM | 素材 | Cha07 | 水面背景.jpg】文件，单击【导入】按钮，如图 7-95 所示。

02 按 Enter 键将选择的素材导入到页面中心处，如图 7-96 所示。

图 7-95　选择素材文件

图 7-96　导入素材后的效果

03　在页面空白处单击鼠标，取消对象的选择，在属性栏中单击▭（横向）按钮，将页面转换为横向页面，然后调整素材的大小，如图 7-97 所示。

图 7-97　更改绘图页并调整素材大小

04　确定背景图片处于选择状态，在菜单栏中选择【排列】|【顺序】|【到图层后面】命令，调整素材的位置，如图 7-98 所示。

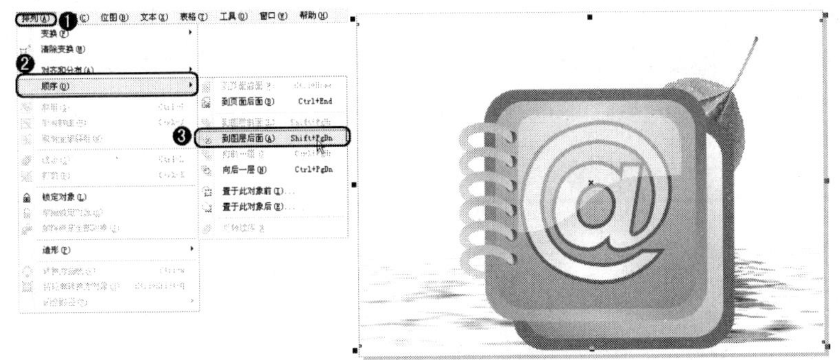

图 7-98　调整素材位置

05 选择前面制作的图标对象，在菜单栏中选择【排列】|【变换】|【比例】命令，在打开的泊坞窗中将【水平】和【垂直】的参数都设置为 51%，设置完成后单击【应用】按钮，如图 7-99 所示。

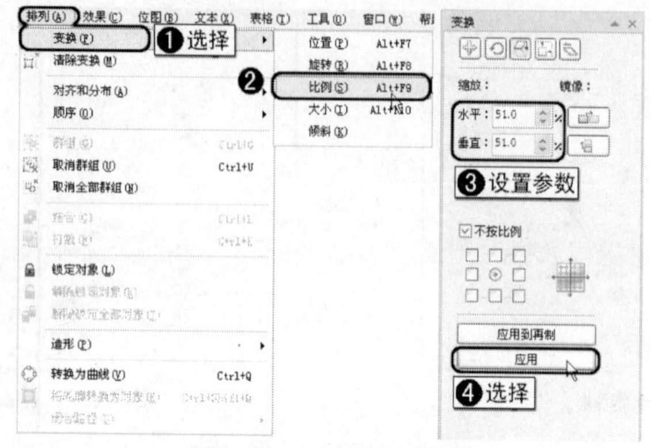

图 7-99　设置缩放参数

06 缩放图像后的效果如图 7-100 所示。

07 选择工具箱中的（挑选工具），调整图形的位置，如图 7-101 所示。

图 7-100　缩放图像后的参数

图 7-101　调整图形的位置

7.8.2　制作胶片照片

本例将介绍胶片效果的制作。该例的制作比较简单，主要是介绍【对齐与分布】对话框的应用，完成后的效果如图 7-102 所示。

图 7-102　胶片效果

01 按 Ctrl+N 组合键新建文档，将纸张宽度和高度参数分别设置为 320mm 和 170mm，如图 7-103 所示。

图 7-103　新建文档

02 选择工具箱中的 (矩形工具)，在绘图页中绘制矩形，如图 7-104 所示。

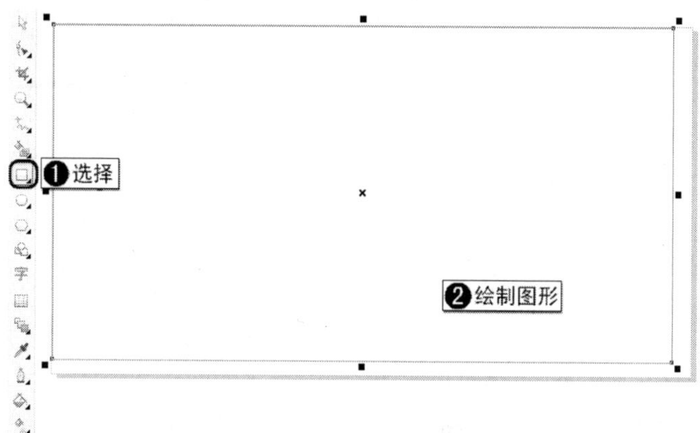

图 7-104　绘制矩形

03 确定新绘制的图形处于选择状态，在菜单栏中选择【排列】|【对齐和分布】|【在页面居中】命令使选择的对象在页面居中，如图 7-105 所示。

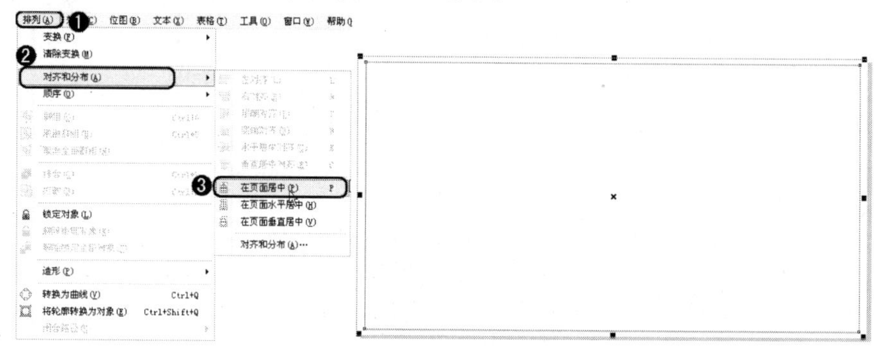

图 7-105　选择【在页面居中】命令

04 将该图形填充为宝石红色，取消轮廓线的填充，如图 7-106 所示。

图 7-106 填充颜色

05 选择工具箱中的□（矩形工具），在属性栏中将边缘圆滑度参数设置为 15，在宝石红色的矩形上绘制白色无边框的圆角矩形，如图 7-107 所示。

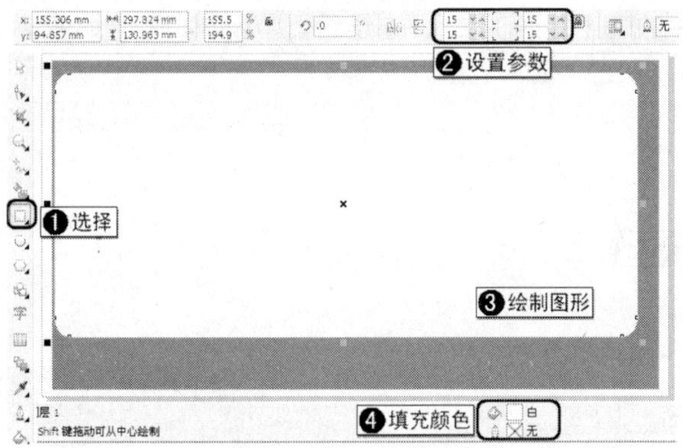

图 7-107 绘制白色圆角矩形

06 按 Ctrl+A 组合键选择场景中的所有对象，如图 7-108 所示。在菜单栏中选择【排列】|【对齐和分布】|【对齐和分布】命令，在打开的对话框中勾选水平居中和垂直居中复选框，单击【应用】按钮，如图 7-109 所示，单击【关闭】按钮，对齐后的效果如图 7-110 所示。

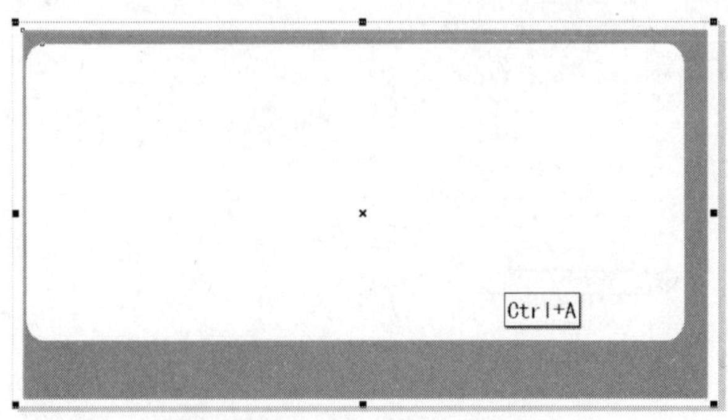

图 7-108 选择场景中的对象

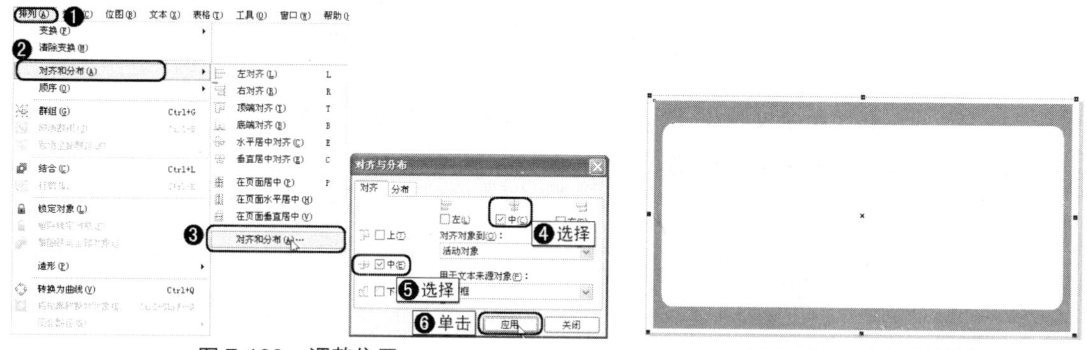

图 7-109　调整位置

图 7-110　对齐后的效果

07　选择工具箱中的□（矩形工具），在属性栏中将边角圆滑度参数设置为 0，在宝石红色矩形的左上方绘制白色无边框的矩形，如图 7-111 所示。

08　确定新绘制的图形处于选择状态，将其向右拖动，移动到适当的位置后右击鼠标复制对象，如图 7-112 所示。

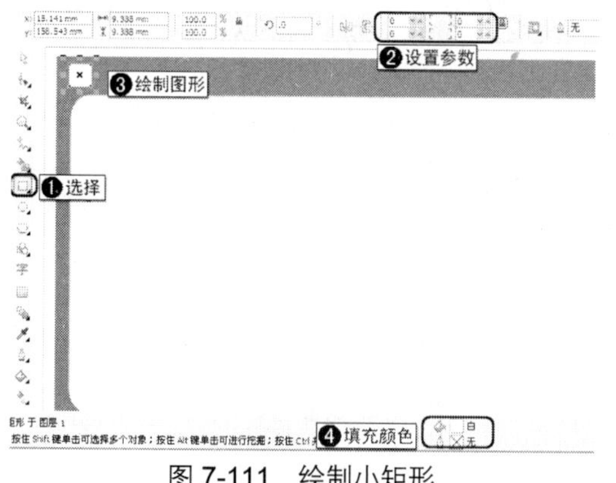

图 7-111　绘制小矩形

图 7-112　复制矩形

09　选择工具箱中的（交互式调和工具），为两个小矩形添加调和效果，在属性栏中将步长参数设置为 14，如图 7-113 所示。

10　选择调和后的图形，将其向下移动复制，完成后的效果如图 7-114 所示。

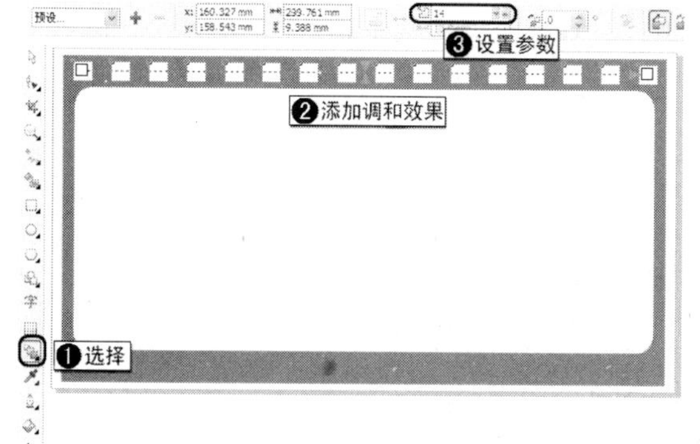

图 7-113　添加调和效果

图 7-114　复制图形后的效果

11 按 Ctrl+I 组合键，在打开的对话框中选择【DVDROM | 素材 | Cha07 | 照片 01.jpg】文件，单击【导入】按钮，如图 7-115 所示。

12 按 Enter 键，将选择的素材文件导入到页面中央，如图 7-116 所示。

图 7-115 选择导入的素材

图 7-116 导入场景后的效果

13 调整素材的大小和位置，调整后的效果如图 7-117 所示。

14 按 Ctrl+I 组合键，在弹出的对话框中选择【DVDROM | 素材 | Cha07 | 照片 02.jpg】和【照片 03.jpg】文件，单击【导入】按钮，如图 7-118 所示。

图 7-117 调整素材

图 7-118 选择素材

15 按 Enter 键 2 次，将选择的素材文件导入到页面中央，如图 7-119 所示。

16 调整素材的大小和位置，如图 7-120 所示。

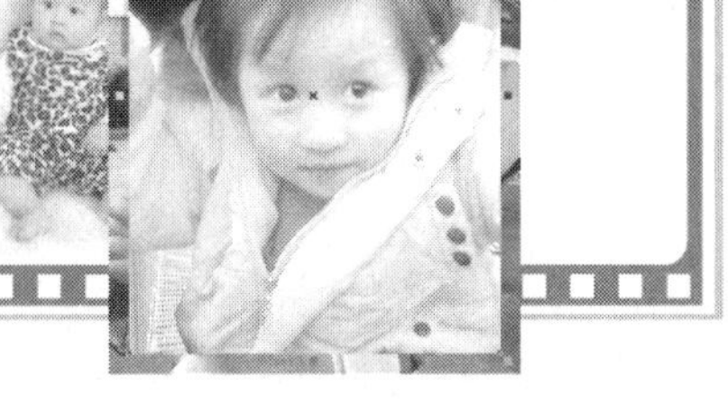

图 7-119　导入场景后的效果　　　　图 7-120　调整素材的大小

17　在绘图页中选择导入的 3 个素材文件。

18　确定素材文件处于选择状态，在菜单栏中选择【排列】|【对齐和分布】|【对齐和分布】命令，在打开的对话框中勾选水平居中复选框，单击【应用】按钮，如图 7-121 所示，对齐后的效果如图 7-122 所示。

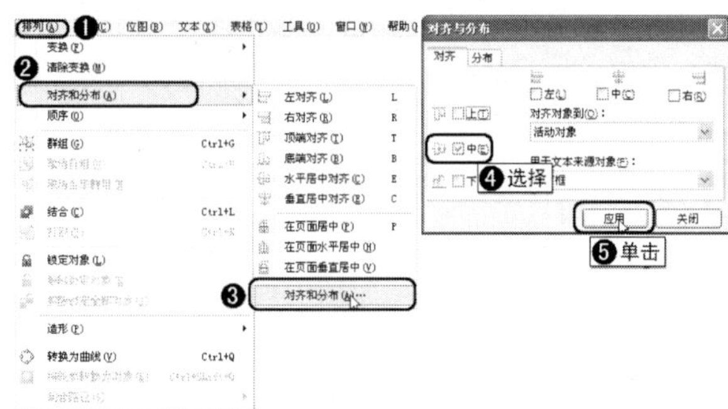

图 7-121　选择对其的命令

图 7-122　对齐后的效果

19　调整素材之间的间距，完成后的效果如图 7-123 所示。

20　按 Ctrl+A 组合键，选择场景中的所有对象，按 Ctrl+G 组合键将选择的对象成组，如图 7-124 所示。

图 7-123　调整素材之间的距离

图 7-124　将对象成组

至此，胶片照片制作完成，将完成后的场景文件进行存储。

7.9 习题

1．选择题

（1）使用下面________命令可以移除重叠对象的隐藏区域，以便绘图中只保留可见区域。

A．修剪　　B．简化　　C．焊接　　D．相交

（2）使用________快捷键可以执行【打散】命令。

A．Ctrl+L　　B．Ctrl+U　　C．Ctrl+K　　D．Ctrl+G

（3）使用________命令可以将轮廓转换为对象，从而创建一个具有轮廓形状的未填充闭合对象。

A．结合　　B．转换为曲线　　C．简化　　D．将轮廓转换为对象

2．填空题

（1）调整图像大小的方法有________、________、________3 种。

（2）按________键可以打开【变换】泊坞窗。

（3）按________键单击群组中要编辑的对象，即可对图形进行编辑。

3．上机操作

使用工具箱中的基本工具绘制一个图案，并将绘制的图案成组。

第 8 章　为对象添加三维效果

本章主要通过工具箱中的交互式轮廓工具、交互式立体化工具、透视效果和交互式阴影工具来为对象添加三维效果。

本章重点

- 交互式轮廓工具的应用
- 交互式立体化工具
- 透视效果的应用
- 交互式阴影工具的介绍

8.1　交互式轮廓图工具

使用（交互式轮廓图工具）可以为对象添加各种轮廓图效果。轮廓图效果可使轮廓线向内或向外复制并填充所需的颜色呈渐变状态扩展。

在介绍（交互式轮廓图工具）之前，首先来了解一下属性栏中各选项的功能。

- 单击（到中心）、（向内）、（向外）按钮，可以向内、向中心或向外添加轮廓线。
- 在（轮廓图步长）文本框中可以输入所需的步长值。
- 在（轮廓图偏移）文本框中可以输入所需的偏移值。
- 单击（线性轮廓图颜色）、（顺时针的轮廓图颜色）、（逆时针的轮廓图颜色）按钮，可以改变轮廓图颜色。
- 在中可以设置所需的轮廓图颜色，例如，轮廓色（有轮廓线时才能用）、填充色与渐变填充结束色。
- 在属性栏中单击（对象和颜色加速）按钮，可打开【对象与颜色加速】面板，用户可以在其中设置所需的轮廓线渐变速度。
- 如果在画面中创建了交互式效果，并且选择了交互式工具（例如，交互式调和工具、交互式轮廓图工具、交互式变形工具、交互式阴影工具），则属性栏中的（复制轮廓图属性）按钮呈活动可用状态，使用交互式工具在画面中选择一个没有添加交互式效果的对象，单击（复制轮廓图属性）按钮后将粗箭头指向要复制的交互式效果并单击，即可将该效果复制到选择的对象上。
- 如果用户想要清除交互式效果，单击（清除轮廓）按钮，即可将交互式效果清除。

8.1.1 输入美术字

本节介绍文本的输入，为后面的文本添加轮廓线做准备。

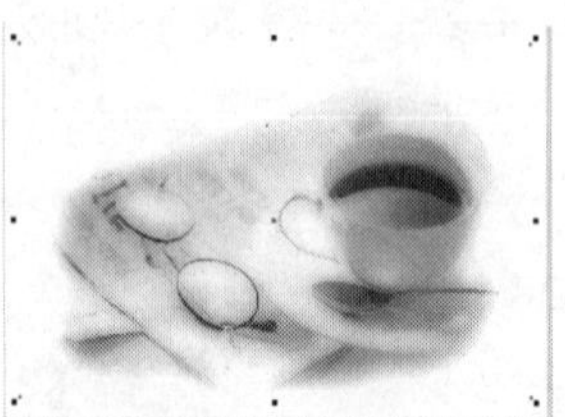

图 8-1 导入图片

01 按 Ctrl+N 组合键新建一个空白文档，在属性栏中单击▭（横向）按钮将页面设为横向，然后导入一张素材图片，如图 8-1 所示。

02 选择工具箱中的字（文本工具），在属性栏中将字体类型设置为“华文行楷”，将字体大小设置为 150pt，然后在画面中输入“海报”，如图 8-2 所示。

03 选择工具箱中的（形状工具），移动指针到右下角的图标上，按下左键并向左拖移到适当位置，缩小文字之间的距离，达到所需的间距时松开左键，效果如图 8-3 所示。

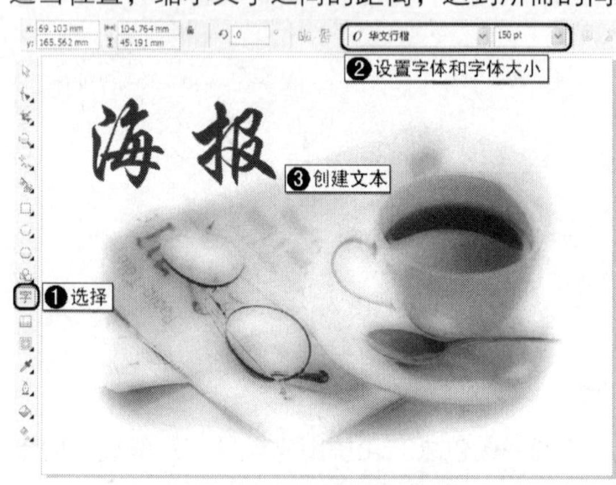

图 8-2 输入文本　　图 8-3 调整文本位置

04 确定新创建的文本处于选择状态，按 F11 键，在打开的对话框中将【角度】参数设置为 -90，将【边界】参数设置为 16%，将渐变颜色设置为从黄色到橘红色渐变，将【中点】参数设置为 62，设置完成后单击【确定】按钮，如图 8-4 所示。

05 填充渐变颜色后取消轮廓线的填充，如图 8-5 所示。

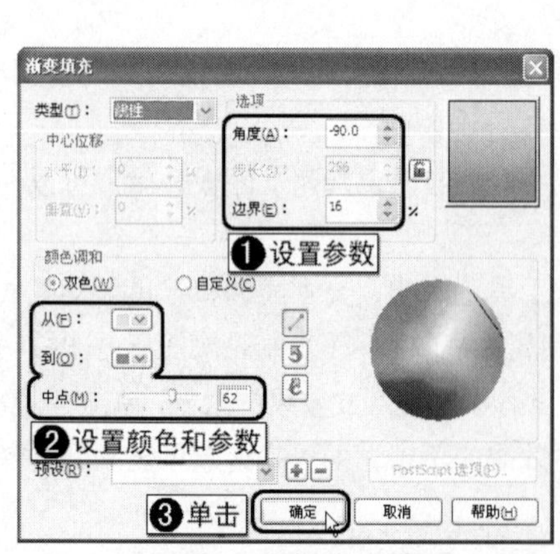

图 8-4 设置渐变颜色

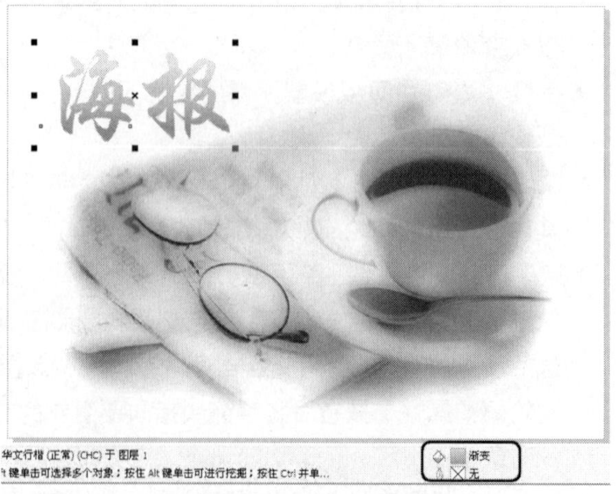

图 8-5 填充渐变后的效果

8.1.2　创建轮廓图效果

下面继续用上节的实例进行讲解。

01　选择工具箱中的 (交互式轮廓图工具)，在属性栏中单击 (向外) 和 (线形轮廓图颜色) 按钮，设置【轮廓图步长】为 3，【轮廓图偏移】为 1mm，【填充色】为绿色，【渐变填充结果色】为黄色，如图 8-6 所示，创建出轮廓图效果。

02　在工具箱中选择 (挑选工具)，先在绘图窗口的空白处单击取消选择，然后在画面中单击渐变填充文字，按小键盘上的“+”键复制一个副本，在默认的 CMYK 调色板中右击“白色”色块将轮廓色填充为白色，如图 8-7 所示。

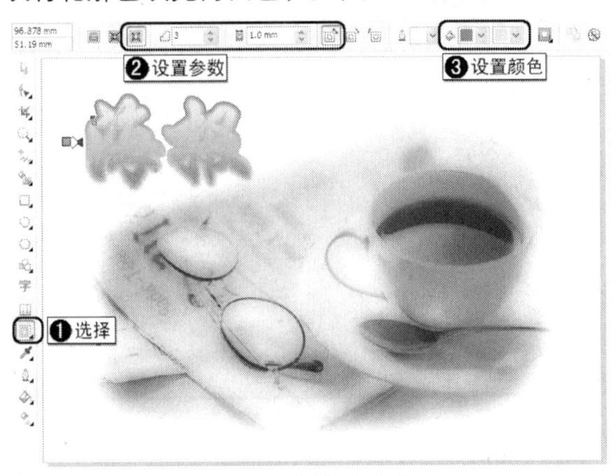

图 8-6　添加轮廓线

❶复制文本
❷设置轮廓颜色

图 8-7　复制文字并填充轮廓线

03　再次选择 (交互式轮廓图工具)，在属性栏中单击 (向内) 按钮，设置【轮廓图步长】为 1，其他参数不变，即可向内勾画出轮廓图，如图 8-8 所示。

04　确定复制后的文本处于选择状态，在默认 CMYK 调色板中单击⊠按钮清除填充色，效果如图 8-9 所示。

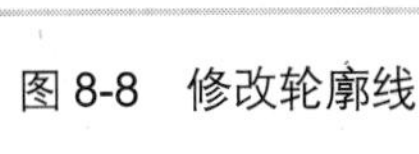

图 8-8　修改轮廓线

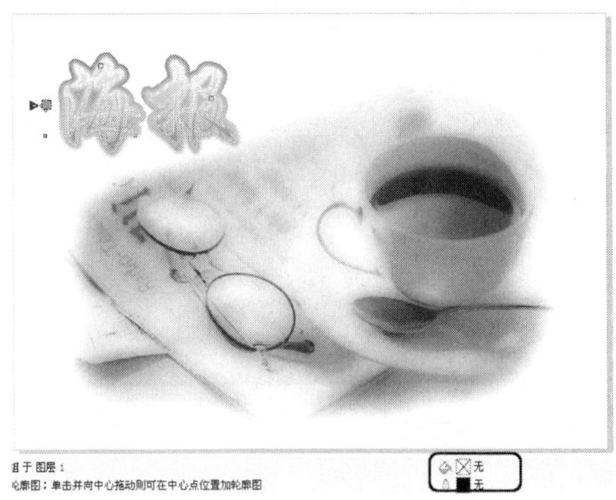

图 8-9　清除填充颜色后的效果

8.1.3 拆分轮廓图

为了编辑用交互式轮廓图工具创建出的轮廓线，用户需要对其进行拆分，然后一一对创建出的轮廓线进行编辑。

下面继续前面的例子进行讲解。

01 在菜单栏中选择【排列】|【打散轮廓图群组】命令，或者按 Ctrl+K 组合键，如图 8-10 所示。

02 将刚创建的向内勾画的轮廓线进行拆分，效果如图 8-11 所示。

图 8-10 执行【拆分轮廓图群组】命令

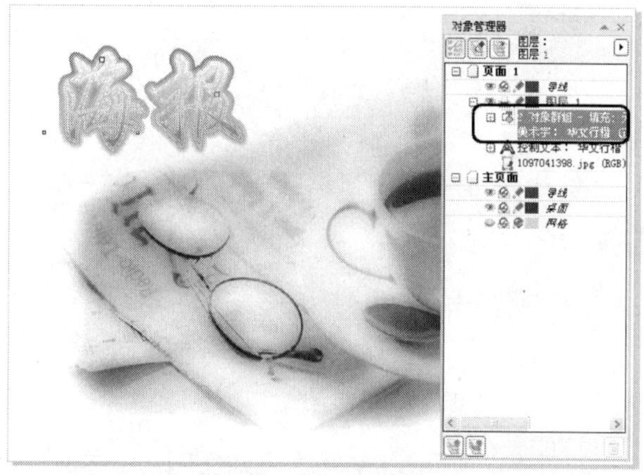

图 8-11 拆分后的效果

03 由于拆分轮廓图组后，它仍然是一个群组，因此还需要在菜单栏中选择【排列】|【取消全部群组】命令将该群组全部解散，如图 8-12 所示。

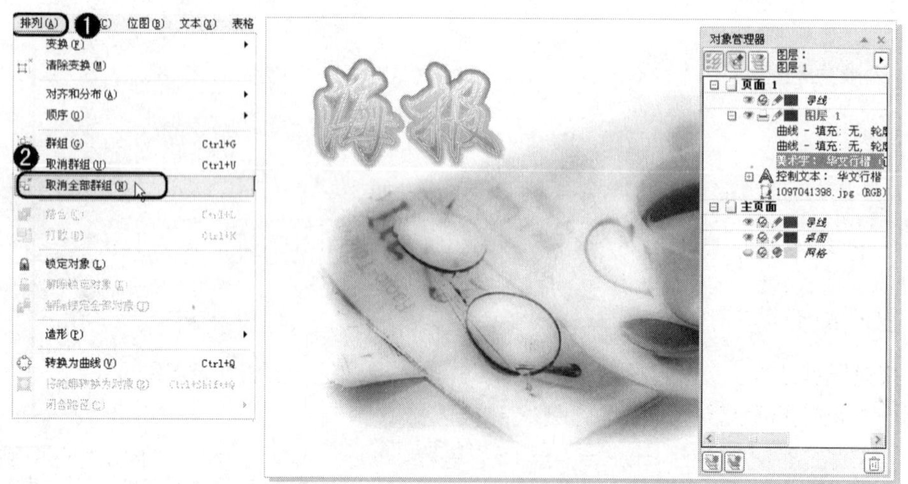

图 8-12 执行【取消全部群组】命令

04　选择工具箱中的（挑选工具），在【对象管理器】面板中选择如图 8-13 所示的曲线，按 F12 键打开【轮廓笔】对话框，并在其中设定【颜色】为绿色，【宽度】为 0.5mm，【样式】为“………”，其他参数不变，单击【确定】按钮，如图 8-14 所示。

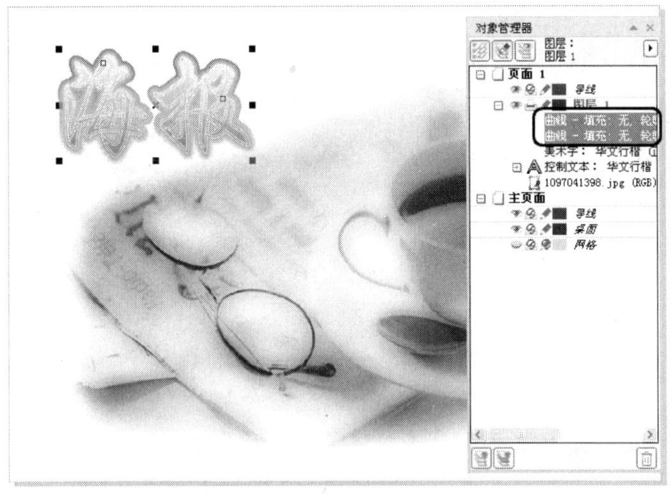

图 8-13　将群组全部解散

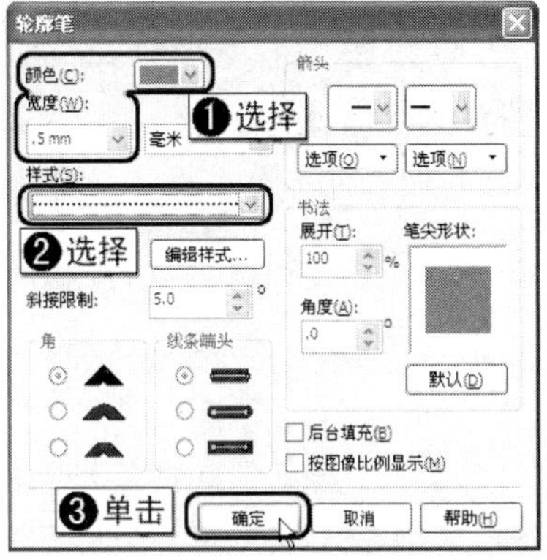

图 8-14　设置轮廓笔

05　添加轮廓后的效果如图 8-15 所示。

06　先在绘图窗口的空白处单击取消选择，在【对象管理器】泊坞窗中选择如图 8-16 所示的文本，将其填充为白色。

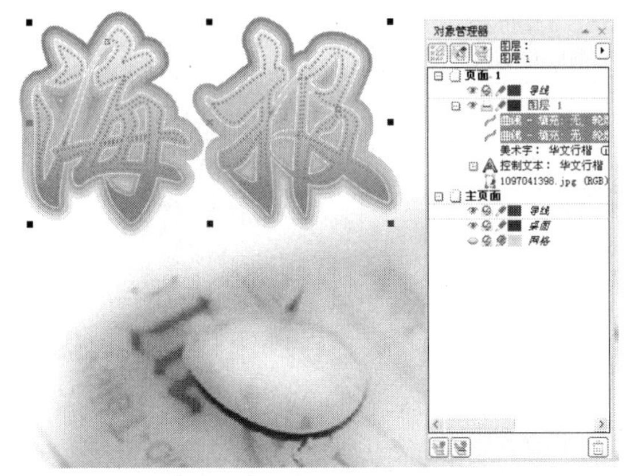

图 8-15　添加轮廓后的效果

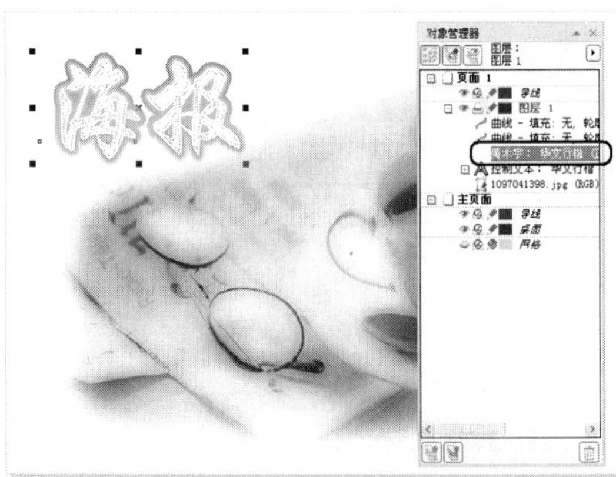

图 8-16　填充颜色

8.1.4　复制或克隆轮廓图

为了提高工作效率，CorelDRAW 还提供了复制与克隆轮廓图功能，以便于在制作好一个轮廓图效果后，将该轮廓图效果复制或克隆到其他对象上。

01　继续上面的实例进行讲解，选择工具箱中的（文本工具），在属性栏中将字体类型设置为“华文行楷”，将字体大小设置为 85pt，然后在绘图页中输入“广告”，如图 8-17 所示。

02　选择工具箱中的 （形状工具），移动指针到右下角的 图标上，按下左键并向左拖移到适当位置，缩小文字之间的距离，达到所需的间距时松开左键，效果如图 8-18 所示。

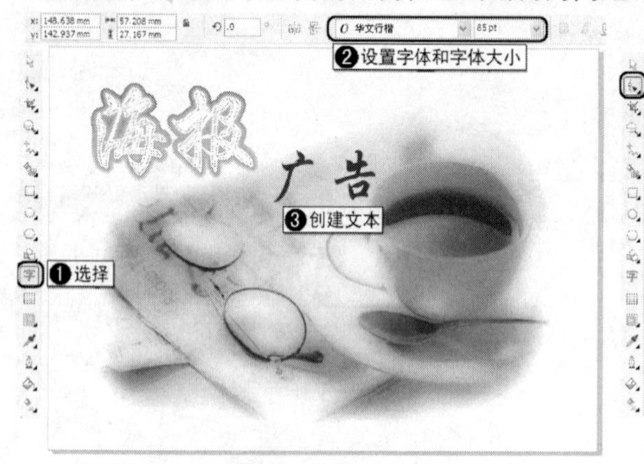

图 8-17　输入文本　　　　图 8-18　调整文本位置

03　确定新创建的文本处于选择状态，按 F11 键打开【渐变填充】对话框，将【角度】参数设置为-90，将渐变颜色设置为从浅黄到灰绿渐变，设置完成后单击【确定】按钮，如图 8-19 所示。

04　确定渐变文本处于选择状态，在默认 CMYK 调色板中右击“10%黑”色块，将边缘线填充为 10%黑色，效果如图 8-20 所示。

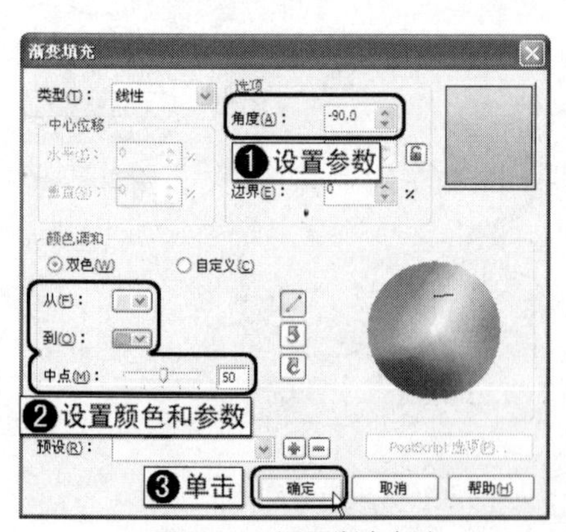

图 8-19　设置渐变颜色

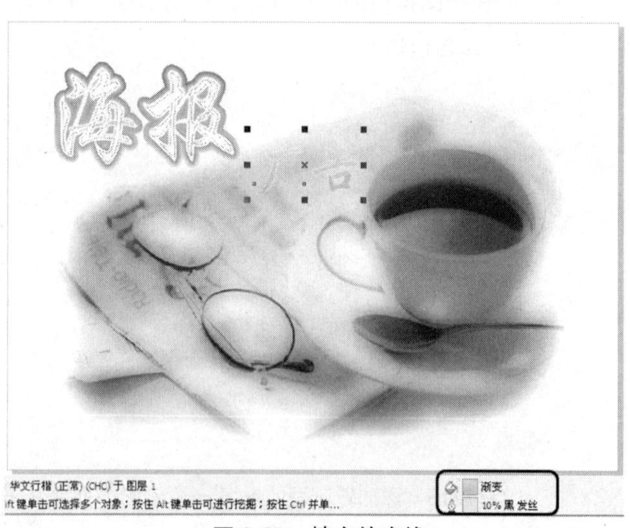

图 8-20　填充轮廓线

05　在菜单栏中选择【效果】|【复制效果】|【轮廓图自】命令，指针呈➡粗箭头状，移动指针到要复制的轮廓图上单击，如图 8-21 所示，即可将所单击的轮廓图效果复制到选择的对象上，然后在属性栏中将【轮廓图步长】设置为 2，如图 8-22 所示。

图 8-21　选择【轮廓图自】命令

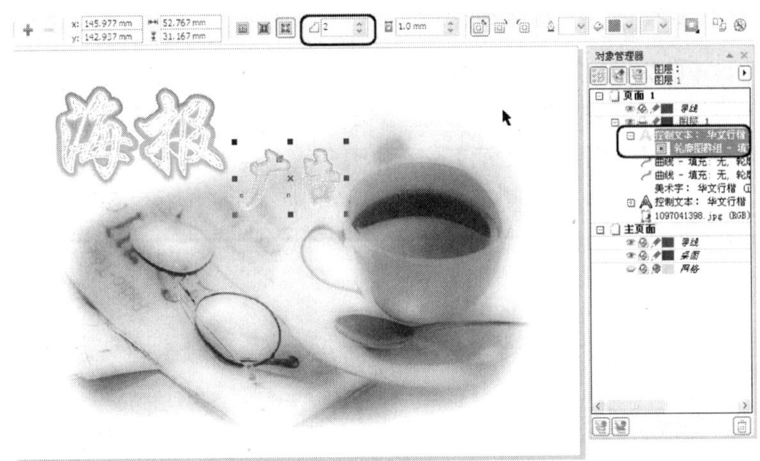

图 8-22　复制轮廓后的效果

06　使用【挑选工具】在绘图窗口的空白处单击取消选择，单击“广告”文字，在键盘上按“+”键复制一个副本，如图 8-23 所示。

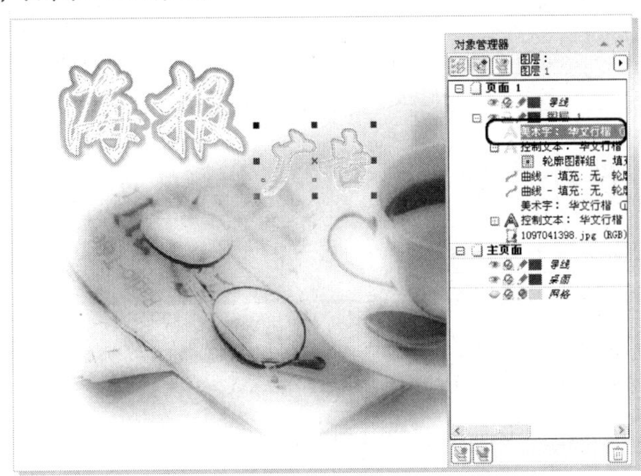

图 8-23　复制文本

07　选择副本，在菜单栏中选择【效果】|【克隆效果】|【轮廓图自】命令，指针呈➡粗箭头状，移动指针到要复制的轮廓图上单击，如图 8-24 所示，即可将所单击的轮廓图效果复制到选择的对象上，如图 8-25 所示。

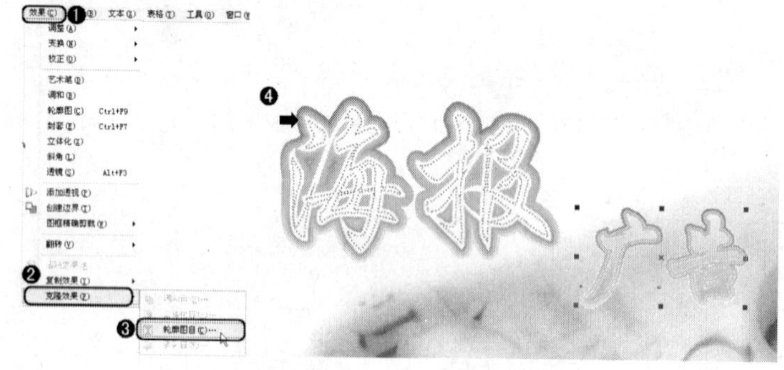

图 8-24　选择【轮廓图自】命令

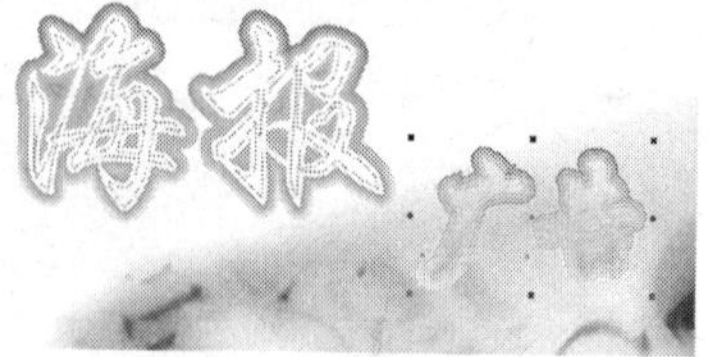

图 8-25　复制轮廓后的效果

08　选择工具箱中的（挑选工具）在画面中单击克隆效果的原轮廓图效果，在属性栏中单击（顺时针的轮廓图颜色）按钮，设置【轮廓图步长】为 1，【渐变填充结束色】为红色，更改原轮廓图效果，同时克隆的效果也随之发生了变化，如图 8-26 所示。

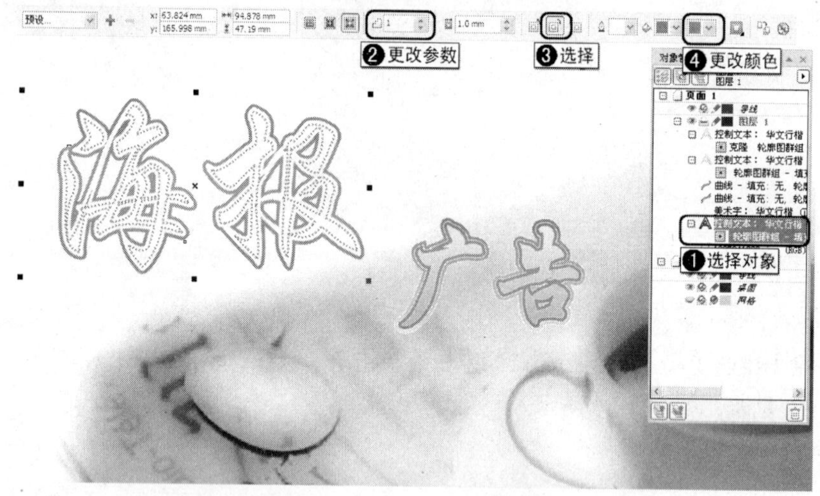

图 8-26　更改原轮廓图效果

8.2　交互式立体化工具

使用【交互式立体化工具】可以将简单的二维平面图形转换为立体化效果。立体化效果可以添加额外的表面将简单的二维图形转换为三维效果。

在介绍立体化工具之前，首先来了解一下立体化工具的属性栏。

- 在（立体化类型）面板中可以选择所需的立体化类型。
- 在（深度）文本框中可以输入立体化延伸的长度。

- 在 (灭点坐标)文本框中可以输入所需的灭点坐标，从而达到更改立体化效果的目的。在 （灭点属性）下拉列表框中可以选择所需的选项（例如，“锁到对象上的灭点”、“锁到页上的灭点”、“复制灭点，自……”、“共享灭点”），以此来确定灭点位置，以及是否与其他立体化对象共享灭点等。
- （VP 对象）与（VP 页面）按钮：当（VP 对象）按钮处于当前选择状态时移动灭点，它的坐标值是相对于对象的；当（VP 页面）按钮处于当前选择状态时移动灭点，它的坐标值是相对于页面的。
- （立体的方向）按钮：单击该按钮可打开一个面板，用户可以直接拖动“3”字圆形按钮来调整立体的方向；也可以在面板中单击按钮，打开旋转值面板，在文本框中输入所需的旋转值来调整立体的方向。如果要返回到“3”字按钮面板，可以在右下方单击按钮。
- 如果用户要更改立体化的颜色，可以单击（颜色）按钮打开【颜色】面板，在其中编辑与选择所需的颜色。可以在该面板中单击 (使用对象填充)按钮、（使用纯色）按钮与（使用递减的颜色）按钮来设置所需的颜色。如果选择的立体化效果设置了斜角，则可以在其中设置所需的斜角边颜色。
- （斜角修饰边）按钮：单击该按钮将打开一个面板，用户可以在其中勾选【使用斜角修饰边】复选框，然后在文本框中输入所需的斜角深度与角度来设定斜角修饰边，也可以勾选【只显示斜角修饰边】复选框只显示斜角修饰边。
- （照明）按钮：单击该按钮将打开一个面板，用户可以在面板左侧单击相应的光源来为立体化对象添加光源，还可以设置光源的强度，以及是否使用全色范围。

8.2.1 创建矢量立体模型

下面将介绍立体模型的创建。

01 新建一个横向的文档，按 Ctrl+I 组合键在打开的对话框中选择随书附带光盘【DVDROM | 素材 | Cha08 |立体化背景.jpg】文件，按 Enter 键将其导入到页面中心，并调整素材文件的大小，如图 8-27 所示。

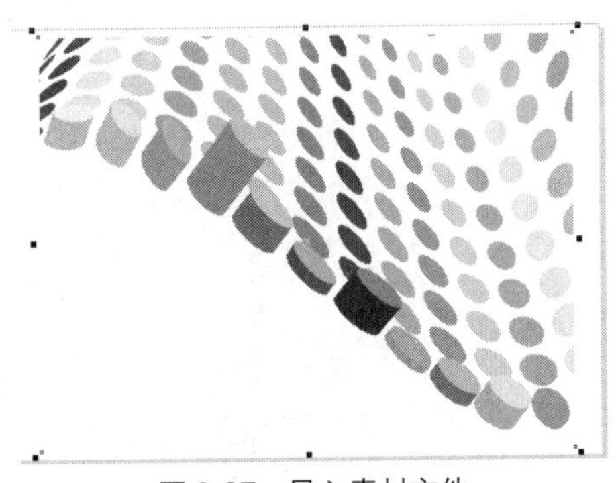

图 8-27 导入素材文件

02 在工具箱中选择（文本工具），在其属性栏中将字体类型设置为“汉仪菱心体简”，设置字体大小参数为 90pt，移动指针到绘图区适当的位置单击并输入文字效果，然后将文本填充为洋红色，如图 8-28 所示。

03 在工具箱中选择（交互式立体化）工具，在文字上按下左键，向上拖曳到适当的位置后松开左键，为文字添加立体化效果，效果如图 8-29 所示。

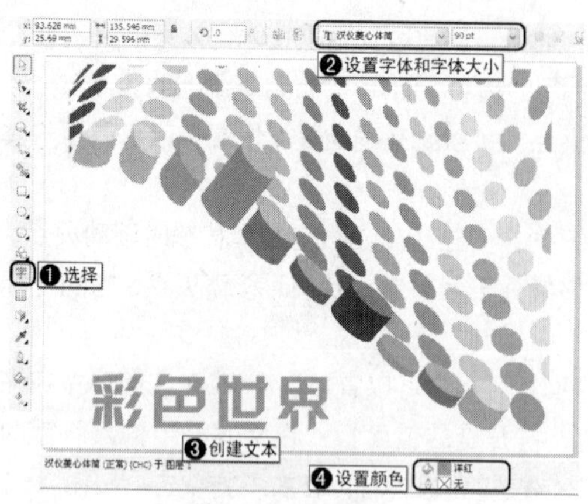

图 8-28　创建文本

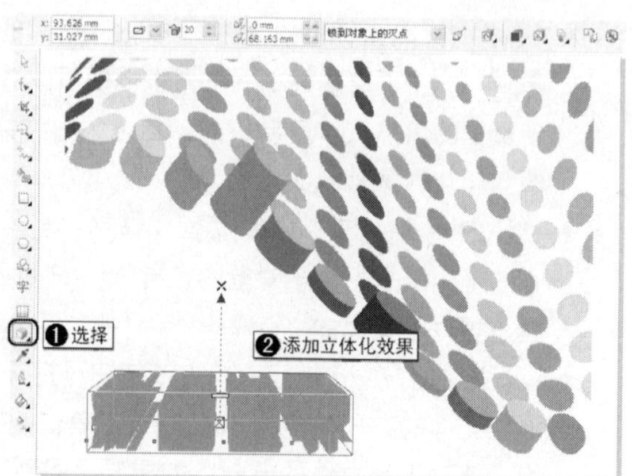

图 8-29　为文字添加立体化效果

8.2.2　编辑立体模型

下面对创建的立体模型进行编辑。

01　接上节，在【交互式立体化工具】属性栏中将【深度】参数设置为 28，以改变立体化文字的深度，效果如图 8-30 所示。

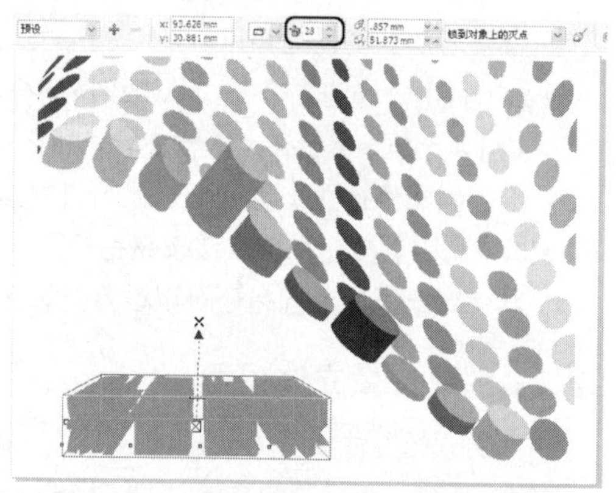

图 8-30　设置【深度】参数后的效果

02　在属性栏中单击（颜色）按钮打开【颜色】面板，在该面板中单击（使用递减的颜色）按钮，并将颜色设置为从洋红到深紫色，如图 8-31 所示，

03　在属性栏中单击（照明）按钮打开【照明】面板，在其中单击（光源 1）按钮，如图 8-32 所示。

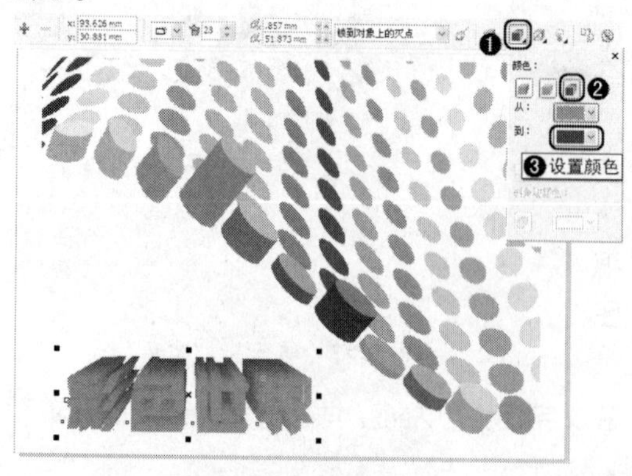

图 8-31　设置渐变颜色

图 8-32　添加光源 1 的效果

04　单击（光源 2）按钮并调整光源 2 的位置，如图 8-33 所示。

05　单击（光源 3）按钮，调整它到适当的位置，如图 8-34 所示。

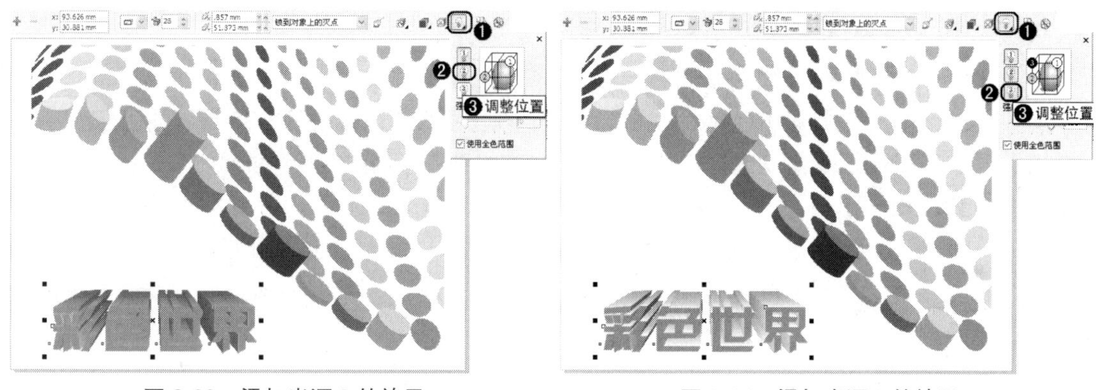

图 8-33　添加光源 2 的效果　　图 8-34　添加光源 3 的效果

8.3　在对象中应用透视效果

通过缩短对象的一边或两边可以创建透视效果，这种效果使对象看起来像是沿一个或两个方向后退，从而产生单点透视或两点透视效果。

在应用透视效果后，可以把它复制到图形中的其他对象中进行调整，或从对象中移除透视效果。

8.3.1　制作立方体

下面通过立体化工具制作立方体效果。

01　按 Ctrl+O 组合键打开随书附带光盘【DVDROM | 素材| Cha08 | 制作立方体.cdr】文件，打开的场景文件效果如图 8-35 所示。

图 8-35　打开的场景文件效果

02　在工具箱中选择（矩形工具），沿图案的边缘创建一个正方形，创建完成后的效果如图 8-36 所示。

03　在工具箱中选择（交互式立体化工具），在场景中拖曳鼠标，为上面创建的正方形添加立体化效果，在属性栏中将【立体化类型】定义为，然后对立体化图形进行调整，如图 8-37 所示。

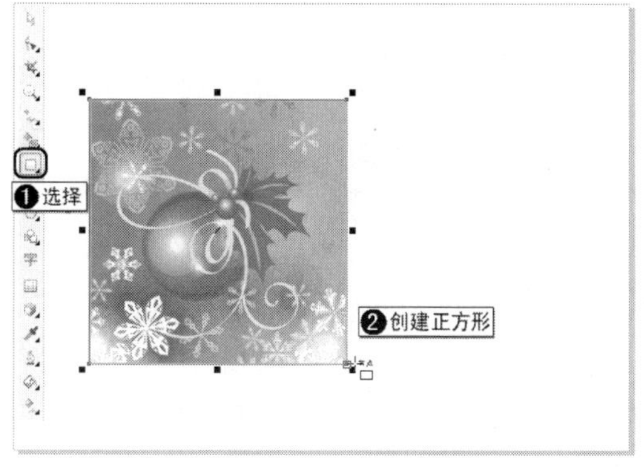

图 8-36　创建正方形

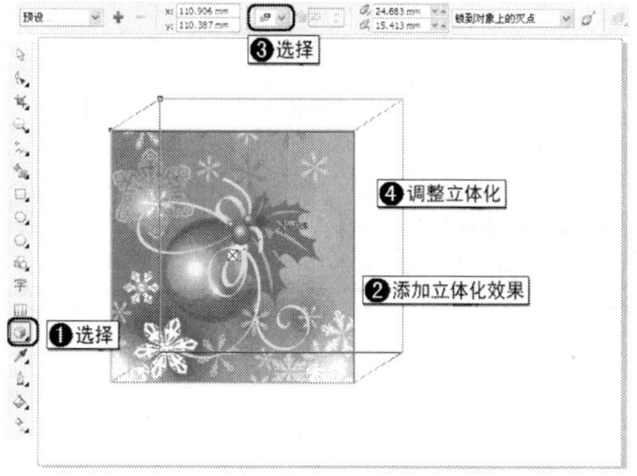

图 8-37　添加立体化效果

8.3.2 使用添加透视命令应用透视效果

下面使用【添加透视】命令对图形进行调整，制作出立方体效果。

01 接上节，在工具箱中选择（挑选工具），在绘图页中选择如图 8-38 所示的图形。

02 确定图形处于选择状态，按下鼠标左键向右拖动，移动到适当的位置右击鼠标对图形进行复制，如图 8-39 所示。

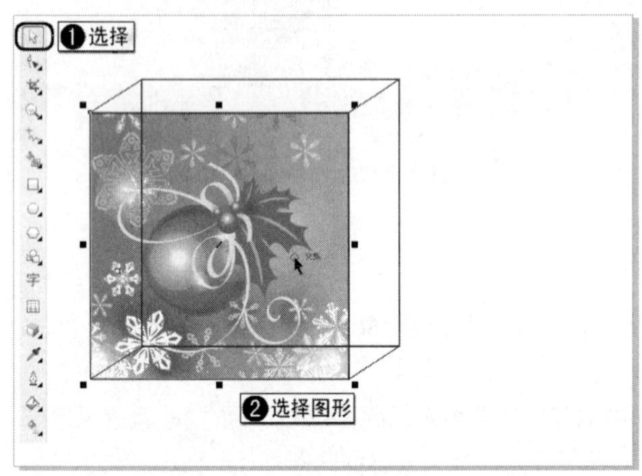

图 8-38 选择图形

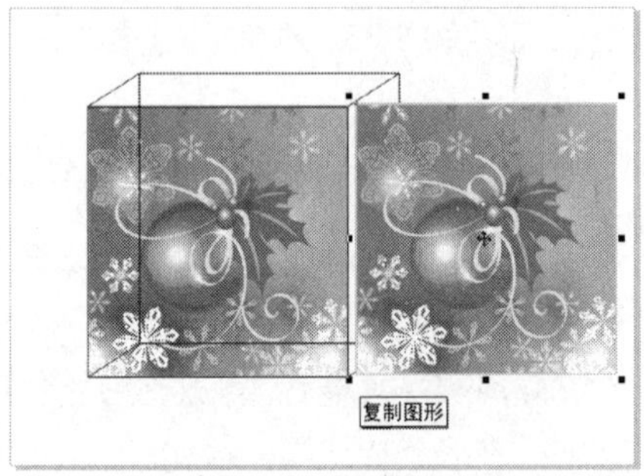

图 8-39 复制副本

03 在菜单栏中选择【效果】|【添加透视】命令，如图 8-40 所示，即可在选择的对象中显示网格，然后拖动控制点并对控制点进行调整，如图 8-41 所示。

04 拖动右下角的控制点到立方体底边相应的顶点上，为复制出的副本进行透视调整，调整后的效果如图 8-42 所示。

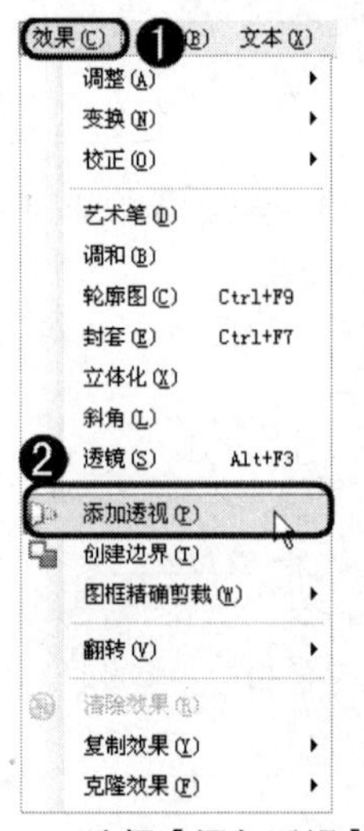

图 8-40 选择【添加透视】命令

图 8-41 调整部分控制点效果

图 8-42 调整控制点效果

05 选择工具箱中的（挑选工具），选择绘图页中的图形，如图 8-43 所示。

06　确定对象处于选择状态，并将其向上拖动到适当的位置右击，再复制一个副本，效果如图 8-44 所示。

07　在菜单栏中选择【效果】|【添加透视】命令，为复制的对象添加控制点，如图 8-45 所示。

图 8-43　选择图形

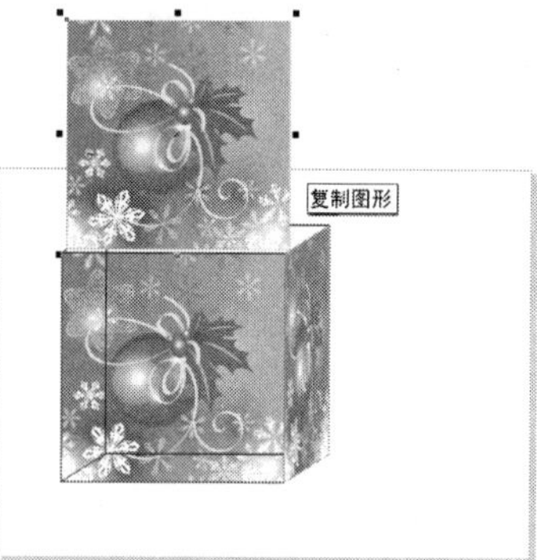

图 8-44　复制图形

图 8-45　添加透视命令

08　在绘图页中调整控制点，完成后的效果如图 8-46 所示。

09　在场景中选择立体化图形，如图 8-47 所示，按 Delete 键将选择的对象删除，完成后的效果如图 8-48 所示。

图 8-46　调整控制点效果

图 8-47　选择立体化图形

图 8-48　删除立体化图形

8.3.3　复制对象的透视效果

下面将介绍复制对象的透视效果。

01　接上节，选择工具箱中的（挑选工具），在绘图页中选择正面的图案文件，并将其向右拖动到适当位置右击，复制副本，如图 8-49 所示。

图 8-49　复制副本对象效果

02　选择副本，在菜单栏中选择【效果】|【复制效果】|【建立透视点自】命令，此时指针呈粗箭头状，移动指针到要复制的透视效果上单击，如图 8-50 所示，即可将单击的透视效果复制到选择的对象上，如图 8-51 所示。

图 8-50　选择【建立透视点自】命令　　　　图 8-51　复制透视后的效果

8.3.4　清除对象的透视效果

接上节，在菜单栏中选择【效果】|【清除透视点】命令，如图 8-52 所示，即可将选择对象中的透视效果清除，效果如图 8-53 所示。

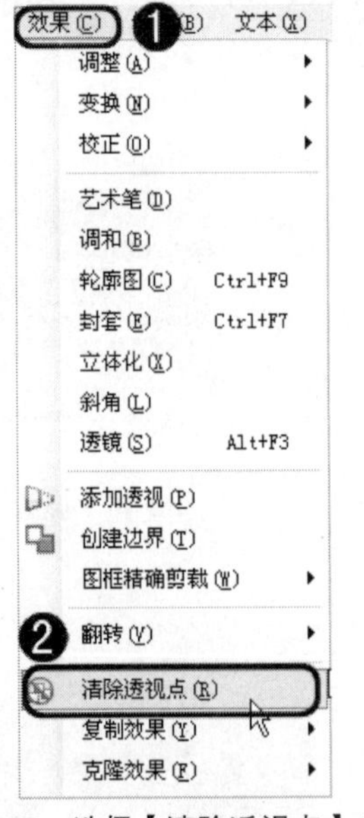

图 8-52　选择【清除透视点】命令

图 8-53　清除透视点后的效果

8.4　交互式阴影工具

使用【交互式阴影工具】可以为对象添加阴影效果，并模拟光源照射对象时产生的阴影效果。用户可以在添加阴影时调整阴影的透明度、颜色、位置及羽化程度，当对象外观改变时，阴影的形状也随之变化。

下面对【交互式阴影工具】的属性栏进行简单的介绍。

- 【阴影偏移】选项：当在【预设列表】中选择“平面左下”、“平面右下”、“平面左上”、“平面右上”、“大型辉光”、“中等辉光”与“小型辉光”时，该选项呈活动可用状态，用户可以在其中输入所需的偏移值。
- 【阴影角度】选项：当在【预设列表】中选择“左下透视图”、“右下透视图”、“左上透视图”与“右上透视图”时，该选项呈活动可用状态，用户可以在其中输入所需的阴影角度值。
- 【阴影的不透明】选项：用户可以在其文本框中输入所需的阴影不透明度值。
- 【阴影羽化】选项：在其文本框中可以输入所需的阴影羽化值。
- 【阴影羽化方向】选项：在【羽化方向】面板中可以选择所需的阴影羽化的方向。
- 【淡出】选项：在其文本框中可以设置阴影的淡出值，也可以通过拖动滑杆上的滑块来调整淡出值。
- 【阴影延展】选项：在其文本框中可以设置阴影的延伸值，也可以通过拖动滑杆上的滑块来调整延伸值。
- 【透明度操作】选项：在其下拉列表中可以为阴影设置各种所需的模式，例如，“正常”、“乘”、“添加”、“减少”、“色度”、“饱和度”、“除”、“如果更亮”、“如果更暗”、“色度”、“反显”、“和”、“或”、“异或”、“红色”、“绿色”与“蓝色”。
- 【阴影颜色】选项：在其调色板中可以选择所需的阴影颜色。

8.4.1　给对象添加阴影

下面通过简单的实例，为对象添加阴影效果。

01　新建一个横向页面的文件，按 Ctrl+I 组合键，在打开的对话框中选择随书附带光盘【DVDROM | 素材 | Cha08 | 阴影.gif】文件，按 Enter 键将其导入到页面中心并调整素材文件的大小，如图 8-54 所示。

02　在工具箱中选择 (交互式阴影工具)，按住鼠标左键不放，将其向右下方拖曳，为选择的对象添加阴影效果，效果如图 8-55 所示。

图 8-54　导入的素材文件效果

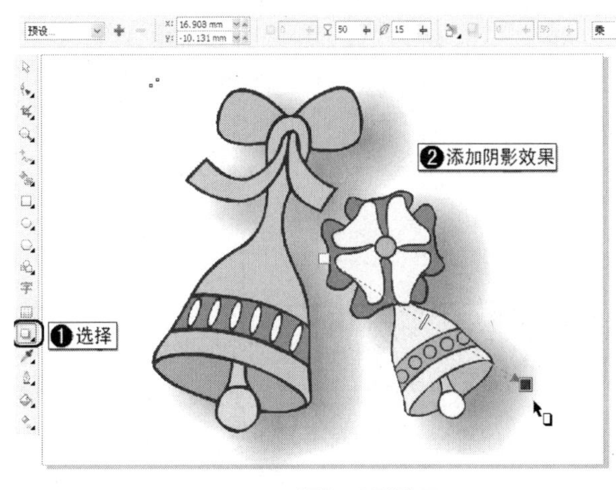

图 8-55　添加阴影效果

8.4.2 编辑阴影

添加阴影后，再来对阴影进行编辑。

01 接上节，在属性栏中将【阴影的不透明】参数设置为 20，效果如图 8-56 所示。

图 8-56 更改不透明度参数效果

02 在属性栏中单击（阴影羽化方向）按钮，在弹出的【羽化方向】面板中选择“中间”，选择羽化方向后的效果如图 8-57 所示。

03 在属性栏中单击（阴影羽化边缘）按钮，在弹出的【羽化边缘】面板中选择“方形的”，设置羽化边缘后的效果如图 8-58 所示。

图 8-57 选择羽化方向类型

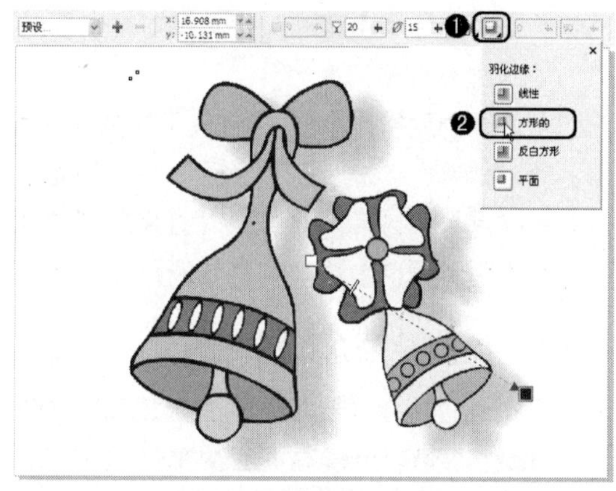

图 8-58 设置羽化边缘后的效果

04 在属性栏中单击【阴影颜色】，在弹出的调色板中单击【其它】按钮，在打开的对话框中将阴影颜色的 CMYK 参数设置为 71、64、87、36，设置完成后单击【确定】按钮，如图 8-59 所示。

05 更改阴影颜色后的效果如图 8-60 所示。

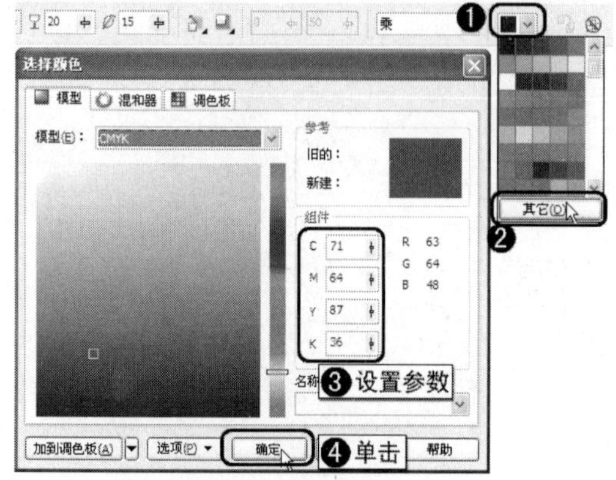

图 8-59 选择阴影颜色

图 8-60 更改阴影颜色后的效果

8.5 上机练习

8.5.1 制作广告灯箱

本例将介绍广告灯箱效果的制作。该例的制作比较简单，主要是通过（交互式立体化工具）和（交互式调和工具）来表现，完成后的效果如图 8-61 所示。

01 新建横向页面的文档，选择工具箱中的（矩形工具），在属性栏中将边角圆滑度设置为 26，在绘图页中绘制圆角矩形，如图 8-62 所示。

图 8-61 灯箱效果

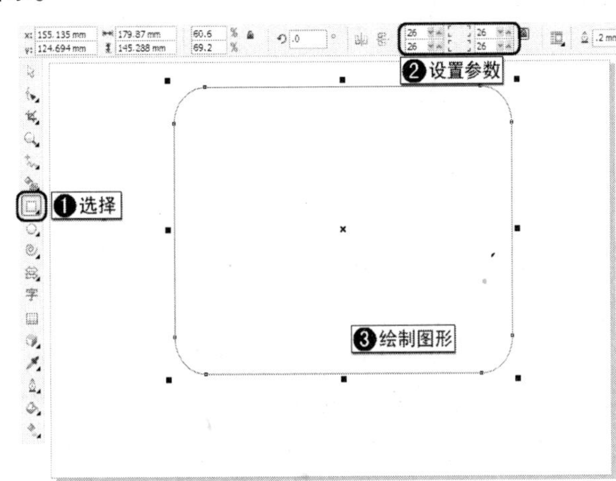

图 8-62 绘制圆角矩形

02 确定新绘制的图形处于选择状态，将其填充为 10%黑并取消轮廓线的填充，如图 8-63 所示。

03 选择工具箱中的（交互式立体化工具），为新绘制的图形添加立体化效果，如图 8-64 所示。

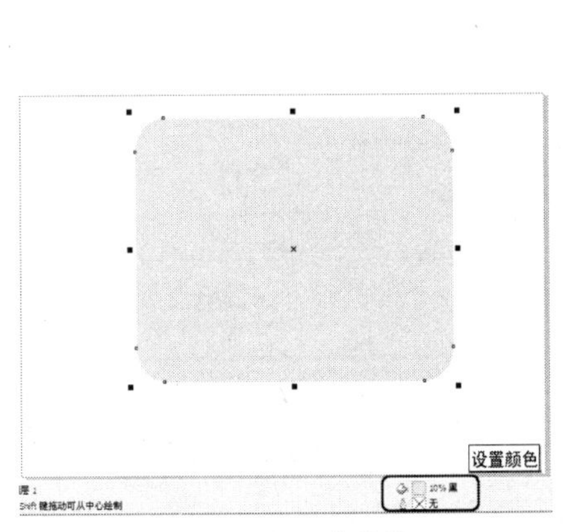

图 8-63 添加立体化效果

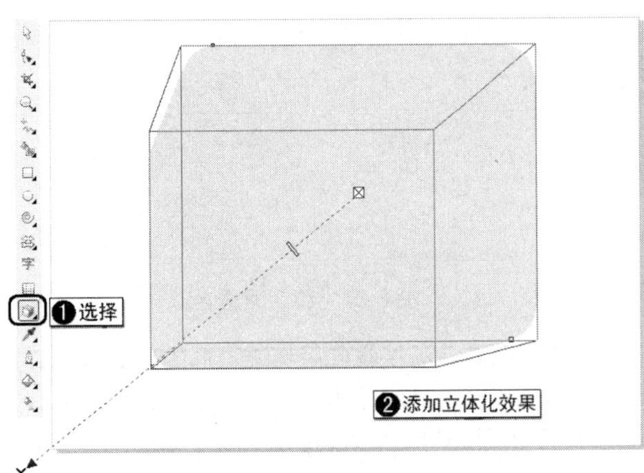

图 8-64 添加立体化效果

04 在属性栏中将【深度】参数设置为 6，将【灭点坐标】分别设置为-164、-133，单击（照明按钮），在弹出的面板中单击（光源 1 按钮）并调整灯光的位置，将【强度】参数设置为 97，如图 8-65 所示。

05 单击（光源 2 按钮）并调整灯光的位置，将【强度】参数设置为 62，如图 8-66 所示。

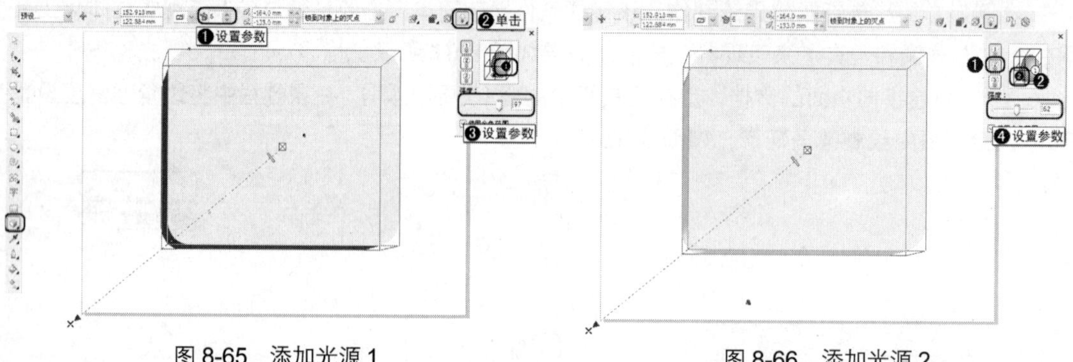

图 8-65 添加光源 1

图 8-66 添加光源 2

06 选择工具箱中的（矩形工具），在属性栏中将边角圆滑度设置为 26，在绘图页中绘制圆角矩形，如图 8-67 所示。

07 确定新绘制的矩形处于选择状态，按 F11 键，在打开的对话框中将【类型】定义为射线，将【水平】和【垂直】参数分别设置为 31%、14%，将渐变颜色设置为从冰蓝到蓝色的渐变，将【中点】参数设置为 17，设置完成后单击【确定】按钮，如图 8-68 所示。

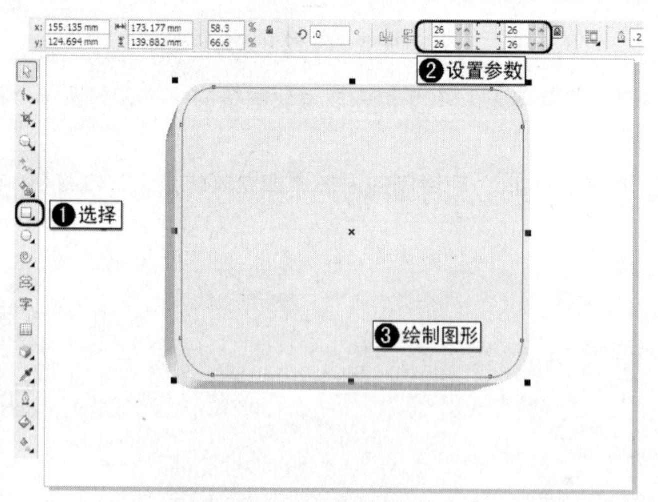

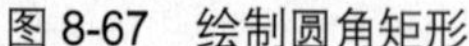

图 8-67 绘制圆角矩形

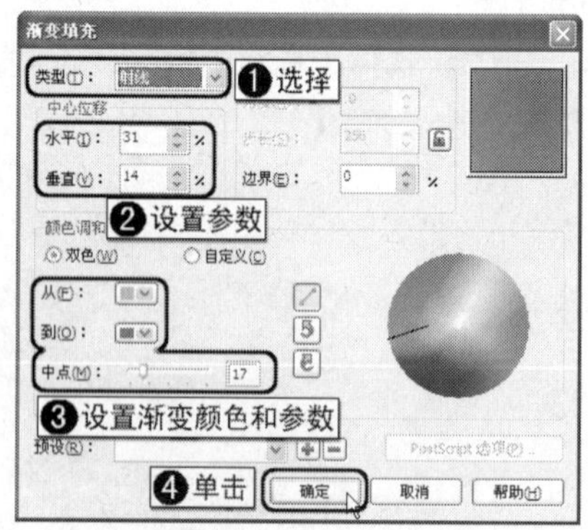

图 8-68 设置渐变颜色

08 填充完渐变颜色后将该图形的轮廓去掉，如图 8-69 所示。

09 选择工具箱中的（交互式轮廓图工具），在属性栏中单击（向内）按钮，将【轮廓图步长】设置为 272，将【轮廓图偏移】设置为 0.025mm，单击（线形轮廓图颜色）按钮，将【轮廓颜色】和【填充色】都设置为白色，将【渐变填充结束色】设置为蓝色，如图 8-70 所示。

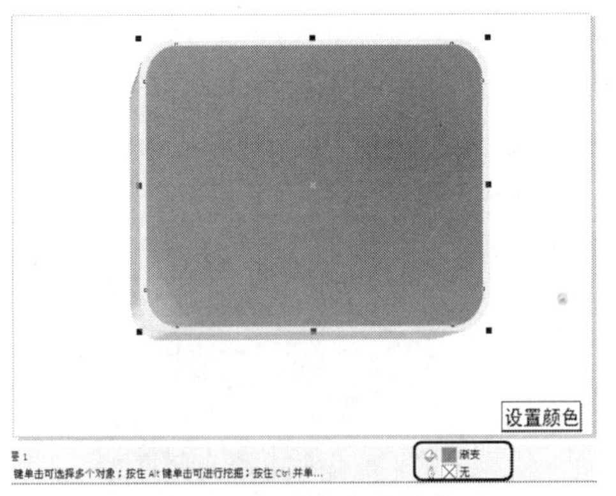

图 8-69　添加渐变色后的效果　　图 8-70　添加交互式轮廓效果

10　选择工具箱中的□（矩形工具），在属性栏中将边角圆滑度设置为 0，在绘图页中绘制矩形，如图 8-71 所示。

11　确定新绘制的图形处于选择状态，按 F11 键，在打开的对话框中将【角度】参数设置为 180，选择【自定义】单击按钮，设置一种渐变颜色，设置完成后单击【确定】按钮，如图 8-72 所示。

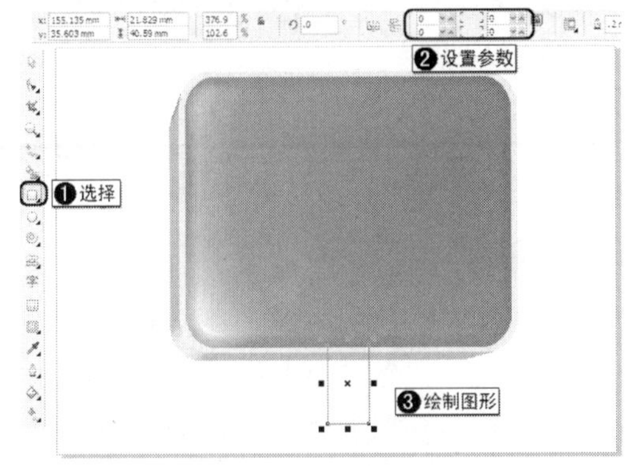

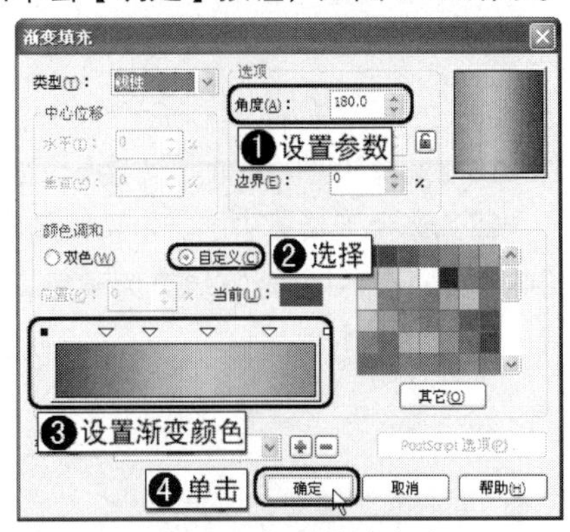

图 8-71　绘制矩形　　图 8-72　设置渐变颜色

12　填充渐变颜色后，取消图形轮廓线的填充并调整图形的位置，如图 8-73 所示。

13　选择工具箱中的字（文本工具），在属性栏中将字体设置为“汉仪综艺体简”，将【字体大小】设置为 100pt，在绘图页中创建文本并将文本填充为白色，如图 8-74 所示。

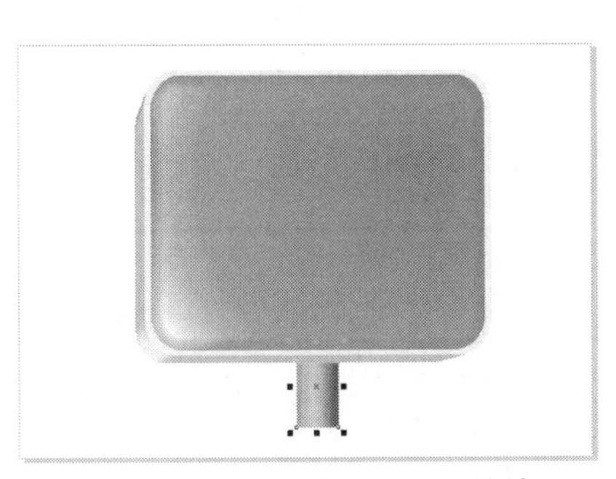

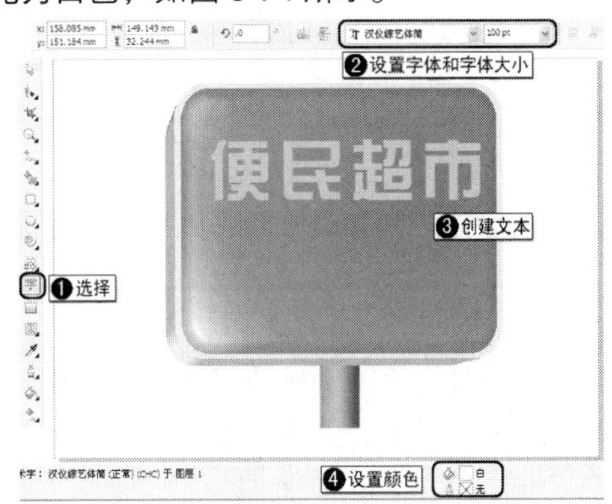

图 8-73　为矩形填充渐变后的效果　　图 8-74　创建文本

14 使用字(文本工具)在属性栏中将字体设置为 Minion Pro SmBd，将字体大小设置为 60pt，在绘图页中创建文本，将文本填充为白色，如图 8-75 所示。

15 使用【文本工具】在绘图页中创建文本，在属性栏中将字体设置为“汉仪综艺体简”，将字体大小设置为 24pt，并将文本填充为白色，如图 8-76 所示。

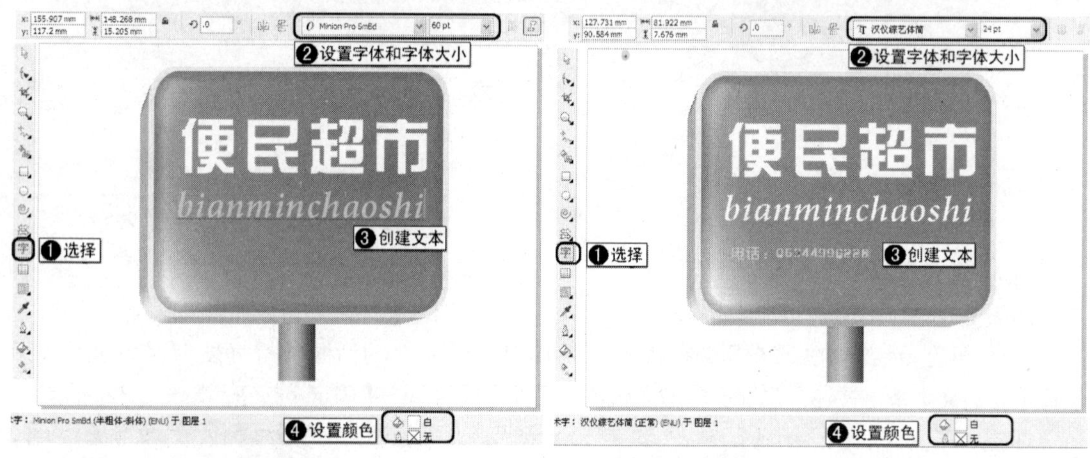

图 8-75 输入文本

图 8-76 创建文本

16 选择工具箱中的□(矩形工具)，在绘图页中绘制黄色无边框矩形，如图 8-77 所示。

17 选择工具箱中的(箭头形状工具)，在属性栏中将完美形状定义为，然后在绘图页中绘制箭头形状，并将形状填充为黄色，取消轮廓线的填充，如图 8-78 所示。

图 8-77 绘制黄色矩形

图 8-78 绘制箭头形状

至此，广告灯箱效果制作完成，将完成后的场景文件进行存储。

8.5.2 绘制按钮

本例将介绍不规则按钮的制作。该例的制作比较简单，主要是通过为圆角矩形添加透视效果，并对图形进行调整，然后为图形添加立体化效果、阴影效果和透明效果来表现。完成后的效果如图 8-79 所示。

01　按 Ctrl+N 组合键，新建一个纸张高度和宽度分别为 210mm、250mm 的页面，如图 8-80 所示。

图 8-79　不规则按钮效果

图 8-80　新建文档

02　选择工具箱中的（矩形工具），在属性栏中将边角圆滑度设置为 30，在绘图页中绘制圆角矩形，如图 8-81 所示。

03　从左边标尺处用鼠标拖出两个辅助线，放置在如图 8-82 所示的位置。

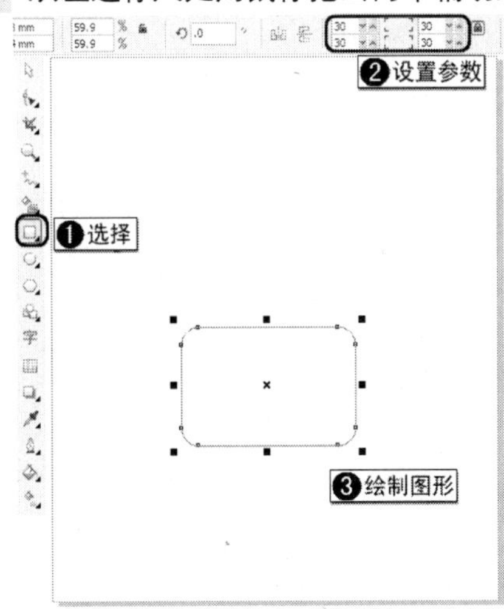

图 8-81　绘制圆角矩形

图 8-82　添加辅助线

> **提示：** 标尺可以帮助用户准确地绘制图形、确定图形的位置并测量大小。X 轴和 Y 轴方向都有标尺。在标尺的起始原点处拖动鼠标可以重新确定标尺的起始原点。

04　选择矩形对象，在菜单栏中选择【效果】|【添加透视】命令为矩形对象添加透视效果，如图 8-83 所示。

05　拖动矩形上面的两个控制点对图形进行变形，将其调整为梯形，如图 8-84 所示。

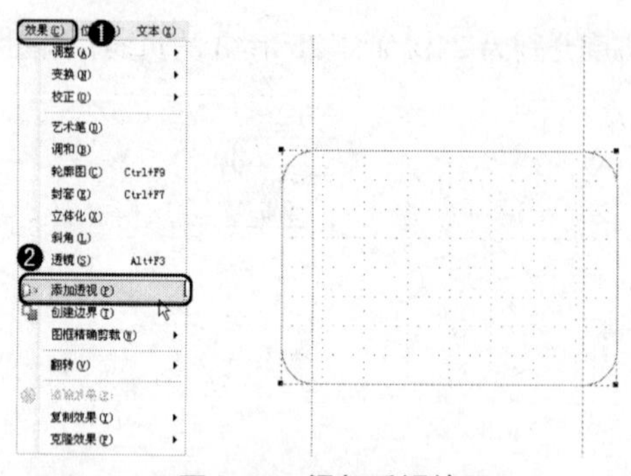

图 8-83 添加透视效果

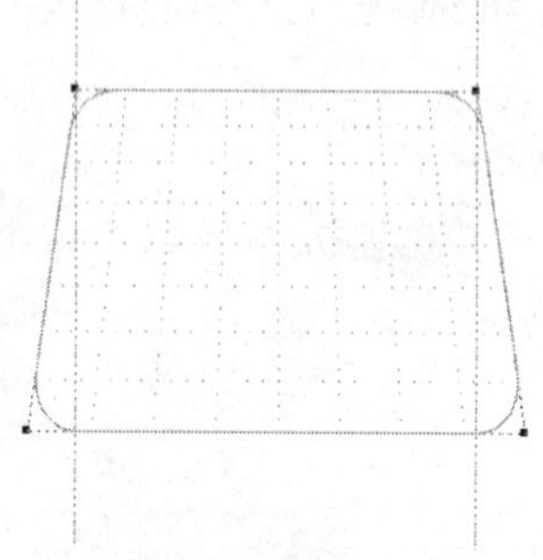

图 8-84 调整控制点

06 选择变形后的矩形对象，将该图形填充为浅蓝光紫色，取消轮廓线的填充，如图 8-85 所示。

> **提示：** Lab 模式也是颜色填充中常用的一种填充模式，该模式包含了 RGB 和 CMYK 的色彩模式，这种模式常用于在 RGB 和 CMYK 两种模式之间进行转换。

07 选择工具箱中的（交互式立体化工具），在绘图页中为矩形对象添加立体化效果，在属性栏中将【深度】参数设置为 3，将【灭点坐标】分别设置为 41mm、57mm，如图 8-86 所示。

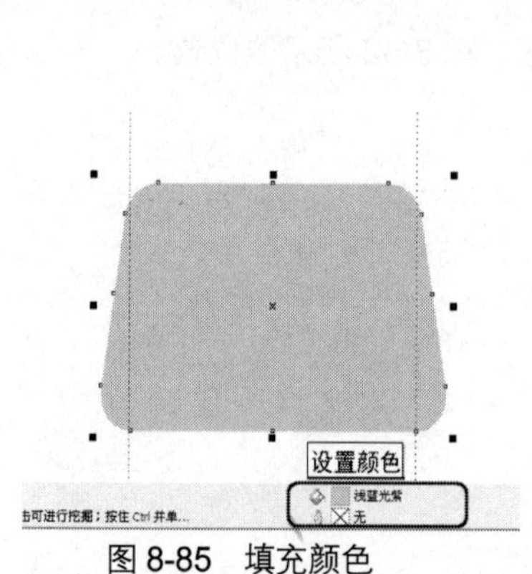

图 8-85 填充颜色

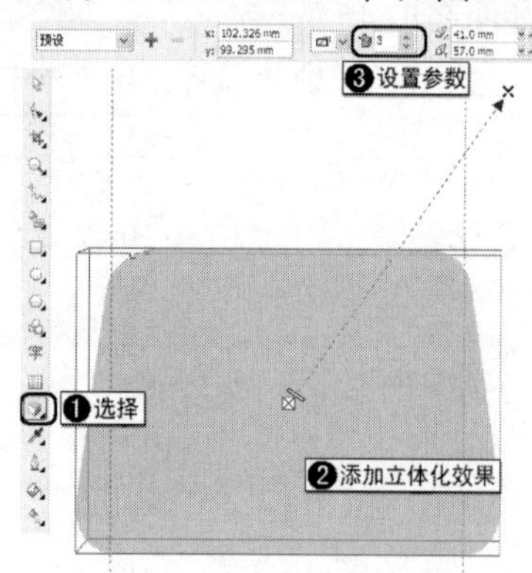

图 8-86 添加立体化效果

08 选择工具箱中的（交互式阴影工具），在属性栏中的【预设列表】中选择“中等辉光”选项，如图 8-87 所示。

图 8-87 选择“中等辉光”选项

09　为立体化对象添加阴影效果，在属性栏中将【阴影的不透明】参数设置为 40，将【阴影羽化】参数设置为 20，将阴影颜色的 CMYK 参数设置为 57、97、96、16，添加阴影后的效果如图 8-88 所示。

10　选择工具箱中的（矩形工具），在属性栏中将边角圆滑度设置为 30，在绘图页中绘制圆角矩形，如图 8-89 所示。

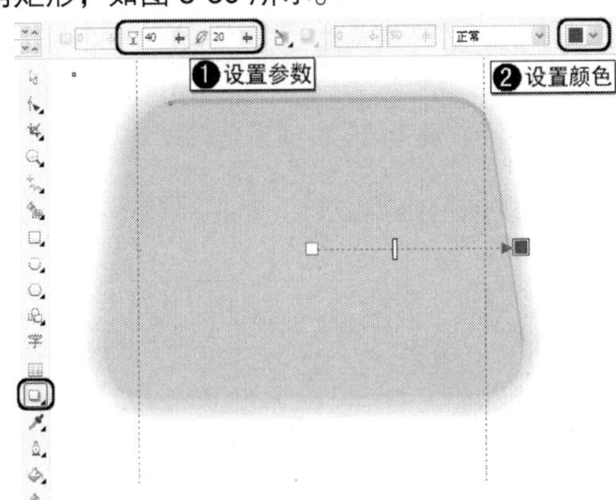

图 8-88　添加阴影效果

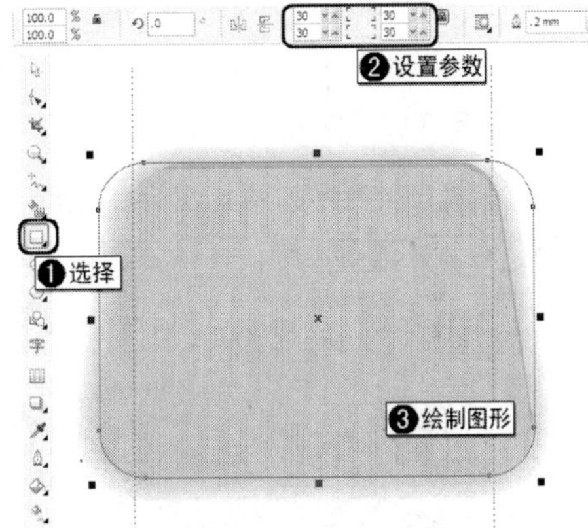

图 8-89　绘制圆角矩形

11　确定新绘制的圆角矩形处于选择状态，右击图形，在弹出的快捷菜单中选择【转换为曲线】命令将矩形转换为曲线，如图 8-90 所示。

12　选择如图 8-91 所示的节点，在属性栏中单击（删除节点）按钮。删除节点后的效果如图 8-92 所示。

13　使用（挑选工具）选择矩形下方的两个节点，在属性栏中单击（转换曲线为直线）按钮，如图 8-93 所示。

图 8-90　将矩形转换为曲线

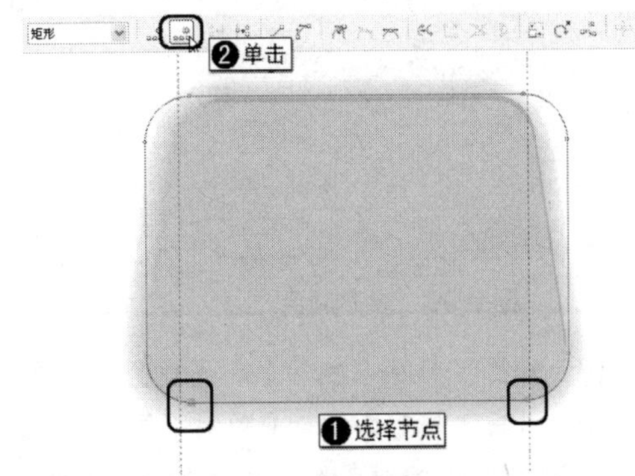

图 8-91　选择需要删除的节点

图 8-92　删除节点后的效果

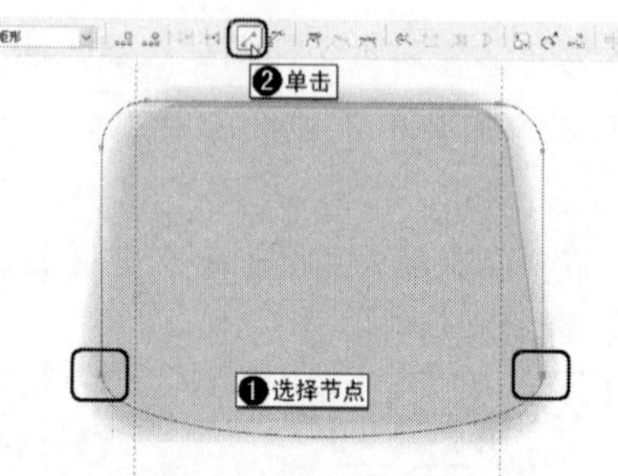

图 8-93　选择需要转换成角点的节点

14　转换节点后的效果如图 8-94 所示。

15　对节点进行调整，完成后的效果如图 8-95 所示。

图 8-94　转换节点后的效果

图 8-95　调整节点

16　将新调整的图形填充为白色，取消轮廓线的填充，如图 8-96 所示。

17　在菜单栏中选择【效果】|【添加透视】命令，为图形添加透视效果并对图形进行调整，如图 8-97 所示。

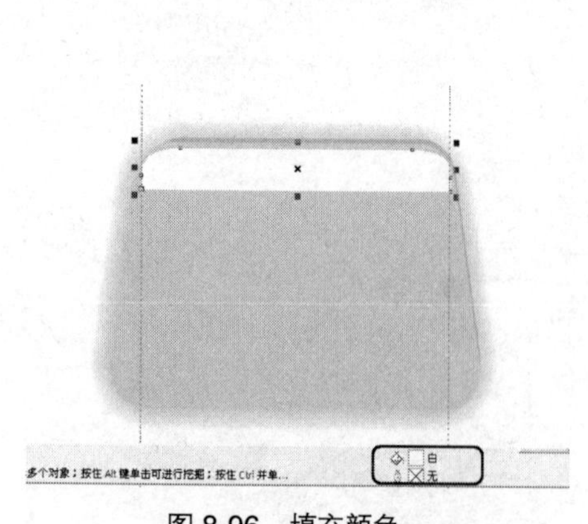

图 8-96　填充颜色

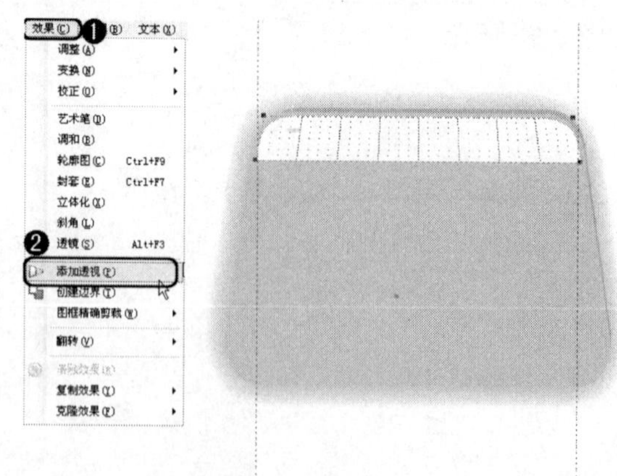

图 8-97　添加透视效果

18　选择工具箱中的（交互式透明工具），为白色图形添加透明效果，如图 8-98 所示。

19　选择工具箱中的（文本工具），在属性栏中将字体设置为 Magneto，将字体大小设置为 50pt，在绘图页中创建文本，将文本颜色设置为黄色，如图 8-99 所示。

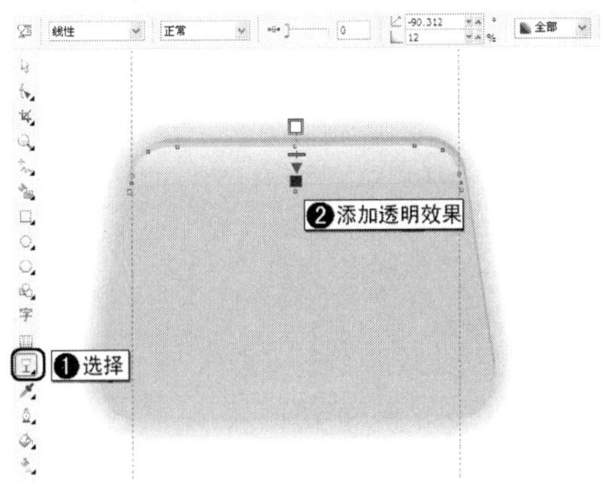

图 8-98　添加透明效果

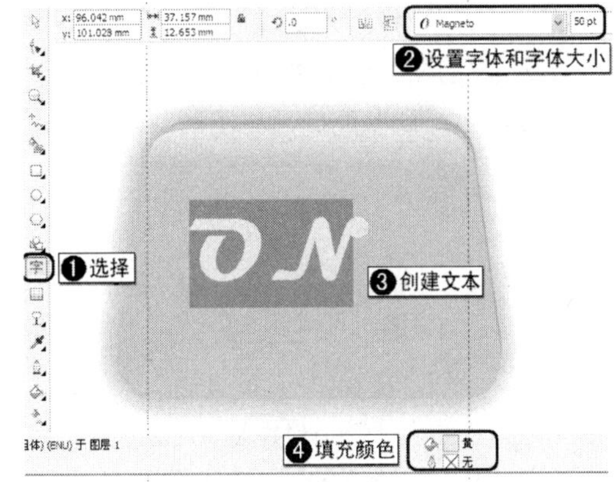

图 8-99　创建文本

20　选择绘图页中不规则矩形和新创建的文本，在菜单栏中选择【排列】|【对齐和分布】|【对齐和分布】命令，在打开的对话框中勾选水平居中对齐和垂直居中对齐复选框，单击【应用】按钮，如图 8-100 所示，单击【关闭】按钮。

21　对齐后的效果如图 8-101 所示。

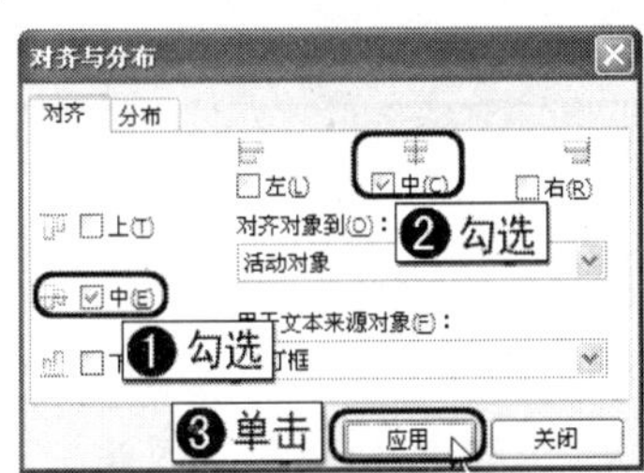

图 8-100　选择对齐方式

图 8-101　对齐后的效果

22　在绘图页中选择文本对象，选择工具箱中的（交互式阴影工具）为文本添加阴影效果，在属性栏中将【阴影的不透明】参数设置为 50，将【阴影羽化】设置为 15，将【阴影颜色】的 CMYK 参数设置为 49、66、99、8，如图 8-102 所示。

23　按 Ctrl+A 组合键将场景中的对象全部选中，按 Ctrl+G 组合键将选择的对象成组，如图 8-103 所示。

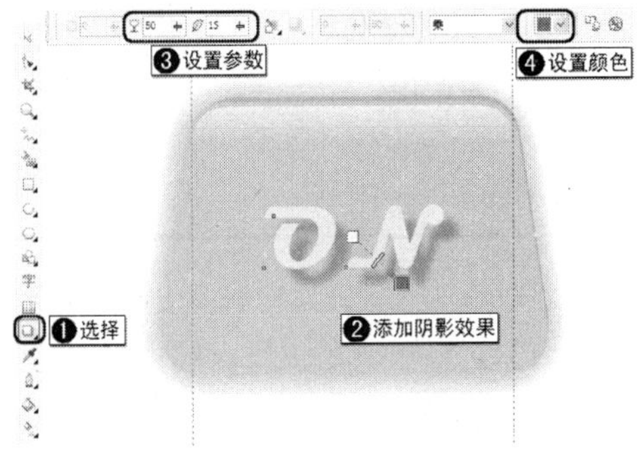

图 8-102　为文本添加投影效果

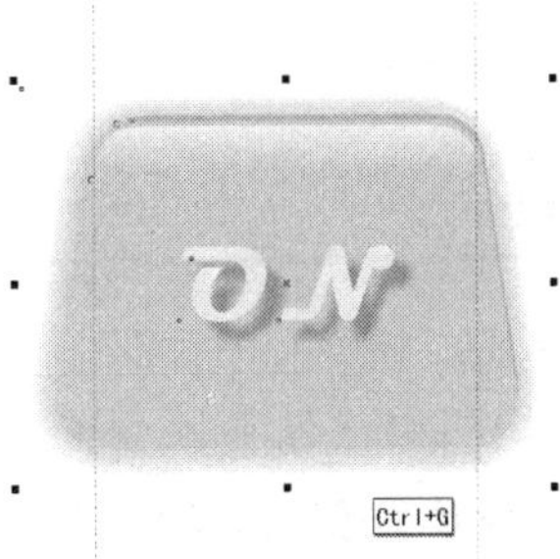

图 8-103　将对象成组

24 使用同样的方法绘制另一个不同颜色的按钮图形，如图 8-104 所示。

25 将前面绘制的红色按钮解组，并选择除文本以外的所有图形，然后将它们进行缩放，如图 8-105 所示。调整完成后将图形成组。

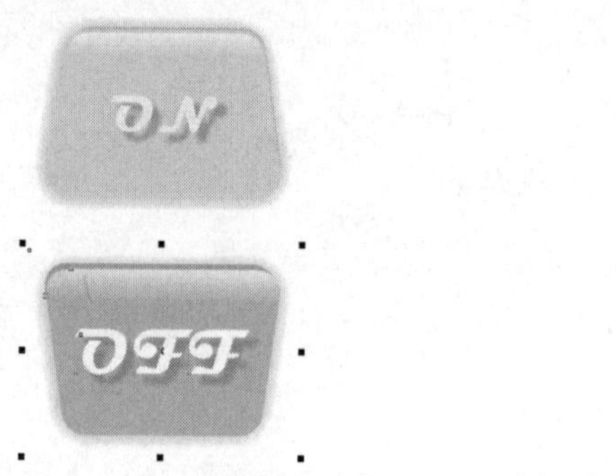

图 8-104 绘制另一图形

图 8-105 对图形进行缩放

26 按 Ctrl+I 组合键，在打开的对话框中选择随书附带光盘【DVDROM｜素材｜Cha08 |按钮背景.jpg】素材，单击【导入】按钮，按 Enter 键将选择的素材文件导入到场景中心，调整素材的大小，如图 8-106 所示。

27 确定导入的素材文件处于选择状态，按 Ctrl+End 组合键将导入的素材文件放置到最底层，完成后的效果如图 8-107 所示。

图 8-106 导入并调整素材文件

图 8-107 完成后的效果

8.6 习题

1．选择题

（1）使用________可以为对象添加各种轮廓效果。

A．交互式轮廓图工具　　B．交互式立体化工具

C．交互式阴影工具　　D．透视命令

（2）交互式调和工具不能应用________。

A．透镜　　B．群组　　C．交互式阴影

（3）CorelDRAW 中立体化功能的作用于对象有________。

A．群组渐变填充　　B．段落文本　　C．网络填充对象

2．**填空题**

（1）制作一个立方体需要使用工具箱中的________工具添加立体化效果，并使用________命令来调整控制点。

（2）使用工具箱中的________工具，可以为图形添加阴影效果。

3．**上机操作**

结合本章学习的知识制作圆形按钮。

第 9 章　应用透明度与透镜

CorelDRAW 应用程序允许用户应用某个透明度，使当前对象后面的内容显示出来，并且还可以指定透明对象的颜色与其下方颜色合并的方式。

使用透镜还可以改变外观不实际的对象，以制作出创意效果。

本章重点

- 交互式透明工具的应用
- 透镜的使用

9.1　使用交互式透明工具

使用【交互式透明工具】可以为对象添加交互式透明效果，即通过改变图像的透明度，使其成为透明或半透明图像的效果。此工具与【交互式渐变工具】相似，提供了多种透明类型。还可以通过属性栏选择色彩混合模式、调整渐变透明角度和边缘大小，以及控制透明效果的扩展距离。

在介绍【交互式透明工具】之前，首先来介绍一下其属性栏。

- （编辑透明度）按钮：单击该按钮将打开【渐变透明度】对话框，用户可以根据需要在其中编辑所需的渐变，以改变透明度。
- 【透明度类型】选项：用户可以在其下拉列表框中选择所需的透明度类型，例如，“标准”、“线性”、“射线”等。
- 【透明度操作】选项：用户可以在其下拉列表框中选择所需的透明度模式，例如，“正常”、“添加”、“减少”、“差异”、“乘”、“除”、“如果更亮”、“如果更暗”、“底纹化”、“色度”、“饱和度”、“亮度”等。
- 【透明中心点】选项：用户可以拖动滑杆上的滑块来设置透明的中心位置。
- 【渐变透明角度和边界】选项：用户可以在 30 % 中设置所需的参数来改渐变透明的边界，在 -72.022 °中设置所需的参数来改变渐变透明的角度。
- 【透明度目标】选项：在其下拉列表中可以选择要应用透明度的范围，例如，“填充”、“轮廓”与“全部”。
- 【冻结】：单击该按钮可以冻结透明度内容，即透明度下方的对象视图随透明度移动，但实际对象保持不变。

9.1.1 应用透明度

图 9-1 导入的素材文件

本例通过简单的实例，介绍透明度的添加。

01 新建一个横向的文档，导入一张素材图片，如图 9-1 所示。

02 选择工具箱中的(矩形工具)，在场景中绘制矩形，将其填充为黄色并取消轮廓线的填充，效果如图 9-2 所示。

03 选择工具箱中的(交互式透明工具)，在属性栏中将【透明度类型】定义为方角，将【透明中心点】参数设置为 50，为黄色矩形添加透明度效果，如图 9-3 所示。

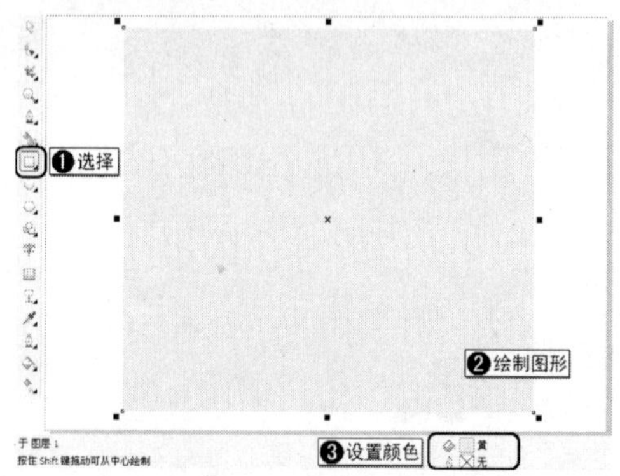

图 9-2 绘制黄色矩形

图 9-3 添加透明效果

9.1.2 编辑透明度

为图像添加透明度效果后，再来对透明度进行编辑。下面将介绍透明度的编辑。

01 接上节，在属性栏中单击(编辑透明度)按钮，打开【渐变透明度】对话框，在该对话框中将【角度】参数设置为 60，将【边界】参数设置为 8%，然后选择【自定义】单选按钮，在渐变条上设置渐变颜色，设置完成后单击【确定】按钮，如图 9-4 所示。

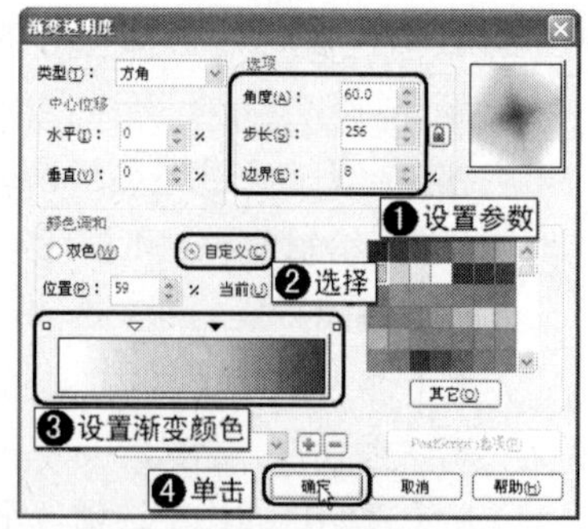

图 9-4 编辑透明度

02 编辑透明度后的效果如图 9-5 所示。

03 在场景中向外拖动控制柄，加大透明度范围，完成后的效果如图 9-6 所示。

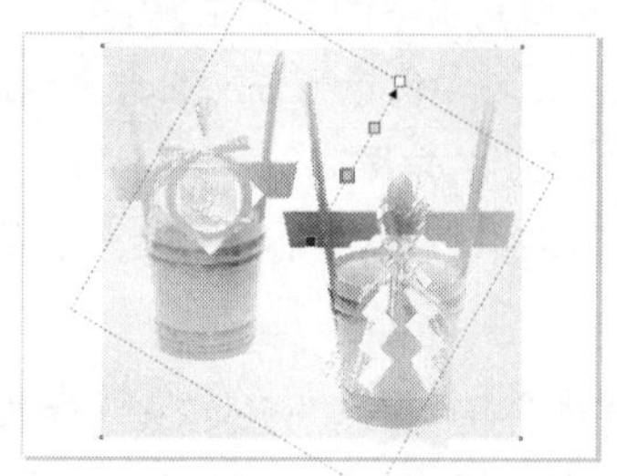
图 9-5 编辑透明度后的效果

图 9-6 调整控制柄

9.1.3　更改透明度类型

用户也可以对透明度类型进行更改，下面介绍在属性栏中更改透明度类型的方法。

01　接上节，在属性栏的【透明度类型】下拉列表框中选择线性，即可将透明度类型更改为线性，如图 9-7 所示。

02　继续在属性栏中将【透明度类型】定义为双色图样，选择一种图样，然后将【开始透明度】参数设置为 60，即可将透明度类型更改为双色图样，完成后的效果如图 9-8 所示。

用户也可以选择其他透明度类型，这里不再一一介绍。

图 9-7　线性透明效果

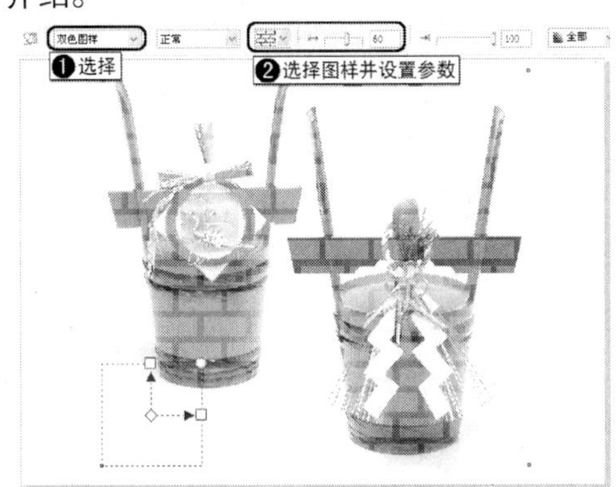

图 9-8　双色图样效果

9.1.4　应用合并模式

下面介绍合并模式的应用。

01　接上节，在属性栏的【透明度操作】下拉列表框中选择差异，得到如图 9-9 所示的效果。

02　再在属性栏的【透明度操作】下拉列表框中选择饱和度，效果如图 9-10 所示。

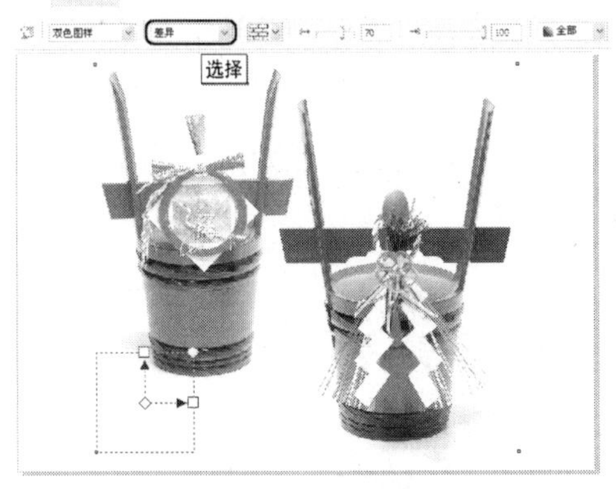

图 9-9　设置透明度模式效果

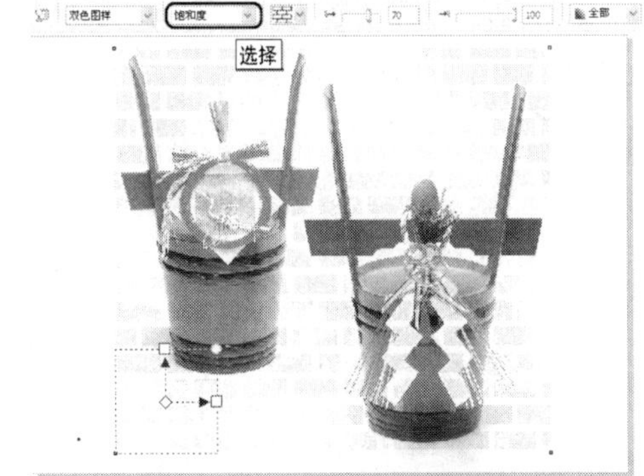

图 9-10　再次设置透明度模式效果

9.2　使用透镜

在菜单栏中选择【窗口】|【泊坞窗】|【透镜】命令或者按 Alt+F3 组合键打开【透镜】泊坞窗，如图 9-11 所示。在此可以为对象添加透镜效果。此效果是指通过改变对象外观或改变观察透镜下对象的方式所取得的特殊效果。

下面通过实例来介绍透镜效果的应用。

01 新建一个空白文档，导入一张素材图片，如图 9-12 所示。

02 选择工具箱中的 (椭圆工具)，在绘图页中配合 Ctrl 键绘制正圆形，将其填充为洋红色并取消轮廓线的填充，如图 9-13 所示。

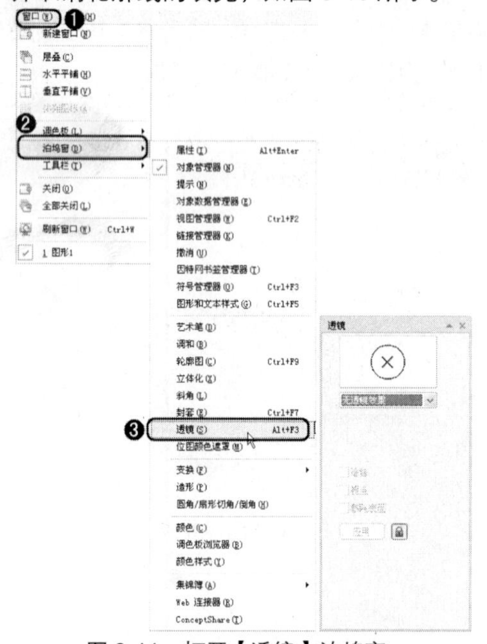

图 9-11 打开【透镜】泊坞窗

图 9-12 导入的素材文件

图 9-13 绘制圆形

03 按 Alt+F3 组合键打开【透镜】泊坞窗，将【透镜类型】定义为放大，将【数量】参数设置为 2，如图 9-14 所示。

04 再次将【透镜类型】定义为颜色添加，得到如图 9-15 所示的效果。

图 9-14 将【透镜类型】定义为放大

图 9-15 将【透镜类型】定义为颜色添加

选择透镜的类型不同得到的效果也不同。用户可以尝试着选择不同的类型，观察效果。

提示：不能将透镜效果直接应用于链接群组，如调和的对象、勾画轮廓线的对象、立体化对象、阴影、段落文本或用艺术笔创建的对象。

9.3　上机练习——绘制果汁

本例将介绍果汁的绘制。该例的制作比较简单，主要是通过（贝塞尔工具）绘制图形，使用（形状工具）调整图形并为图形添加透明效果表现果汁的质感，最终效果如图 9-16 所示。

图 9-16　果汁效果

01　选择工具箱中的（贝塞尔工具）和（形状工具），绘制并调整图形，然后将新绘制的图形填充为 CMYK 参数为 2、45、93、0 的颜色，取消轮廓线的填充，如图 9-17 所示。

02　选择工具箱中的（椭圆工具），在绘图页中绘制椭圆，将其填充为 CMYK 参数为 0、31、60、0 的颜色，取消轮廓线的填充，如图 9-18 所示。

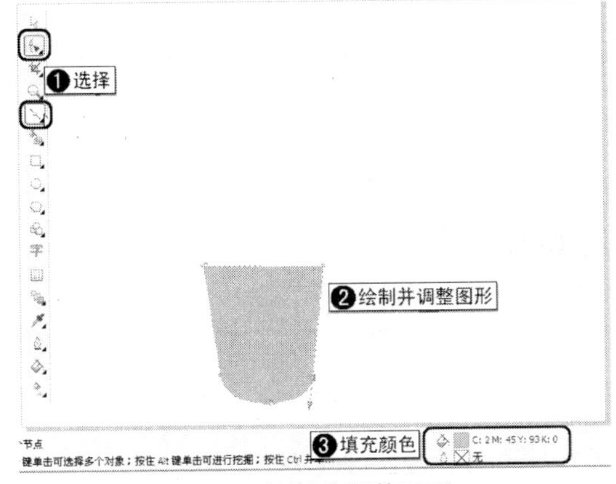

图 9-17　绘制并调整图形

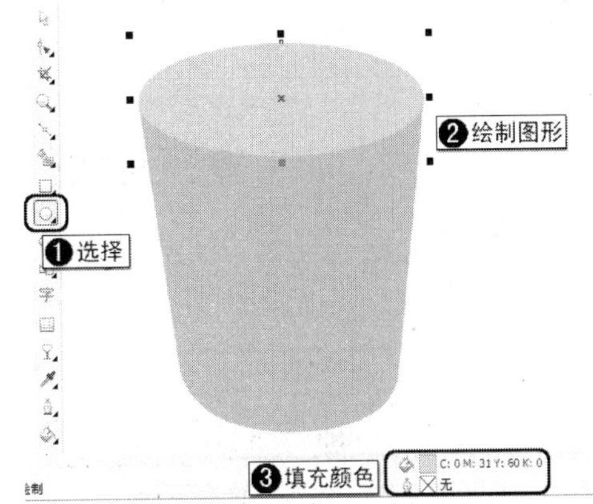

图 9-18　绘制椭圆

03 继续使用☐（椭圆工具），在绘图页中绘制椭圆，将其填充为 CMYK 参数为 0、0、0、65 的颜色，取消轮廓线的填充，如图 9-19 所示。

04 确定新绘制的图形处于选择状态，选择工具箱中的☐（交互式透明工具），在属性栏中将【透明度类型】定义为标准，将【开始透明度】参数设置为 65，如图 9-20 所示。

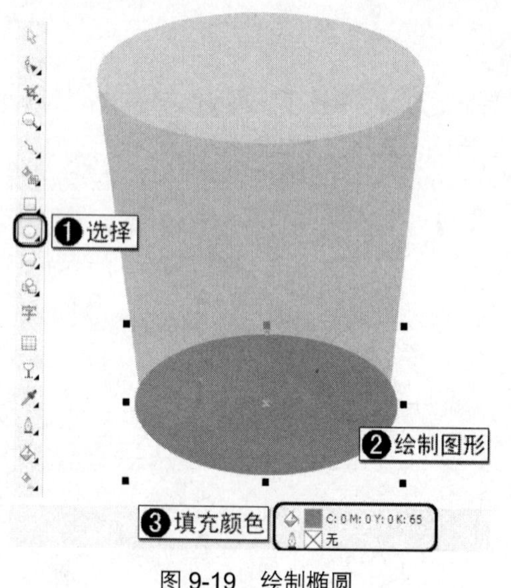

图 9-19 绘制椭圆

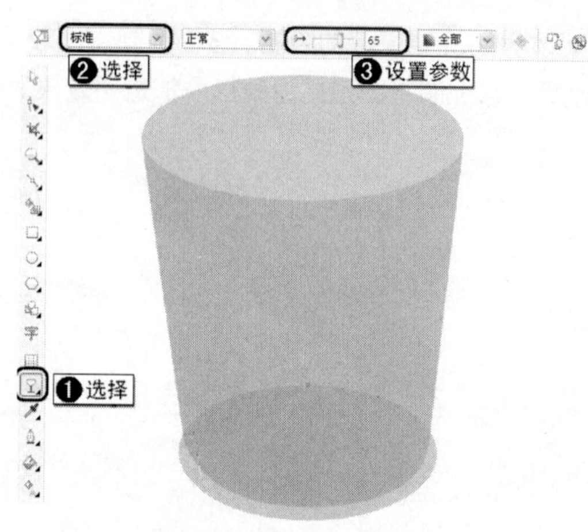

图 9-20 为图形添加透明效果

05 选择工具箱中的☐（贝塞尔工具）和☐（形状工具），绘制并调整图形，然后将新绘制的图形填充为 CMYK 参数为 0、0、0、7 的颜色，取消轮廓线的填充，如图 9-21 所示。

06 确定新绘制的图形处于选择状态，选择工具箱中的☐（交互式透明工具），在属性栏中将【透明度类型】定义为标准，为图形添加透明效果，如图 9-22 所示。

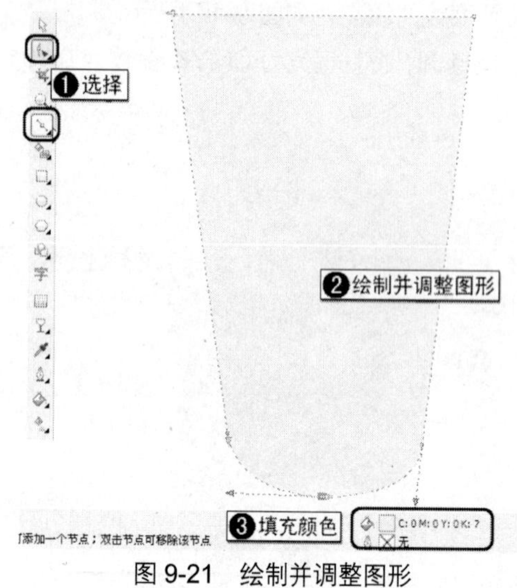

图 9-21 绘制并调整图形

图 9-22 为图形添加透明效果

07　确定透明图形处于选择状态，按 Ctrl+End 组合键将选择的图形调整至所有图层的下方，如图 9-23 所示。

08　调整图形的位置后，按小键盘上的+键将选择的图形进行复制，按 F11 键，在打开的对话框中设置一个渐变颜色，设置完成后单击【确定】按钮，如图 9-24 所示。

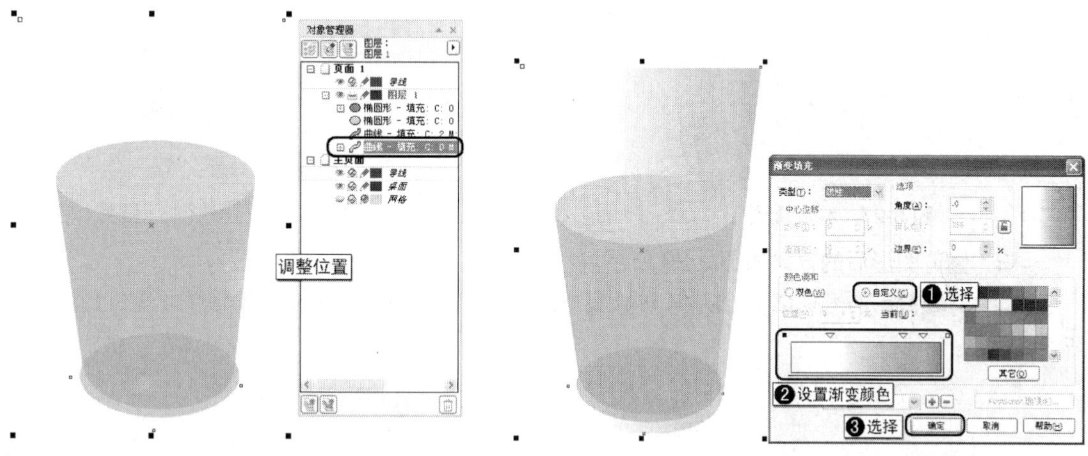

图 9-23　调整图形的位置　　图 9-24　复制图形并填充渐变颜色

09　确定复制的图形处于选择状态，选择工具箱中的（交互式透明工具），在属性栏中将【开始透明度】参数更改为 65，如图 9-25 所示。

10　选择工具箱中的（椭圆工具），在绘图页中绘制图形，按 F11 键，在打开的对话框中将【角度】参数设置为 90，设置一种渐变颜色，单击【确定】按钮，如图 9-26 所示。

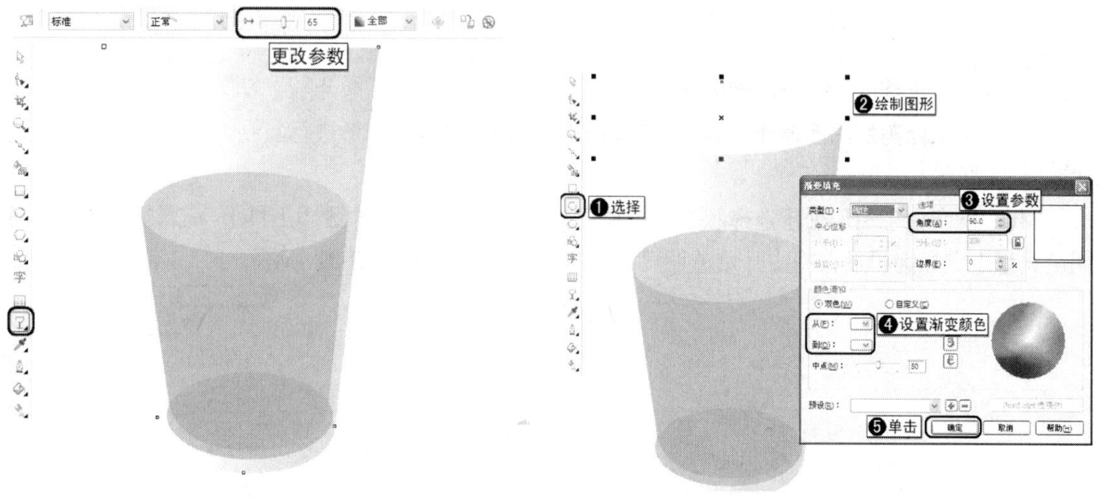

图 9-25　修改不透明参数　　图 9-26　绘制渐变椭圆

11　选择工具箱中的（椭圆工具），在绘图页中绘制两个椭圆，如图 9-27 所示。

12　选择新绘制的两个椭圆，在属性栏中单击（移除前面对象）按钮，如图 9-28 所示。

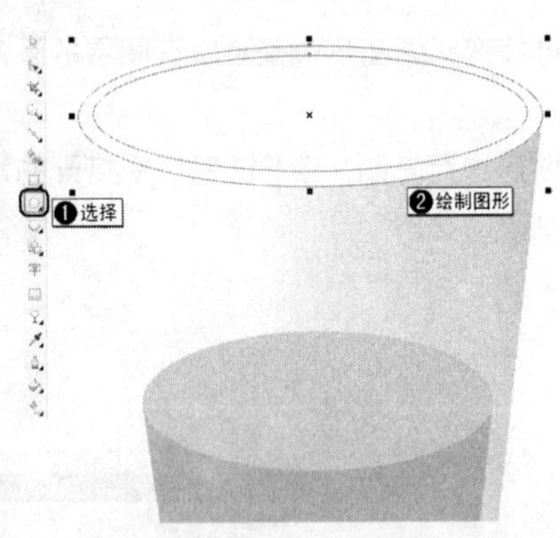

图 9-27　绘制椭圆

图 9-28　对图形进行修剪

13　修剪图形后的效果如图 9-29 所示。

14　为修剪后的图形填充 CMYK 参数为 0、0、0、13 的颜色，取消轮廓线的填充，如图 9-30 所示。

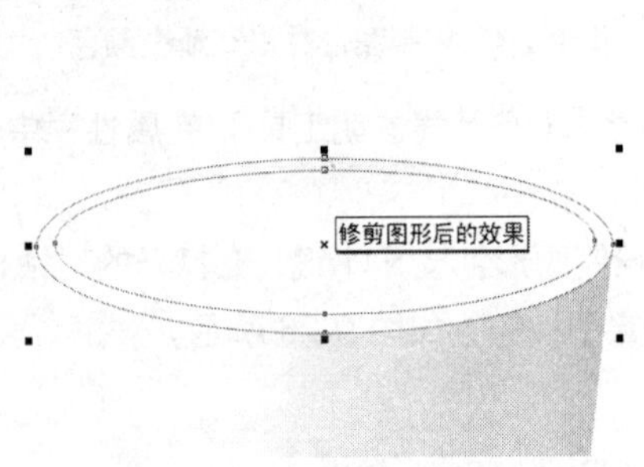

图 9-29　修剪图形后的效果

图 9-30　为图形填充颜色

15　确定修剪后的图形处于选择状态，按小键盘上的+键对图形进行复制，并将其填充为白色，如图 9-31 所示。

16　确定白色图形处于选择状态，选择工具箱中的 (交互式透明工具)，在属性栏中将【透明度类型】定义为标准，将【开始透明度】参数更改为 25，如图 9-32 所示。

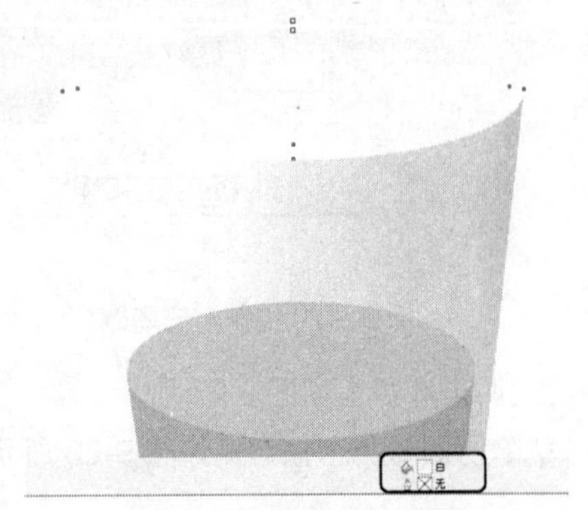

图 9-31　复制并填充图形

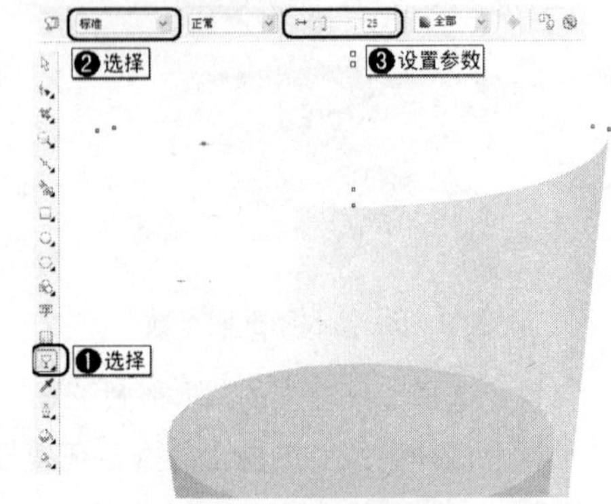

图 9-32　为图形添加透明效果

17　选择工具箱中的（贝塞尔工具）和（形状工具），绘制并调整图形，然后将新绘制的图形填充为 20%的黑色，取消轮廓线的填充，如图 9-33 所示。

18　选择工具箱中的（贝塞尔工具）和（形状工具），绘制并调整图形作为杯子的阴影，将其填充为 50%的黑色，取消轮廓线的填充，如图 9-34 所示。

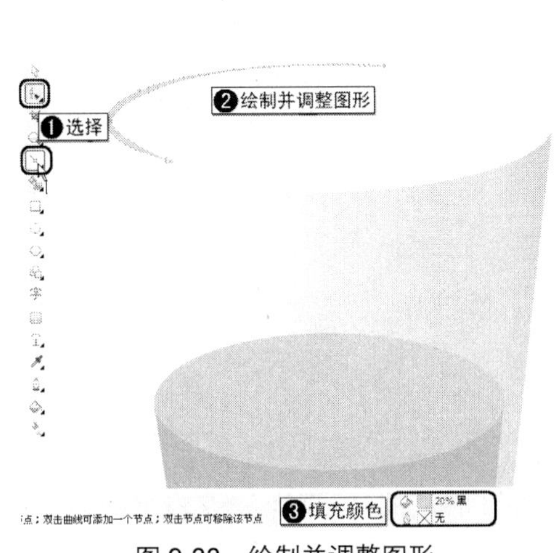

图 9-33　绘制并调整图形

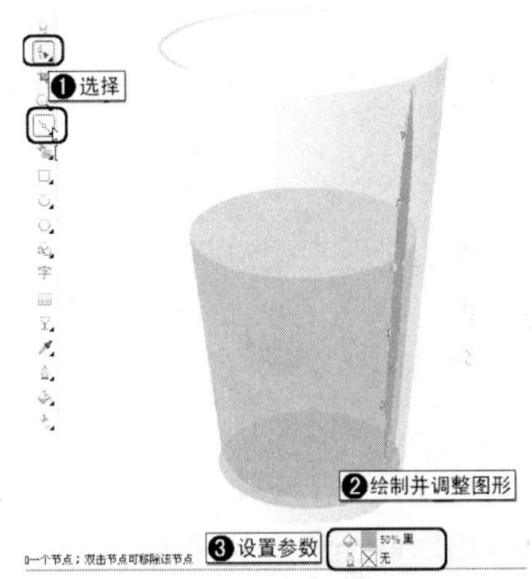

图 9-34　绘制并调整阴影图形

19　确定新绘制的图形处于选择状态，选择工具箱中的（交互式透明工具），在属性栏中将【透明度类型】定义为标准，将【开始透明度】参数更改为 70，如图 9-35 所示。

20　选择工具箱中的（椭圆工具），在绘图页中绘制椭圆，将其填充为白色并取消轮廓线的填充，如图 9-36 所示。

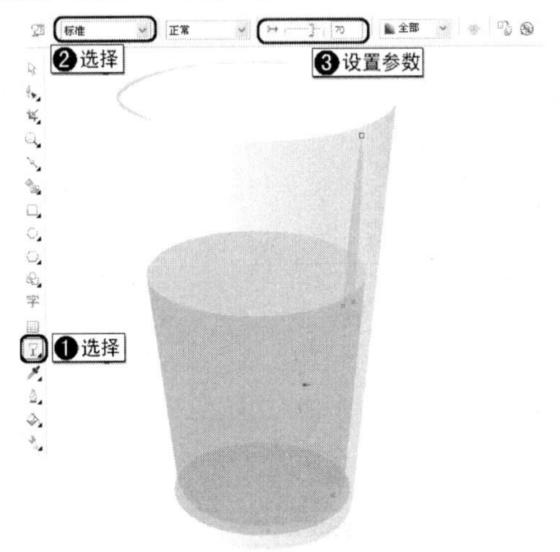

图 9-35　为图形添加透明效果

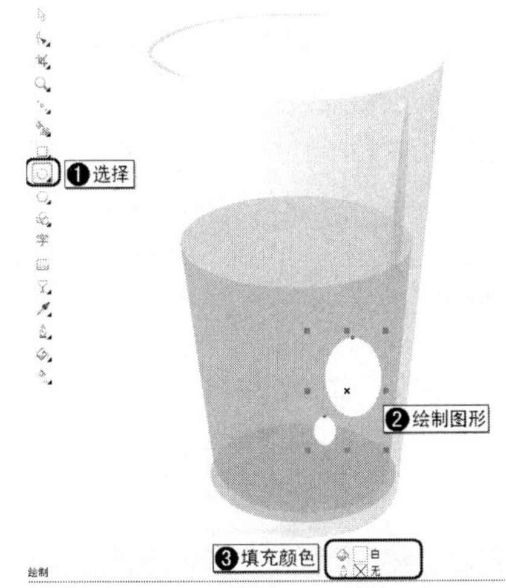

图 9-36　绘制白色圆形

21　选择工具箱中的（交互式透明工具），在属性栏中将【透明度类型】定义为标准，为椭圆添加透明效果，如图 9-37 所示。

22 选择工具箱中的（贝塞尔工具）和（形状工具），绘制并调整图形，将新绘制的图形填充为白色，取消轮廓线的填充，如图 9-38 所示。

图 9-37 为椭圆添加透明效果

图 9-38 绘制并调整图形

23 选择工具箱中的（交互式透明工具），在属性栏中将【透明度类型】定义为标准，为图形添加亮部的透明效果，如图 9-39 所示。

24 选择工具箱中的（贝塞尔工具）和（形状工具），绘制吸管，将其填充为蓝色并取消轮廓线的填充，然后为其添加 60%的透明效果，如图 9-40 所示。

图 9-39 为图形添加亮部透明效果

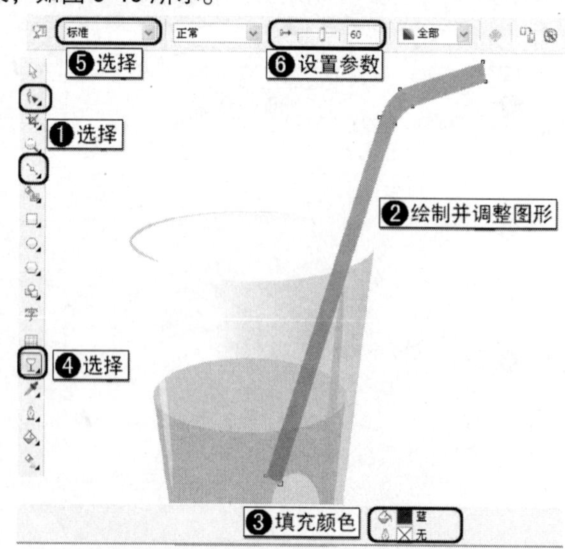

图 9-40 绘制图形并为其添加透明效果

25 继续使用工具箱中的（贝塞尔工具）和（形状工具），绘制吸管的上半部分，将其填充为蓝色，并取消轮廓线的填充，如图 9-41 所示。

26 按 Ctrl+A 组合键将场景中的对象全部选中，按 Ctrl+G 组合键将选择的对象成组，如图 9-42 所示。

图 9-41　绘制并调整图形

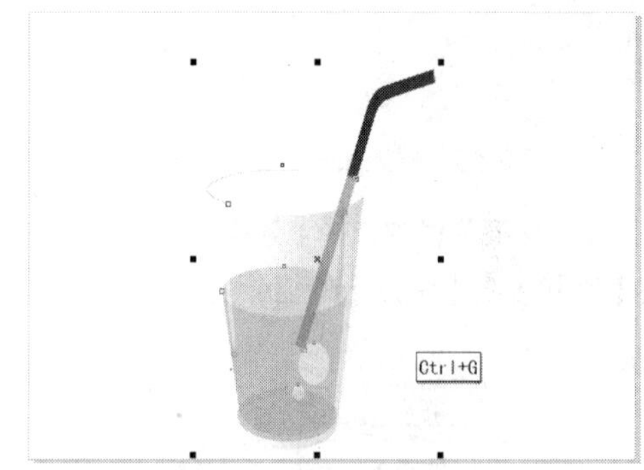

图 9-42　将选择的对象成组

27 将成组的对象进行复制，然后调整图形的大小和位置，更换果汁和吸管的颜色，如图 9-43 所示。

28 按 Ctrl+I 组合键，在打开的对话框中选择随书附带光盘【DVDROM | 素材 | Cha09 | 背景.jpg】文件，单击【导入】按钮，如图 9-44 所示。

图 9-43　复制并调整其他果汁

图 9-44　选择需要导入的素材文件

29 按 Enter 键将选择的素材文件导入到绘图页中央，调整素材的大小，如图 9-45 所示。

30 按 Ctrl+End 组合键将背景放置到最后，调整果汁的大小和位置，如图 9-46 所示。

图 9-45 导入素材后的效果

图 9-46 调整素材的位置和果汁的大小

31 在菜单栏中选择【效果】|【调整】|【色度/饱和度/亮度】命令，在打开的对话框中将【色度】、【饱和度】、【亮度】的值分别设置为 45、-10、15，设置完成后单击【确定】按钮，如图 9-47 所示。

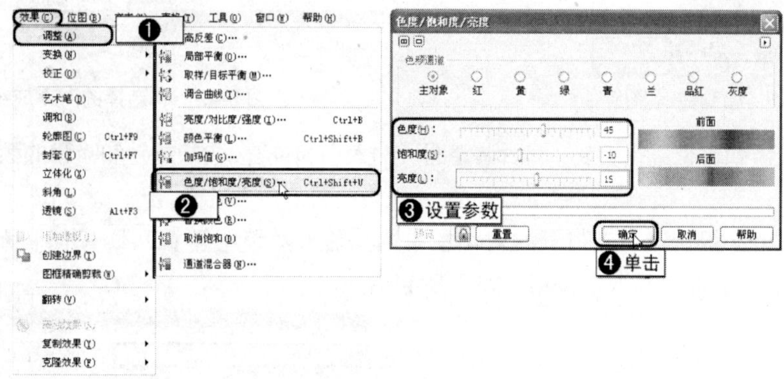

图 9-47 设置参数

32 调整颜色后的效果如图 9-48 所示。

图 9-48 完成后的效果

至此，果汁效果绘制完成，将完成后的场景文件进行存储。

9.4　习题

1．选择题

（1）按________键，可以打开【透镜】泊坞窗。

A．Alt+F3　　B．Ctrl+F3　　C．Alt+F4　　D．Ctrl+F4

（2）下面________选项不属于【透明度操作】列表中的内容。

A．颜色添加　　B．底纹化　　C．亮度　　D．色度

2．填空题

（1）属性栏中的【透明度类型】包括________、________、________、________、________、________、________、________、________和________。

（2）透镜类型包括________、________、________、________、________、________、________、________、________、________、________和________。

3．上机操作

使用【透镜】命令制作放大镜效果。

第 10 章　符号的编辑与应用

符号只需定义一次，然后就可以在绘图中作为多次引用的对象。绘图中一个符号可以有多个实例，而且不会影响文件大小。因为对符号所做的更改都会被实例自动继承，所以使用符号可以使绘图编辑起来更快、更容易。

符号是从对象中创建的，将对象转换为符号后，新的符号会被添加到【符号管理器】中，而选定的对象变为实例；也可以从多个对象中创建一个符号。可以编辑符号，所做的任何更改都会影响绘图中的所有实例。符号的选择控制柄不同于对象的选择控制柄。符号的选择控制柄是蓝色的，对象的选择控制柄是黑色的。可以删除符号实例和清除未使用的符号定义，清除操作将移除绘图中未实例化的所有符号定义。

本章重点

- 符号的创建
- 插入并修改符号
- 复制与粘贴符号
- 导入与导出符号库

10.1　创建符号

利用【创建符号】命令可对选择的一个或多个对象创建符号。

01　按 Ctrl+O 组合键，在打开的对话框中打开随书附带光盘【DVDROM | 素材 | Cha10 | 符号素材.cdr】文件，效果如图 10-1 所示。

02　选择工具箱中的（挑选工具），选择打开的素材文件，如图 10-2 所示。

图 10-1　打开的场景文件

图 10-2　选择对象效果

03　在菜单栏中选择【编辑】|【符号】|【新建符号】命令，在打开的【创建新符号】对话框中将【名称】命名为标志，设置完成后单击【确定】按钮，如图 10-3 所示，即可将选择的对象创建为符号，如图 10-4 所示，此时的选择控制柄呈蓝色显示。

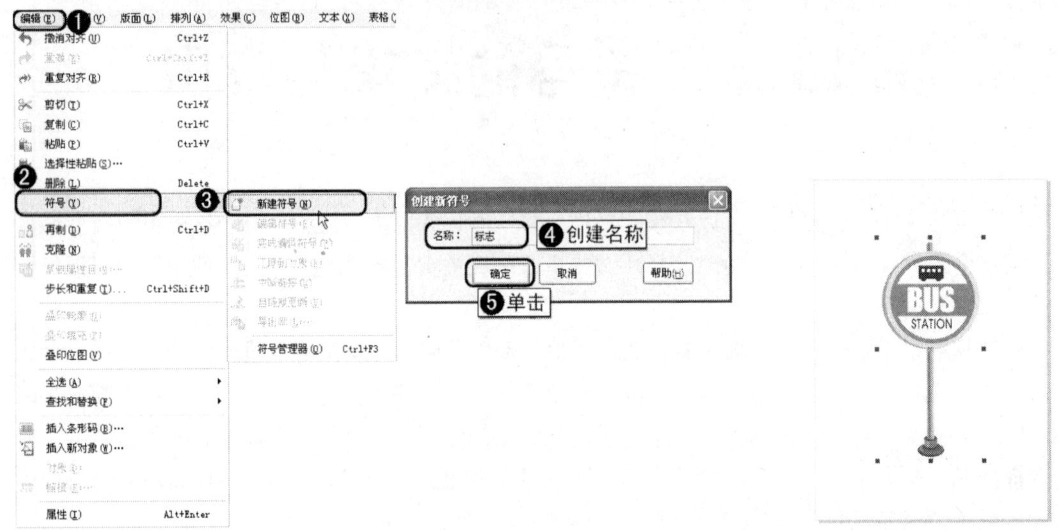

图 10-3　为符号命名　　　　图 10-4　将选择的对象创建为符号

04　在菜单栏中选择【编辑】|【符号】|【符号管理器】命令或按 Ctrl+F3 组合键打开【符号管理器】泊坞窗，即可看到创建的符号已经添加到符号管理器中，如图 10-5 所示。

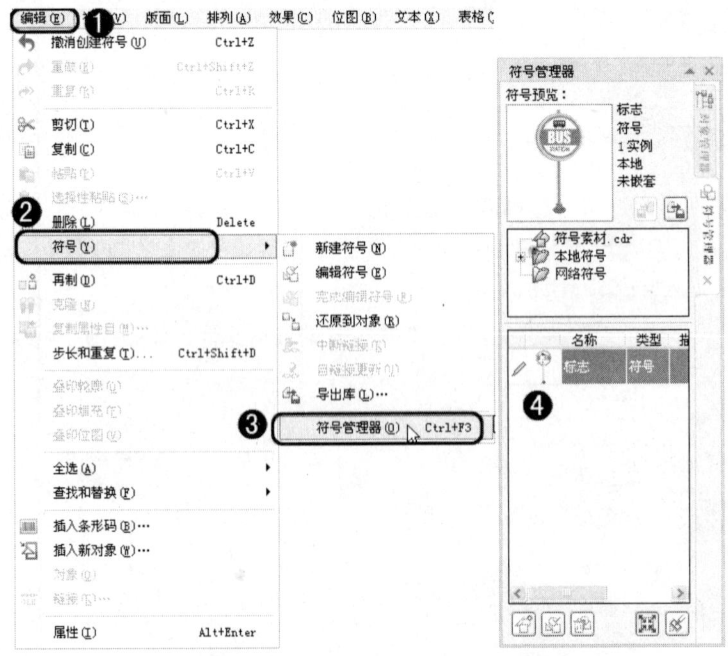

图 10-5　打开【符号管理器】泊坞窗

10.2　在绘图中使用符号

可以在绘图中插入符号，从而创建符号实例。修改符号实例的某些属性（如大小和位置）不会影响存储在库中的符号定义。可以将一个符号实例还原为一个或多个对象，而仍保留其属性，也可以删除符号实例。

10.2.1　插入符号

接着上节进行讲解，在【符号管理器】泊坞窗中单击底部的（插入符号）按钮，即可将【符号管理器】泊坞窗中选择的符号插入到绘图窗口中，如图 10-6 所示。

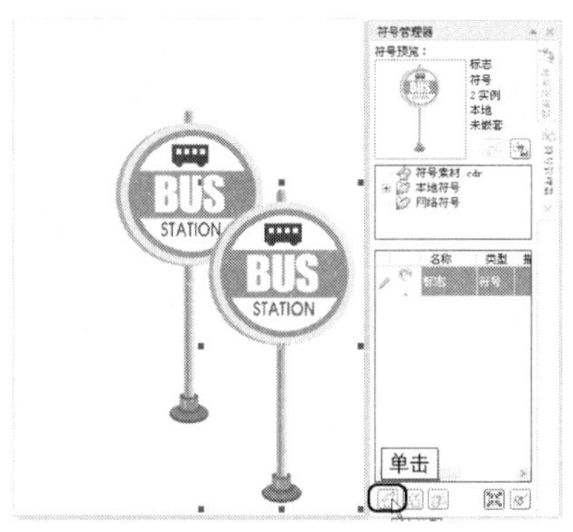

图 10-6　插入符号后的效果

> 提示：如果希望插入的符号自动缩放以适合当前绘图比例，请确保单击（缩放到实际单位）按钮。

10.2.2　修改符号

插入了符号实例后，如果感觉不是很满意，可以对其进行编辑。

01　接着上节进行讲解，在菜单栏中选择【编辑】|【符号】|【编辑符号】命令或在【符号管理器】泊坞窗中单击（编辑符号）按钮，画面中就只剩下一个符号让用户对其进行编辑，如图 10-7 所示，使用（挑选工具）在画面中单击要编辑的对象，将其颜色更改为洋红色，如图 10-8 所示。

图 10-7　进入编辑状态

图 10-8　选择对象

02　同样使用（挑选工具），在场景中选择下面的图形，将其颜色更改为洋红色，如图 10-9 所示。

03　同样使用（挑选工具），在场景中选择如图 10-10 所示的图形，将其颜色更改为洋红色，如图 10-10 所示。

图 10-9　设置参数

图 10-10　设置参数后的效果

04　编辑完成后，在菜单栏中的选择【编辑】|【符号】|【完成编辑符号】命令，如图 10-11 所示。

05　完成符号编辑后的效果如图 10-12 所示。

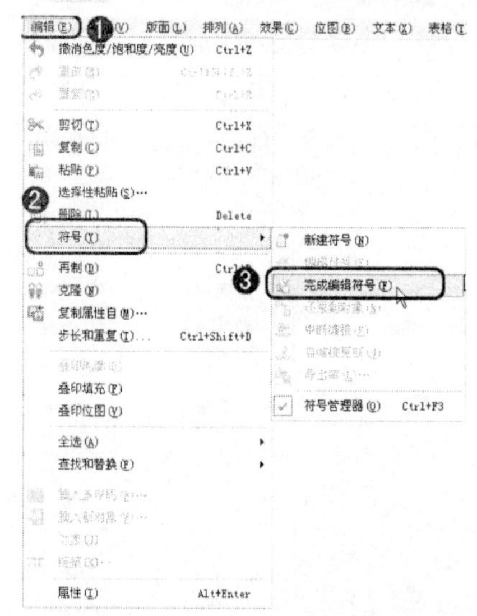

图 10-11　执行【完成编辑符号】命令

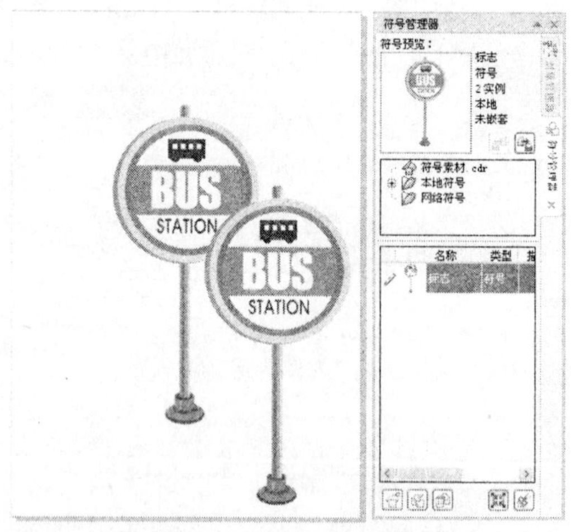

图 10-12　完成编辑后的效果

10.2.3　将一个符号实例还原为一个或多个对象

用户可以将符号还原为对象，下面将对其进行简单的介绍。

01　接着上节进行讲解，在画面中单击要还原为对象的符号，如图 10-13 所示。

02　在菜单栏中选择【编辑】|【符号】|【还原到对象】命令，即可将选择的符号还原为多个对象，效果如图 10-14 所示。

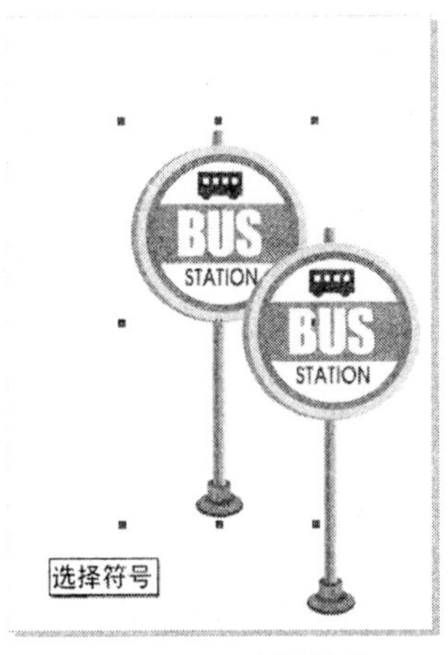

图 10-13　选择符号

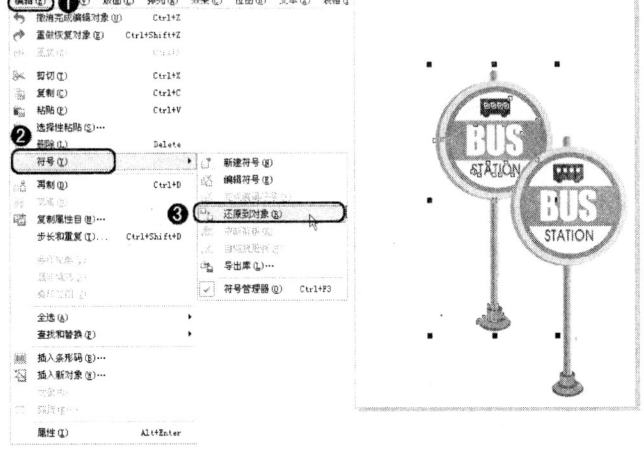

图 10-14　选择【还原到对象】命令

03　在画面的空白处单击取消选择，在绘图页中选择如图 10-15 所示的图形。

04　将选择的对象填充为浅橘红色，如图 10-16 所示。

图 10-15　选择对象

图 10-16　更改颜色

> **注意：**这里的编辑只会影响选择对象本身，而不会影响其他的对象。

10.3　在绘图之间共享符号

在 CorelDRAW 中，每个绘图都有自己的符号库，它们是 CorelDRAW（CDR）文件的组成部分。通过复制和粘贴，可以在绘图之间共享符号。将符号复制到剪贴板时，原始符号仍保留在库中。

可以将符号的实例复制并粘贴到剪贴板，或从剪贴板复制出来进行粘贴。粘贴符号实例会将符号放置在库中，并将该符号的实例放置在绘图中。随后的粘贴会将该符号的另一个实例放置在绘图中，而不会添加到库中。如果将修改过的符号实例粘贴到绘图中，新的实例会保持原始实例的属性，而库中的新符号定义将保持原始符号的属性。符号实例的复制和粘贴方法与其他对象相同。

10.3.1　复制或粘贴符号

01　接着上节进行讲解，在画面中的标志上选择需要编辑的对象，如图 10-17 所示。

02　将选择的对象填充为秋橘红色，如图 10-18 所示。

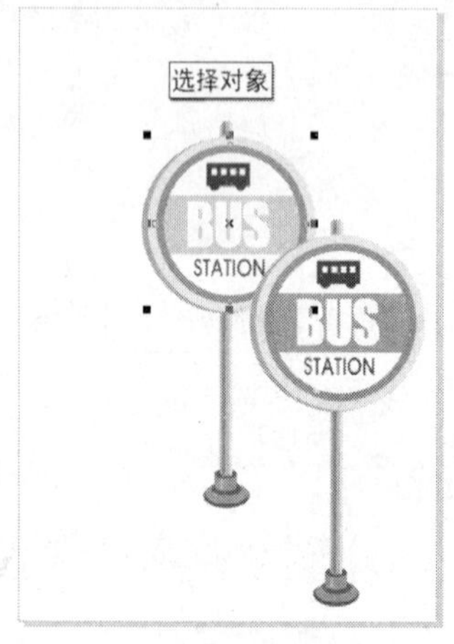

图 10-17　选择对象

图 10-18　为选择的对象更改颜色

03　在绘图页中选择如图 10-19 所示的图形。并将其向左上方移动，调整它们的位置，如图 10-20 所示。

图 10-19　选择对象

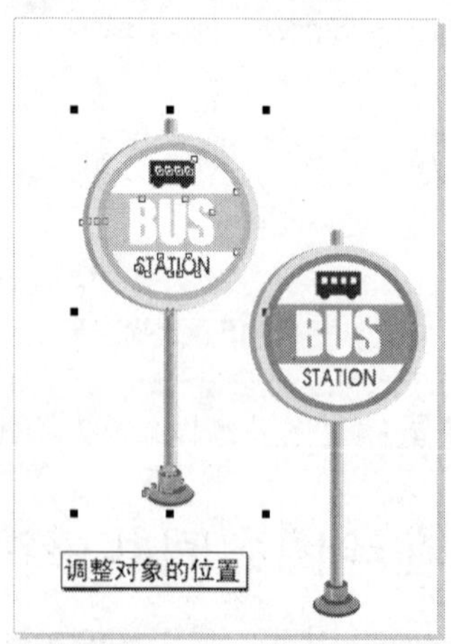

图 10-20　调整对象的位置

04　双击工具箱中的（挑选工具）选择绘图页中的所有对象，如图 10-21 所示。

05　在菜单栏中选择【编辑】|【符号】|【新建符号】命令，在打开的对话框中将符号命名为复制符号，单击【确定】按钮，如图 10-22 所示。

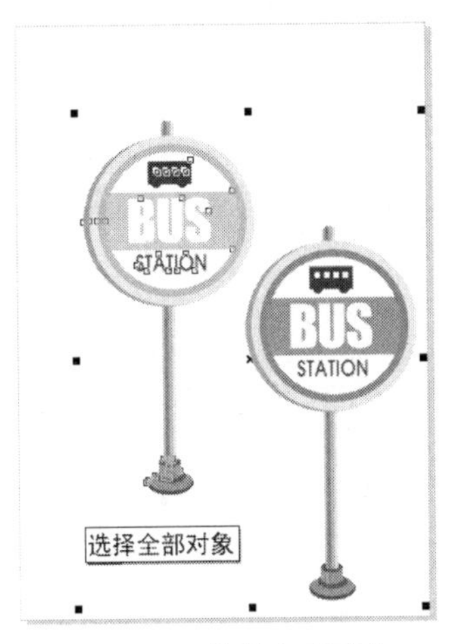

图 10-21　选择全部对象

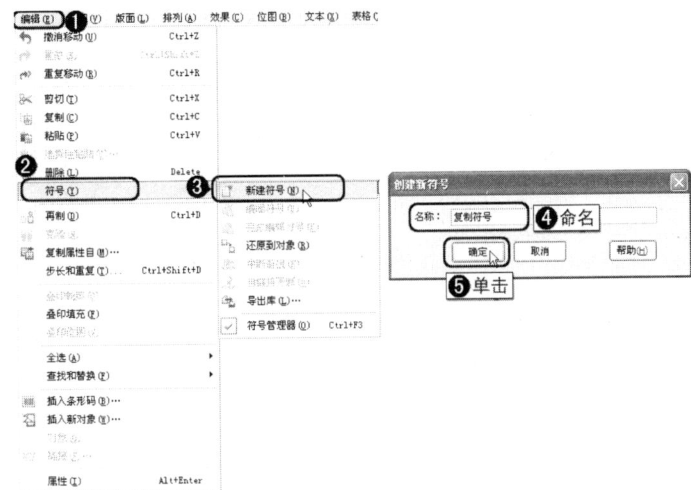

图 10-22　新建符号

06　此时即可将选择的对象转换成符号，画面效果如图 10-23 所示，画面中的选择控制柄呈蓝色显示。

07　在【符号管理器】泊坞窗中，选择复制符号并右击，在弹出的快捷菜单中选择【复制】命令，如图 10-24 所示。

08　按 Ctrl+N 组合键新建一个文件，在【符号管理器】泊坞窗中右击，在弹出的快捷菜单中选择【粘贴】命令，如图 10-25 所示，将前面复制的符号粘贴到新图形文件中，如图 10-26 所示。

09　在【符号管理器】泊坞窗中选择标志符号，单击左下角的（插入符号）按钮，即可将符号插入到绘图页中，如图 10-27 所示。

图 10-23　转换符号后的效果

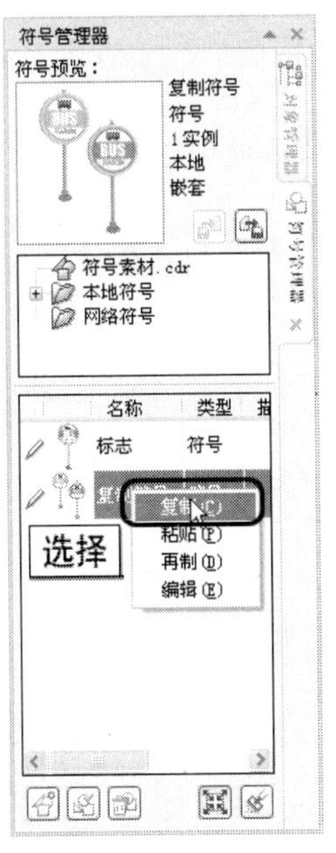

图 10-24　选择【复制】命令

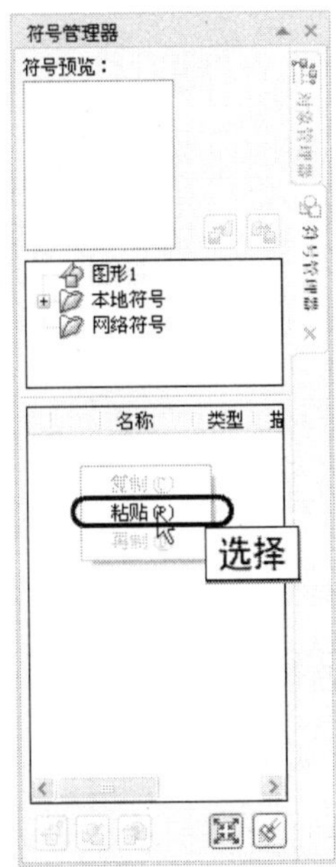

图 10-25　选择【粘贴】命令

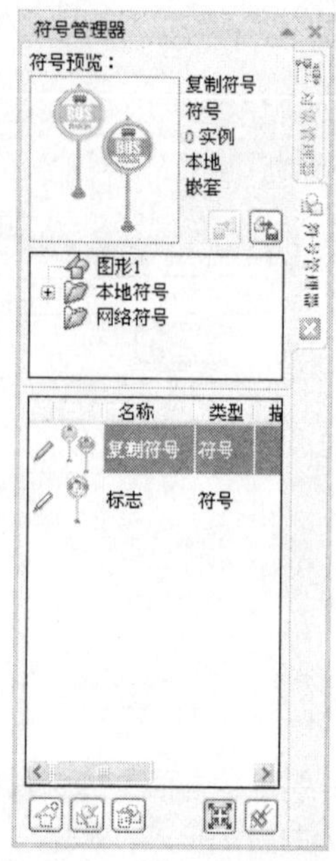

图 10-26　粘贴后的效果

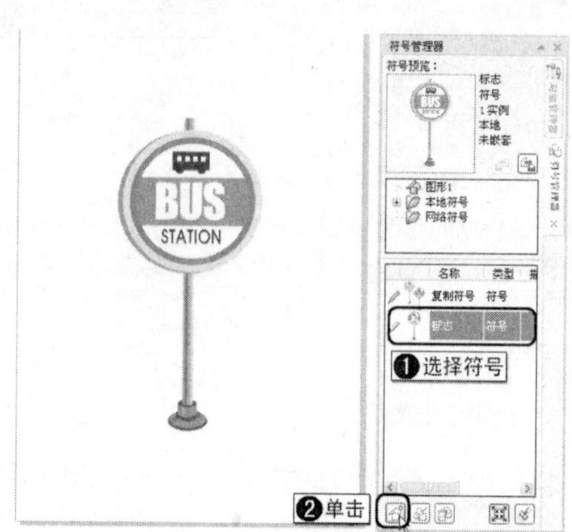

图 10-27　插入符号

10.3.2　导入与导出符号库

1. 导出符号库

接着上节进行讲解，在【符号管理器】泊坞窗中单击 (导出库）按钮，如图 10-28 所示，打开【导出库】对话框，选择存储路径并在文件名处为文件命名，单击【保存】按钮，如图 10-29 所示。

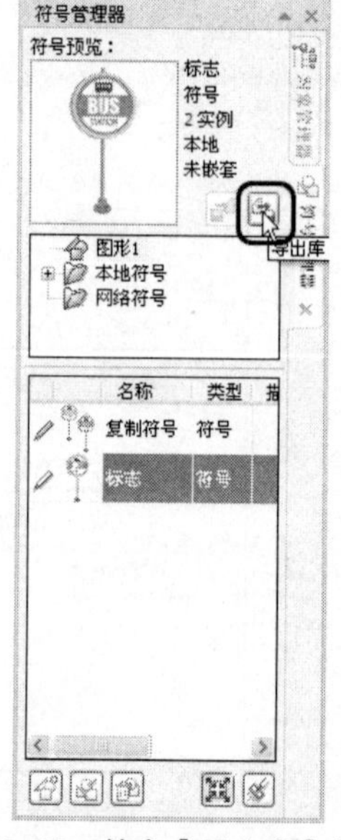

图 10-28　单击【导出库】按钮

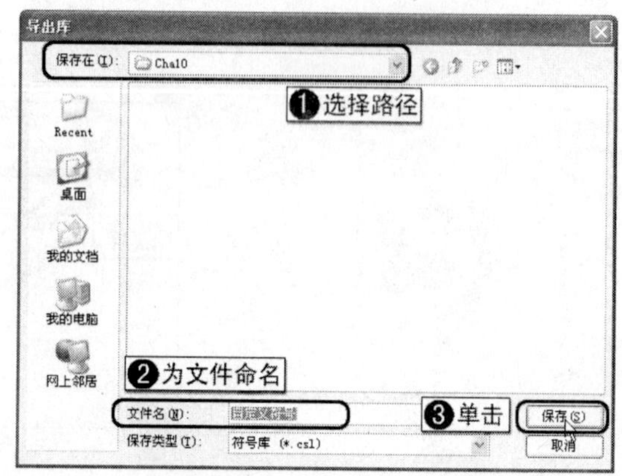

图 10-29　【导出库】对话框

2．导入符号库

在【符号管理器】泊坞窗中单击【本地符号】选项，如图 10-30 所示，再单击（添加库）按钮打开【浏览文件夹】对话框，在其中选择刚导出的符号库（用户也可以选择另外的符号库），如图 10-31 所示，单击【确定】按钮，即可将选择的符号库导入到【符号管理器】泊坞窗中，如图 10-32 所示。

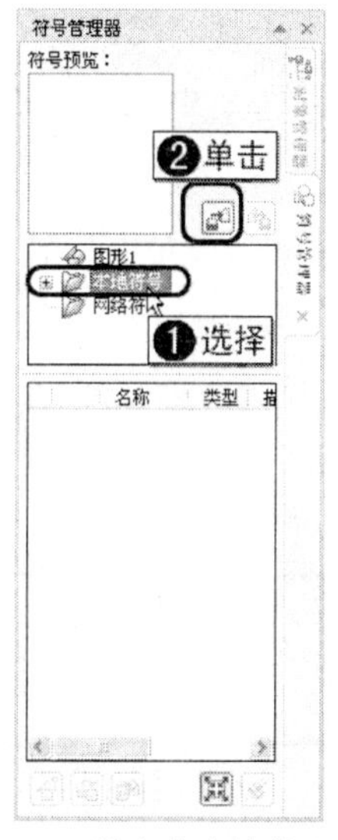

图 10-30 单击【本地符号】选项

图 10-31 选择导出的符号

图 10-32 导入符号库

10.4 上机练习——用符号创建图案

通过前面基础知识的学习，下面通过实例来介绍使用符号创建图案的方法。首先定义符号并将符号导出，然后新建文档，将定义的符号拖曳到绘图页中，调整符号的大小和位置。制作完成后的效果如图 10-33 所示。

图 10-33 创建的图案效果

01 按 Ctrl+O 组合键，在打开的对话框中打开随书附带光盘【DVDROM | 素材 | Cha10 |图形.cdr】文件，如图 10-34 所示。

02 在菜单栏中选择【窗口】|【泊坞窗】|【符号管理器】命令或者按 Ctrl+F3 组合键打开【符号管理器】泊坞窗，如图 10-35 所示。

03 选择画面中最上方的对象右击，在弹出的快捷菜单中选择【符号】|【新建符号】命令，如图 10-36 所示。

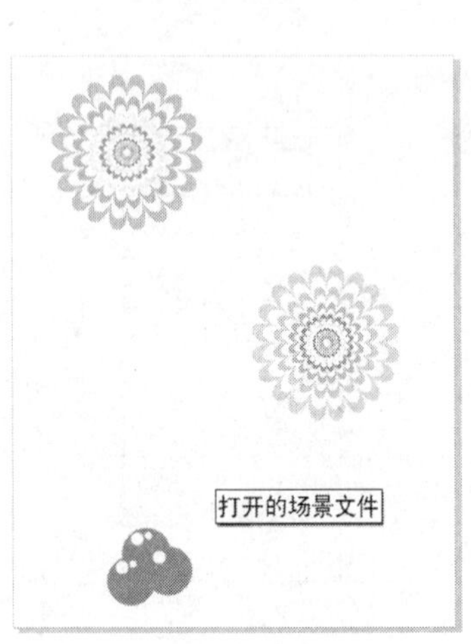

图 10-34 打开的场景文件

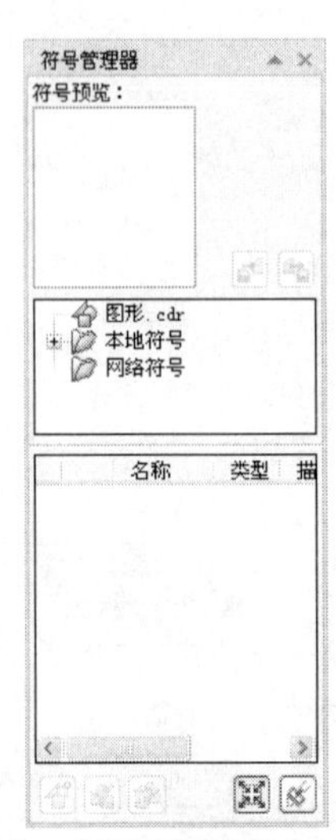

图 10-35 【符号管理器】泊坞窗

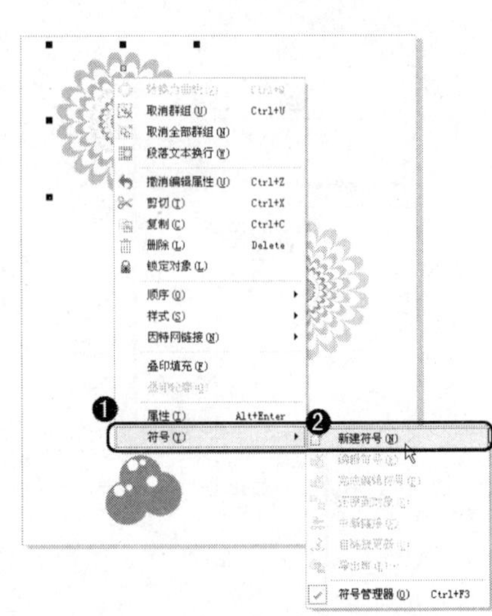

图 10-36 选择【新建符号】命令

04 打开【创建新符号】对话框，使用默认的名称，单击【确定】按钮，如图 10-37 所示。

05 此时即可将创建的新符号存放到【符号管理器】泊坞窗中，同时画面中选择对象的控制柄呈蓝色显示，如图 10-38 所示。

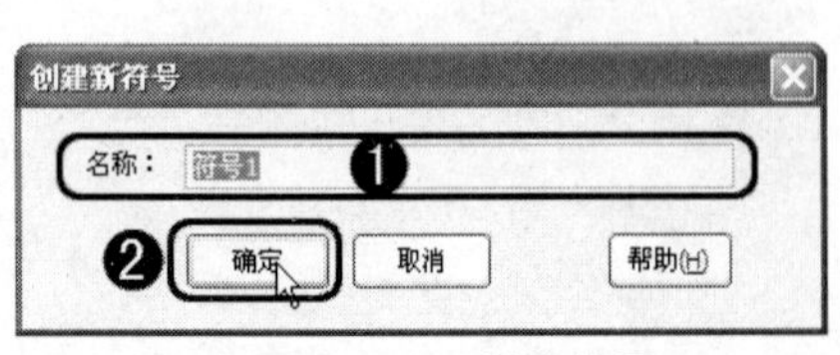

图 10-37 新建符号

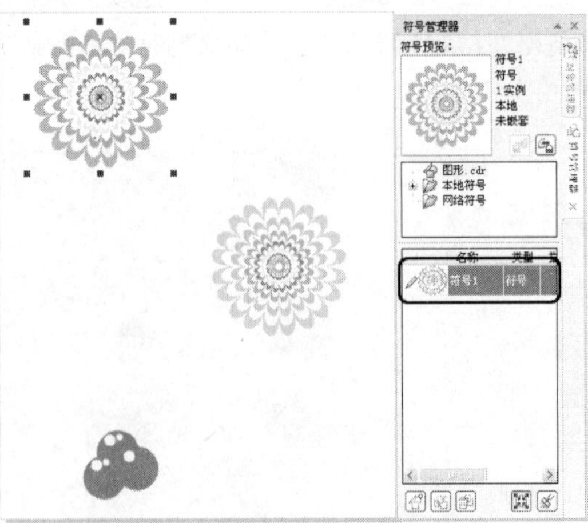

图 10-38 创建的符号 1

06 选择画面中的第二个对象右击，在弹出的快捷菜单中选择【符号】|【新建符号】命令，如图 10-39 所示。

07　在打开的对话框中使用默认的符号名称，单击【确定】按钮，如图 10-40 所示。

图 10-39　选择【新建符号】命令

图 10-40　新建符号

08　此时即可将新创建的符号存放到【符号管理器】泊坞窗中，同时画面中选择对象的控制柄呈蓝色显示，如图 10-41 所示。

09　使用同样的方法将最后一组对象创建成新符号，使用默认的符号名称，如图 10-42 所示。

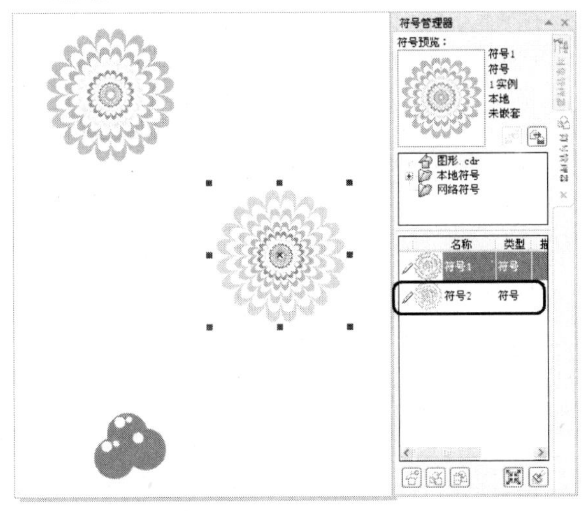

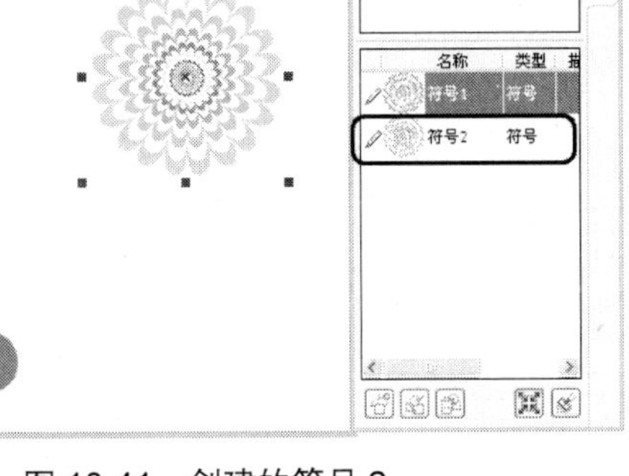

图 10-41　创建的符号 2

图 10-42　创建符号

10　创建符号 3 后的效果如图 10-43 所示。

11　用户可以将刚创建的新符号保存到用户库中，以便在其他文件中共享。在【符号管理器】泊坞窗中单击符号 1 的名称，然后按住 Shift 键单击符号 3，选择刚创建的所有符号，再单击（导出库）按钮，如图 10-44 所示。

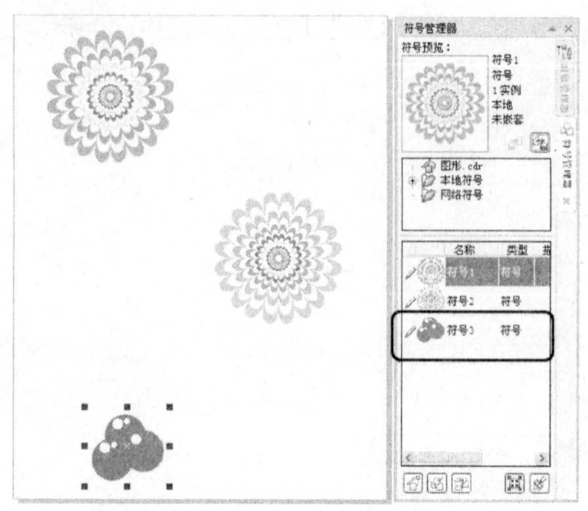

图 10-43　创建的符号 3

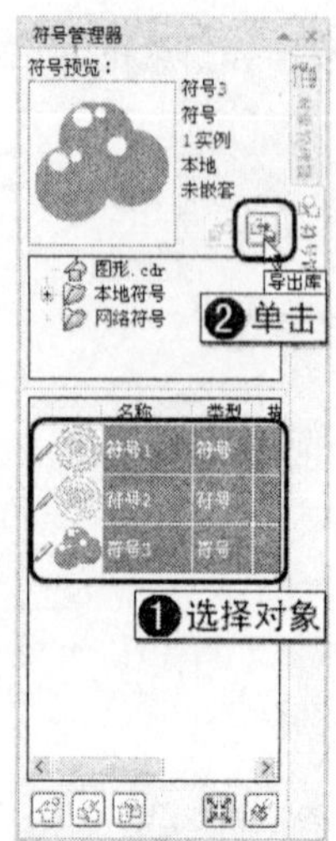

图 10-44　选择符号并导出

12　打开【导出库】对话框，使用默认的路径，在【文件名】文本框中输入所需的文件名称，单击【保存】按钮，如图 10-45 所示。

13　在【符号管理器】泊坞窗中单击【本地符号】前面的+号按钮展开本地符号，再单击【用户符号】前面的+按钮展开用户符号，即可看到刚导入的符号库，如图 10-46 所示。单击该符号库，可在下方的列表中显示该库中的符号。

图 10-45　为符号命名

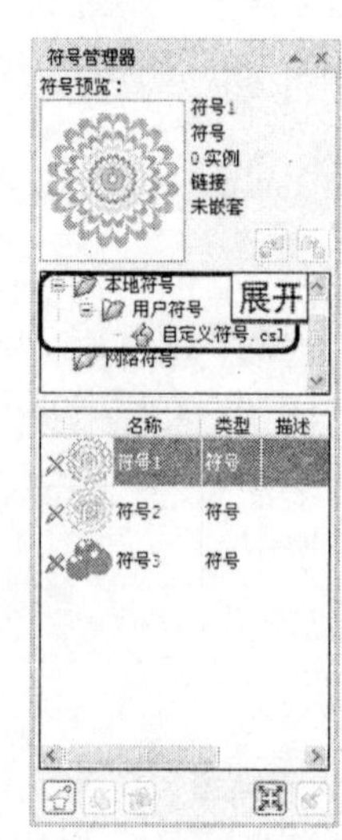

图 10-46　展开【本地符号】

14　按 Ctrl+N 组合键新建一个文件，在属性栏中单击□（横向）按钮将页面设为横向，然后选择工具箱中的□（矩形工具），在绘图页中绘制矩形，将其填充为白黄色并取消轮廓线的填充，如图 10-47 所示。

15　在【符号管理器】泊坞窗中选择“符号 3”，按下鼠标左键将其拖曳到画面中适当的位置后松开鼠标，即可将符号插入到指定的位置，如图 10-48 所示。

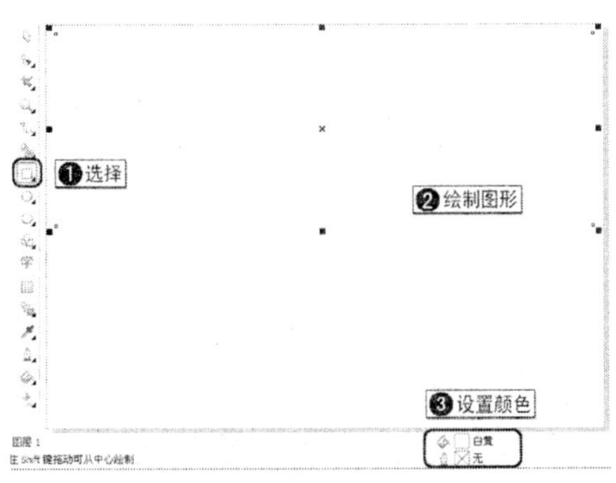

图 10-47 创建矩形

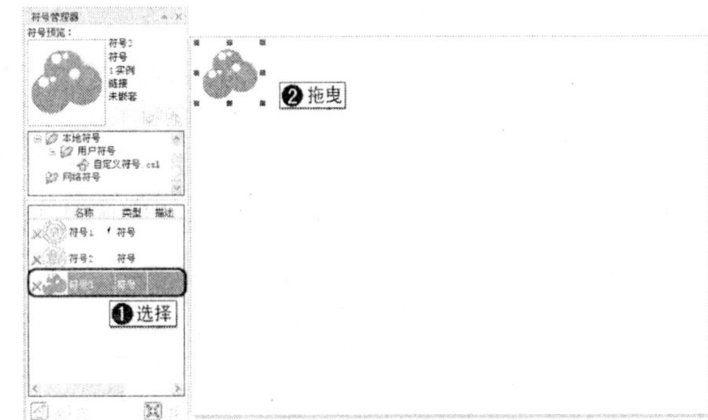

图 10-48 拖曳符号 3

16 确定插入页面后的符号处于选择状态，将其向下拖曳，到达适当的位置后右击复制符号图形，如图 10-49 所示。

17 使用同样的方法多次对符号图形进行复制，完成后的效果如图 10-50 所示。

图 10-49 复制并调整图形

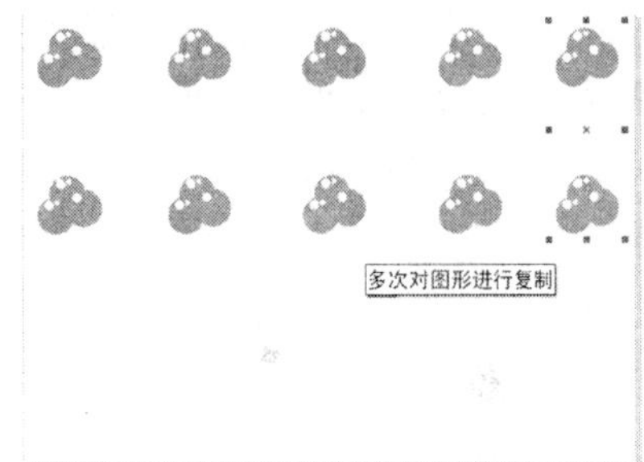

图 10-50 对符号多次进行复制

18 在【符号管理器】泊坞窗中选择“符号 1”，按下鼠标左键将其拖曳到画面中适当的位置后松开鼠标，即可将符号插入到指定的位置，如图 10-51 所示。

19 确定插入页面后的符号处于选择状态，将其向右拖曳，到达适当的位置后右击复制符号图形，如图 10-52 所示。

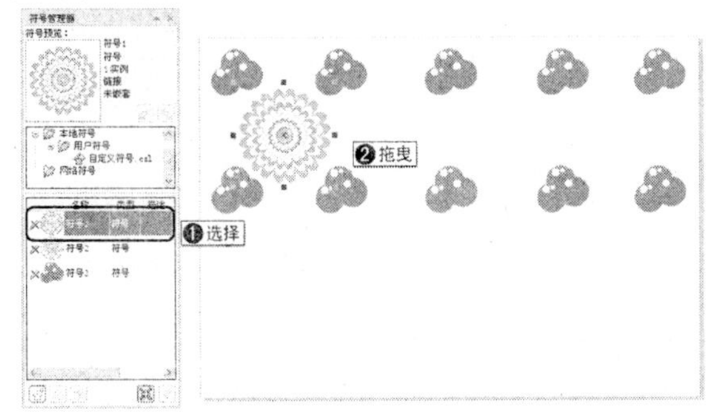

图 10-51 拖曳符号 1

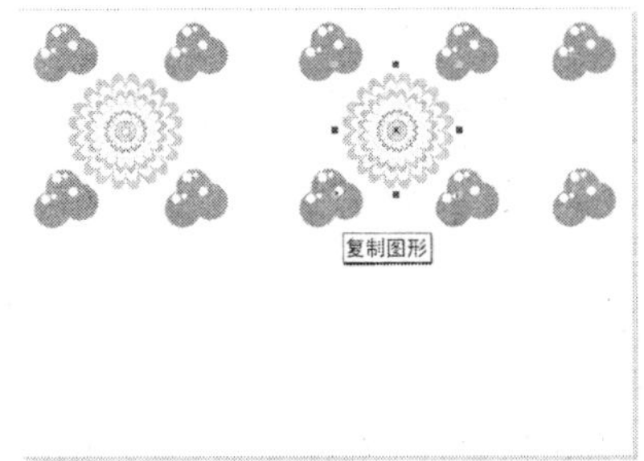

图 10-52 复制符号

20 在【符号管理器】泊坞窗中选择“符号 2”，按下鼠标左键将其拖曳到画面中适当的位置后松开鼠标，即可将符号插入到指定的位置，如图 10-53 所示。

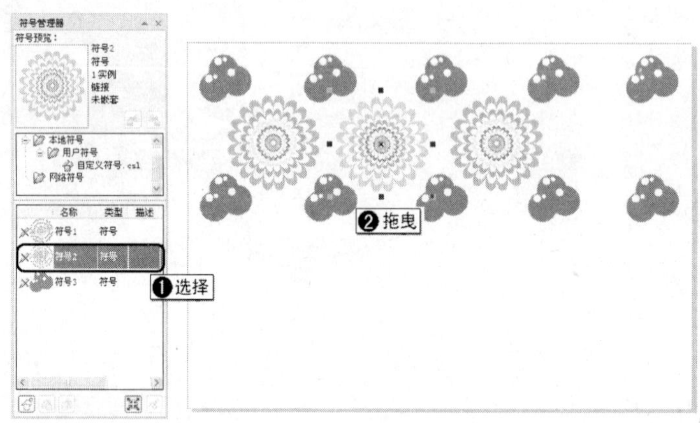

图 10-53　拖曳符号 2

21　确定插入页面后的符号处于选择状态，将其向右拖曳，到达适当的位置后右击复制符号图形，如图 10-54 所示。

22　使用（挑选工具）框选刚绘制与插入好的所有对象，将其向下拖动，到达适当的位置后右击复制一个副本，如图 10-55 所示。

图 10-54　复制符号

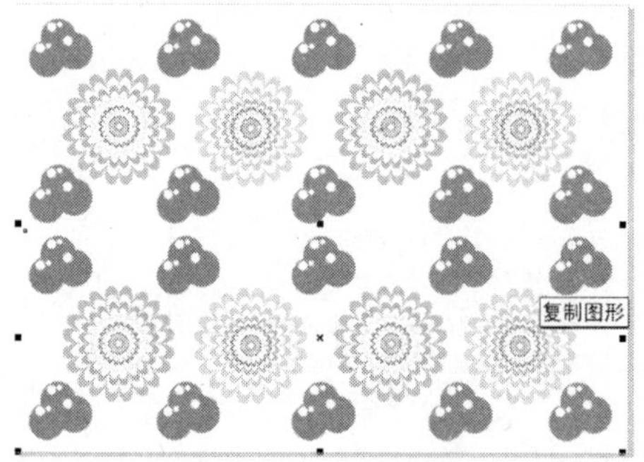

图 10-55　复制图形

23　在绘图页中选择如图 10-56 所示的矩形，为其填充 CMYK 参数为 0、0、0、4 的颜色，如图 10-56 所示。

24　在绘图页中调整符号的位置和大小，完成后的效果如图 10-57 所示。

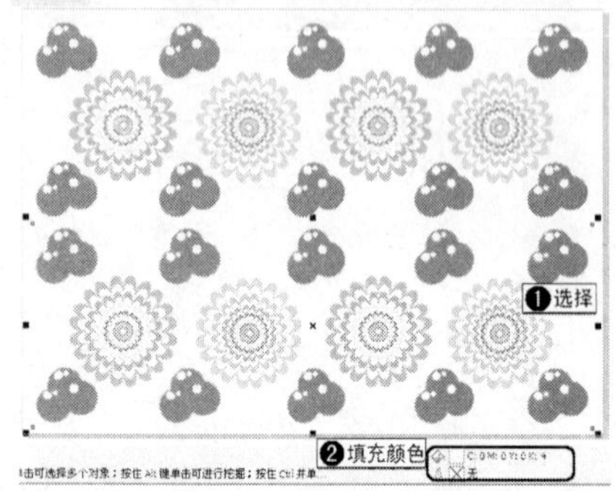

图 10-56　为图形更改颜色

图 10-57　调整符号的位置和大小

至此，图案效果制作完成，将完成后的场景文件进行存储。

10.5　习题

1．**选择题**

（1）利用下面________命令可将选择的一个或多个对象创建成符号。

A．编辑符号　　B．新建　　C．完成编辑符号　　D．新建符号

（2）按键盘上的________键可以打开【符号管理器】泊坞窗。

A．Ctrl+F3　　B．Ctrl+F2　　C．Alt+F3　　D．Alt+ F2

2．**填空题**

（1）单击________按钮后，插入的符号会以当前绘图比例大小为基准进行自动缩放。

（2）为了便于新创建的符号在其他文件中共享，可以将符号________。

3．**上机操作**

结合本章学习的内容，在绘图页中绘制图形，将绘制的图形定义为符号并用符号创建壁纸。

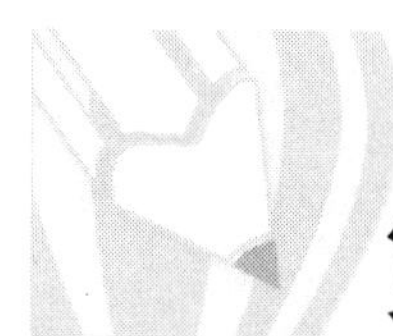

第 11 章　位图的操作处理与转换

CorelDRAW 中的【位图】菜单提了多种与位图图像相关的功能。用户可以通过该菜单实现位图和矢量图之间的转换，在专用的位图编辑器中对位图进行编辑，调整位图的颜色和对比度，更改位图的大小、分辨率和色彩模式，中断和更新位图链接对象，以及使用图像过滤器创建多种位图效果。本章将对【位图】菜单中各个菜单项的功能和使用方法进行介绍。

本章重点

- 位图的转换与裁剪
- 三维效果菜单命令
- 艺术笔触菜单命令
- 模糊菜单命令
- 创造性菜单命令

11.1　转换为位图

【转换为位图】命令可将矢量图转换为位图。

下面通过简单的实例介绍矢量图转换为位图的方法。

01　打开随书附带光盘【DVDROM | 素材 | Cha11 | 转换为位图.cdr】文件，如图 11-1 所示。

02　在绘图页中选择对象，在菜单栏中选择【位图】|【转换为位图】命令，打开【转换为位图】对话框，在该对话框中将【分辨率】参数设置为 200 像素，其余参数保持默认值，如图 11-2 所示。

03　单击【确定】按钮即可将矢量图转换为位图，效果如图 11-3 所示。

图 11-1　打开的素材文件

> **提示：** 将矢量图形转换为位图图像后，可以在菜单栏中选择【位图】|【编辑位图】命令，打开用于编辑修改位图图像的 Corel PHOTO-PAINT 应用程序。该程序融入了更强大的位图图像处理工具，可以在其中对位图图像进行编辑。

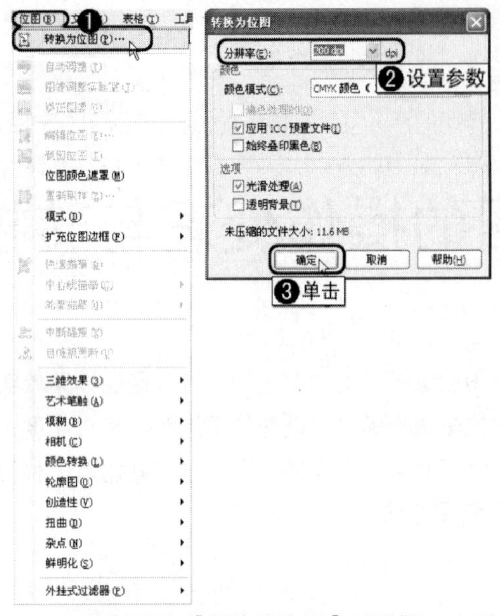

图 11-2 【转换为位图】对话框

图 11-3 转换位图后的效果

11.2 自动调整

【自动调整】命令可以自动调整位图的颜色和对比度，从而使位图的色彩更加真实自然。

要自动调整位图颜色和对比度，先在绘图页面中选择要调整的位图，然后在菜单栏中选择【位图】|【自动调整】命令。调整前的图像如图 11-4 所示，在菜单栏中选择【位图】|【自动调整】命令，如图 11-5 所示，调整后的图像如图 11-6 所示。

图 11-4 调整前的效果

图 11-5 选择【自动调整】命令

图 11-6 调整后的效果

11.3　裁剪位图

将位图添加到绘图后，可以对位图进行裁剪。裁剪功能用于移除不需要的位图。要将位图裁剪成矩形，可以选择（裁剪工具）。要将位图裁剪成不规则形状，可以使用（形状工具）和【裁剪位图】命令。

下面将分别介绍两种裁剪位图的方法。

11.3.1　用形状工具和裁剪位图命令裁剪位图

下面介绍使用形状工具裁剪位图的方法。

01　新建一个横向页面的文件，导入一张素材图片，调整图片的大小和位置，如图 11-7 所示。

02　选择工具箱中的（形状工具），在画面中拖动控制点来调整图像的形状，如图 11-8 所示。

图 11-7　导入的素材文件

图 11-8　调整形状

03　在菜单栏中选择【位图】|【裁剪位图】命令，如图 11-9 所示，对位图进行裁剪，裁剪后的效果如图 11-10 所示。

图 11-9　选择【裁剪位图】命令

图 11-10　裁剪后的效果

11.3.2 使用裁剪工具裁剪位图

在没有（裁剪工具）时，用户处理图片的时候都要导入到 Photoshop 中，但操作并不规范。利用（裁剪工具）可以简化操作步骤，让用户一劳永逸。

在 CorelDRAW X4 中，可裁剪的对象包括矢量图形、位图、段落文字、美工文字和所有的群组对象。下面继续使用前面的素材介绍如何使用（裁剪工具）来裁剪对象。操作步骤如下：

01 选择工具箱中的（裁剪工具），在画面上拖出如图 11-11 所示的裁切框。

> **提示**：仔细观察裁剪选取框的边缘，会发现有 8 个控制点。将光标置于其中一个点上进行拖动，即可改变裁剪选取框的大小

02 在裁剪选取框中双击，即可完成裁剪操作，如图 11-12 所示。

> **提示**：有两种方法来取消裁剪，一种是在裁剪状态下按 Esc 键；另一种是单击属性栏中的【清除裁剪选取框】按钮。

图 11-11 拖出裁切框

图 11-12 裁剪后的效果

> **技巧**：将光标置于裁剪选取框中间或侧面中央的控制点上，按住 Shift 键并拖动控制点，可同时向内或向外伸缩裁剪选取框。将光标放置在右上角的控制点上并拖动，可对裁剪选取框进行等比例缩放。

11.4 扩充位图边框

【扩充位图边框】命令用于扩充位图图像边缘的空白部分，用户可以选择自动扩充位图边框，也可以对其进行手动调节。

11.4.1 自动扩充位图边框

如果要自动扩充位图边框，可以在菜单栏中选择【扩充位图边框】|【自动扩充位图边框】命令。再次选择该命令即可取消自动扩充边框功能。

11.4.2 手动扩充位图边框

除了自动扩充外，也可以选择【手动扩充位图边框】命令。下面对手动扩充位图边框进行介绍。

01 打开随书附带光盘【DVDROM | 素材 | Cha11 | 手动扩充位图边框.cdr】文件，如图 11-13 所示。

02 在绘图页中选择图片素材，在菜单栏中选择【位图】|【扩充位图边框】|【手动扩充位图边框】命令，在打开的对话框中将【扩大方式】下的参数设置为 120%，单击【确定】按钮，如图 11-14 所示。

03 扩充边框后的效果如图 11-15 所示。

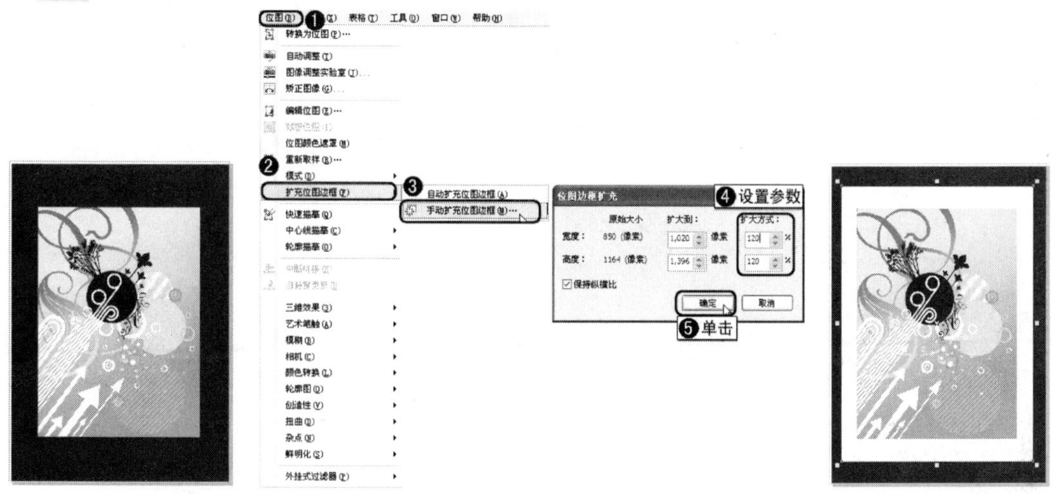

图 11-13 导入的素材文件　　图 11-14 设置参数　　图 11-15 扩充边框后的效果

11.5 三维效果

在菜单栏中选择【位图】|【三维效果】下的子命令可以创建三维纵深感的效果，包括三维旋转、柱面、浮雕、卷页、透视、挤近/挤远、球面命令，每个命令对应一种三维效果。

11.5.1 三维旋转

下面通过实例来介绍三维旋转命令的应用。

01 新建一个横向页面的文件，导入一张素材图片，并调整素材的大小和位置，如图 11-16 所示。

02 确定导入的素材文件处于选择状态，在菜单栏中选择【位图】|【三维效果】|【三维旋转】命令，在打开的对话框中将【垂直】参数设置为 10，如图 11-17 所示。

图 11-16 导入的素材文件

技巧： 默认情况下，对话框中并不显示预览窗口，用户可以单击对话框左上角的按钮预览调整后的图像（再次单击则可以同时预览调整前后的图像），也可以在调整后单击【预览】按钮，即时预览页面中的图像效果。

03 设置完成后单击【确定】按钮，即可对选择的图像进行三维旋转，完成后的效果如图 11-18 所示。

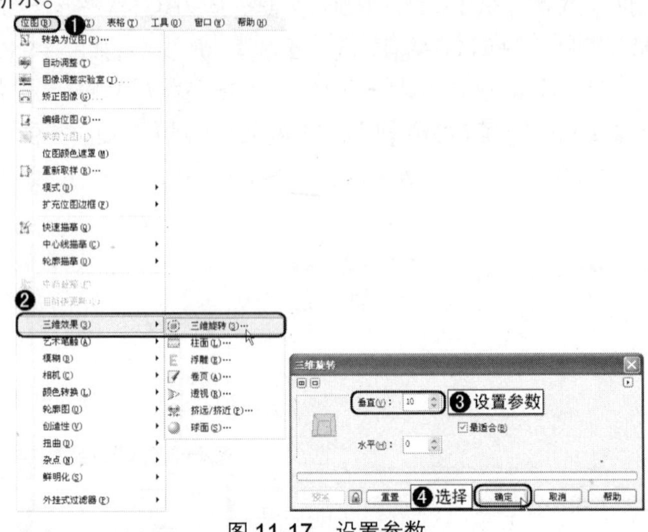

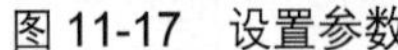

图 11-17 设置参数

图 11-18 三维旋转后的效果

11.5.2 柱面

柱面功能以圆柱体的视图原理来改变图像的视图效果。通过改变水平和垂直的百分比，来给图像增加柱面效果。

下面通过实例来介绍【柱面】命令的应用。

继续使用前面的素材进行讲解。

01 按 Ctrl+Z 组合键返回上一步操作，在菜单栏中选择【位图】|【三维效果】|【柱面】命令，在弹出的对话框中将【百分比】参数设置为 80，设置完成后单击【确定】按钮，如图 11-19 所示。

02 添加柱面后的效果如图 11-20 所示。

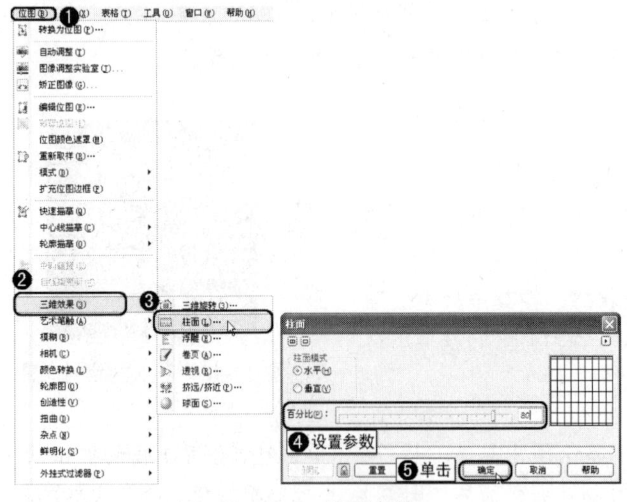

图 11-19 设置参数

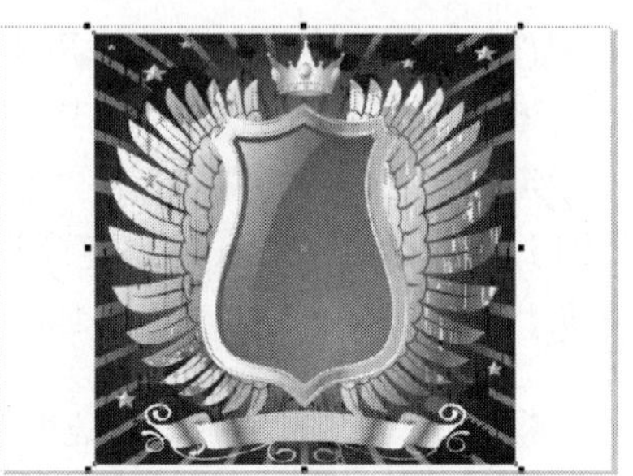

图 11-20 添加柱面后的效果

11.5.3　浮雕

此功能可以给图像增加立体浮雕效果。用户可以通过控制浮雕的深度和层次使浮雕效果更为明显、更有层次感。下面继续使用前面的素材对【浮雕】命令进行讲解。

01　按 Ctrl+Z 组合键返回上一步操作，在菜单栏中选择【位图】|【三维效果】|【浮雕】命令，在打开的对话框中设置浮雕色为黄色，设置完成后单击【确定】按钮，如图 11-21 所示。

02　添加浮雕后的效果如图 11-22 所示。

图 11-21　设置浮雕颜色

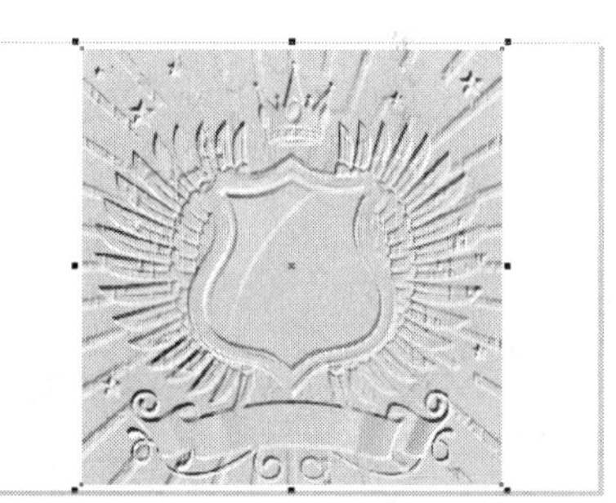

图 11-22　添加浮雕后的效果

11.5.4　卷页

下面继续使用前面的素材对【卷页】命令进行讲解。

01　按 Ctrl+Z 组合键返回上一步操作，在菜单栏中选择【位图】|【三维效果】|【卷页】命令，在打开的对话框中使用默认参数，单击【确定】按钮，如图 11-23 所示。

02　添加卷页后的效果如图 11-24 所示。

图 11-23　执行【卷页】命令

图 11-24　添加卷页后的效果

11.5.5 透视

对位图添加透视点，使其具有三维特性。在 CorelDRAW X4 中，对于位图的透视方式有两种，分别为透视和切变，下面对【透视】命令进行讲解。

01 按 Ctrl+Z 组合键返回上一步操作，在菜单栏中选择【位图】|【三维效果】|【透视】命令，在打开的对话框中使用默认的透视类型，然后在左侧窗格中拖曳示例对象 4 个角上的节点，调整图像的透视位置，如图 11-25 所示。

02 添加透视后的效果如图 11-26 所示。

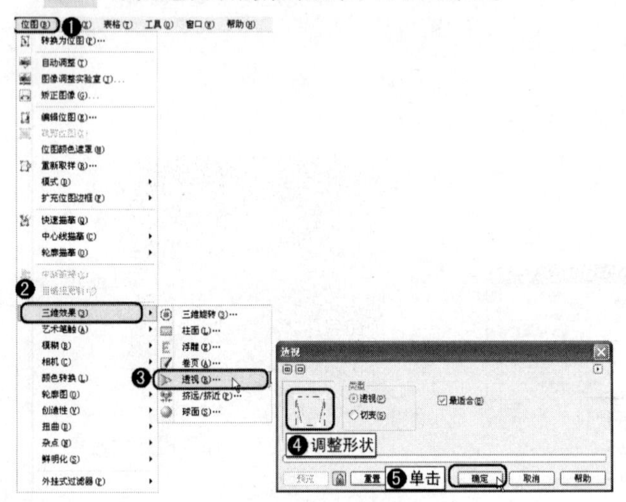

图 11-25 调整透视形状

图 11-26 添加透视后的效果

下面来对切变类型进行介绍。

01 按 Ctrl+Z 组合键返回上一步操作，在菜单栏中选择【位图】|【三维效果】|【透视】命令，在弹出的对话框中，将【类型】定义为切变，然后调整图像的透视位置，如图 11-27 所示。

02 添加切变后的效果如图 11-28 所示。

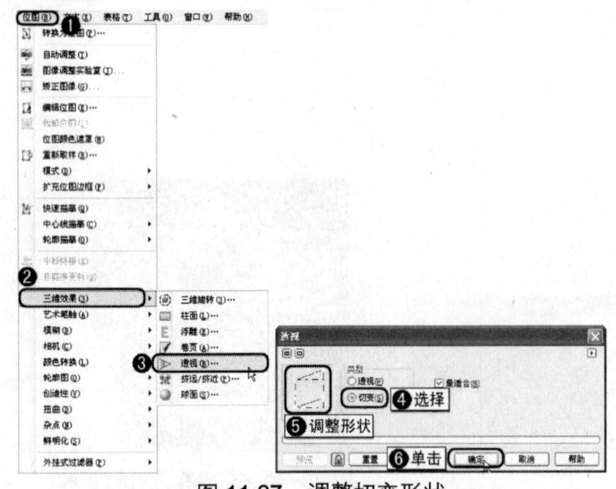

图 11-27 调整切变形状

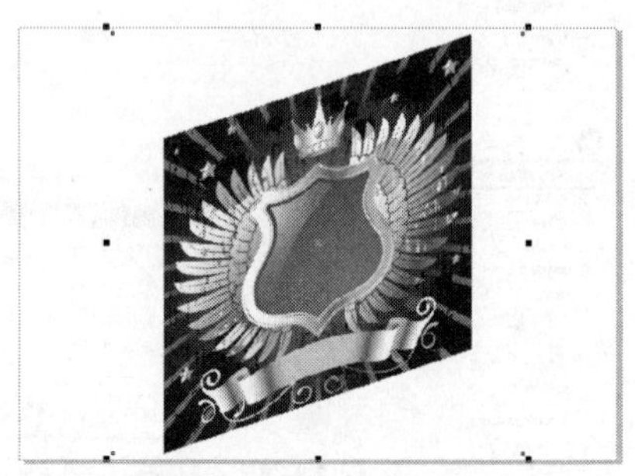

图 11-28 调整切变后的效果

11.5.6　挤远/挤进

将位图处理成近似于凸镜和凹镜的效果。取值范围为-100～100。当值为 0 时，无任何效果。值越小，越往外凸；值越大，越往中间凹。

下面通过简单的实例对其进行讲解。

01　按 Ctrl+Z 组合键返回上一步操作，在菜单栏中选择【位图】|【三维效果】|【挤远/挤进】命令，在打开的对话框中使用默认参数，单击【确定】按钮如图 11-29 所示。

02　添加挤远/挤进后的效果如图 11-30 所示。

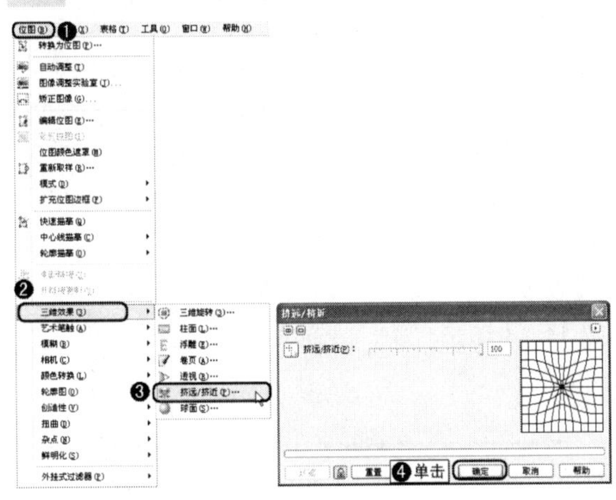

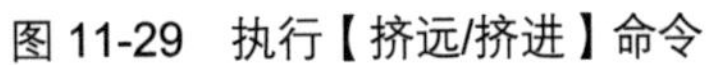

图 11-29　执行【挤远/挤进】命令

图 11-30　执行【挤远/挤进】命令后的效果

11.5.7　球面

以球面原理来进行视图表现，类似于【挤远/挤近】命令，都是形成凹或凸的效果。

下面以实例形式对【球面】命令进行讲解。

01　按 Ctrl+Z 组合键返回上一步操作，在菜单栏中选择【位图】|【三维效果】|【球面】命令，在打开的对话框中使用默认参数，单击【确定】按钮，如图 11-31 所示。

02　添加球面后的效果如图 11-32 所示。

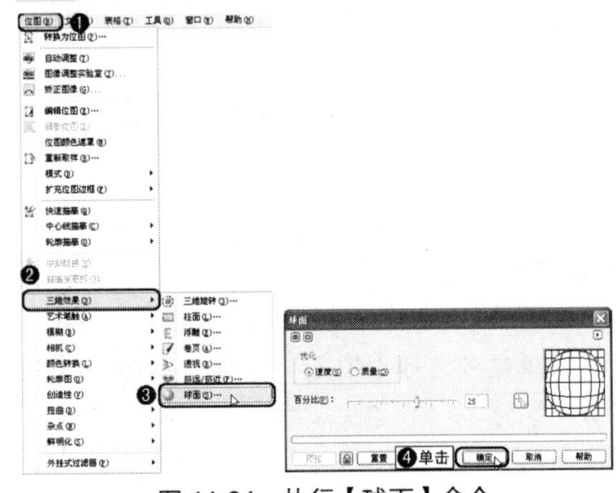

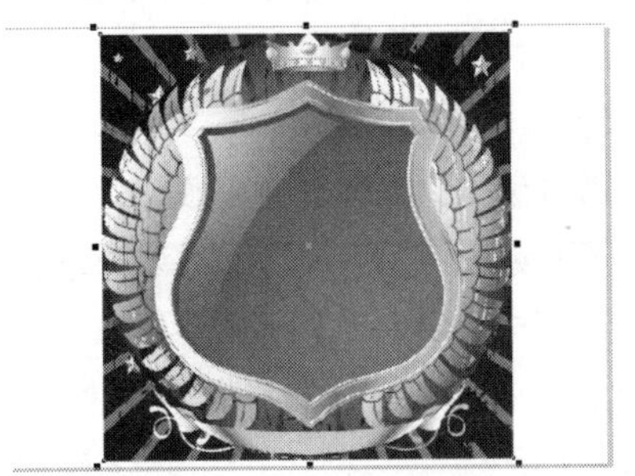

图 11-31　执行【球面】命令

图 11-32　添加球面后的效果

11.6 艺术笔触

通过【艺术笔触】下的命令可以快速将图像效果模拟成传统绘画效果。通过艺术笔触，可以模拟的绘画效果有炭笔画、单色蜡笔画、蜡笔画、立体派、印象派、调色刀、彩色蜡笔画、钢笔画、点彩派、木版画、素描、水彩画、水印画和波纹纸画，共 14 种画风。

11.6.1 炭笔画

模拟传统的炭笔画效果，通过执行该命令，可以把图像转换为传统的炭笔黑白画效果。

下面通过实例来介绍炭笔画的应用。

01 新建一个横向的页面文件，然后导入一张素材图片，调整图片的大小和位置，如图 11-33 所示。

图 11-33 导入的素材文件

02 在菜单栏中选择【位图】|【艺术笔触】|【炭笔画】命令，在打开的对话框中将【大小】和【边缘】参数分别设置为 3、4，设置完成后单击【确定】按钮，如图 11-34 所示。

03 添加炭笔画后的效果如图 11-35 所示。

图 11-34 设置参数

图 11-35 添加炭笔画后的效果

11.6.2 单色蜡笔画

通过设置蜡笔的颜色来模拟传统的单色蜡笔画效果。

下面继续使用前面导入的素材进行介绍。

01 按 Ctrl+Z 组合键返回上一步操作，在菜单栏中选择【位图】|【艺术笔触】|【单色蜡笔画】命令，在打开的对话框中将【压力】参数设置为 19，设置完成后单击【确定】按钮，如图 11-36 所示。

02 添加单色蜡笔画后的效果如图 11-37 所示。

图 11-36　设置压力参数

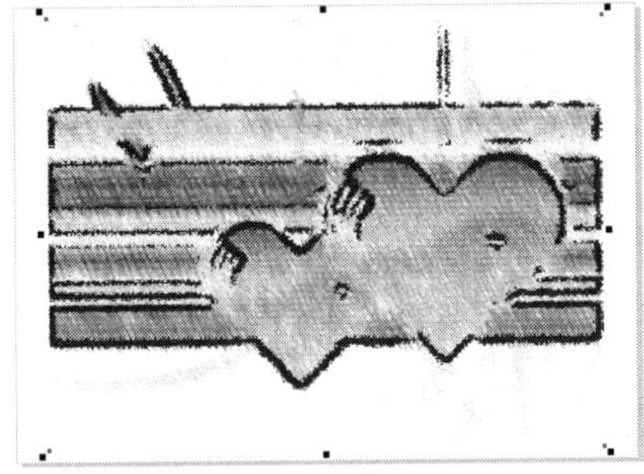

图 11-37　添加单色蜡笔画后的效果

11.6.3　蜡笔画

通过设置蜡笔画的【大小】和【轮廓】可以很轻松地模拟传统蜡笔画的效果。

下面对蜡笔画进行简单的介绍。

01　按 Ctrl+Z 组合键返回上一步操作，在菜单栏中选择【位图】|【艺术笔触】|【蜡笔画】命令，在打开的对话框中将【大小】参数设置为 7，将【轮廓】参数设置为 4，设置完成后单击【确定】按钮，如图 11-38 所示。

02　执行完蜡笔画后的效果如图 11-39 所示。

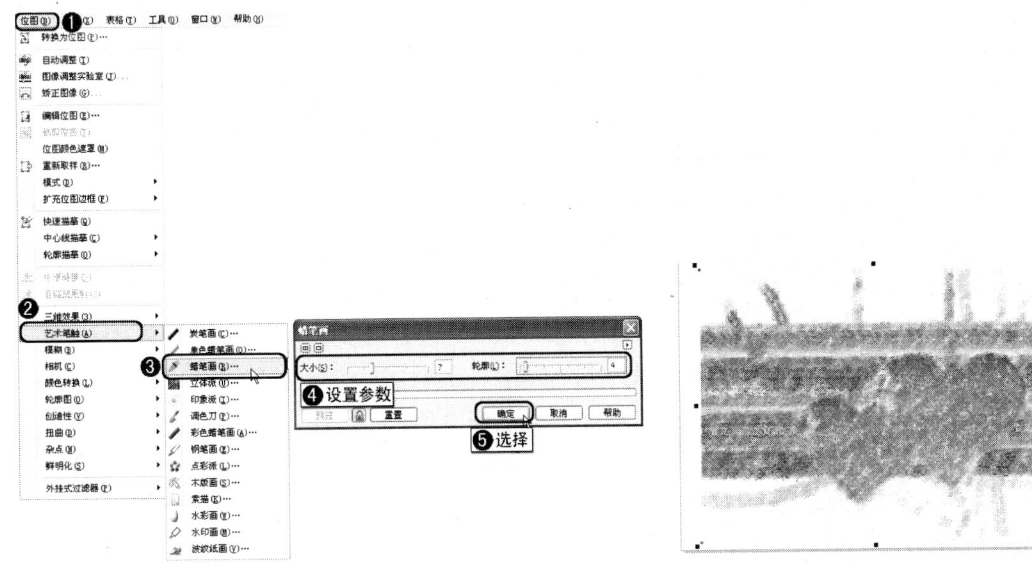

图 11-38　设置参数　　　　图 11-39　添加完蜡笔画后的效果

11.6.4 调色刀

调色刀又称画刀，用富有弹性的薄钢片制成，有尖状、圆状之分，用于在调色板上调匀颜料，不少画家也以刀代笔，直接用刀作画或在画布上形成颜料层面、肌理，增加表现力。

下面继续使用前面的素材对【调色刀】命令进行讲解。

01 按 Ctrl+Z 组合键返回上一步操作，在菜单栏中选择【位图】|【艺术笔触】|【调色刀】命令，在打开的对话框中将【刀片尺寸】和【柔软边缘】分别设置为 7、1，将【角度】参数设置为 90，设置完成后单击【确定】按钮，如图 11-40 所示。

02 执行【调色刀】命令后的效果如图 11-41 所示。

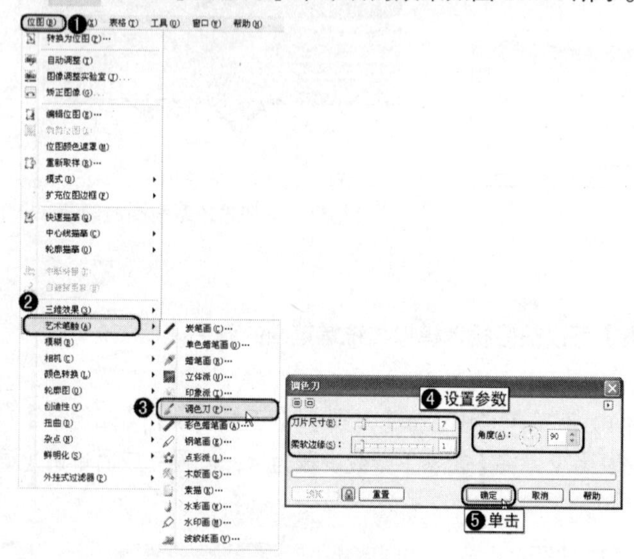

图 11-40 设置参数

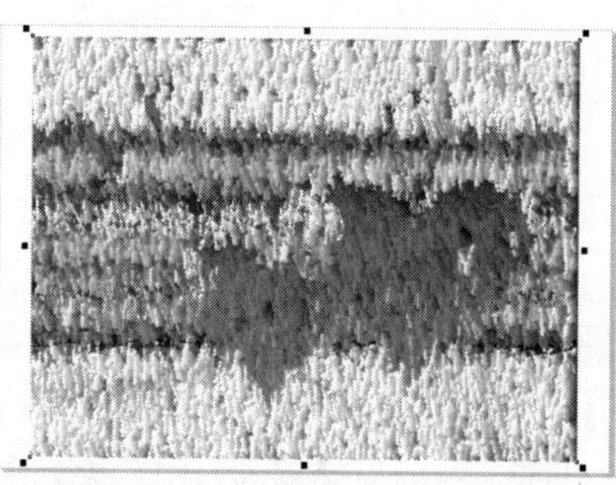
图 11-41 执行【调色刀】命令后的效果

11.6.5 彩色蜡笔画

模拟传统的彩色蜡笔画效果，CorelDRAW X4 中的彩色蜡笔画有两种类型，一种是“柔性”的，另一种是“油性”的。下面分别对它们进行介绍。

01 继续使用前面的素材进行讲解，按 Ctrl+Z 组合键返回上一步操作，在菜单栏中选择【位图】|【艺术笔触】|【彩色蜡笔画】命令，在打开的对话框中将【笔触大小】设置为 10，其余参数保持默认值，设置完成后单击【确定】按钮，如图 11-42 所示。

02 执行【彩色蜡笔画】命令后的效果如图 11-43 所示。

下面再来对油性彩色蜡笔画进行介绍。

01 按 Ctrl+Z 组合键返回上一步操作，在菜单栏中选择【位图】|【艺术笔触】|【彩色蜡笔画】命令，在打开的对话框中选择【油性】单选按钮，将【笔触大小】设置为 10，其余参数保持默认值，单击【确定】按钮，如图 11-44 所示。

02 执行【彩色蜡笔画】命令后的效果如图 11-45 所示。

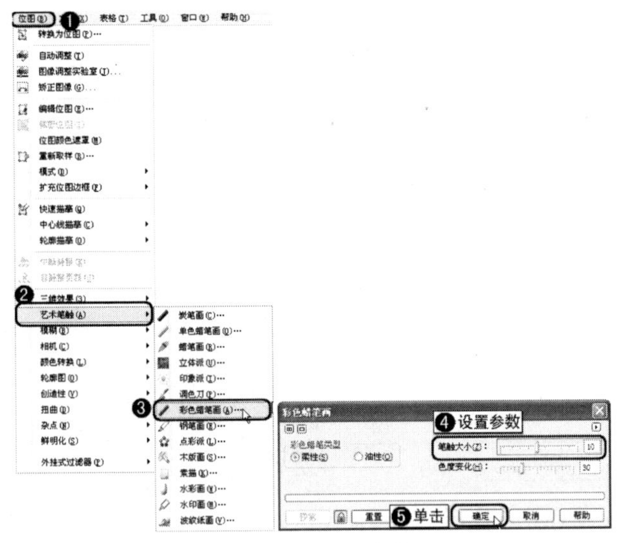

图 11-42　设置参数

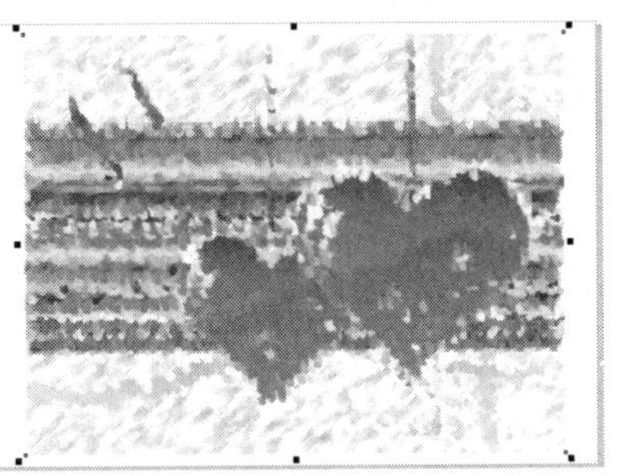

图 11-43　模拟柔性彩色蜡笔画的效果

图 11-44　设置参数

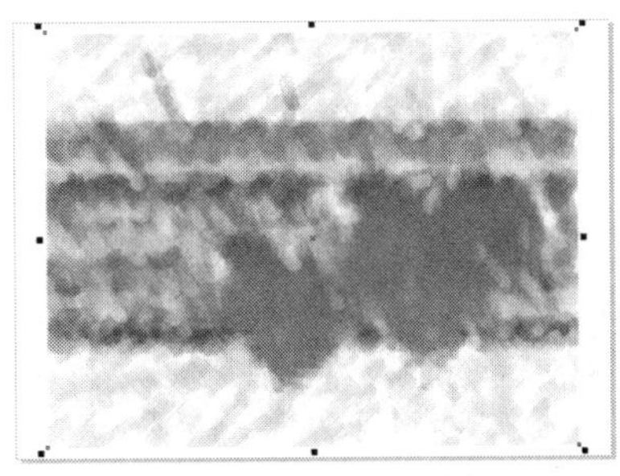

图 11-45　模拟油性彩色蜡笔画的效果

11.6.6　钢笔画

通过控制钢笔的【密度】和【墨水】，可以很好地在 CorelDRAW X4 中为位图添加钢笔画效果。下面来介绍【钢笔画】命令的应用。

01　按 Ctrl+Z 组合键返回上一步操作，在菜单栏中选择【位图】|【艺术笔触】|【钢笔画】命令，在打开的对话框中将【密度】和【墨水】参数分别设置为 70、100，设置完成后单击【确定】按钮，如图 11-46 所示。

02　执行【钢笔画】命令后的效果如图 11-47 所示。

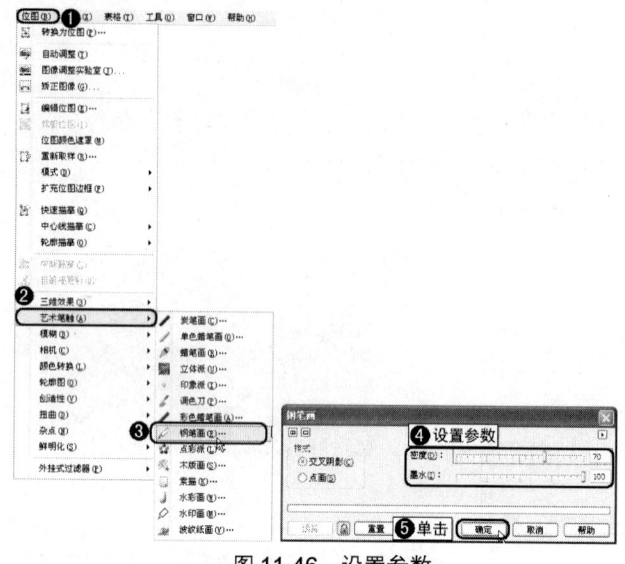

图 11-46　设置参数

图 11-47　钢笔画效果

11.6.7　木版画

木版画俗称木刻，源于我国古代。雕版印刷书籍中的插图，是版画家族中最古老，也是最有代表性的一支。木版画刀法刚劲有力，黑白相间的节奏使作品极有力度。

下面对【木版画】命令进行介绍。

01　按 Ctrl+Z 组合键返回上一步操作，在菜单栏中选择【位图】|【艺术笔触】|【木版画】命令，在打开的对话框中将【密度】和【大小】参数分别设置为 32、20，设置完成后单击【确定】按钮，如图 11-48 所示。

02　执行【木版画】命令后的效果如图 11-49 所示。

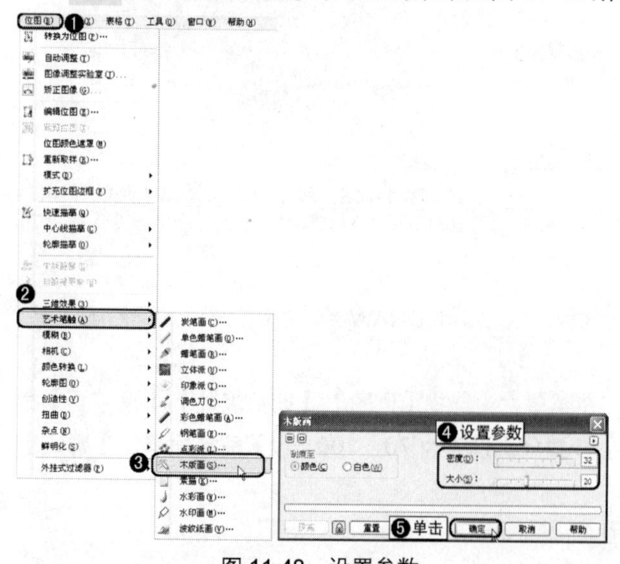

图 11-48　设置参数

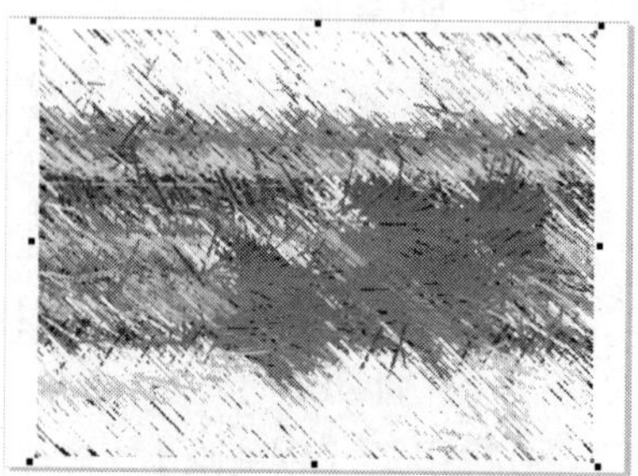

图 11-49　木版画效果

11.6.8　素描

下面介绍【素描】命令的应用。

01　按 Ctrl+Z 组合键返回上一步操作，在菜单栏中选择【位图】|【艺术笔触】|【素描】命令，在打开的对话框中使用默认参数，单击【确定】按钮，如图 11-50 所示。

02　执行【素描】命令后的效果如图 11-51 所示。

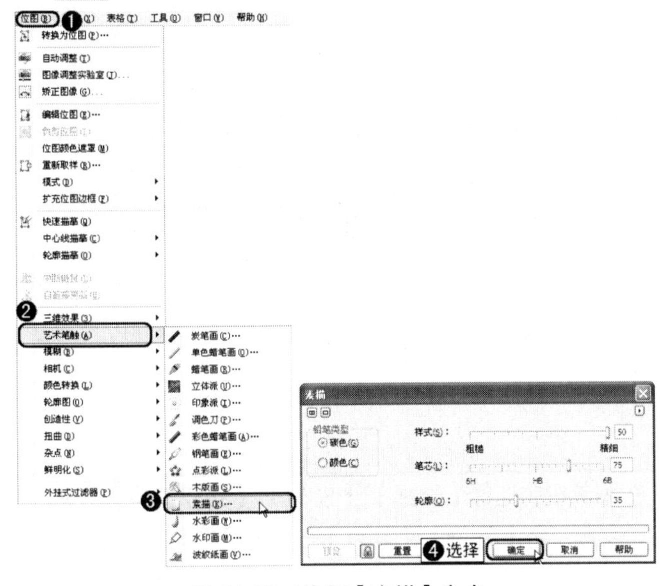

图 11-50　执行【素描】命令

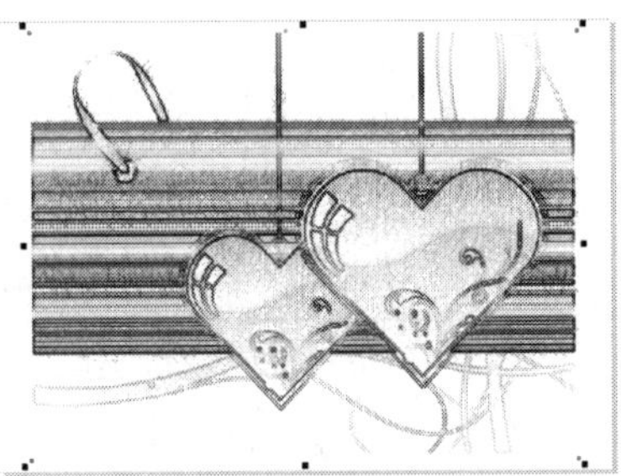

图 11-51　素描效果

11.7　模糊

通过【模糊】命令可以给图像添加不同程度的模糊效果，模糊命令共包含 9 个子命令，分别是定向平滑、高斯式模糊、锯齿状模糊、低通滤波器、动态模糊、放射式模糊、平滑、柔和和缩放。

11.7.1　高斯式模糊

高斯式模糊是模糊命令中使用最频繁的一个，高斯模糊是建立在高斯函数基础上的一个模糊计算方法。

下面使用简单的实例来介绍高斯模糊。

01　新建一个文档，导入一张素材文件，调整素材的大小和位置，如图 11-52 所示。

02　确定新导入的素材文件处于选择状态，在菜单栏中选择【位图】|【模糊】|【高斯式模糊】命令，在打开的对话框中将【半径】参数设置为 8 像素，设置完成后单击【确定】按钮，如图 11-53 所示。

03　执行【高斯式模糊】命令后的效果如图 11-54 所示。

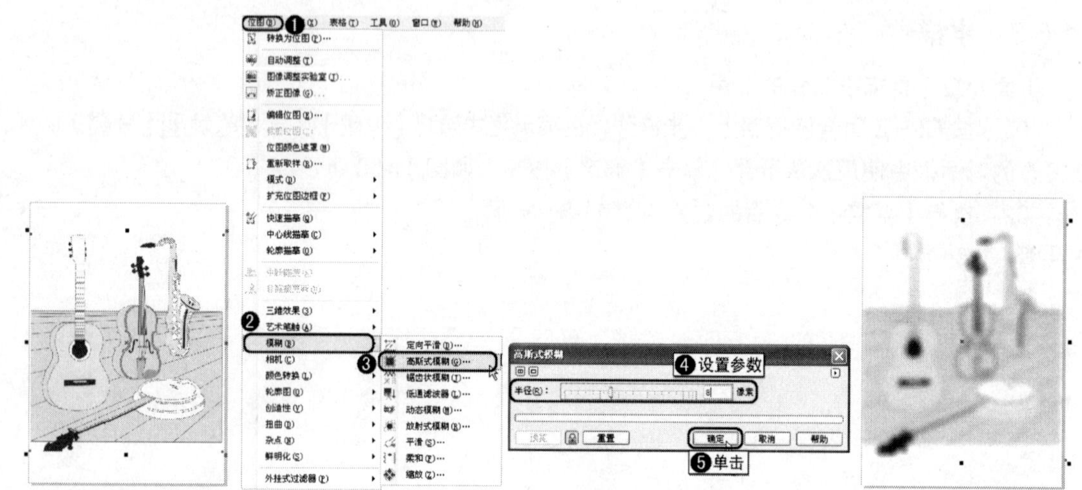

图 11-52　导入的素材文件　　图 11-53　设置参数　　图 11-54　高斯式模糊效果

11.7.2　动态模糊

动态模糊使图像产生动感模糊的效果。

下面继续使用前面的素材进行讲解。

01　按 Ctrl+Z 组合键返回上一步，在菜单栏中选择【位图】|【模糊】|【动态模糊】命令，在打开的对话框中将【间隔】参数设置为 35 像素，将【方向】设置为 135，设置完成后单击【确定】按钮，如图 11-55 所示。

02　执行【动态模糊】命令后的效果如图 11-56 所示。

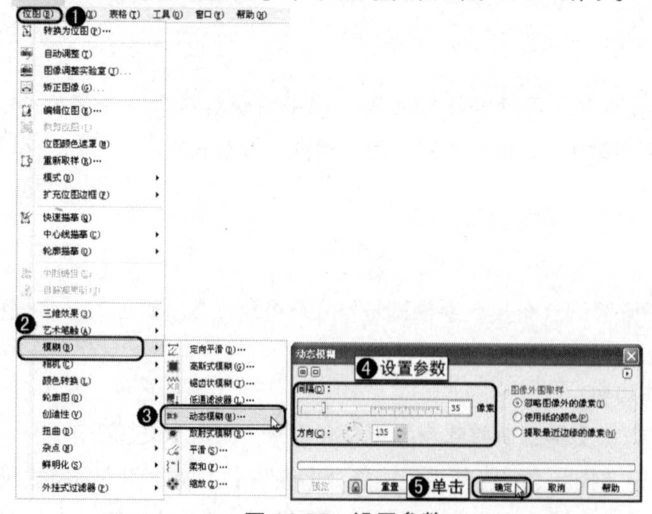

图 11-55　设置参数

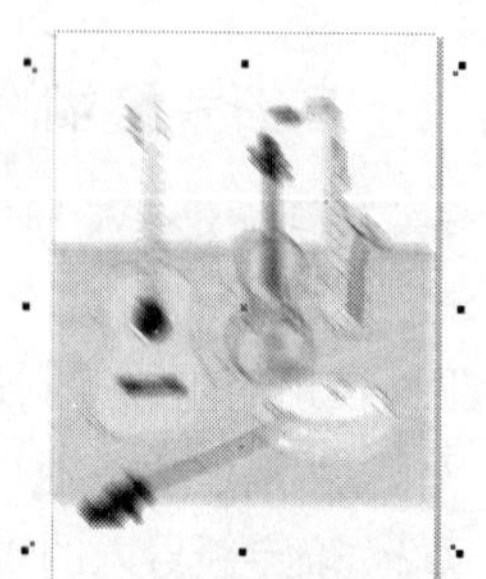

图 11-56　动态模糊效果

11.7.3　放射式模糊

给图像添加一种自中心向周围呈旋涡状的放射模糊状态。

下面继续使用前面的素材进行讲解。

01　按 Ctrl+Z 组合键返回上一步，在菜单栏中选择【位图】|【模糊】|【放射式模糊】命令，在打开的对话框中将【数量】参数设置为 30，设置完成后单击【确定】按钮，如图 11-57 所示。

02　执行【放射式模糊】命令后的效果如图 11-58 所示。

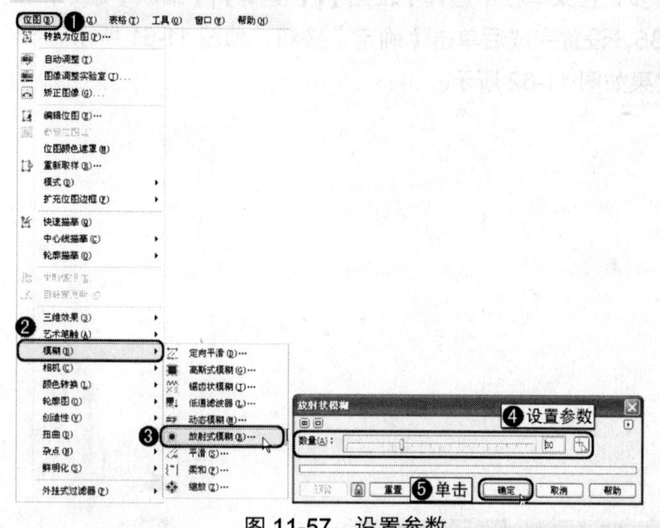

图 11-57　设置参数

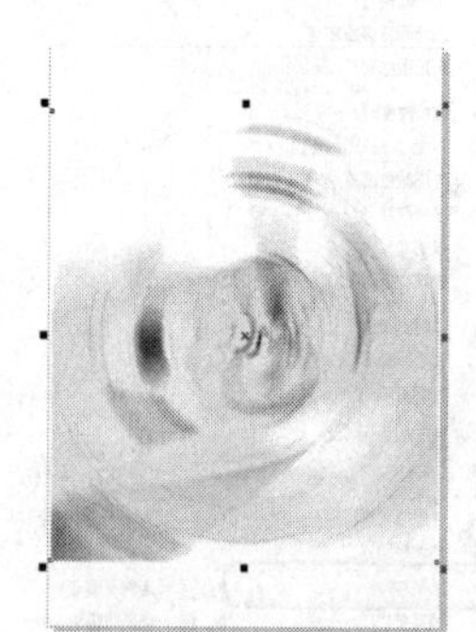

图 11-58　放射式模糊效果

11.7.4　平滑

使用【平滑】命令可以使图像变得更加平滑，通常用于优化位图图像。

下面继续使用前面的素材进行讲解。

01　按 Ctrl+Z 组合键返回上一步，在菜单栏中选择【位图】|【模糊】|【平滑】命令，在打开的对话框中将【百分比】参数设置为 100，设置完成后单击【确定】按钮，如图 11-59 所示。

02　执行【平滑】命令后的效果如图 11-60 所示。

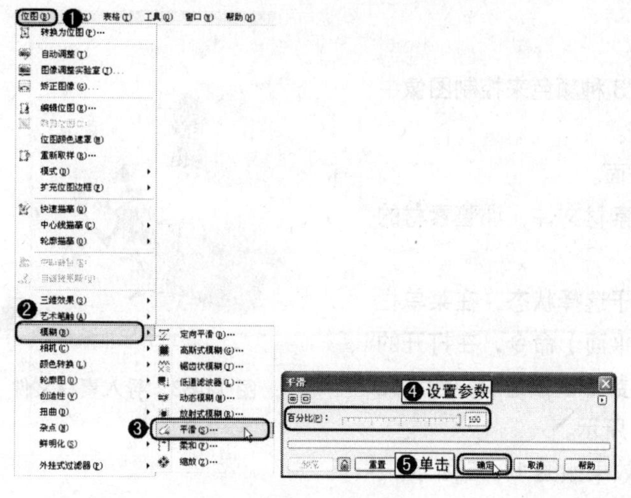

图 11-59　设置参数

图 11-60　平滑效果

11.7.5 缩放

使用【缩放】命令可以使图像自中心产生一种爆炸式的效果。

下面继续使用前面的素材进行讲解。

01 按 Ctrl+Z 组合键返回上一步，在菜单栏中选择【位图】|【模糊】|【缩放】命令，在打开的对话框中将【数量】参数设置为 35，设置完成后单击【确定】按钮，如图 11-61 所示。

02 执行【缩放】命令后的效果如图 11-62 所示。

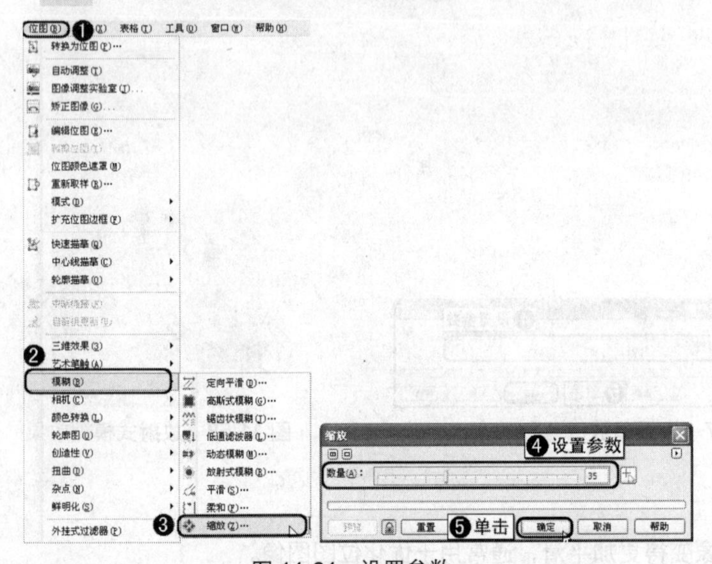

图 11-61 设置参数

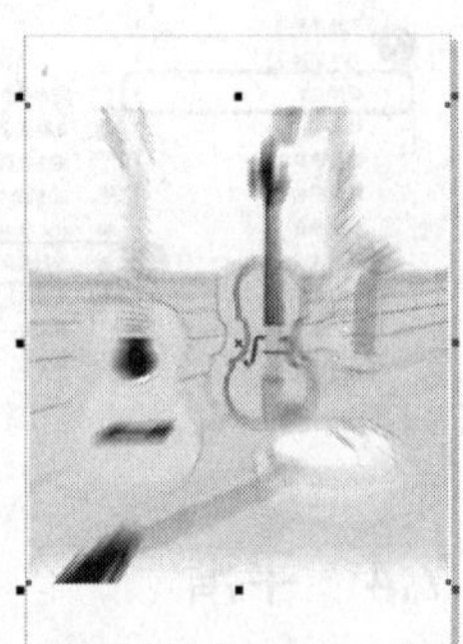
图 11-62 缩放参数

11.8 颜色转换

颜色转换主要对图像中的色彩进行颜色转换。下面分别对它们进行介绍。

11.8.1 位平面

通过红（R）、绿（G）、蓝（B）3 种颜色来控制图像中的色彩变化，每一种颜色就是一个面。

下面使用简单的实例来介绍位平面。

01 新建一个文档，导入一张素材文件，调整素材的大小和位置，如图 11-63 所示。

图 11-63 导入素材文件

02 确定新导入的素材文件处于选择状态，在菜单栏中选择【位图】|【颜色转换】|【位平面】命令，在打开的对话框中将【红】、【绿】、【蓝】的参数都设置为 3，设置完成后单击【确定】按钮，如图 11-64 所示。

03 执行【位平面】命令后的效果如图 11-65 所示。

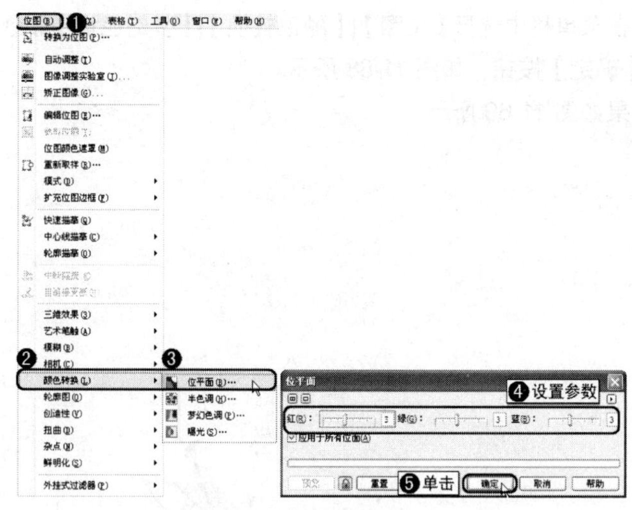

图 11-64　设置参数

图 11-65　位平面效果

11.8.2　半色调

通过调节 CMYK 的各项色值来给图像添加一种特殊效果。

下面继续使用前面的素材进行讲解。

01　按 Ctrl+Z 组合键返回上一步，在菜单栏中选择【位图】|【颜色转换】|【半色调】命令，在打开的对话框中将【最大点半径】参数设置为 5，设置完成后单击【确定】按钮，如图 11-66 所示。

02　执行【半色调】命令后的效果如图 11-67 所示。

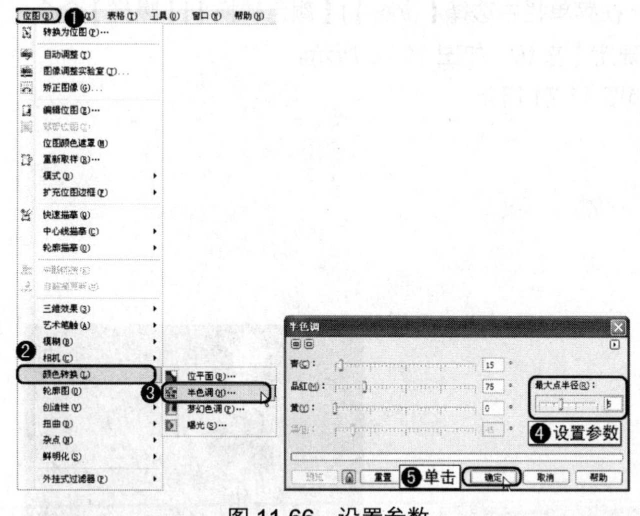

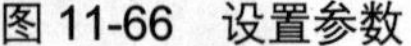

图 11-66　设置参数

图 11-67　半色调效果

11.8.3　梦幻色调

通过【梦幻色调】命令可以将图像色彩转换为具有梦幻效果的色调类型。

下面继续使用前面的素材进行讲解。

01 按 Ctrl+Z 组合键返回上一步，在菜单栏中选择【位图】|【颜色转换】|【梦幻色调】命令，在打开的对话框中使用默认参数，单击【确定】按钮，如图 11-68 所示。

02 执行【梦幻色调】命令后的效果如图 11-69 所示。

图 11-68 设置参数　　图 11-69 梦幻色调效果

11.8.4 曝光

下面继续使用前面的素材介绍【曝光】命令的应用。

01 按 Ctrl+Z 组合键返回上一步，在菜单栏中选择【位图】|【颜色转换】|【曝光】命令，在打开的对话框中使用默认参数，单击【确定】按钮，如图 11-70 所示。

02 执行【曝光】命令后的效果如图 11-71 所示。

图 11-70 设置参数　　图 11-71 曝光效果

11.9　创造性

【创造性】命令可以给图像添加拼图效果、马赛克效果、彩色玻璃效果、虚光效果和玻璃砖效果等。其中包括工艺、晶体化、织物、框架、玻璃砖、儿童游戏、马赛克、粒子、散开、茶色玻璃、彩色玻璃、虚光、旋涡和天气 14 个子命令。

11.9.1　工艺

【工艺】命令可以给图像添加拼图效果、齿轮效果、弹珠效果、糖果效果、瓷砖效果和筹码效果。我们可以通过【大小】选项来控制分布的数量，值越大，分布的数量越少，反之则越多；可以通过【完成】选项来控制最终的显示数量，值越大，显示的数量越多。

下面通过实例来介绍【工艺】命令的使用。

01　新建一个文档，并导入一张素材文件，然后调整素材的大小和位置，如图 11-72 所示。

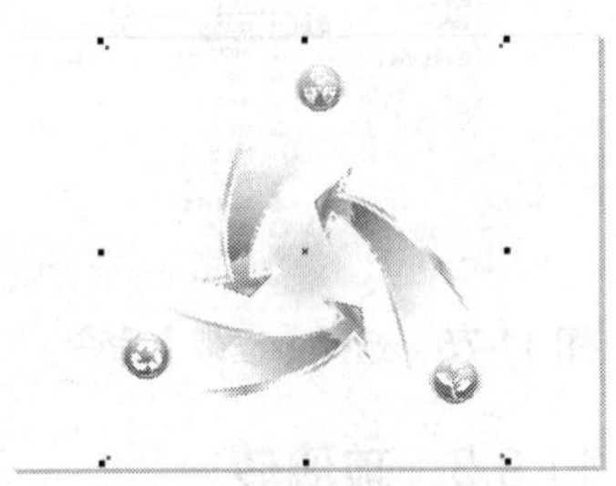

图 11-72　导入的素材文件

02　确定新导入的素材文件处于选择状态，在菜单栏中选择【位图】|【创造性】|【工艺】命令，在打开的对话框中将【样式】定义为瓷砖，将【大小】参数设置为 20，将【亮度】参数设置为 100，设置完成后单击【确定】按钮，如图 11-73 所示。

03　执行【工艺】命令后的效果如图 11-74 所示。

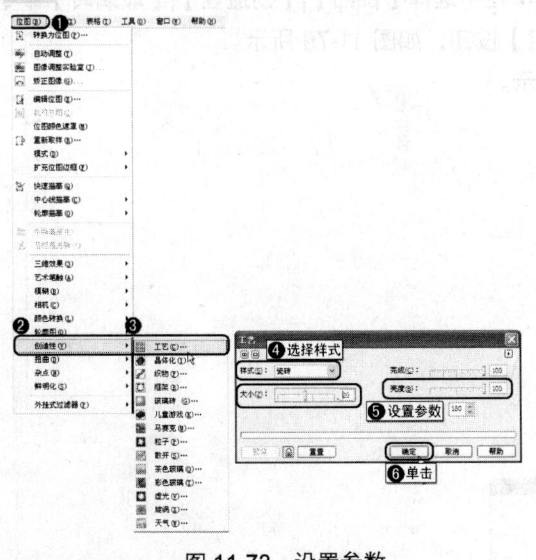

图 11-73　设置参数

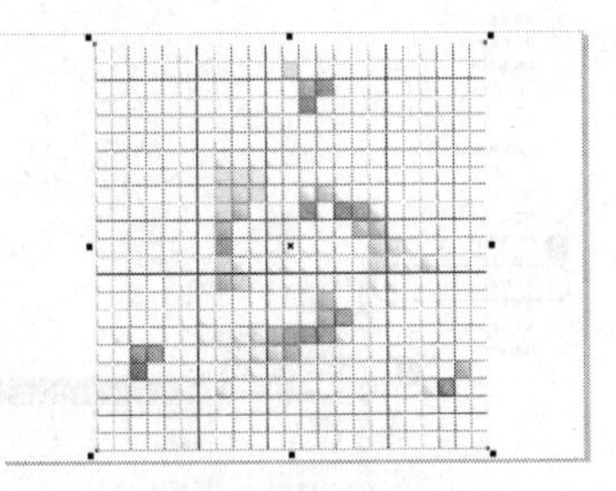

图 11-74　工艺效果

11.9.2　框架

一般用于给照片添加艺术边框。下面继续使用前面的素材进行讲解。

01　按 Ctrl+Z 组合键返回上一步，在菜单栏中选择【位图】|【创造性】|【框架】命令，如图 11-75 所示。在打开的对话框中使用默认的参数，单击【确定】按钮，如图 11-76 所示。

02　执行【框架】命令后的效果如图 11-77 所示。

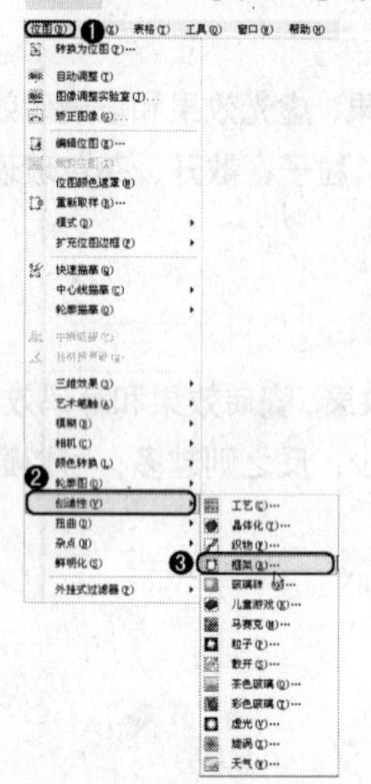

图 11-75　选择【框架】命令

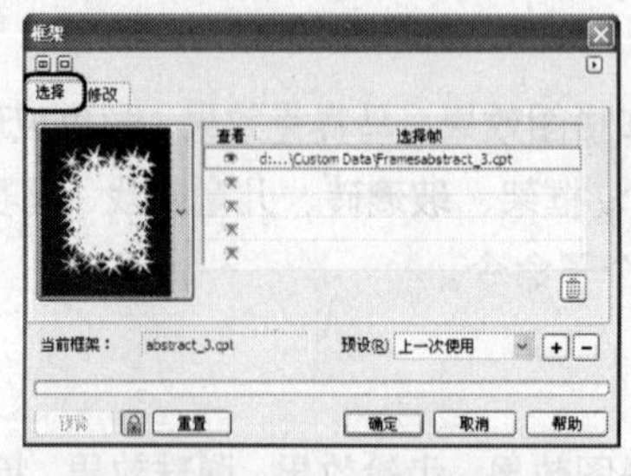

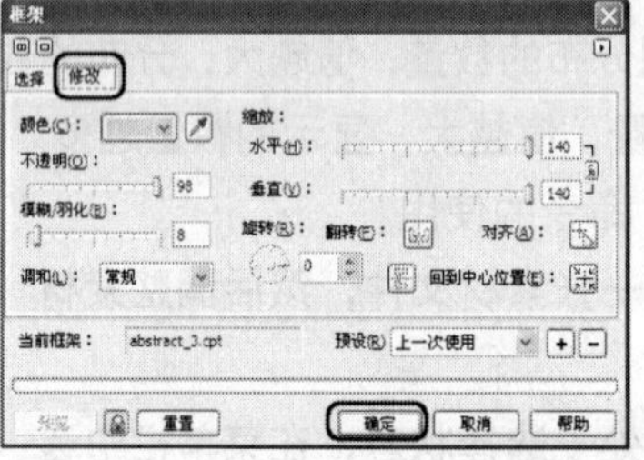

图 11-76　【框架】对话框

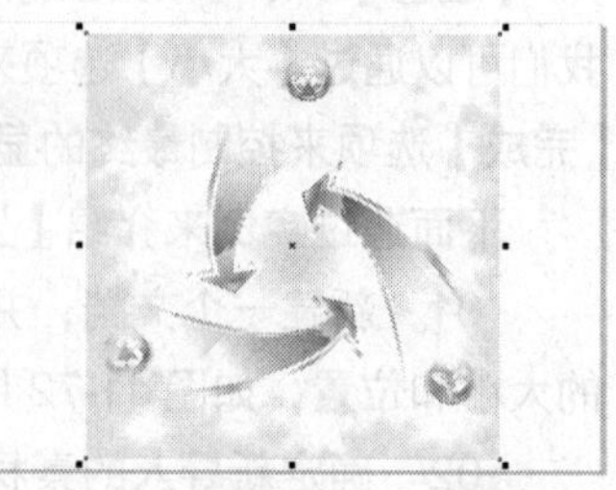

图 11-77　框架效果

11.9.3　玻璃砖

运用该命令可以使画面形成一种玻璃砖的特殊效果。

01　按 Ctrl+Z 组合键返回上一步，在菜单栏中选择【位图】|【创造性】|【玻璃砖】命令，在打开的对话框中使用默认的参数，单击【确定】按钮，如图 11-78 所示。

02　添加玻璃砖后的效果如图 11-79 所示。

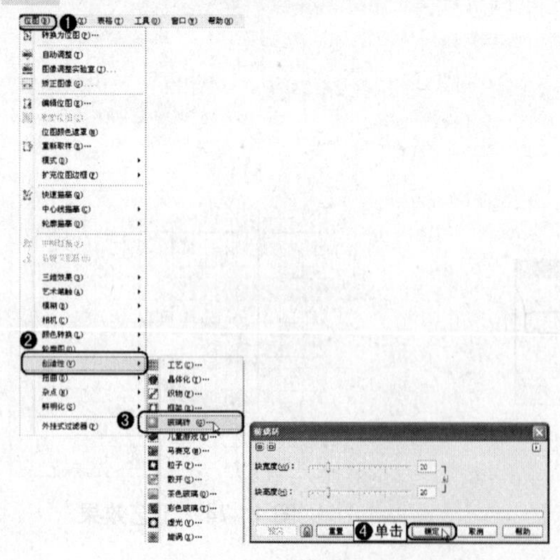

图 11-78　设置参数

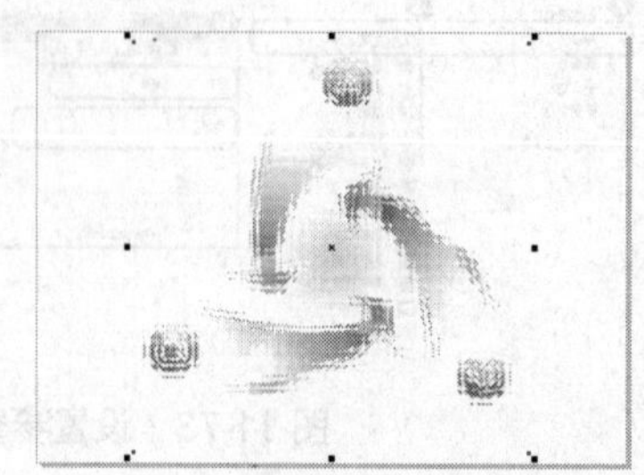

图 11-79　玻璃砖效果

11.9.4　散开

使用【散开】命令可以使图像产生一种晕散开来的质感。可以通过【水平】和【垂直】选项来控制晕散的范围。

下面继续使用前面的素材进行讲解。

01 按 Ctrl+Z 组合键返回上一步，在菜单栏中选择【位图】|【创造性】|【散开】命令，在打开的对话框中使用默认的参数，设置完成后单击【确定】按钮，如图 11-80 所示。

02 添加散开后的效果如图 11-81 所示。

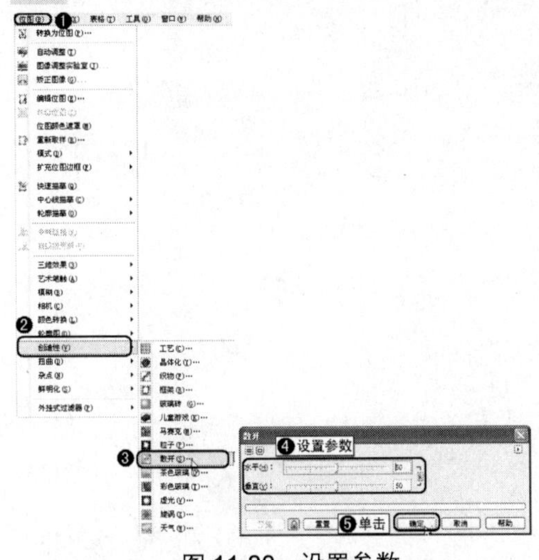

图 11-80 设置参数

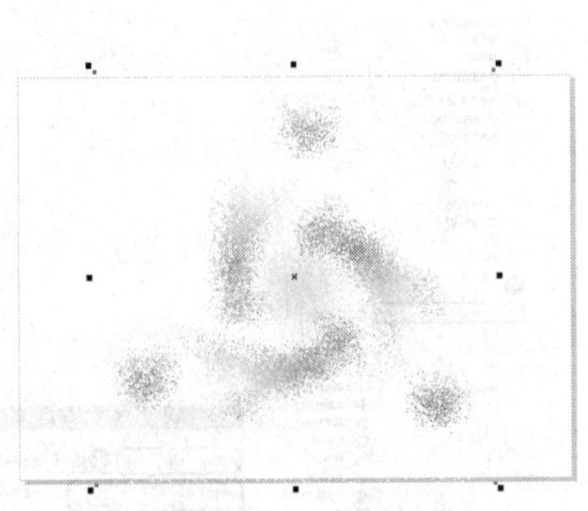

图 11-81 散开效果

11.9.5 虚光

使用【虚光】命令可以在图像的外边缘产生一圈虚光效果。CorelDRAW X4 中可设置的虚光类型有椭圆形、圆形、矩形和正方形 4 种，在设置对话框中可以找到这些命令。

01 按 Ctrl+Z 组合键返回上一步，在菜单栏中选择【位图】|【创造性】|【虚光】命令，在打开的对话框中使用默认的参数，单击【确定】按钮，如图 11-82 所示。

02 添加虚光后的效果如图 11-83 所示。

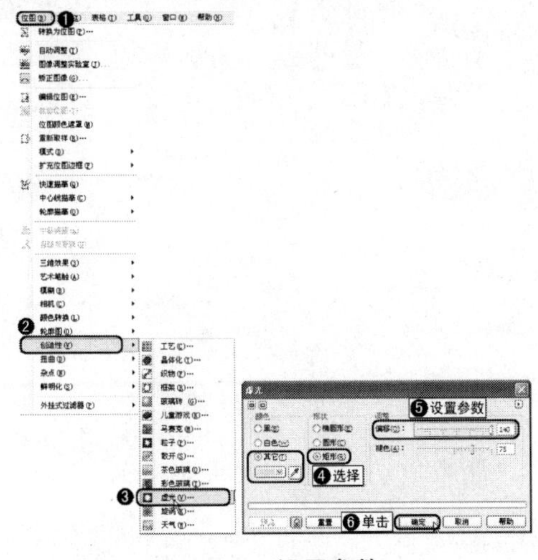

图 11-82 设置参数

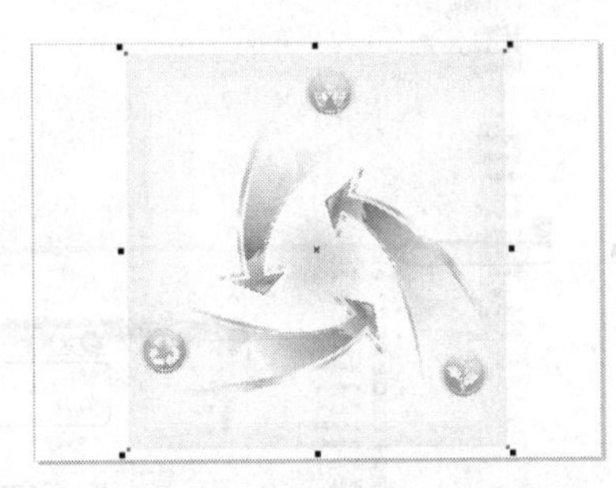

图 11-83 虚光效果

11.9.6 旋涡

给图像添加一种旋涡特效，通过控制【样式】和【大小】来控制旋涡的形成力度。

01 按 Ctrl+Z 组合键返回上一步，在菜单栏中选择【位图】|【创造性】|【旋涡】命令，在打开的对话框中将【样式】定义为细体，将【大小】设置为 5，设置完成后单击【确定】按钮，如图 11-84 所示。

02 添加旋涡后的效果如图 11-85 所示。

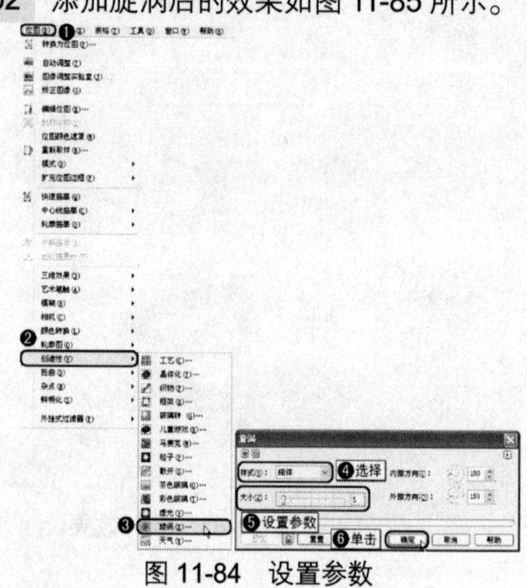

图 11-84 设置参数

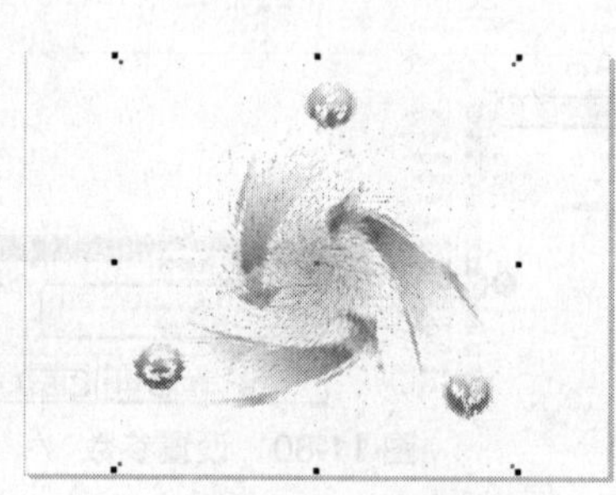

图 11-85 旋涡效果

11.9.7 天气

给图像添加雪、雨、雾天气效果，通过【浓度】选项可以控制小雪至暴风雪、小雨至暴雨、薄雾至浓雾的效果。

01 按 Ctrl+Z 组合键返回上一步，在菜单栏中选择【位图】|【创造性】|【天气】命令，在打开的对话框中将【浓度】参数设置为 45，将【大小】设置为 8，设置完成后单击【确定】按钮，如图 11-86 所示。

02 添加天气后的效果如图 11-87 所示。

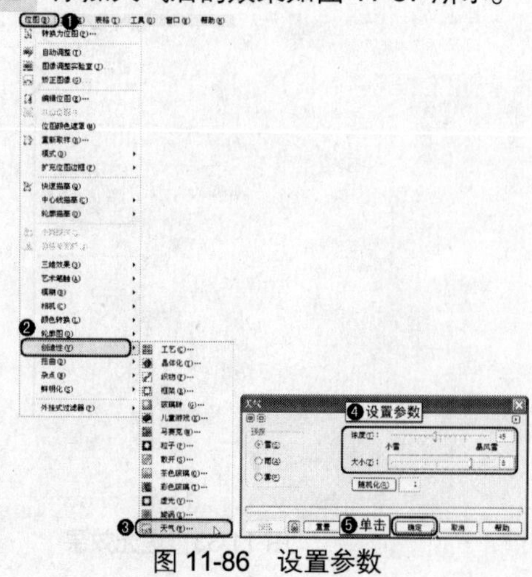

图 11-86 设置参数

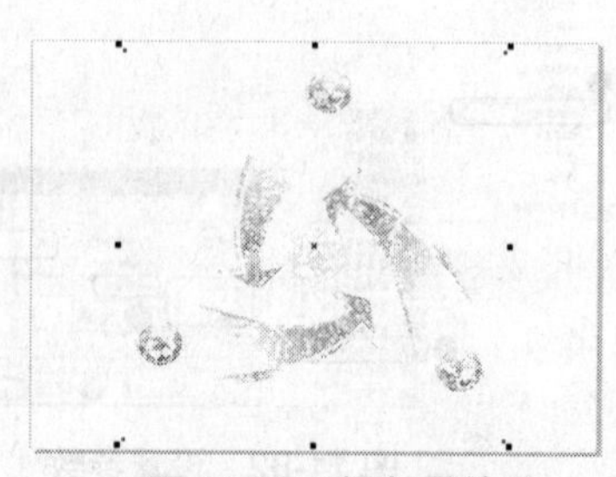

图 11-87 添加雪效果

11.10 扭曲

使用【扭曲】命令可以为图像添加块状效果、置换效果、偏移效果、像素效果、龟纹效果、旋涡效果、平铺效果、湿笔画效果、涡流效果和风吹效果。

11.10.1 块状

运用【块状】命令，可以将图像分裂成块状效果。

下面通过简单的实例来介绍【块状】命令的使用。

01 新建一个文档，并导入一张素材文件，调整素材的大小和位置，如图 11-88 所示。

图 11-88 导入素材

02 确定新导入的素材文件处于选择状态，在菜单栏中选择【位图】|【扭曲】|【块状】命令，打开【块状】对话框，在【未定义区域】下选择其他，设置一种颜色，然后将【块宽度】和【块高度】都设置为 16，设置完成后单击【确定】按钮，如图 11-89 所示。

03 执行【块状】命令后的效果如图 11-90 所示。

图 11-89 设置参数

图 11-90 块状效果

11.10.2 置换

此命令将一些图样添加到位图的表面，从而形成一种特殊的效果。

下面继续使用前面的素材进行讲解。

01 按 Ctrl+Z 组合键返回上一步，在菜单栏中选择【位图】|【扭曲】|【置换】命令，在打开的对话框中将【水平】和【垂直】的参数分别设置为 29、70，选择一种置换图样，设置完成后单击【确定】按钮，如图 11-91 所示。

02 添加置换后的效果如图 11-92 所示。

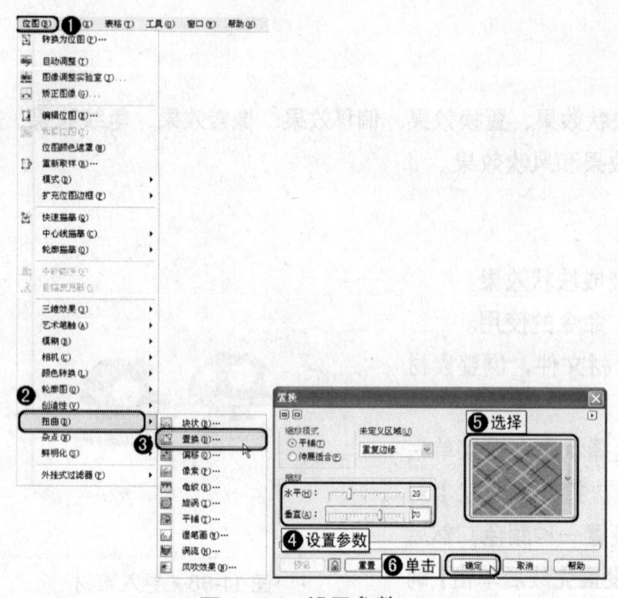

图 11-91 设置参数

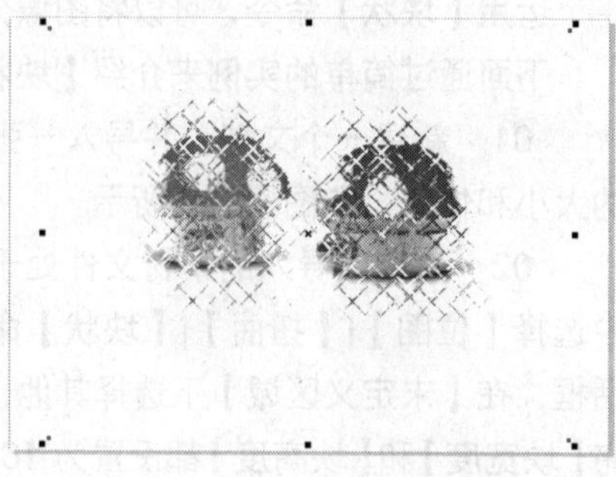

图 11-92 置换效果

11.10.3 像素

此命令使图像在一定的像素范围内产生模糊效果。CorelDRAW X4 自带的像素化模式有正方形、矩形和射线 3 种，通过改变【宽度】值和【高度】值来控制像素化效果的力度。

01 按 Ctrl+Z 组合键返回上一步，在菜单栏中选择【位图】|【扭曲】|【像素】命令，在打开的对话框中将【宽度】和【高度】的参数都设置为 7，设置完成后单击【确定】按钮，如图 11-93 所示。

02 添加像素后的效果如图 11-94 所示。

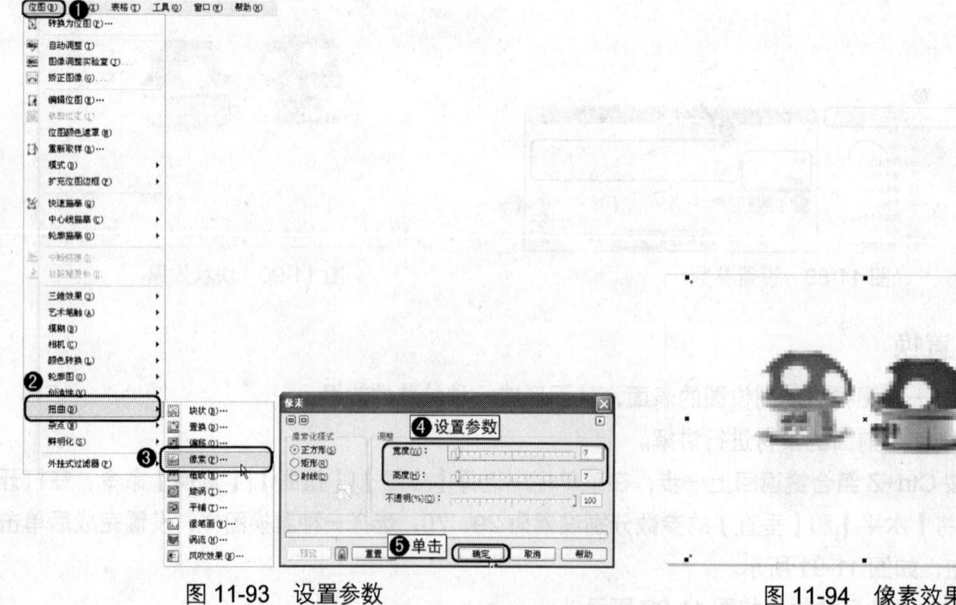

图 11-93 设置参数

图 11-94 像素效果

11.10.4　旋涡

【旋涡】命令用于使图像产生旋涡状的扭曲。

01　按 Ctrl+Z 组合键返回上一步，在菜单栏中选择【位图】|【扭曲】|【旋涡】命令，在打开的对话框中将【整体旋转】参数设置为 1，设置完成后单击【确定】按钮，如图 11-95 所示。

02　添加旋涡后的效果如图 11-96 所示。

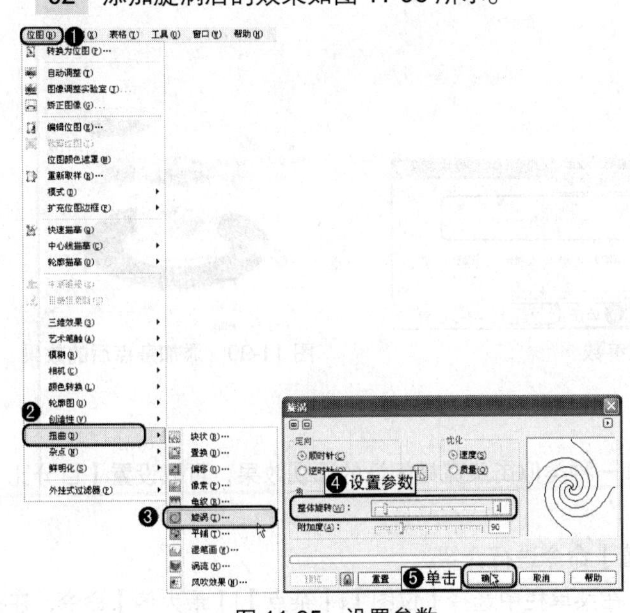

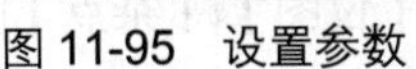

图 11-95　设置参数

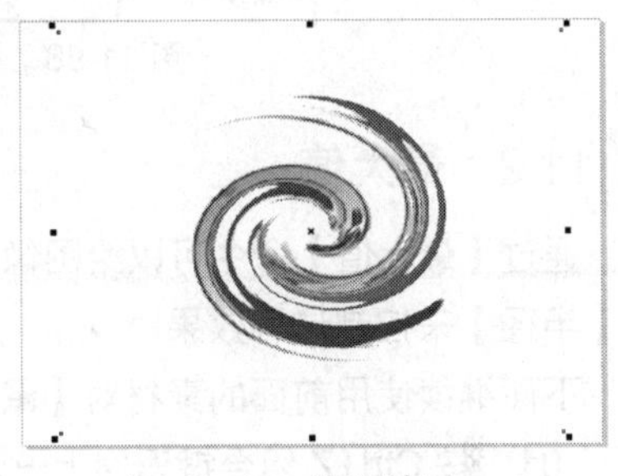

图 11-96　旋涡效果

11.11　杂点

该命令主要用于为图像添加杂点或去除杂点，多用于校正图像中的瑕疵，可使图像表面更加平滑完美。

11.11.1　添加杂点

给图像添加杂点效果，可以使图像表面的纹理更加丰富。

下面对【添加杂点】命令进行介绍。

01　新建一个文档，并导入一张素材文件，调整素材的大小和位置，如图 11-97 所示。

02　确定新导入的素材文件处于选择状态，在菜单栏中选择【位图】|【杂点】|【添加杂点】命令，在打开的对话框中将【层次】和【密度】参数分别设置为 90、56，设置完成后单击【确定】按钮，如图 11-98 所示。

03　执行【添加杂点】命令后的效果如图 11-99 所示。

图 11-97　导入的素材文件

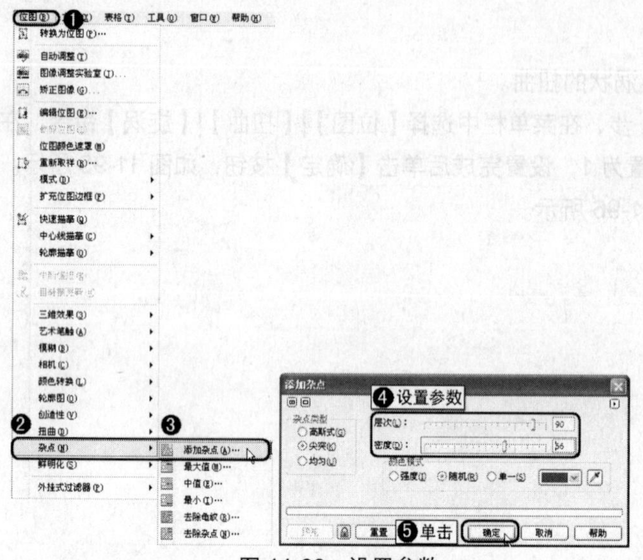
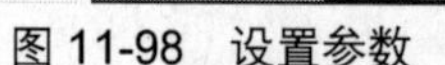

图 11-98　设置参数

图 11-99　添加杂点后的效果

11.11.2　最大值

通过【最大值】命令可以给图像添加一种类似街头霓虹闪烁的远视效果，可以设置【百分比】和【半径】来控制这种效果。

下面继续使用前面的素材对【最大值】命令进行介绍。

01　按 Ctrl+Z 组合键返回上一步，在菜单栏中选择【位图】|【杂点】|【最大值】命令，在打开的对话框中将【百分比】和【半径】的参数分别设置为 51、11，设置完成后单击【确定】按钮，如图 11-100 所示。

02　添加最大值后的效果如图 11-101 所示。

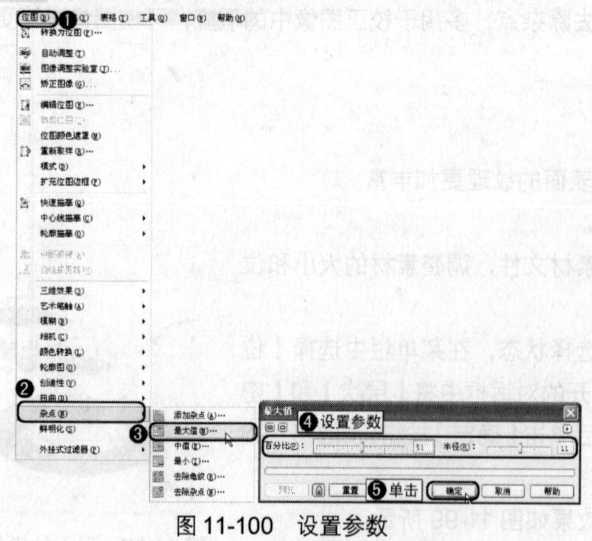

图 11-100　设置参数

图 11-101　最大值效果

11.11.3　最小值

使用【最小】命令可以给图像中的物体添加一种类似用湿笔画过的轮廓效果。

下面对继续使用前面的素材【最小】命令进行介绍。

01　按 Ctrl+Z 组合键返回上一步，在菜单栏中选择【位图】|【杂点】|【最小】命令，在打开的对话框中将【百分比】和【半径】的参数分别设置为 50、11，设置完成后单击【确定】按钮，如图 11-102 所示。

02　添加最小值后的效果如图 11-103 所示。

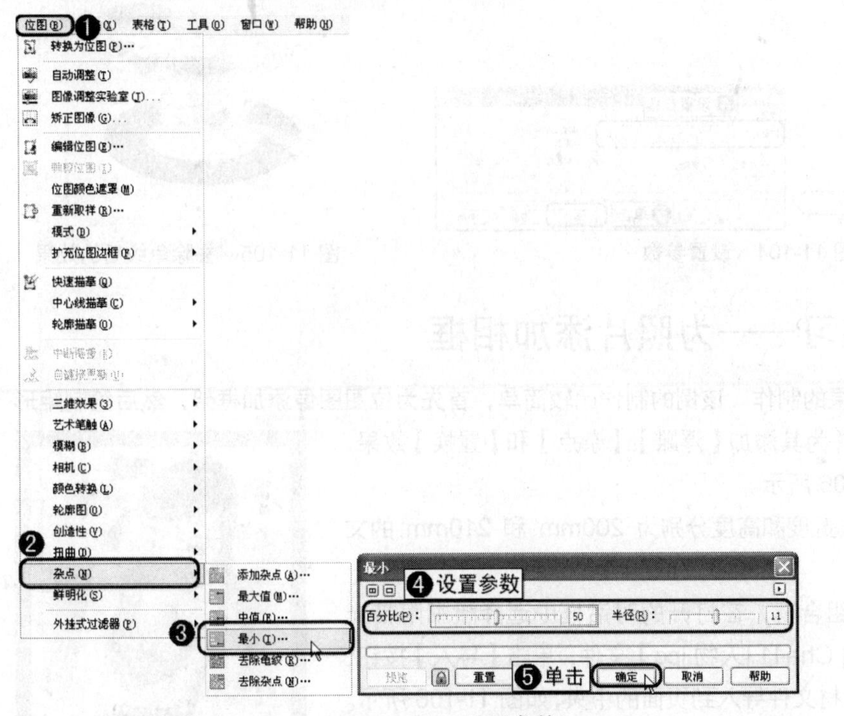

图 11-102　设置参数

图 11-103　最小效果

11.11.4　去除龟纹

通过【去除龟纹】命令可以去除图像中一些比较细微的纹理，如网纹、波纹等，通常用于优化和校正图像中的细节部分。

下面继续使用前面的素材进行讲解。

01　按 Ctrl+Z 组合键返回上一步，在菜单栏中选择【位图】|【杂点】|【去除龟纹】命令，在打开的对话框中将【数量】参数设置为 10，设置完成后单击【确定】按钮，如图 11-104 所示。

02　添加去除龟纹后的效果如图 11-105 所示。

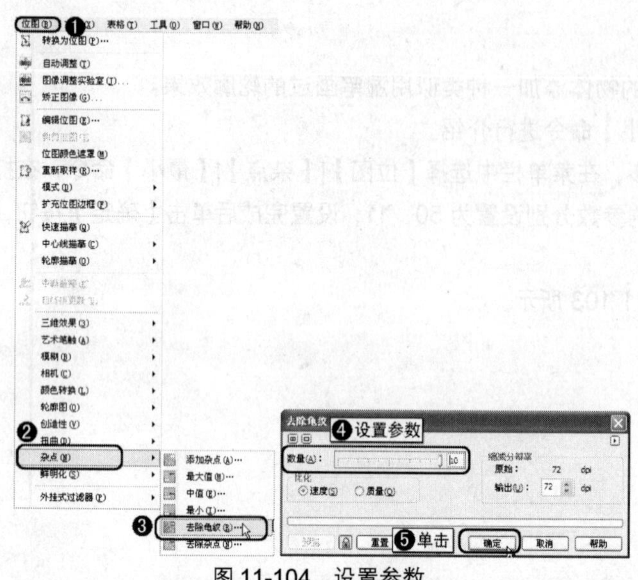

图 11-104　设置参数

图 11-105　去除龟纹后的效果

11.12　上机练习——为照片添加相框

本例将介绍装饰效果的制作。该例的制作比较简单，首先为位图图像添加框架，然后绘制矩形轮廓，将其转换为位图并为其添加【浮雕】、【杂点】和【置换】效果，完成后的效果如图 11-106 所示。

图 11-106　添加装饰效果

01　新建一个纸张宽度和高度分别为 200mm 和 210mm 的文档，如图 11-107 所示。

02　按【Ctrl+I】组合键，在打开的对话框中选择随书附带光盘【DVDROM | 素材 | Cha11 |人物.jpg】文件，单击【导入】按钮，按 Enter 键，将选择的素材文件导入到页面的中央，如图 11-108 所示。

03　在菜单栏中选择【位图】|【创造性】|【框架】命令，如图 11-109 所示。

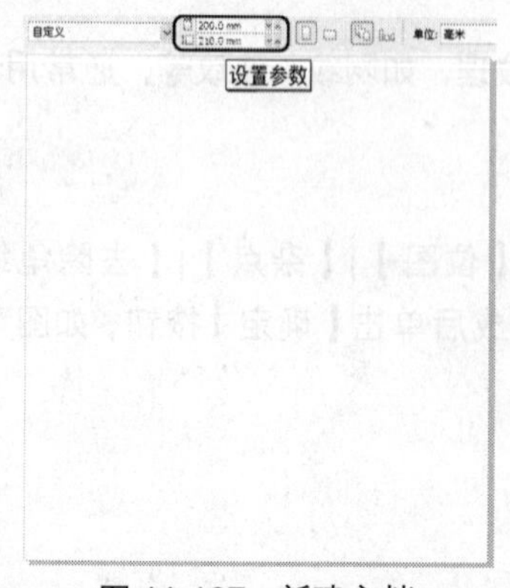

图 11-107　新建文档

图 11-108　导入素材

04　在打开的对话框中单击【预览】按钮右侧的🔒按钮，选择一种框架类型，单击【修改】选项卡，将【水平】和【垂直】的参数分别设置为 132、122，设置完成后单击【确定】按钮，如图 11-110 所示。

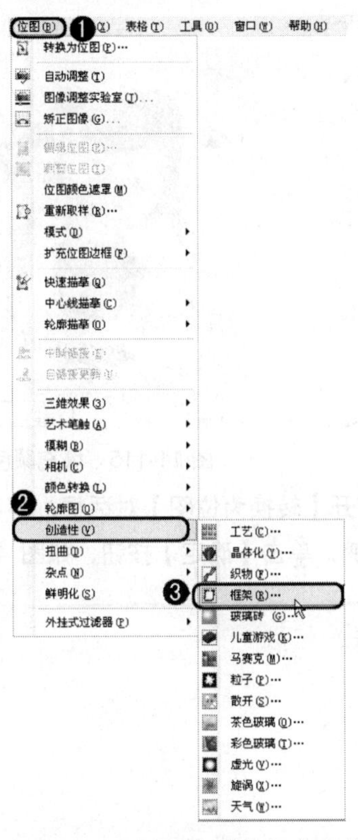

图 11-109　选择【框架】命令

图 11-110　设置参数

05　添加框架后的效果如图 11-111 所示。

06　选择工具箱中的□（矩形工具），在绘图页中沿素材图像绘制矩形，如图 11-112 所示。

图 11-111　添加框架后的效果

图 11-112　绘制矩形

07 确定新绘制的矩形处于选择状态，按小键盘上的+键复制图形，配合 Shift 键对复制的图形进行调整，如图 11-113 所示。

08 选择场景中的两个矩形图形，在属性栏中单击（移除后面对象）按钮，如图 11-114 所示。

09 将新修剪的图形填充为 10%的黑色，如图 11-115 所示。

图 11-113 复制并调整矩形

图 11-114 修剪图形

图 11-115 填充颜色

10 在菜单栏中选择【位图】|【转换为位图】命令，打开【转换为位图】对话框，将【分辨率】设置为 200dpi，勾选【透明背景】复选框，其他参数不变，单击【确定】按钮，如图 11-116 所示。

11 将矢量图框架转换为位图后的效果如图 11-117 所示。

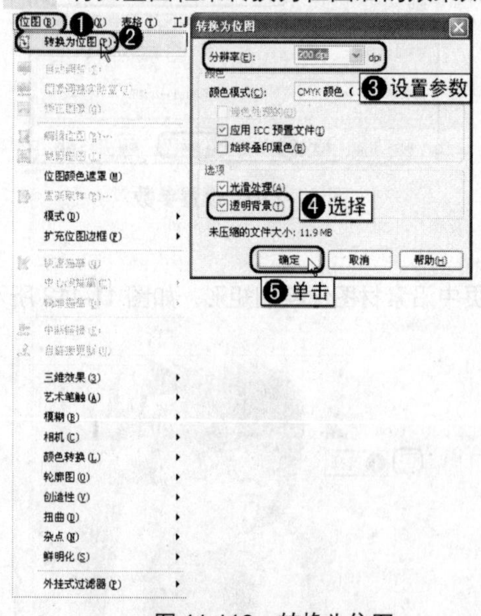

图 11-116 转换为位图

图 11-117 转换位图后的效果

12 在菜单栏中选择【位图】|【三维效果】|【浮雕】命令，在【浮雕】对话框中单击【预览】按钮右侧的按钮，将【深度】参数设置为 10，将【方向】设置为 118，将【浮雕色】定义为洋红色，单击【确定】按钮，如图 11-118 所示。

13 添加浮雕后的效果如图 11-119 所示。

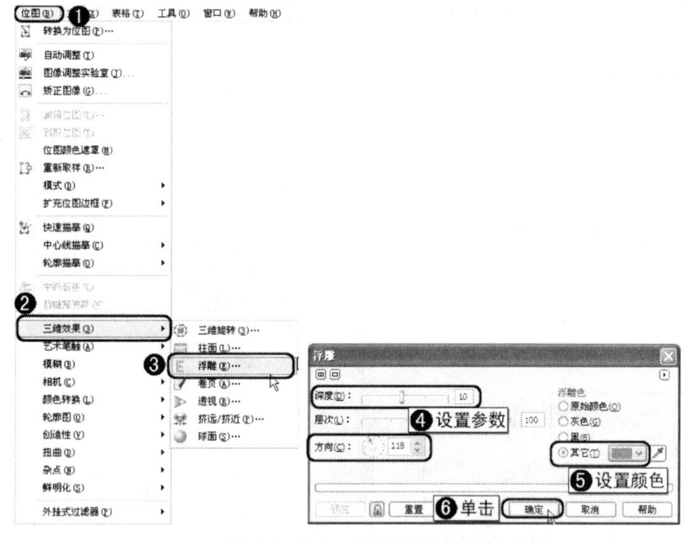

图 11-118　设置浮雕参数

图 11-119　添加浮雕后的效果

14　在菜单栏中选择【位图】|【杂点】|【添加杂点】命令，在打开的【添加杂点】对话框中单击【预览】按钮右侧的按钮，将【杂点类型】定义为尖突，将【层次】设置为 100，设置完成后单击【确定】按钮，如图 11-120 所示。

15　添加杂点后的效果如图 11-121 所示。

图 11-120　设置杂点参数

图 11-121　添加杂点后的效果

16　在菜单栏中选择【位图】|【扭曲】|【置换】命令，在打开的【置换】对话框中单击【预览】按钮右侧的按钮，将【水平】和【垂直】参数都设置为 25，设置完成后单击【确定】按钮，如图 11-122 所示。

17　添加置换后的效果如图 11-123 所示。

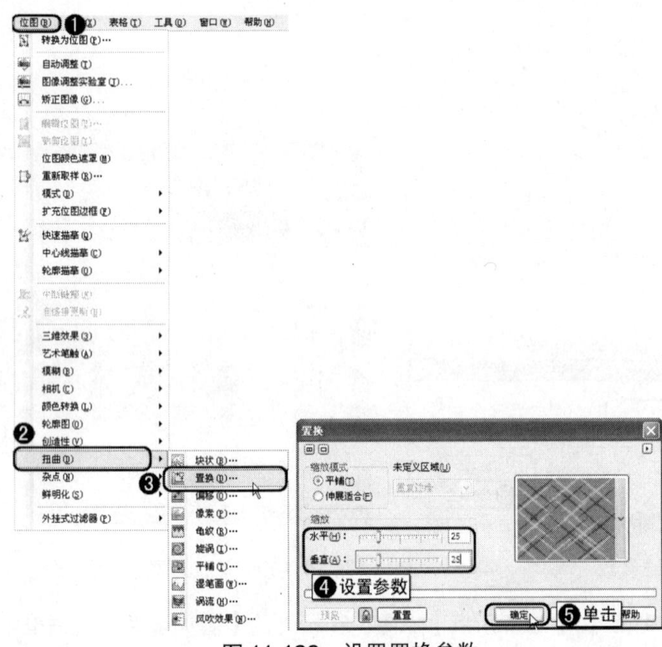

图 11-122　设置置换参数

图 11-123　完成后的效果

至此，为照片添加相框效果制作完成，将完成后的效果导出并保存场景文件。

11.13　习题

1．选择题

（1）使用下面________命令可以将矢量图形转换为位图，以便于使用【位图】菜单中的命令进行编辑与处理。

A．转换为位图　　B．转换　　C．编辑位图　　D．自动调整

（2）通过执行________命令，可以把图像转换为传统的炭笔黑白画效果。

A．素描　　B．炭笔画　　C．钢笔画　　D．木版画

2．填空题

（1）取消裁剪的方法有两种，一种是________，另一种是________。

（2）位图的透视方式有两种，分别为________和________。

（3）使用________命令可使图像自中心产生一种爆炸式的效果。

3．上机操作

使用【卷页】命令为照片添加卷页效果。

第 12 章　制作宣传页

本例来介绍宣传页效果的制作。该例的制作比较简单，涉及的知识面比较广。该例分为 3 个部分来介绍，首先介绍背景的制作，使用□（矩形工具）和□（钢笔工具）绘制图形，导入素材并使用图框精确剪裁命令对素材进行编辑；然后介绍效果的展示，使用图文混排的形式来表现效果，最后沿路径创建文本，制作署名。制作完成后的效果如图 12-1 所示。

本章重点

- 背景的创建
- 效果的展示
- 制作署名

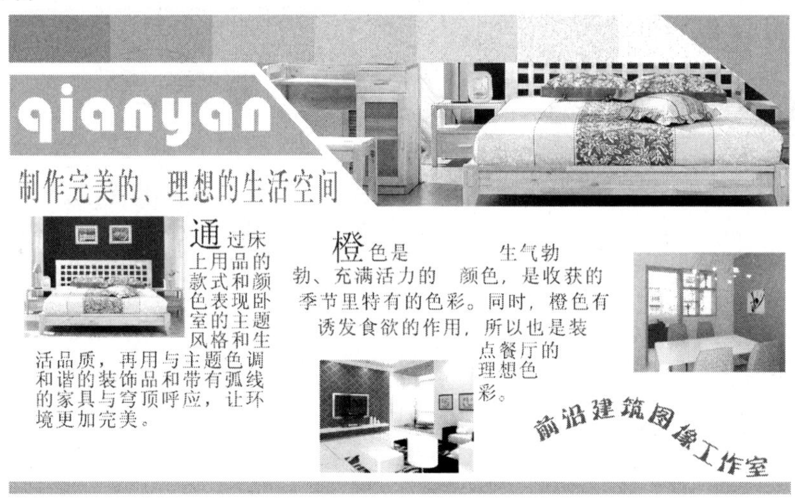

图 12-1　宣传页效果

12.1　背景的制作

下面来介绍背景的制作。

12.1.1　绘制图形

使用工具箱中的基本工具绘制图形，下面介绍具体操作。

01　首先新建一个纸张宽度和高度分别为 420mm 和 250mm 的绘图页，如图 12-2 所示。

02 选择工具箱中的 (矩形工具)，在绘图页中绘制矩形，如图 12-3 所示。

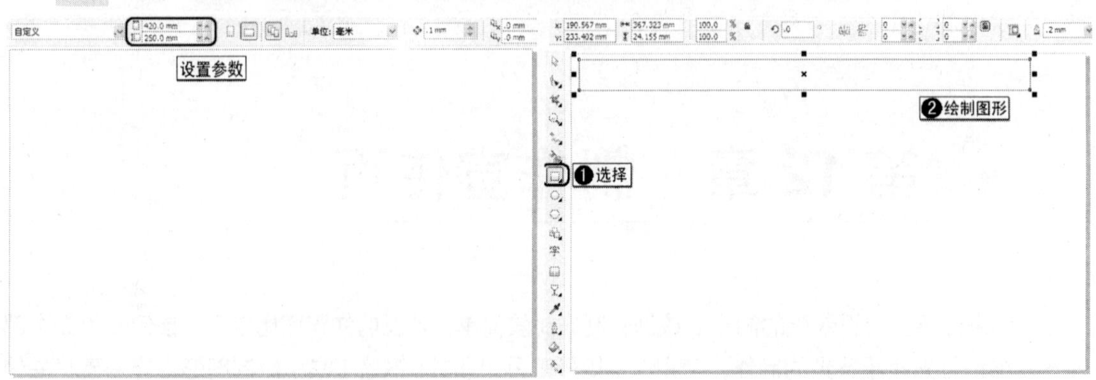

图 12-2 新建绘图页　　图 12-3 绘制矩形

03 确定新绘制的图形处于选择状态，按 F11 键打开【渐变填充】对话框，将【步长】参数设置为 7，将渐变颜色设置为从橘红色到白色的渐变，将【中点】值设置为 30，设置完成后单击【确定】按钮，如图 12-4 所示。

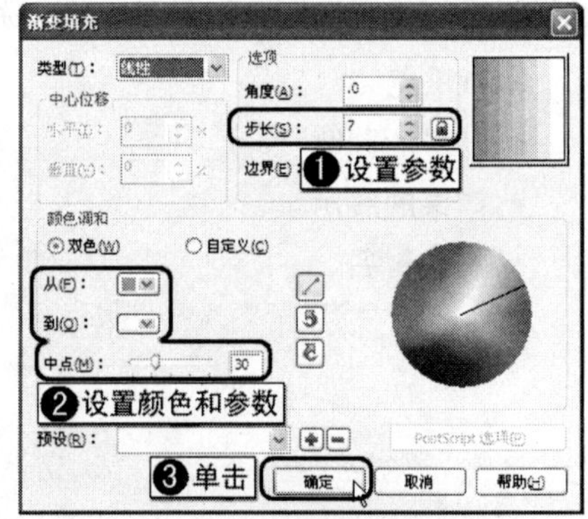

图 12-4 设置渐变颜色

04 填充渐变颜色后取消该图形的轮廓线填充，完成后的效果如图 12-5 所示。

05 确定渐变图形处于选择状态，在菜单栏中选择【位图】|【转换为位图】命令，在打开的对话框中将【分辨率】参数设置为 200dpi，单击【确定】按钮，如图 12-6 所示。

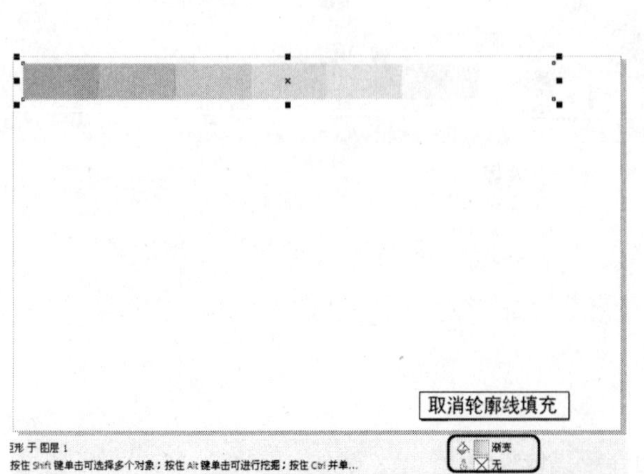

图 12-5 取消轮廓线的填充

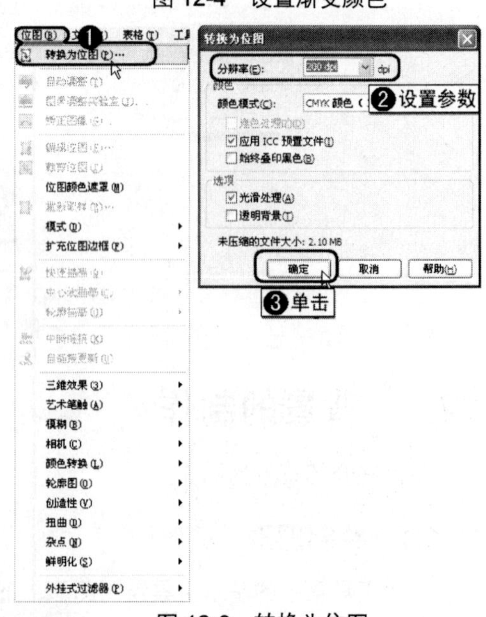

图 12-6 转换为位图

06 在菜单栏中选择【位图】|【杂点】|【添加杂点】命令，在打开的对话框中单击按钮，将【层次】和【密度】参数分别设置为 81、54，设置完成后单击【确定】按钮，如图 12-7 所示。

图 12-7　设置杂点参数

07 添加杂点后的效果如图 12-8 所示。

08 选择工具箱中的（钢笔工具），在绘图页中绘制图形，将其填充为浅橘红色并取消轮廓线的填充，如图 12-9 所示。

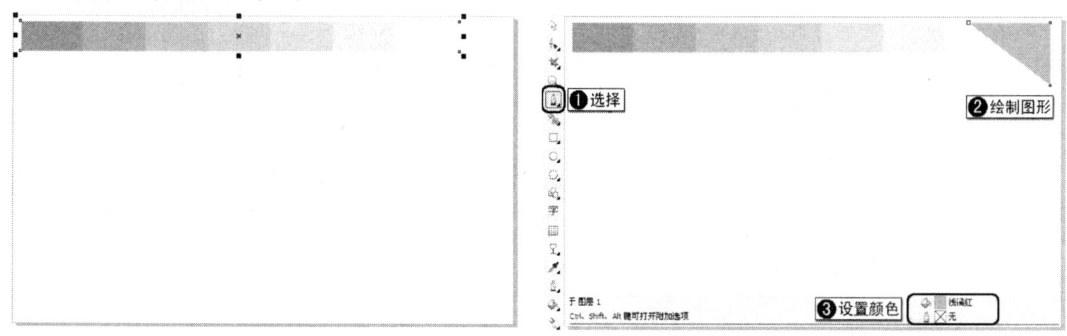

图 12-8　添加杂点后的效果

图 12-9　绘制浅橘红色图形

09 选择工具箱中的（钢笔工具），在绘图页中绘制图形，将其填充为浅橘红色，并取消轮廓线的填充，如图 12-10 所示。

10 继续使用（钢笔工具），在绘图页中绘制如图 12-11 所示的图形。

图 12-10　绘制图形并填充颜色

图 12-11　绘制图形

12.1.2　导入素材

下面介绍素材文件的导入。

01　按 Ctrl+I 组合键，在打开的对话框中选择【DVDROM | 素材 | Cha12 | 卧室.jpg】文件，单击【导入】按钮，如图 12-12 所示。

02　按 Enter 键，将选择的素材文件导入到页面的中央，如图 12-13 所示。

图 12-12　选择需要导入的素材文件

图 12-13　导入素材后的效果

12.1.3　编辑素材

下面对素材的编辑进行简单的介绍。

01　确定导入的素材文件处于选择状态，在菜单栏中选择【效果】|【图框精确剪裁】|【放置在容器中】命令，在绘图页中如图 12-14 所示的位置处单击，将导入的素材放置到图形中。完成后的效果如图 12-15 所示。

02　确定图形处于选择状态，右击图形，在弹出的快捷菜单中选择【编辑内容】命令，如图 12-16 所示。

图 12-14　指定剪裁框

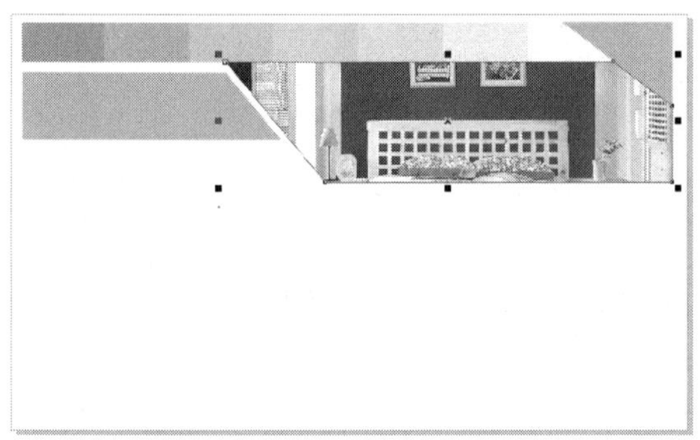

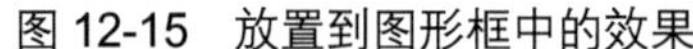

图 12-15　放置到图形框中的效果

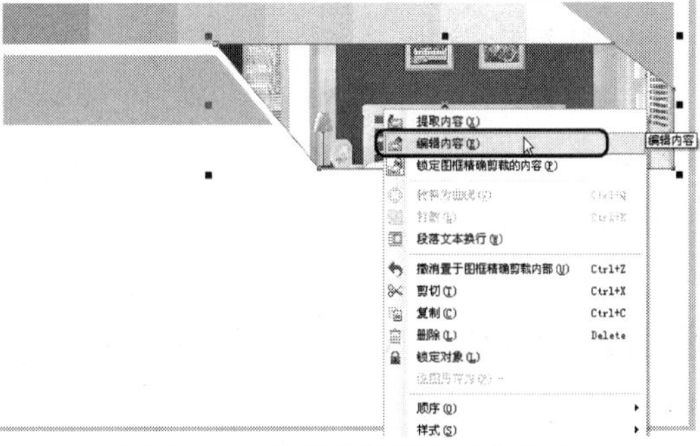

图 12-16　选择【编辑内容】命令

03　选择工具箱中的▢(挑选工具)，向右上方调整图形的位置，完成后的效果如图 12-17 所示。

图 12-17　调整图形的位置

04　调整图形的位置后右击图形，在打开的快捷菜单中选择【结束编辑】命令，如图 12-18 所示。

05　编辑图像后取消该图形的轮廓线选择，如图 12-19 所示。

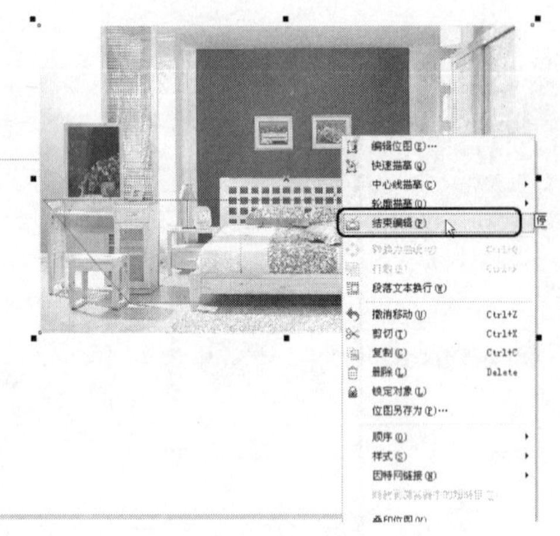

图 12-18　选择【结束编辑】命令

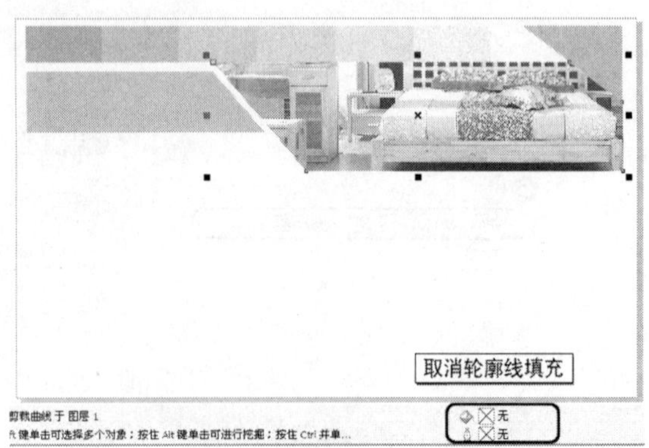

图 12-19　结束编辑后的效果

12.1.4　标题的创建

下面介绍标题的创建。

01　选择工具箱中的字（文本工具），在属性栏中将字体设置为“华文琥珀”，将字体大小设置为 95pt，在绘图页中创建文本并将其填充为白色，如图 12-20 所示。

02　按 Ctrl+I 组合键，在打开的对话框中选择【DVDROM | 素材 | Cha12 | 底纹.gif】文件，单击【导入】按钮，如图 12-21 所示。

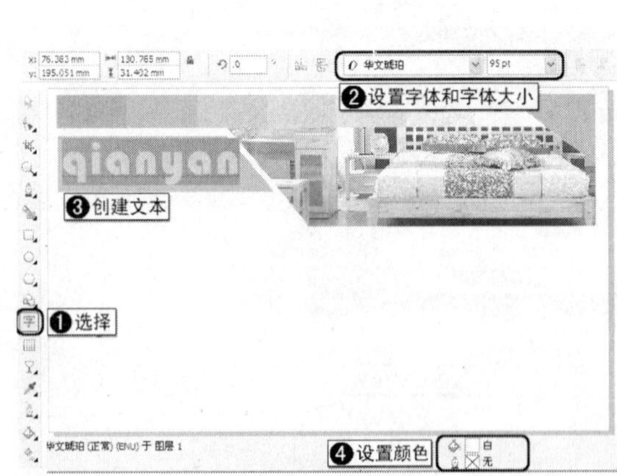

图 12-20　创建文本

图 12-21　选择导入的素材文件

03　按 Enter 键将选择的素材文件导入到页面中央，在属性栏中将其缩放到 60%大小，并将【旋转角度】参数设置为 270°，然后调整素材的位置，完成后的效果如图 12-22 所示。

04　确定底纹素材处于选择状态，选择工具箱中的（交互式透明工具），在属性栏中将【透明度类型】定义为标准，将【开始透明度】参数设置为 93，设置完成后的效果如图 12-23 所示。

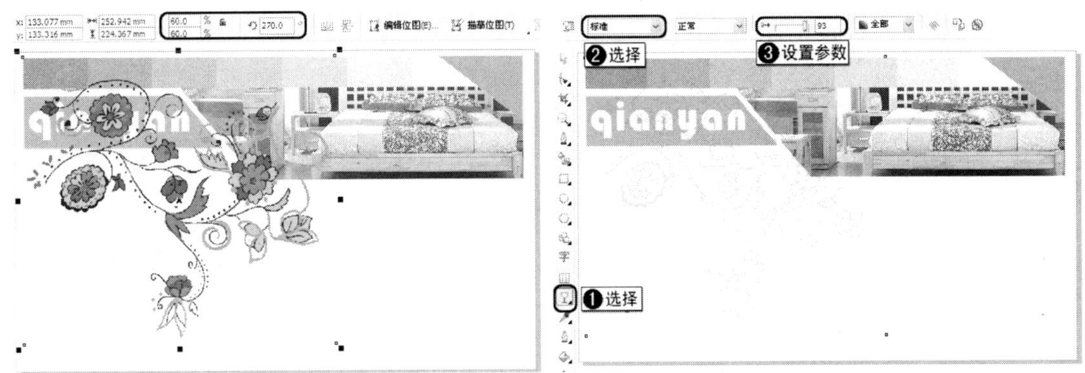

图 12-22　调整文件的大小和位置　　　　图 12-23　添加透明效果

05　在【对象管理器】面板中将随书附带光盘【DVDROM | 素材 | Cha12 | 底纹.gif】素材导入到场景中，如图 12-24 所示的位置。

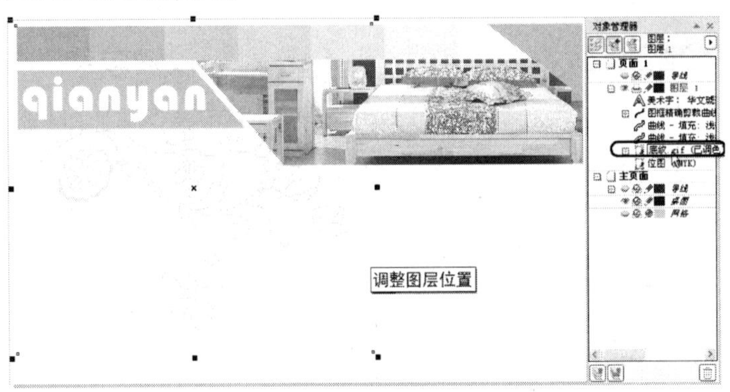

图 12-24　调整图层的位置

06　选择工具箱中的字（文本工具），在属性栏中将字体设置为“文鼎 CS 中宋”，将字体大小设置为 55pt，然后在绘图页中创建文本并将文本填充为红色，如图 12-25 所示。

07　创建文本后将鼠标放到文本的右侧，当鼠标显示为双箭头时向左拖曳鼠标，将文本进行水平缩放，完成后的效果如图 12-26 所示。

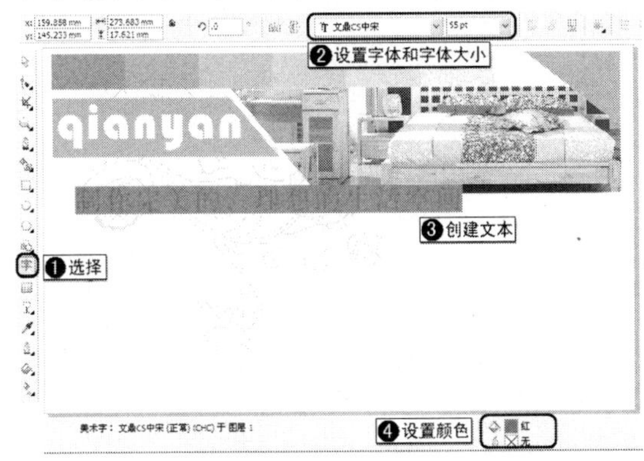

图 12-25　创建文本

图 12-26　水平缩放文本

12.2 展示效果

宣传页的背景已经制作完成，下面来介绍效果的展示，主要是通过图文混排的形式来表现。

12.2.1 创建段落文本

下面来创建段落文本。

01 选择工具箱中的字（文本工具），在绘图页中绘制文本框，如图 12-27 所示。

图 12-27 绘制文本框

02 在文本框中输入段落文本并选择所有的文本，在属性栏中将字体设置为“宋体”，将字体大小设置为 28pt，如图 12-28 所示。

03 选择开头的文字，在属性栏中将字体大小设置为 50pt，如图 12-29 所示。

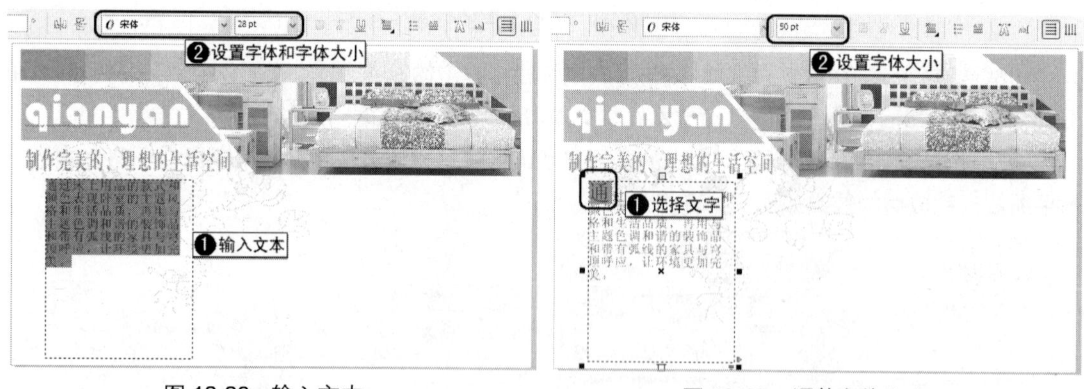

图 12-28 输入文本　　图 12-29 调整字体大小

12.2.2 导入并调整素材

下面介绍素材文件的导入。

01 按 Ctrl+I 组合键，在打开的对话框中选择【DVDROM | 素材 | Cha12 | 卧室 01.jpg】文件，单击【导入】按钮，如图 12-30 所示。

图 12-30　选择导入的素材文件

02　按 Enter 键将选择的素材文件导入到页面中央，在属性栏中将缩放因素参数设置为 40%，调整素材的位置，单击（段落文本换行）按钮，在打开的快捷菜单中选择【跨式文本】命令，如图 12-31 所示。

03　按 Ctrl+I 组合键，将随书附带光盘【DVDROM | 素材 | Cha12 | 餐厅.jpg】和【客厅.jpg】素材导入到场景中，调整素材的大小和位置，完成后的效果如图 12-32 所示。

图 12-31　调整素材的大小和位置　　　　图 12-32　导入素材并调整素材

12.2.3　将文本适配图形

下面将对段落文本的处理进行简单的介绍。

01　选择工具箱中的（基本形状工具），在属性栏中将完美形状定义为心形，然后在绘图页中绘制图形，如图 12-33 所示。

02 选择工具箱中的字（文本工具），在绘图页中绘制文本框，如图 12-34 所示。

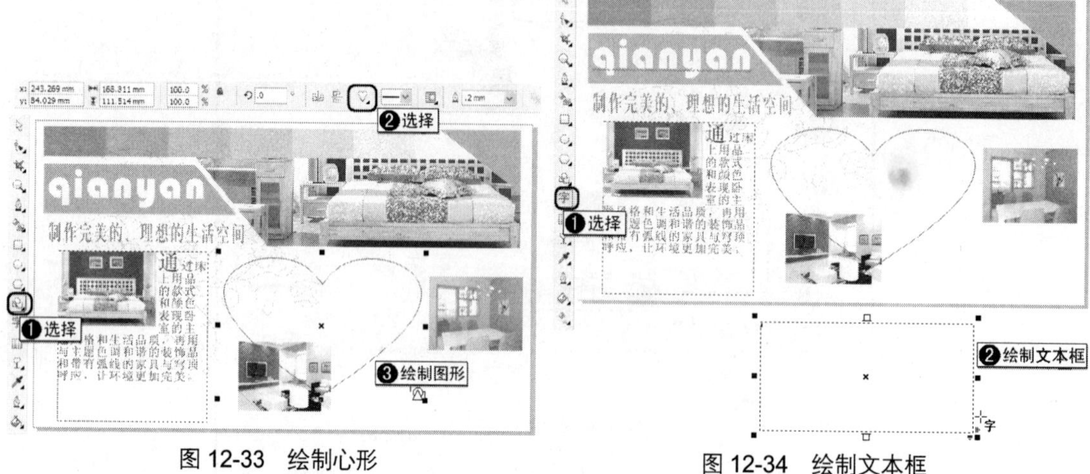

图 12-33 绘制心形

图 12-34 绘制文本框

03 在文本框中创建文本并调整文本的大小，完成后的效果如图 12-35 所示。

04 确定文本框处于选择状态，右击并拖动文本框到心形图形上，松开鼠标，在弹出的快捷菜单中选择【内置文本】命令，如图 12-36 所示。

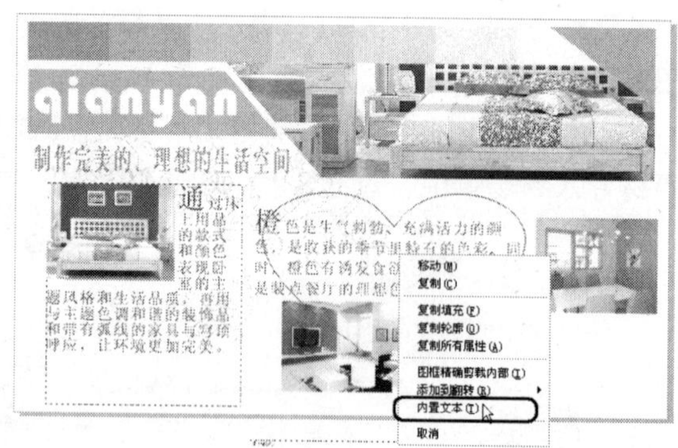

图 12-35 创建文本

图 12-36 选择【内置文本】命令

05 调整图形，完成后的效果如图 12-37 所示。

06 确定心形图形处于选择状态，按 Ctrl+K 组合键，将路径内的段落文本打散并删除心形图形，然后对图形进行调整。

07 选择如图 12-38 所示的素材图片，在属性栏中单击（段落文本换行）按钮，在弹出的下拉菜单中选择【跨式文本】命令。

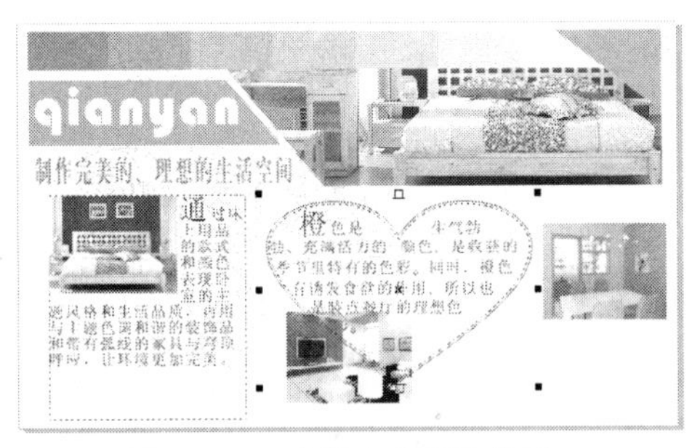

图 12-37　内置文本后的效果

图 12-38　调整图片的位置

08　调整文本后的效果如图 12-39 所示。

09　选择工具箱中的（矩形工具），在绘图页中绘制图形，将其填充为桃黄色并取消轮廓线的填充，完成后的效果如图 12-40 所示。

图 12-39　调整文本后的效果

图 12-40　绘制矩形

12.3　制作署名

宣传页效果已经基本制作完成，下面来制作署名，主要介绍文本沿路径进行排列。

01　选择工具箱中的（钢笔工具），在绘图页的右下方绘制曲线，并使用（形状工具）对曲线进行调整，如图 12-41 所示。

02　选择工具箱中的（文本工具），将鼠标放置到曲线的开始处，光标变成如图 12-42 所示的形状。单击鼠标即可在曲线上输入文本，在属性栏中将字体设置为“汉仪海韵体简”，将字体大小设置为 38pt，然后将文本填充为红色，完成后的效果如图 12-43 所示。

图 12-41　绘制并调整曲线

图 12-42　指定路径

03 确定文本处于选择状态，按 Ctrl+K 组合键打散路径上的文本，如图 12-44 所示，选择曲线对象，按 Delete 键将其删除。

图 12-43　创建文本

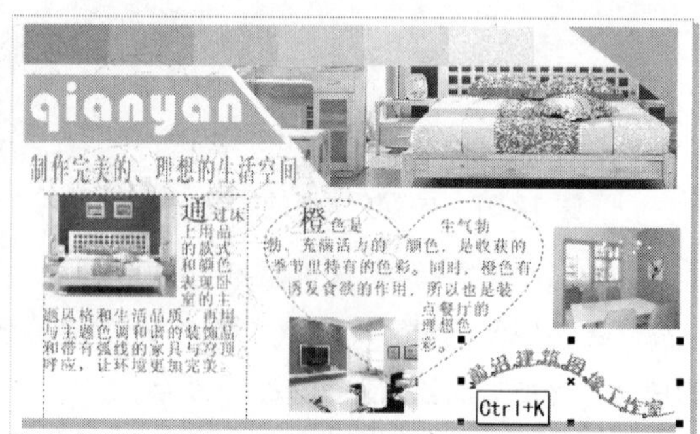

图 12-44　打散路径上的文本

04 按 Ctrl+A 组合键选择场景中的所有对象，按 Ctrl+G 组合键将选择的对象成组，完成后的效果如图 12-45 所示。

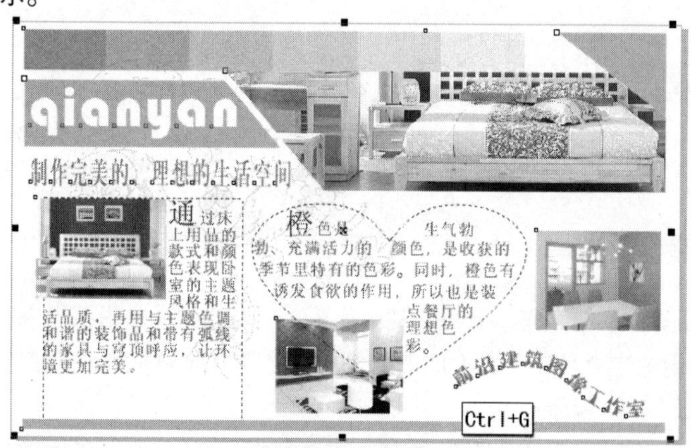

图 12-45　将选择的对象成组

至此，宣传页效果制作完成，将完成后的场景文件进行存储。

第 13 章　制作 DM 宣传单

要想用 DM 宣传单打动消费者，就需要提升设计的质量；要使其成为精品并快速吸引消费者的眼球，就必须借助一些有效的广告技巧提高 DM 效果。本章将介绍如图 13-1 所示的 DM 宣传单的制作。本例主要通过（钢笔工具）和（贝塞尔工具）绘制背景和主题人物，并使用（形状工具）调整画面中的图形元素。

本章重点

- 背景的创建
- 头像的绘制
- 制作装饰效果

图 13-1　DM 宣传单效果

13.1　背景的制作

下面来介绍背景的制作。使用工具箱中的基本工具绘制图形。

01　首先新建一个横向页面的文件，选择工具箱中的（矩形工具），在绘图页中绘制矩形，如图 13-2 所示。

02　确定新绘制的图形处于选择状态，按 F11 键，在打开的对话框中将【角度】参数设置为 -90，选择【自定义】单选按钮，设置一个渐变颜色，设置完成后单击【确定】按钮，如图 13-3 所示。

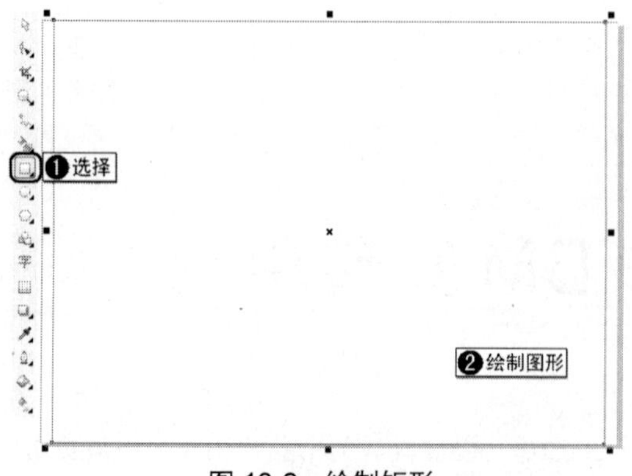

图 13-2　绘制矩形

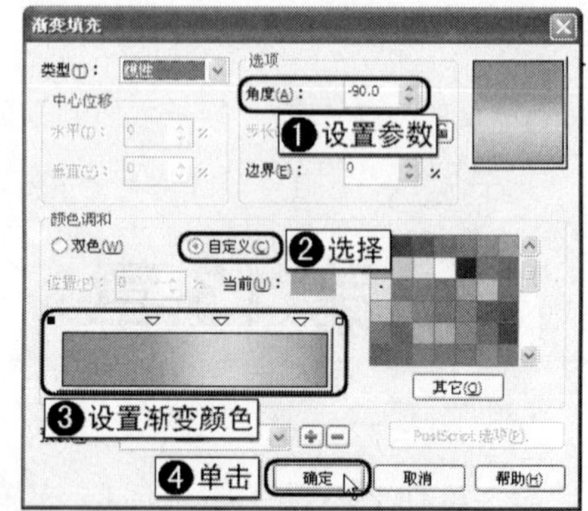

图 13-3　设置渐变颜色

03　填充完渐变颜色后，取消该图形轮廓线的填充，如图 13-4 所示。

04　选择工具箱中的（钢笔工具），在绘图页中绘制白色无边框图形，如图 13-5 所示。

图 13-4　取消轮廓线的填充

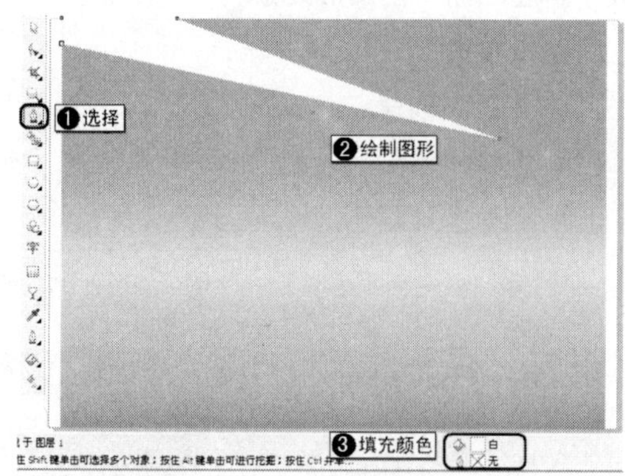

图 13-5　绘制白色图形

05　确定新绘制的图形处于选择状态，选择工具箱中的（交互式透明工具），在属性栏中将【透明度类型】定义为标准，将【开始透明度】参数设置为 58，为选择的图形添加透明效果，如图 13-6 所示。

06　使用同样的方法绘制其他白色无边框图形，并为图形添加透明效果，如图 13-7 所示。

图 13-6　为图形添加透明效果

图 13-7　绘制其他透明图形

07　选择工具箱中的（贝塞尔工具），在绘图页中绘制图形，并使用（形状工具）对图形进行调整，然后将图形填充为绿松石色并取消轮廓线的填充，如图 13-8 所示。

08 选择工具箱中的 (椭圆工具)，配合 Ctrl 键在绘图页中绘制两个正圆形，如图 13-9 所示。

图 13-8　绘制图形

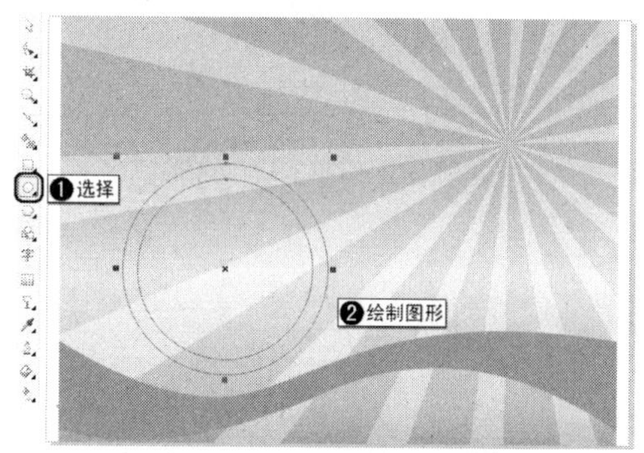

图 13-9　绘制两个正圆形

09 选择新绘制的两个圆形，单击属性栏中的 (移除前面对象) 按钮，如图 13-10 所示。

10 修剪图形后，将图形填充为绿松石色并取消轮廓线的填充，如图 13-11 所示。

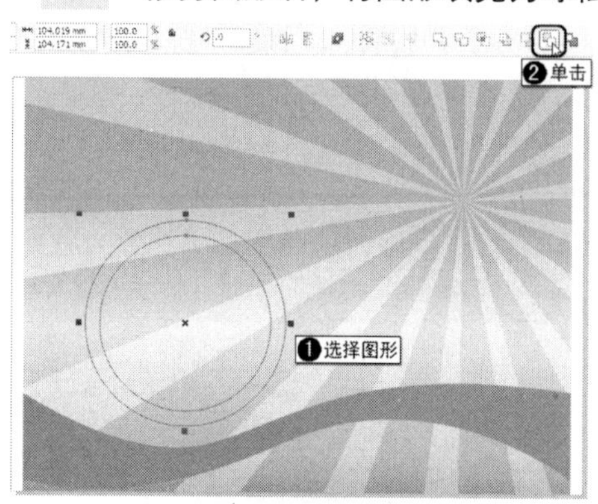

图 13-10　修剪图形

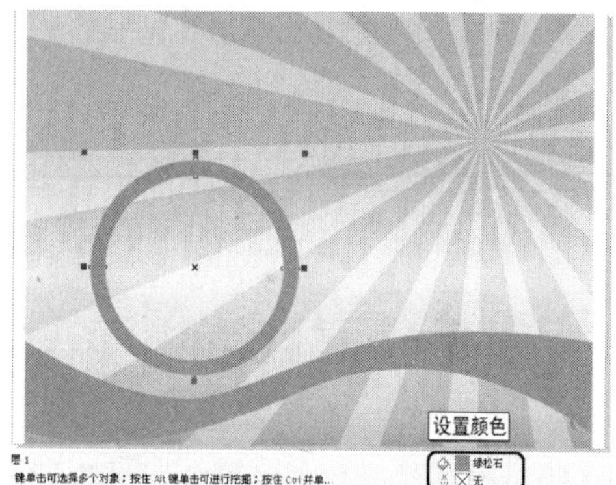

图 13-11　为图形填充颜色

11 继续使用 (椭圆工具) 在绘图页中绘制圆形，将其填充为绿松石色并取消轮廓线的填充，如图 13-12 所示。

12 使用同样的方法绘制其他图形，完成后的效果如图 13-13 所示。

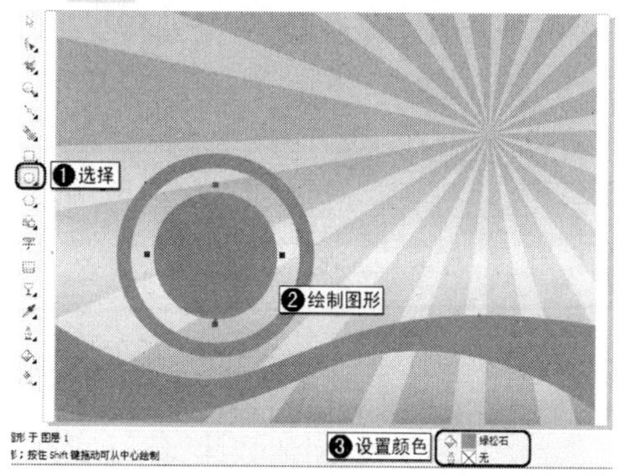

图 13-12　绘制正圆形

图 13-13　绘制其他图形

13 将新绘制的中型图形进行复制，如图 13-14 所示。

14 选择工具箱中的□（矩形工具），在绘图页中绘制矩形，如图 13-15 所示。

图 13-14 复制图形

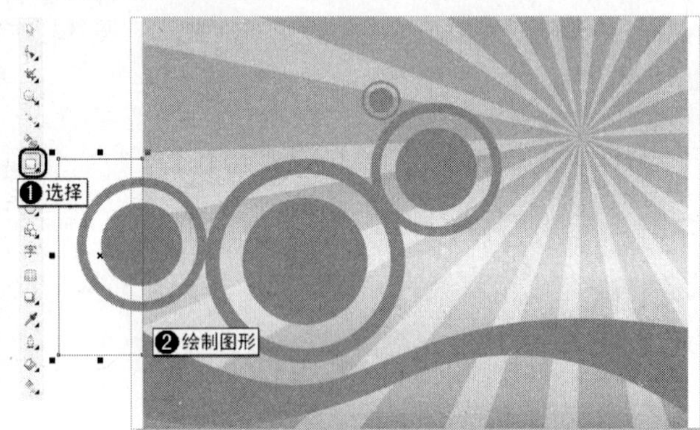

图 13-15 绘制矩形

15 在绘图页中选择如图 13-16 所示的图形，单击属性栏中的□（简化）按钮。

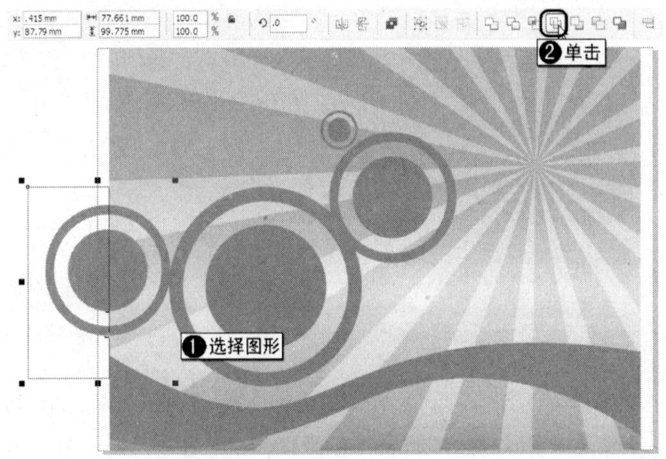

图 13-16 单击□（简化）按钮

16 将选择的图形进行修剪，如图 13-17 所示。

17 修剪完成后将矩形图形删除，如图 13-18 所示。

图 13-17 修剪图形后的效果

图 13-18 删除矩形后的效果

18　选择工具箱中的 (矩形工具)，在属性栏中将边角圆滑度设置为 100，在绘图页中绘制黑色圆角矩形，如图 13-19 所示。

19　确定新绘制的图形处于选择状态，在属性栏中将【旋转角度】设置为 30°，如图 13-20 所示。

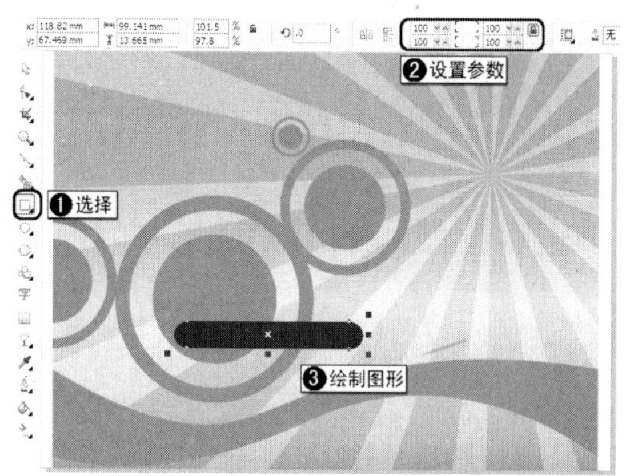

图 13-19　绘制圆角矩形

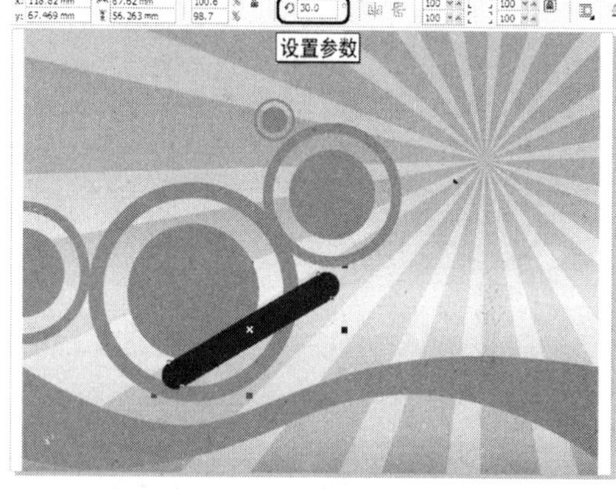

图 13-20　选择图形

20　将新旋转的图形进行复制，完成后的效果如图 13-21 所示。

21　继续使用 (矩形工具) 在绘图页中绘制圆角矩形，将其填充为绿松石色并取消轮廓线的填充，然后对图形进行调整，如图 13-22 所示。

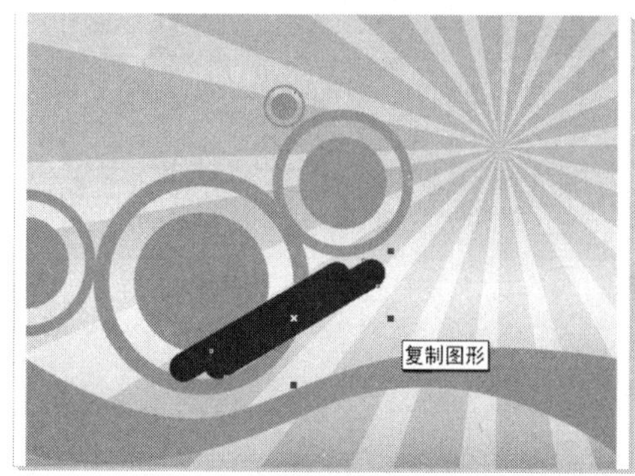

图 13-21　复制图形

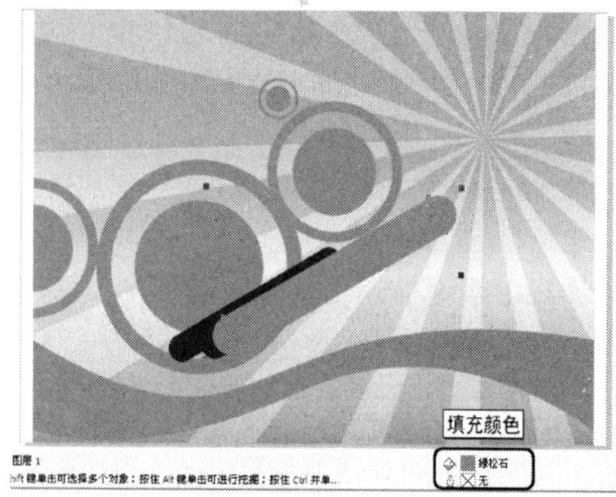

图 13-22　绘制并调整圆角矩形

13.2　头像的绘制

DM 宣传单的背景已经制作完成，下面来介绍头像的绘制，主要是通过 (贝塞尔工具) 和 (形状工具) 来调整。

01　选择工具箱中的 (贝塞尔工具)，在绘图页中绘制黄色无边框图形，并配合 (形状工具) 进行调整，如图 13-23 所示。

02　继续使用 (贝塞尔工具) 绘制黑色图形，并使用 (形状工具) 对绘制的图形进行调整，如图 13-24 所示。

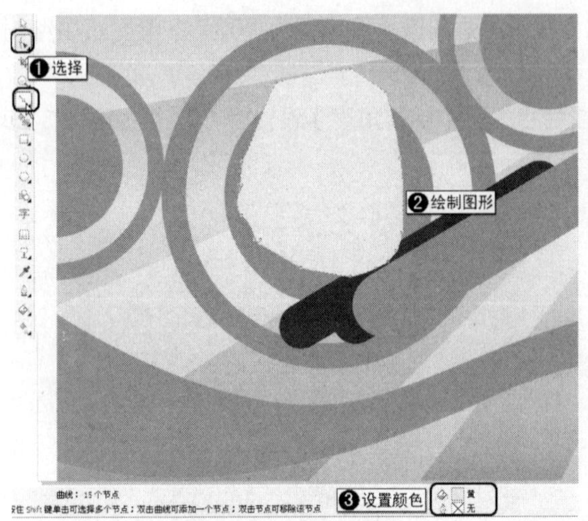

图 13-23　绘制并调整图形

图 13-24　绘制并调整图形

03　同样绘制另一黑色图形，如图 13-25 所示。

04　再次使用（贝塞尔工具）和（形状工具）对图形进行绘制并调整，完成后的效果如图 13-26 所示。

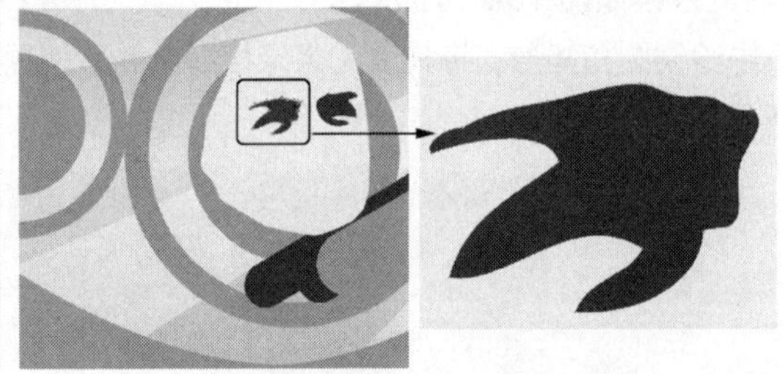

图 13-25　绘制并调整图形

图 13-26　绘制其他图形

05　继续使用（贝塞尔工具），在绘图页中绘制图形作为人物的头发，并使用（形状工具）对图形进行调整，将其填充为黑色，如图 13-27 所示。

图 13-27　绘制并调整图形

06 继续绘制图形作为人物下巴的阴影，如图 13-28 所示。

07 继续使用（贝塞尔工具），在绘图页中绘制图形，如图 13-29 所示。

图 13-28　绘制并调整图形

图 13-29　绘制并调整图形

13.3　装饰效果的制作

宣传单的背景和头像已经绘制完成，下面来添加装饰效果。

01 选择工具箱中的（矩形工具），在属性栏中将边角圆滑度参数设置为 100，在绘图页中绘制黑色的圆角矩形，如图 13-30 所示。

02 选择工具箱中的（椭圆工具），在绘图页中绘制圆形，并调整图形的位置和大小，如图 13-31 所示。

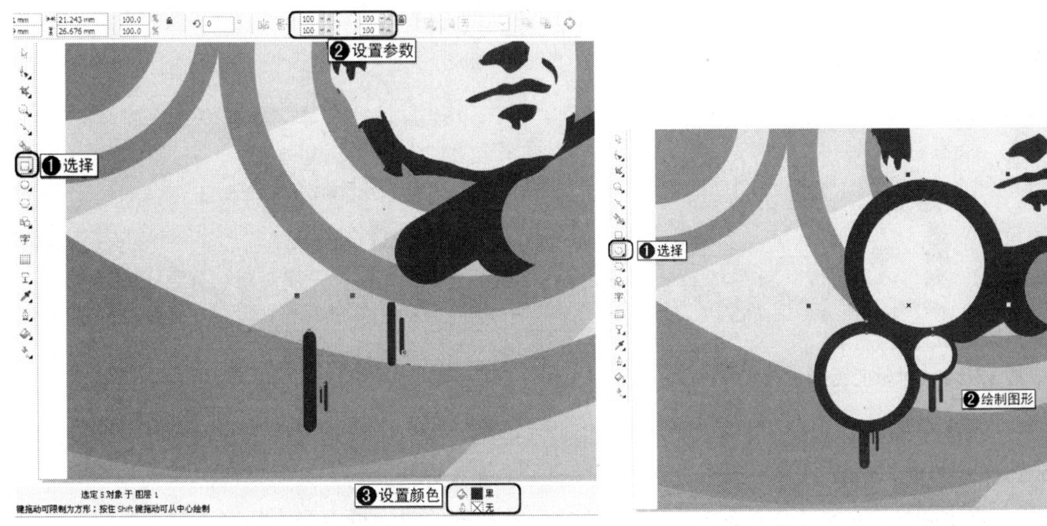

图 13-30　绘制圆角矩形　　图 13-31　绘制圆形

03 选择工具箱中的（贝塞尔工具），在绘图页的左上方绘制图形，并使用（形状工具）对图形进行调整，如图 13-32 所示。

04　确定新绘制的图形处于选择状态，按 F11 键，在打开的对话框中将【角度】和【边界】参数分别设置为 82.7、3%，选择【自定义】单选按钮并设置一种渐变颜色，设置完成后单击【确定】按钮，如图 13-33 所示。

图 13-32　绘制不规则图形

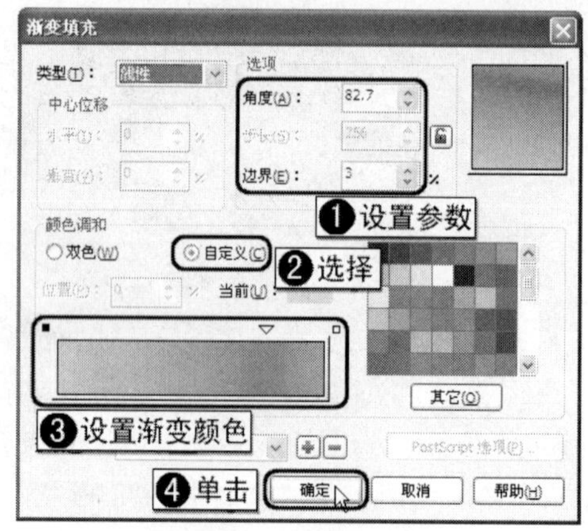

图 13-33　设置渐变颜色

05　填充渐变颜色后将该图形的轮廓线填充为白色，并将轮廓宽度设置为 0.7mm，如图 13-34 所示。

06　选择工具箱中的字（文本工具），在属性栏中将字体设置为“黑体”，将字体大小设置为 14pt，然后在绘图页中创建文本并将其填充为 CMYK 参数都为 39 的颜色，如图 13-35 所示。

图 13-34　对渐变图形进行编辑

图 13-35　创建文本

07　选择工具箱中的○（椭圆工具），配合 Ctrl 键在绘图页中绘制两个正圆形，并将两个圆形修剪成圆环，如图 13-36 所示。

08　确定圆环图形处于选择状态，按 F11 键，在打开的对话框中将【角度】和【边界】参数分别设置为-98 和 5%，选择【自定义】单选按钮，设置一个渐变颜色，设置完成后单击【确定】按钮，如图 13-37 所示。

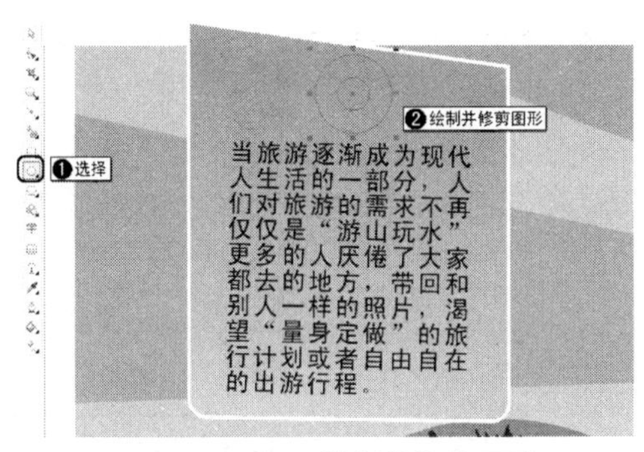

图 13-36　绘制并修剪图形

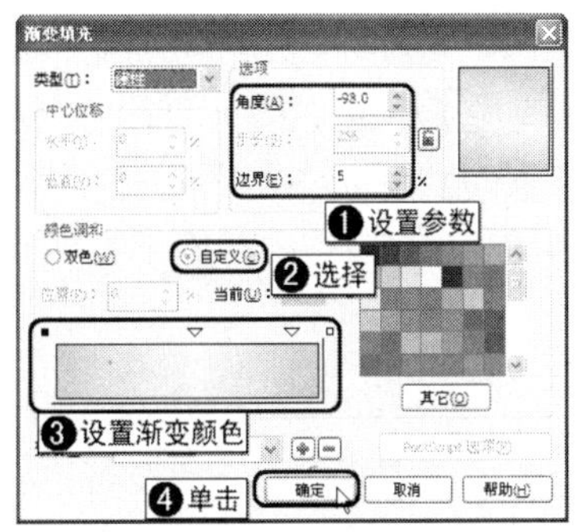

图 13-37　设置渐变颜色

09　填充图形后将该圆环的轮廓线取消填充，如图 13-38 所示。

10　在绘图页中选择渐变圆环、文本和不规则图形，将它们成组并对其进行旋转，完成后的效果如图 13-39 所示。

图 13-38　填充渐变颜色后的效果

图 13-39　将对象成组并旋转图形

11　选择工具箱中的（贝塞尔工具），绘制白色无边框图形，使用（形状工具）进行调整，然后将绘制的图形成组，如图 13-40 所示。

12　确定花形图案处于选择状态，选择工具箱中的（交互式透明）工具，为选择的图形添加透明效果，如图 13-41 所示。

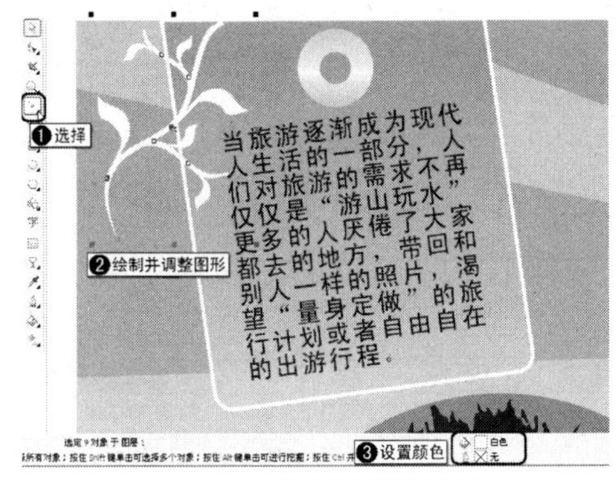

图 13-40　绘制并调整图形

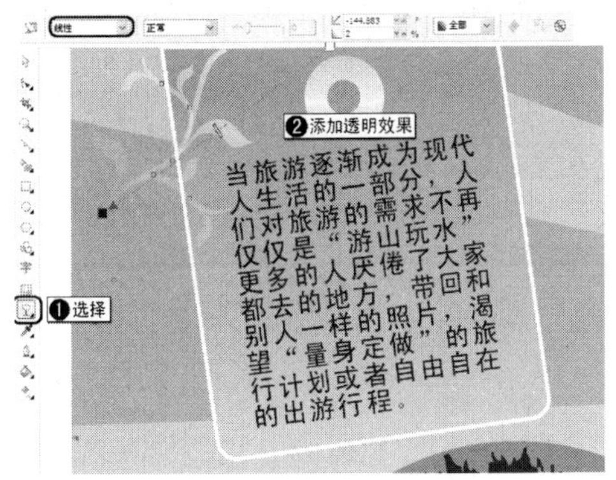

图 13-41　添加透明效果

13 使用（贝塞尔工具）绘制图形，并使用（形状工具）进行调整，将图形填充为白色图形并取消轮廓线的填充，如图 13-42 所示。

14 选择工具箱中的（文本工具），在属性栏中将字体设置为“汉仪菱心体简”，将【字体大小】设置为 56pt，在绘图页中创建文本，并将文本进行旋转，然后将文本填充为洋红色，如图 13-43 所示。

图 13-42　绘制并调整图形

图 13-43　创建文本

15 确定文本处于选择状态，选择工具箱中的（交互式阴影工具），为文本添加阴影效果，在属性栏中将【阴影不透明度】参数设置为 45，并将【阴影颜色】设置为黑色，如图 13-44 所示。

16 使用（贝塞尔工具）绘制图形，并使用（形状工具）进行调整，然后为图形填充 CMYK 参数为 0、100、90、0 的颜色并取消轮廓线的填充，最后将绘制的图形成组，如图 13-45 所示。

图 13-44　为文本添加阴影

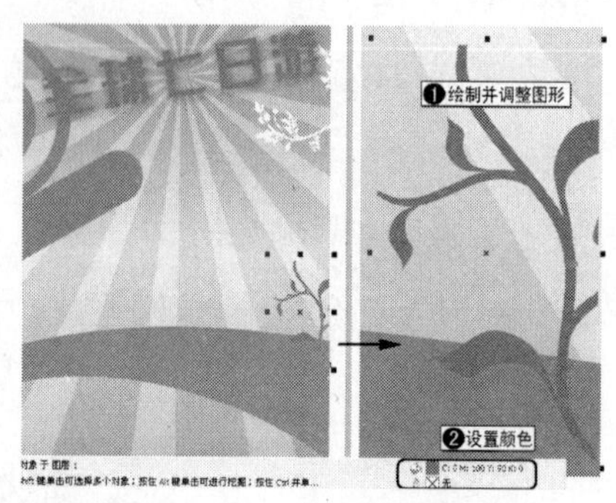

图 13-45　绘制并调整图形

17　将红色图形进行复制，对复制的图形再进行复制，然后将其填充为蓝色，如图 13-46 所示。

18　选择工具箱中的字（文本工具），在属性栏中将字体设置为黑体，将字体大小设置为 28pt，然后在绘图页中创建文本，如图 13-47 所示。

图 13-46　复制图形并更改颜色

图 13-47　创建文本

19　继续使用字（文本工具），在绘图页中创建文本，如图 13-48 所示。

20　按 Ctrl+A 组合键将场景中的对象全部选择，按 Ctrl+G 组合键将选择的对象成组，如图 13-49 所示。

图 13-48　创建文本

图 13-49　完成后的效果

至此，DM 宣传单效果绘制完成，将完成后的场景文件进行存储。

第 14 章　绘制人物插画广告

现在的商场促销广告大多以抽象的插画来表现，本章就来介绍人物插画广告的制作，应用（贝塞尔工具）绘制形状，应用（形状工具）调整形状，从而绘制人物的插画效果，然后创建文本来制作装饰效果，完成后的效果如图 14-1 所示。

本章重点

- 背景的创建
- 绘制插画人物
- 装饰效果的制作

图 14-1　人物插画广告效果

14.1　背景的制作

下面来介绍背景的制作。使用工具箱中的基本工具绘制图形。

01　首先新建一个纸张宽度和高度分别为 188mm 和 340mm 的绘图页，如图 14-2 所示。

02　按 Ctrl+I 组合键，在打开的对话框中选择【DVDROM | 素材 | Cha14 | 背景.jpg】文件，单击【导入】按钮，如图 14-3 所示。

图 14-2　新建绘图页

图 14-3　选择需要导入的素材文件

03 按 Enter 键将选择的素材文件导入到页面中央，并对图形进行缩放，然后单击属性栏中的 （垂直镜像）按钮，将导入的素材文件进行调整，如图 14-4 所示。

04 选择工具箱中的 （贝塞尔工具），在绘图页的下方绘制图形，如图 14-5 所示。

05 确定新绘制的图形处于选择状态，将其填充为白色，并将轮廓颜色设置为褐色，将轮廓宽度设置为 0.75 毫米，如图 14-6 所示。

图 14-4 调整素材

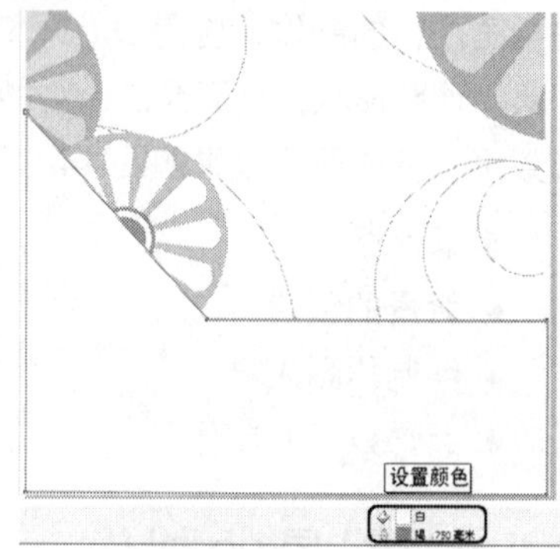

图 14-5 绘制图形

图 14-6 为图形填充颜色

14.2 绘制插画人物

插画广告的背景制作已经完成，下面来介绍插画人物的绘制。

14.2.1 五官的绘制

下面来介绍五官的绘制。

1. 头部和耳朵的绘制

01 选择工具箱中的 （贝塞尔工具），在绘图页中绘制形状，并使用 （形状工具）对图形进行调整，然后为其填充 CMYK 参数为 2、16、20、0 的颜色并取消轮廓线的填充，如图 14-7 所示。

02 选择工具箱中的 （贝塞尔工具），在绘图页中绘制耳朵图形，使用 （形状工具）进行调整，如图 14-8 所示。

03 确定耳朵图形处于选择状态，为其填充 CMYK 参数为 2、16、20、0 的颜色并取消轮廓线的填充，如图 14-9 所示。

图 14-7 绘制图形

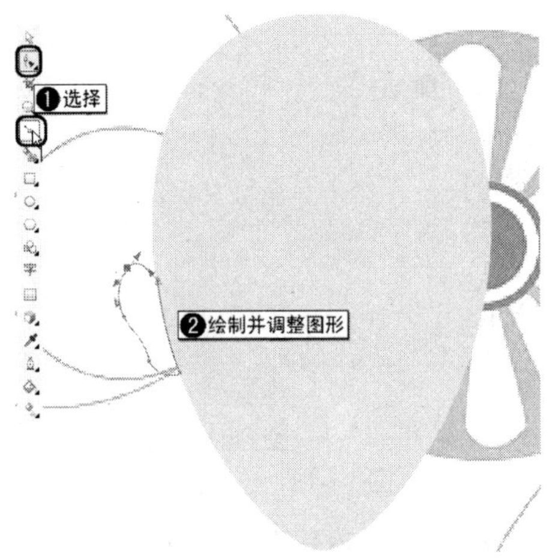

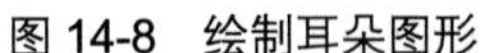

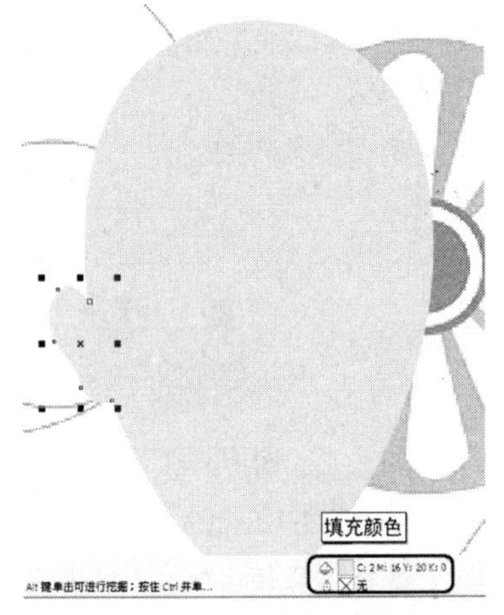

图 14-8　绘制耳朵图形　　图 14-9　为图形填充颜色

04　将耳朵图形进行复制，然后单击属性栏中的（水平镜像）按钮，并调整图形的位置，完成后的效果如图 14-10 所示。

2. **眼睛的绘制**

下面来介绍眼睛的绘制。

01　选择工具箱中的（贝塞尔工具），在绘图页中绘制图形，使用（形状工具）进行调整，然后为其填充 CMYK 参数为 4、33、45、0 的颜色并取消轮廓线的填充，如图 14-11 所示。

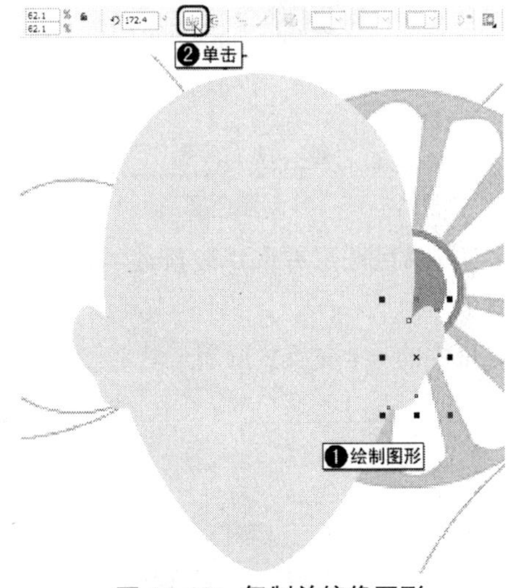

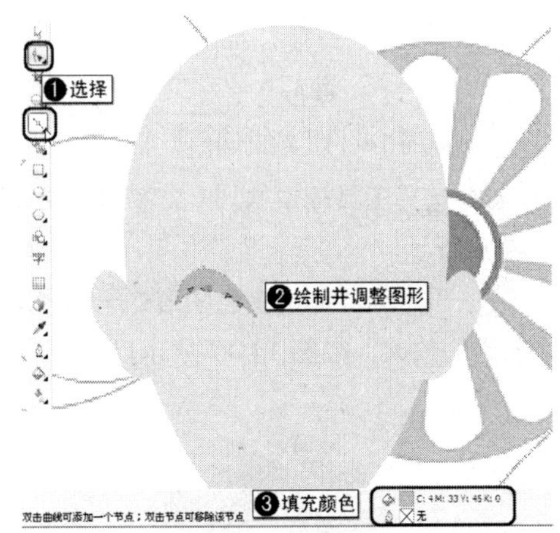

图 14-10　复制并镜像图形　　图 14-11　绘制图形

02　继续使用工具箱中的（贝塞尔工具），在绘图页中绘制图形，并使用（形状工具）进行调整，然后为其填充 CMYK 参数为 4、27、36、0 的颜色并取消轮廓线的填充，如图 14-12 所示。

03　继续使用工具箱中的（贝塞尔工具），在绘图页中绘制图形，并使用（形状工具）进行调整，将其填充为白色并取消轮廓线的填充，如图 14-13 所示。

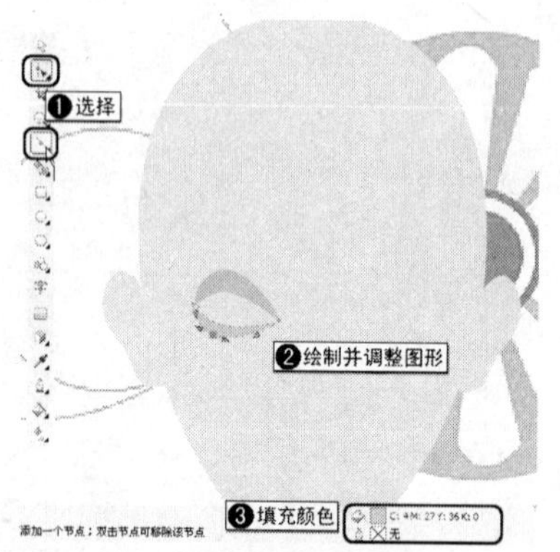

图 14-12　绘制图形

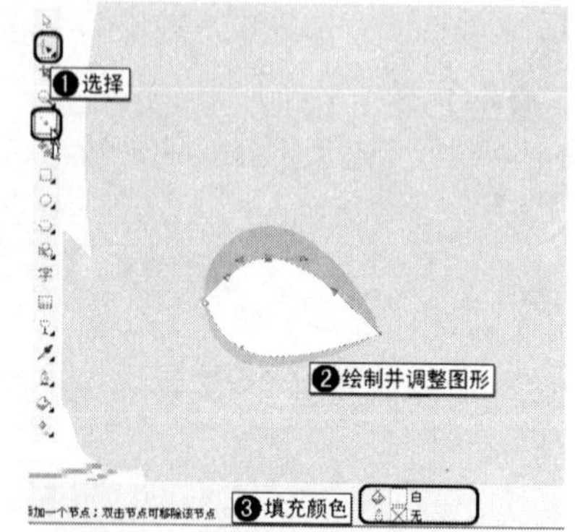

图 14-13　绘制白色图形

04　选择工具箱中的（椭圆工具），在绘图页中绘制圆形，为其填充 CMYK 参数为 47、73、86、4 的颜色并取消轮廓线的填充，完成后的效果如图 14-14 所示。

05　继续使用（椭圆工具），在绘图页中绘制黑色圆形作为眼球，如图 14-15 所示。

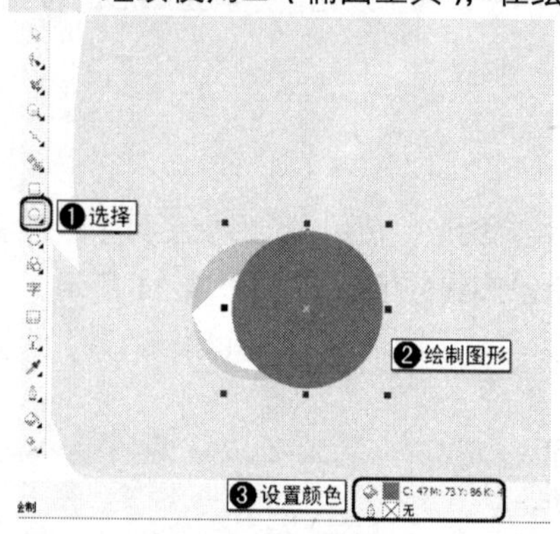

图 14-14　绘制圆形

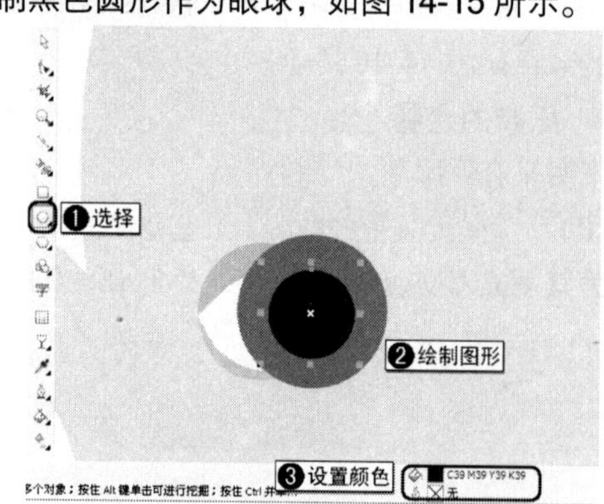

图 14-15　绘制黑色圆形

06　选择工具箱中的（贝塞尔工具），在绘图页中绘制白色图形并取消轮廓线的填充，如图 14-16 所示。

07　确定新绘制的白色图形处于选择状态，选择工具箱中的（交互式透明工具），为白色图形添加透明效果，如图 14-17 所示。

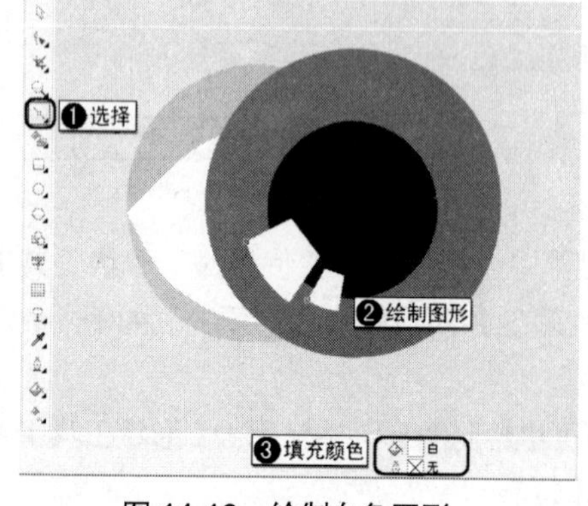

图 14-16　绘制白色图形

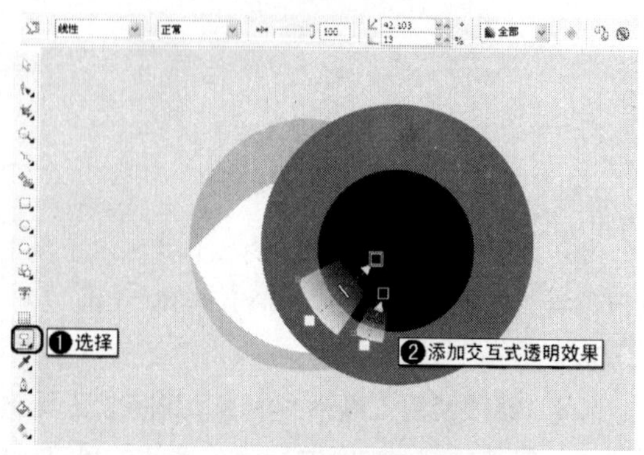

图 14-17　为图形添加透明效果

08 在绘图页中选择两个透明的白色图形和两个圆形，在菜单栏中选择【效果】|【图框精确剪裁】|【放置在容器中】命令，如图 14-18 所示。

09 此时鼠标将变成粗箭头形状，在白色图形上单击，如图 14-19 所示。

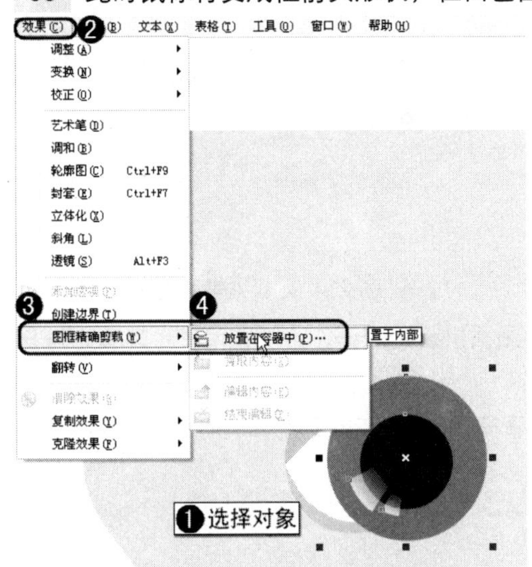

图 14-18 选择【放置在容器中】命令

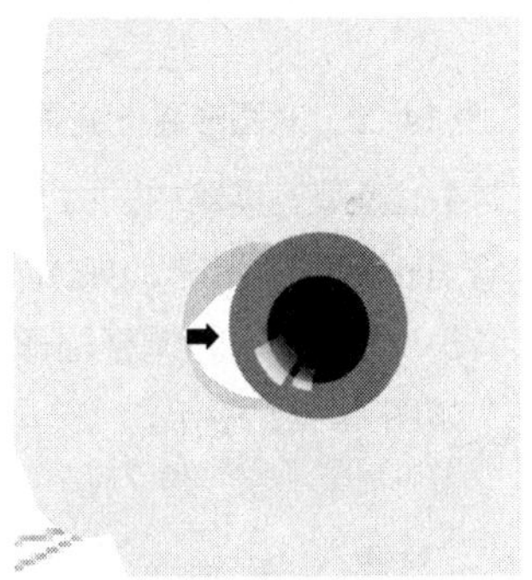

图 14-19 在白色图形上单击

10 将选择的图形放置到容器后的效果如图 14-20 所示。

11 确定容器中的对象处于选择状态，在菜单栏中选择【效果】|【图框精确剪裁】|【编辑内容】命令，如图 14-21 所示。

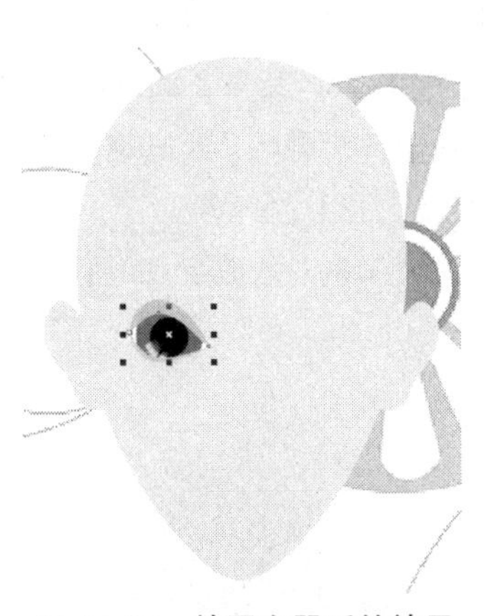

图 14-20 放置容器后的效果

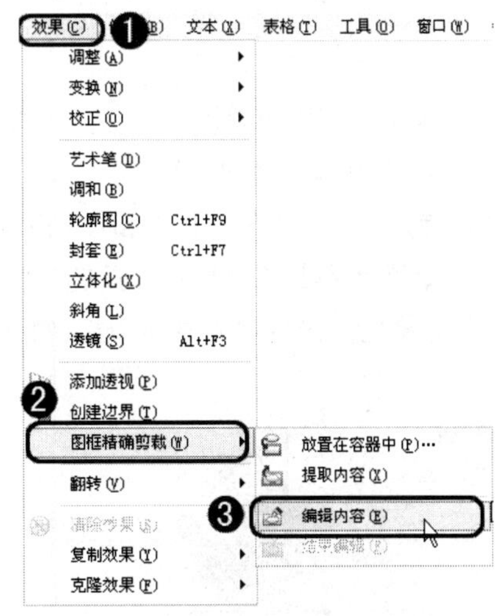

图 14-21 选择【编辑内容】命令

12 选择作为眼球的图形，对其进行调整，如图 14-22 所示。

13 编辑完成后，在菜单栏中选择【效果】|【图框精确剪裁】|【结束编辑】命令，如图 14-23 所示。

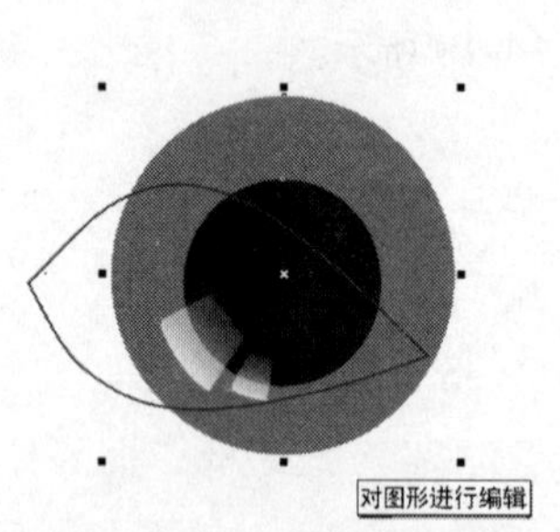

图 14-22　对图形进行编辑

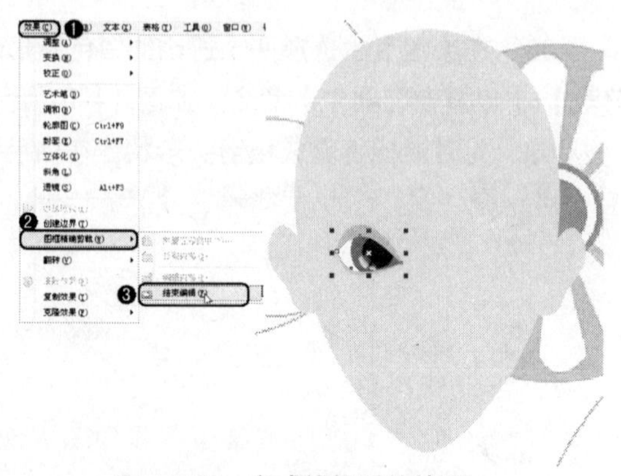

图 14-23　完成编辑后的效果

14　选择工具箱中的（贝塞尔工具），在绘图页中绘制图形作为上睫毛，将其填充为 90%黑色并取消轮廓线的填充，如图 14-24 所示。

15　同样绘制并调整图形作为下睫毛，为其填充 CMYK 参数都为 39 的颜色并取消轮廓线的填充，如图 14-25 所示。

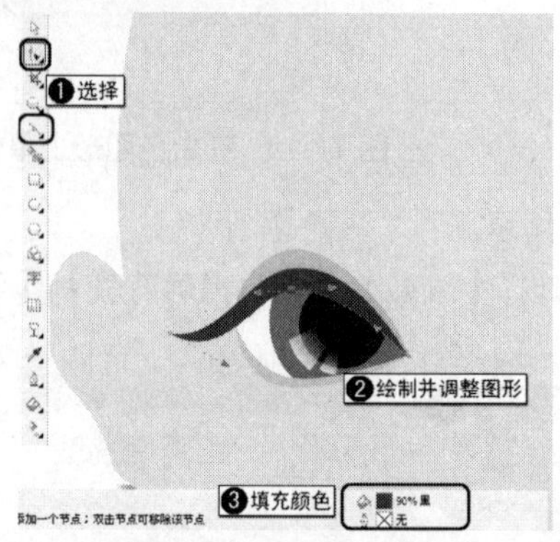

图 14-24　绘制上睫毛

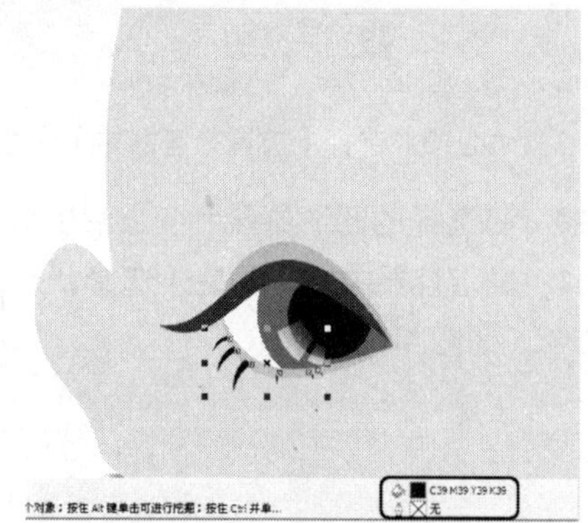

图 14-25　绘制下睫毛

16　使用（贝塞尔工具）和（形状工具）绘制并调整图形作为眉毛，为其填充 CMYK 参数都为 39 的颜色并取消轮廓线的填充，如图 14-26 所示。

17　选择绘图页中作为眼睛和眉毛的图形，按 Ctrl+G 组合键将选择的对象成组，如图 14-27 所示。

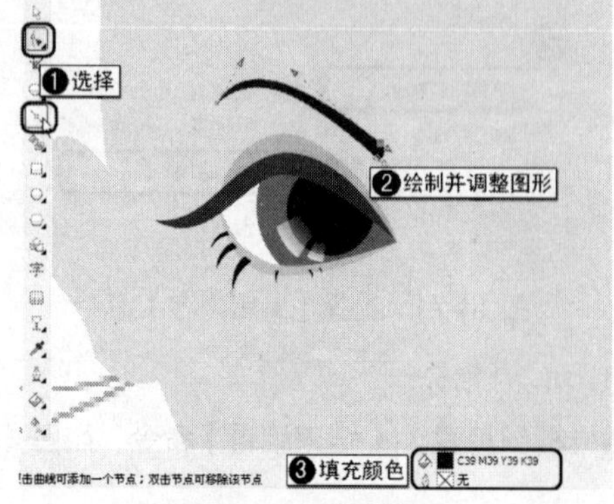

图 14-26　绘制眉毛

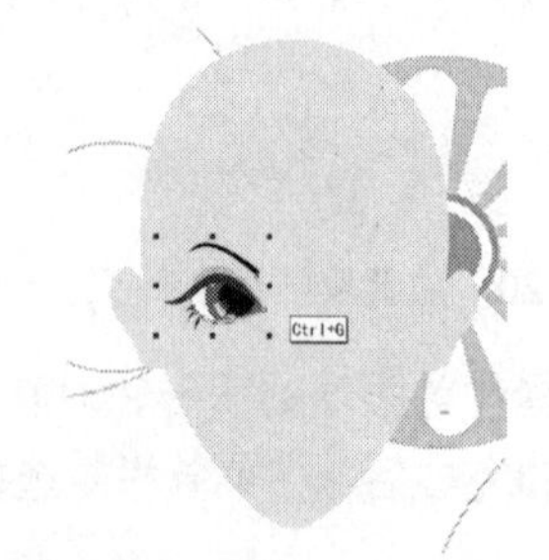

图 14-27　将选择的对象成组

18　确定成组后的图形处于选择状态，移动图形到适当的位置后右击对图形进行复制，然后在属性栏中单击（水平镜像）按钮，将复制的图形进行镜像，如图 14-28 所示。

19　确定镜像的图形处于选择状态，将成组的图形解组，然后选择作为眼球的图形，在菜单栏中选择【效果】|【图框精确剪裁】|【编辑内容】命令，如图 14-29 所示。

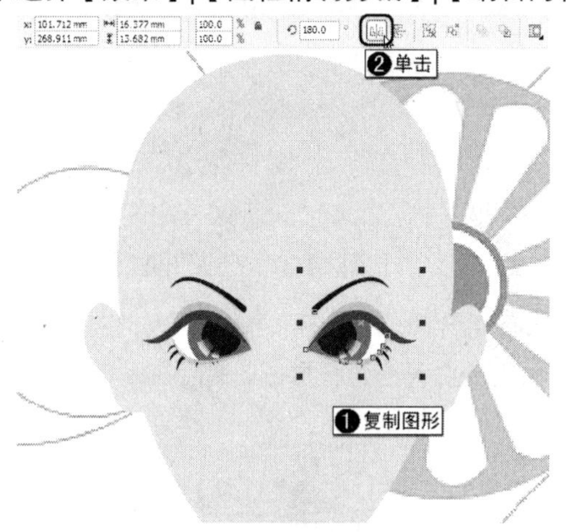

图 14-28　镜像复制图形

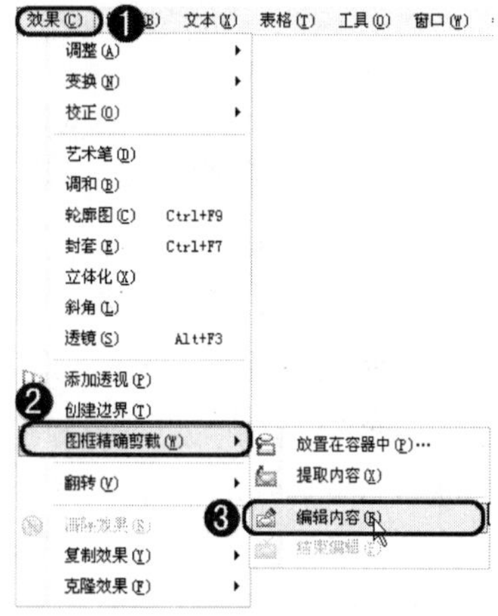

图 14-29　执行【编辑内容】命令

20　在绘图页中选择作为眼球的部分，对其进行调整，完成后的效果如图 14-30 所示。

21　编辑完成后，选择如图 14-31 所示的图形，并将图形成组。

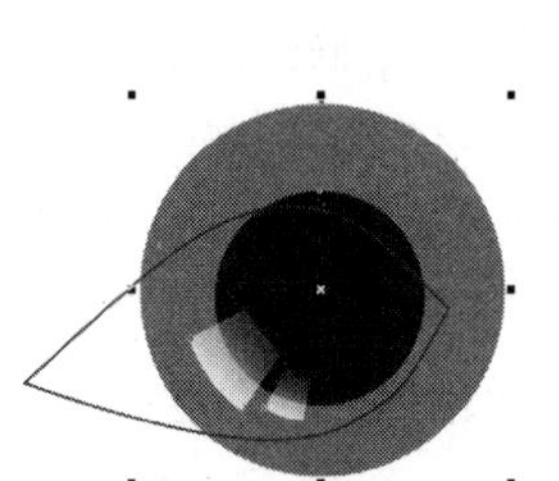

图 14-30　调整眼球的位置

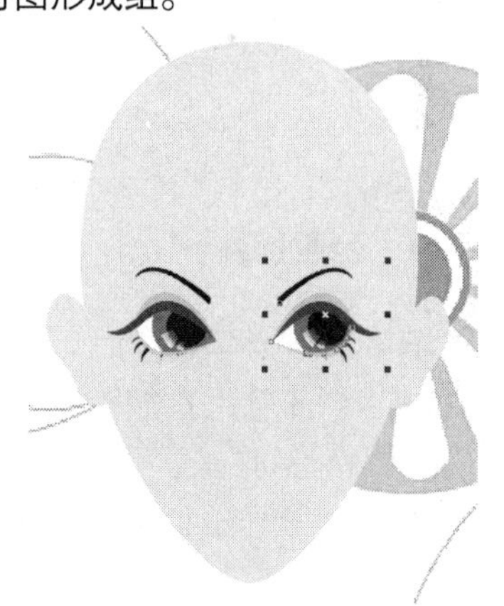

图 14-31　将选择的对象成组

3．嘴的绘制

01　选择工具箱中的（贝塞尔工具），在绘图页中绘制图形作为上嘴唇，并使用（形状工具）进行调整，为其填充 CMYK 参数为 6、98、78、0 的颜色并取消轮廓线的填充，如图 14-32 所示。

02　选择工具箱中的（贝塞尔工具），在绘图页中绘制图形作为下嘴唇，并使用（形状工具）进行调整，为其填充 CMYK 参数为 0、93、55、0 的颜色并取消轮廓线的填充，如图 14-33 所示。

图 14-32　绘制上嘴唇

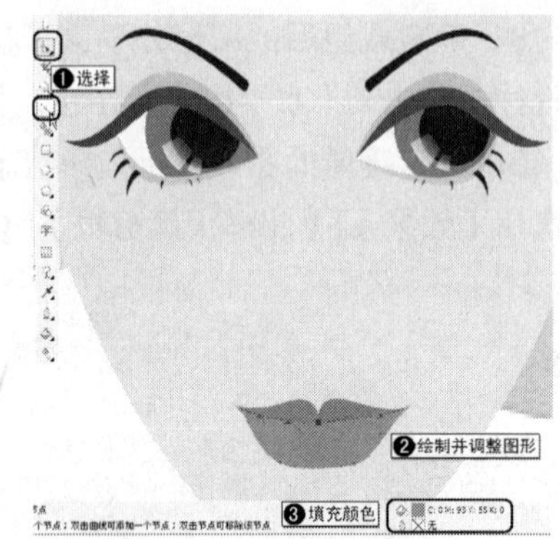

图 14-33　绘制下嘴唇

03　确定下嘴唇处于选择状态，按 Ctrl+PageDown 组合键，调整图形的位置，如图 14-34 所示。

04　选择工具箱中的（椭圆工具），在下嘴唇上绘制白色无边框椭圆，然后在属性栏中将【旋转角度】参数设置为 351°，如图 14-35 所示。

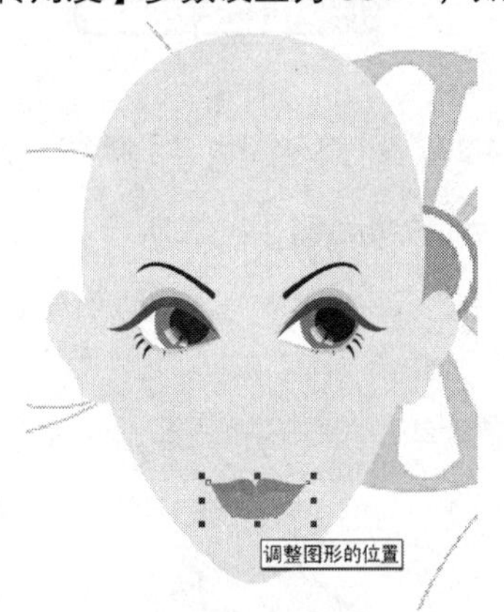

图 14-34　调整下嘴唇的位置

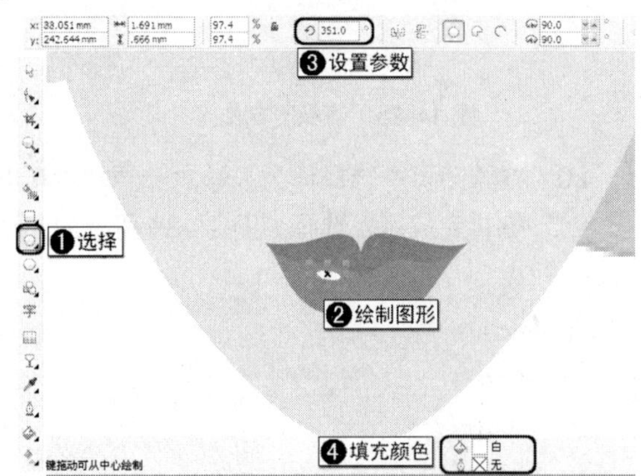

图 14-35　绘制白色图形

05　确定白色图形处于选择状态，选择工具箱中的（交互式透明工具），为选择的图形添加透明效果，如图 14-36 所示。

06　继续使用（椭圆工具），绘制两个白色无边框椭圆，如图 14-37 所示。

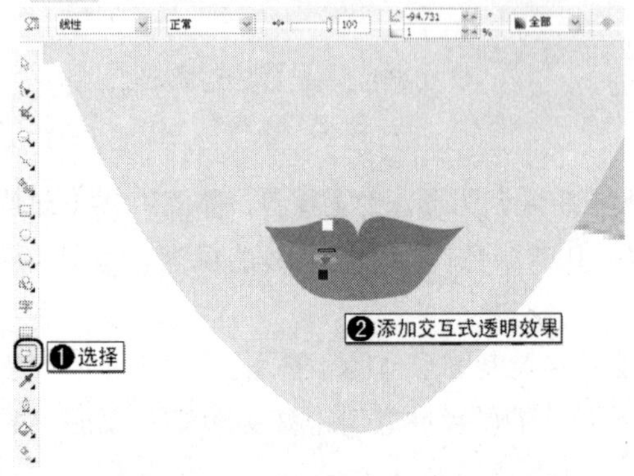

图 14-36　为图形添加透明效果

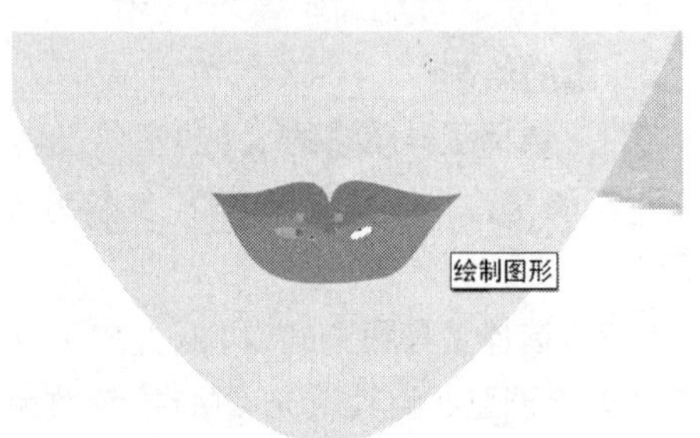

图 14-37　绘制图形

07　确定白色图形处于选择状态，选择工具箱中的（交互式透明工具），在属性栏中将【透明度类型】定义为标准，将【开始透明度】设置为 73，为图形添加透明效果，完成后的效果如图 14-38 所示。

4．鼻子的绘制

01　选择工具箱中的（贝塞尔工具），在绘图页中绘制图形作为鼻孔，并使用（形状工具）对图形进行调整，完成后的效果如图 14-39 所示。

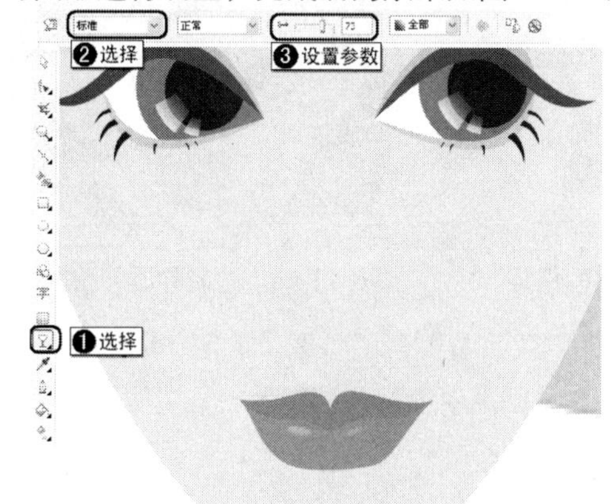

图 14-38　为图形添加透明效果

❶选择
❷绘制并调整图形

图 14-39　绘制鼻孔图形

02　确定鼻孔图形处于选择状态，为其填充 CMYK 参数为 4、27、36、5 的颜色并取消轮廓线的填充，如图 14-40 所示。

03　确定填充颜色后的图形处于选择状态，拖动图形到适当的位置后右击复制图形，然后在属性栏中单击（水平镜像）按钮对图形进行水平镜像，如图 14-41 所示。

04　绘制完鼻孔后观看人物的整体效果，如图 14-42 所示。

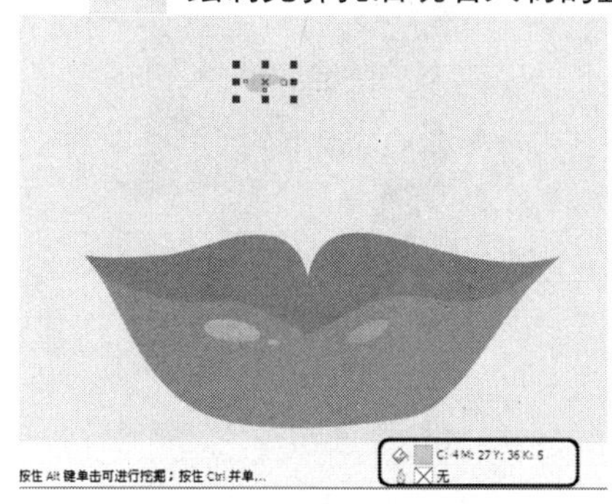

图 14-40　为图形填充颜色

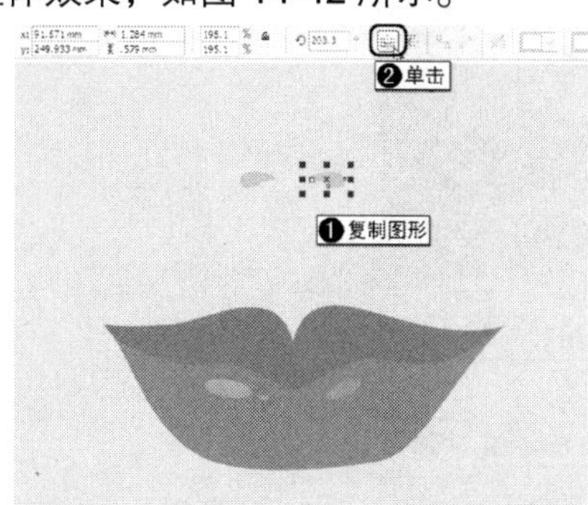

图 14-41　镜像复制图形

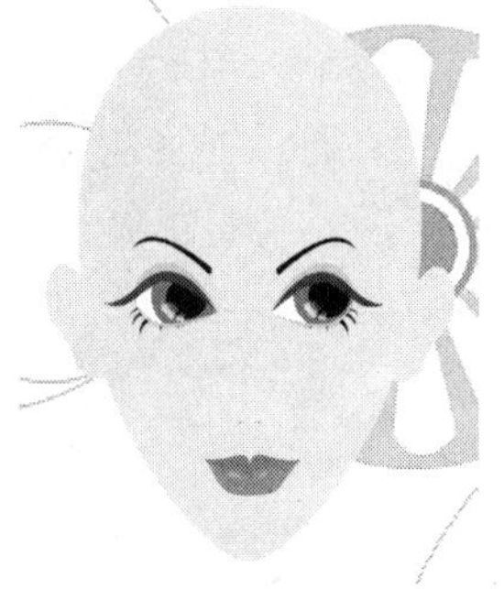

图 14-42　整体效果

14.2.2　绘制头发和颈部

下面进行头发的绘制。

01　选择工具箱中的（贝塞尔工具），在绘图页中绘制图形，并使用（形状工具）对图形进行调整，为图形填充 CMYK 参数都为 39 的颜色并取消轮廓线的填充，如图 14-43 所示。

02　确定新绘制的图形处于选择状态，在绘图页中调整图形的位置，如图 14-44 所示。

03 选择工具箱中的 (贝塞尔工具)，在绘图页中绘制图形，使用 (形状工具) 对图形进行调整，为图形填充 CMYK 参数都为 39 的颜色并取消轮廓线的填充，如图 14-45 所示。

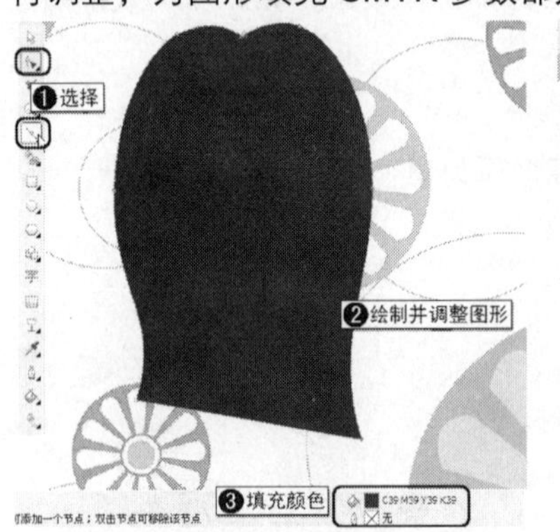

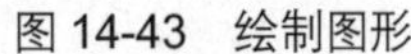

图 14-43 绘制图形

图 14-44 调整图层的位置

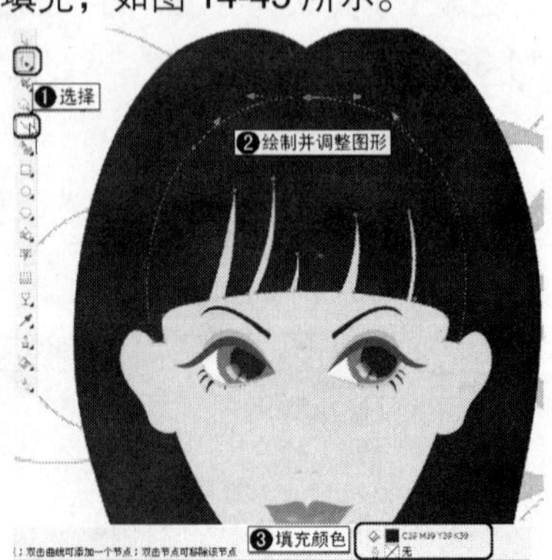

图 14-45 绘制并调整图形

04 选择工具箱中的 (贝塞尔工具)，继续绘制图形并调整图形的位置，如图 14-46 所示。

05 继续使用 (贝塞尔工具) 和 (形状工具) 在绘图页中绘制并调整另一缕头发，然后填充颜色并取消轮廓线的填充，如图 14-47 所示。

图 14-46 绘制图形

图 14-47 绘制并调整图形

06 使用同样的方法绘制其他图形作为头发的高光，如图 14-48 所示。

07 选择工具箱中的 (贝塞尔工具) 和 (形状工具)，在绘图页中绘制图形，为其填充 CMYK 参数为 4、22、33、0 的颜色并取消轮廓线的填充，如图 14-49 所示。

08 确定新绘制的图形处于选择状态，调整它的位置，如图 14-50 所示。

图 14-48　绘制图形作为头发的高光

图 14-49　绘制颈部图形

图 14-50　调整颈部图形的位置

14.2.3　绘制衣服

下面来介绍衣服的绘制。

01　选择工具箱中的（贝塞尔工具）和（形状工具），在绘图页中绘制并调整图形，将其填充为霓虹粉色并取消轮廓线的填充，如图 14-51 所示。

02　确定新绘制的图形处于选择状态，调整图形的位置，如图 14-52 所示。

图 14-51　绘制并调整图形

图 14-52　调整图形的位置

03　继续使用（贝塞尔工具）和（形状工具），在绘图页中绘制并调整图形，将其填充为霓虹粉色并取消轮廓线的填充，如图 14-53 所示。

04　确定新绘制的图形处于选择状态，调整图形的位置，如图 14-54 所示。

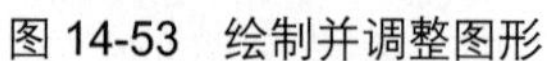

图 14-53　绘制并调整图形

图 14-54　调整图层的位置

05　继续使用（贝塞尔工具）和（形状工具）绘制图形作为衣领并调整衣领的位置，如图 14-55 所示。

06　使用（贝塞尔工具）和（形状工具）绘制并调整图形，将其填充为 20%的黑色并取消轮廓线的填充，如图 14-56 所示。

图 14-55　绘制衣领图形

图 14-56　绘制图形

07　确定新绘制的图形处于选择状态，在【对象管理器】泊乌窗中调整图形的位置，如图 14-57 所示。

08　使用（贝塞尔工具）和（形状工具）绘制图形，将其填充为 CMYK 参数都为 39 的颜色并取消轮廓线的填充，如图 14-58 所示。

09　确定新绘制的图形处于选择状态，选择工具箱中的（交互式透明工具），在属性栏中将【透明度类型】定义为标准，将【开始透明度】设置为 92，为图形添加透明效果，如图 14-59 所示。

图 14-57　调整图形的位置

图 14-58　绘制并调整图形

图 14-59　为图形添加透明效果

10　继续使用（贝塞尔工具）和（形状工具）绘制并调整图形，将图形填充为霓虹粉并取消轮廓线的填充，如图 14-60 所示。

11　在绘图页中选择绘制的人物图形，按 Ctrl+G 组合键，将选择的对象成组，如图 14-61 所示。

图 14-60　绘制并调整图形

图 14-61　将图形成组

14.3　装饰效果的制作

插画人物已经制作完成，下面来制作装饰效果。

01　选择绘图页中的白色图形，选择工具箱中的（形状工具）调整图形中的节点，如图 14-62 所示。

02 选择工具箱中的字（文本工具），在属性栏中将字体设置为“汉仪大黑简”，将字体大小设置为68pt，在绘图页中创建文本，并为文本填充RGB参数为255、0、56的颜色，如图14-63所示。

03 将新创建的文本进行复制并调整文本的位置，然后将复制的文本填充为白色，如图14-64所示。

图14-62 调整节点

图14-63 创建红色文本

图14-64 复制并调整文本

04 选择红色的文本，选择工具箱中的（交互式立体化）工具，为选择的文本添加立体化效果，在属性栏中将【深度】参数设置为3，如图14-65所示。

05 选择绘图页中的两个文本，在属性栏中将【旋转角度】参数设置为313.5，将选择的文本进行旋转，如图14-66所示。

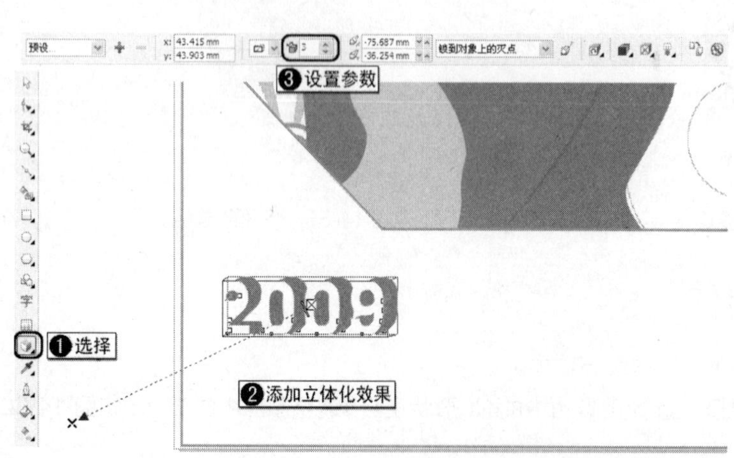

图14-65 为文本添加立体化效果

图14-66 旋转文本

06　选择工具箱中的□（矩形工具），在绘图页中绘制 3 个矩形，将绘制的图形填充为深褐色并取消轮廓线的填充，如图 14-67 所示。

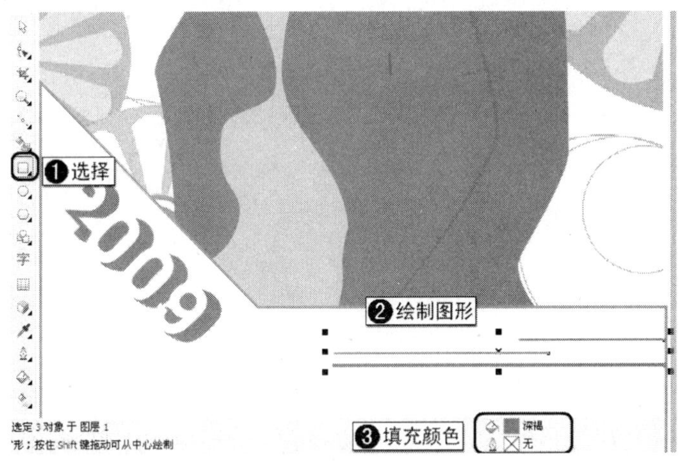

图 14-67　绘制矩形

07　选择工具箱中的字（文本工具），在绘图页中将字体设置为 Lucida Handwriting，将字体大小设置为 80pt，在绘图页中创建文本并为文本填充颜色，然后在属性栏中将【旋转角度】参数设置为 16.5，如图 14-68 所示。

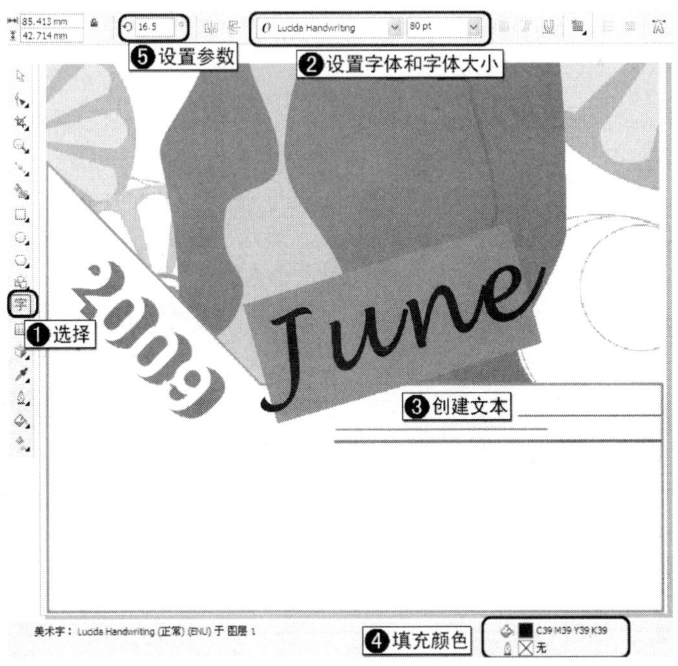

图 14-68　创建并旋转文本

08　选择工具箱中的字（文本工具），在绘图页中将字体设置为“汉仪长美黑简”，将字体大小设置为 45pt，在绘图页中创建文本并为文本填充洋红色，如图 14-69 所示。

09　确定新创建的文本处于选择状态，在水平方向上对文本进行缩放，如图 14-70 所示。

图 14-69　创建文本

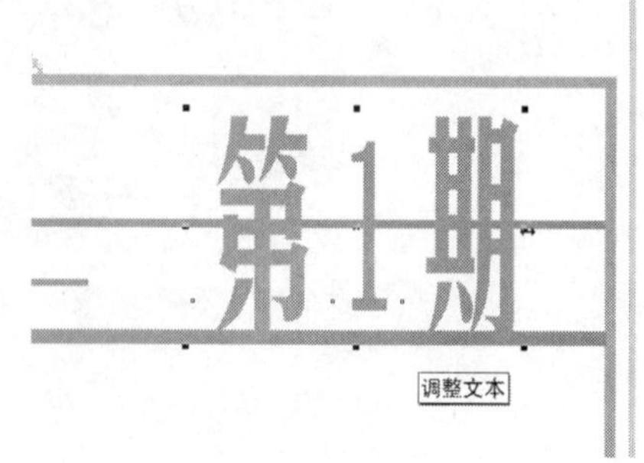

图 14-70　调整文本

10　选择工具箱中的（贝塞尔工具），在绘图页的右下方绘制曲线，如图 14-71 所示。

图 14-71　绘制曲线

11　选择工具箱中的（文本工具），在绘图页中将字体设置为“汉仪书魂体简体”，将字体大小设置为 80pt，在绘图页中沿曲线路径创建文本，并为文本填充洋红色，如图 14-72 所示。

12　选择工具箱中的（形状工具），在绘图页中对曲线路径进行调整，如图 14-73 所示。

图 14-72　沿路径创建文本

图 14-73　调整曲线

13　按 Ctrl+K 组合键将文本与路径打散，选择曲线路径按 Del 键将路径删除，如图 14-74 所示。

14　选择工具箱中的字（文本工具），在绘图页中将字体设置为 Arial Black，将字体大小设置为 15pt，在绘图页中垂直方向上创建文本，如图 14-75 所示。

图 14-74　将曲线路径删除

图 14-75　创建文本

15　确定新创建的文本处于选择状态，对文本进行复制，如图 14-76 所示。

16　按 Ctrl+A 组合键选择绘图页中的所有图形，按 Ctrl+G 组合键将选择的对象成组，完成后的效果如图 14-77 所示。

图 14-76　复制文本

图 14-77　完成后的效果

至此，人物插画广告效果绘制完成，将完成后的场景文件进行存储。

第 15 章　制 作 票 券

本章将介绍票券效果的制作，主要使用□（矩形工具）绘制图形并为图形添加调和效果，使用□（贝塞尔工具）绘制形状并为形状添加透明效果，以此来制作票券的背景，然后导入素材文件，最后制作副券，完成后的效果如图 15-1 所示。

本章重点

- 背景的创建
- 素材的导入
- 装饰效果的制作
- 副券效果的制作

图 15-1　票券效果

15.1　背景的制作

下面来介绍票券背景的制作，使用工具箱中的基本工具绘制图形。

01　首先新建一个纸张宽度和高度分别为 245mm 和 95mm 的绘图页，如图 15-2 所示。

图 15-2　新建绘图页

02 使用工具箱中的□（矩形工具），在绘图页中绘制矩形，按 F11 键，在打开的对话框中选择【自定义】单选按钮，在渐变条上设置渐变颜色，设置完成后单击【确定】按钮，如图 15-3 所示。

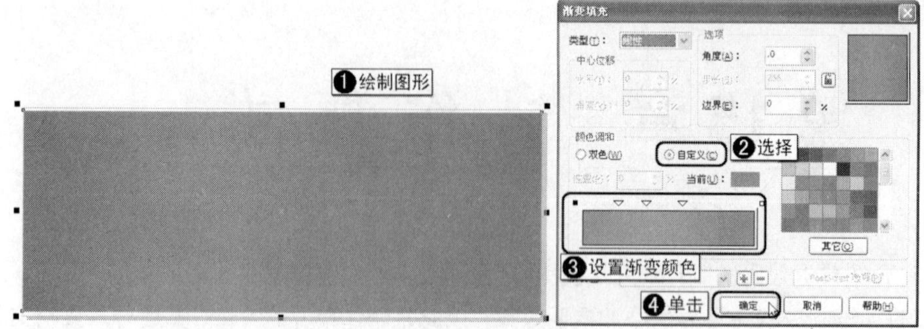

图 15-3 绘制渐变矩形

03 使用工具箱中的□（矩形工具），在绘图页中绘制矩形，将其填充为深黄色并取消轮廓线的填充，如图 15-4 所示。

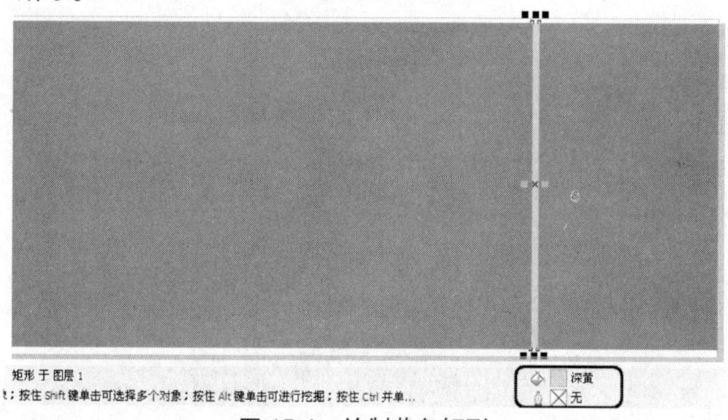

图 15-4 绘制黄色矩形

04 继续使用□（矩形工具），在深黄色图形上绘制小矩形，为其填充 RGB 参数为 49、30、0 的颜色并取消轮廓线的填充，如图 15-5 所示。

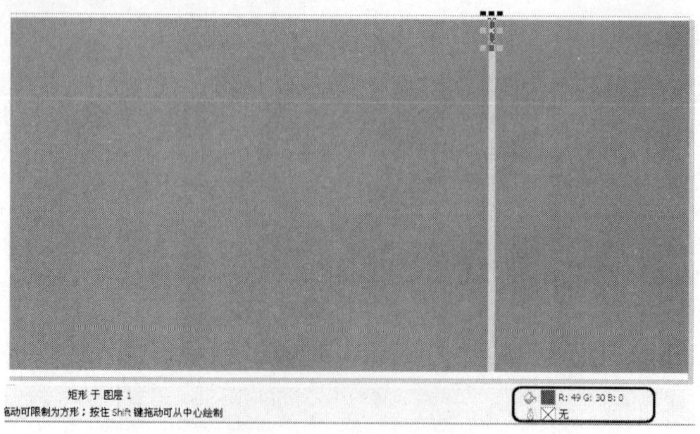

图 15-5 绘制小矩形

05　确定新绘制的图形处于选择状态，配合 Shift 键将其向下移动，移动到适当的位置后右击，将选择的图形进行复制，如图 15-6 所示。

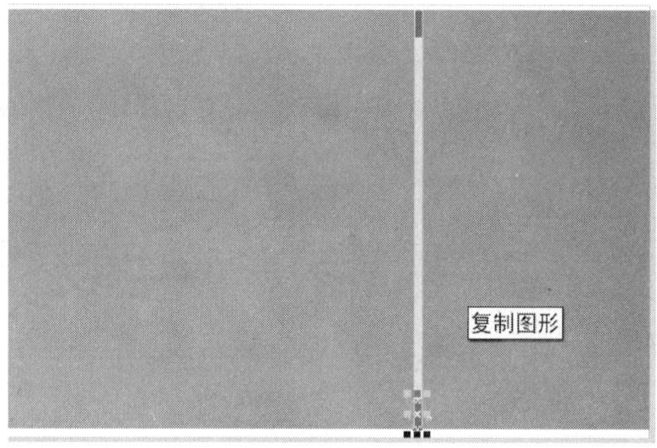

图 15-6　复制矩形

06　选择工具箱中的（交互式调和工具），为两个小矩形添加调和效果，在属性栏中将【步长】参数设置为 7，如图 15-7 所示。

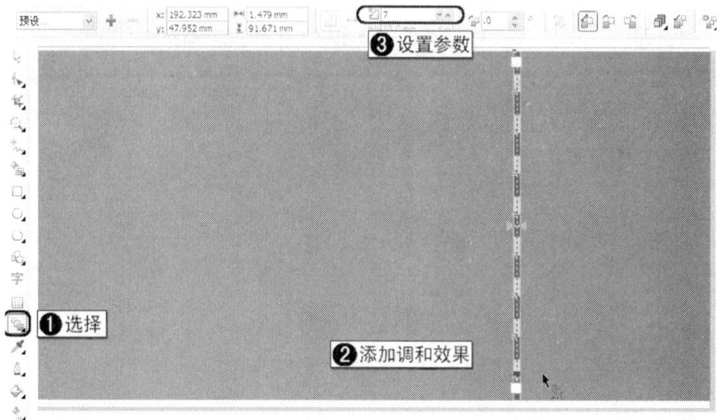

图 15-7　添加调和效果

07　使用（矩形工具），在绘图页中绘制矩形，为其填充 RGB 参数为 26、3、11 的颜色并取消轮廓线的填充，如图 15-8 所示。

图 15-8　绘制矩形

08 确定新绘制的图形处于选择状态，选择工具箱中的（交互式透明工具），在绘图页中为图形添加透明效果，如图 15-9 所示。

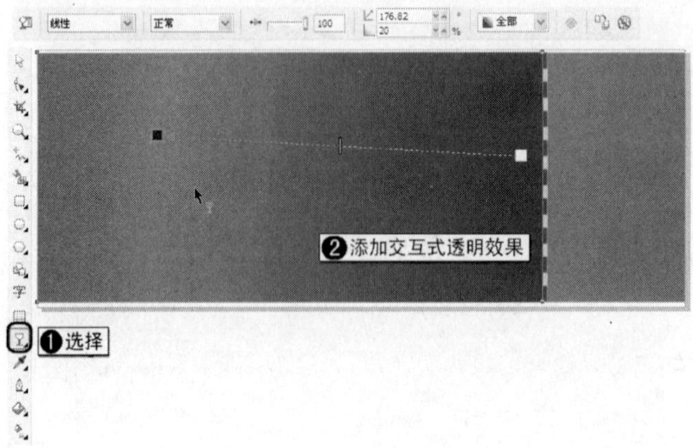

图 15-9　添加透明效果

09 使用（矩形工具），在透明图形上绘制两个矩形并将它们填充为洋红色，取消轮廓线的填充，如图 15-10 所示。

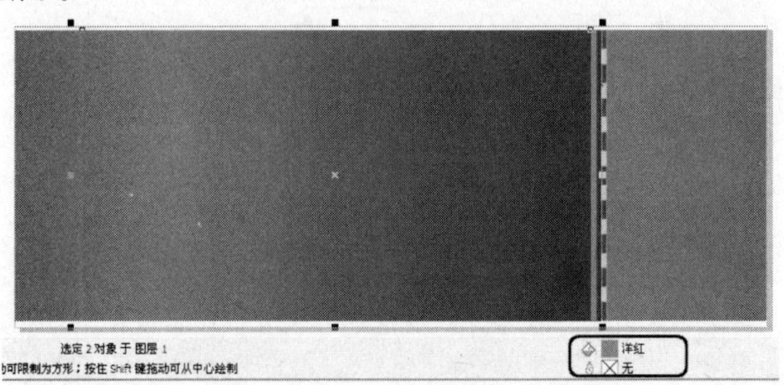

图 15-10　绘制洋红色矩形

10 选择工具箱中的（交互式调和工具），为两个矩形添加调和效果，在属性栏中将【步长】参数设置为 42，如图 15-11 所示。

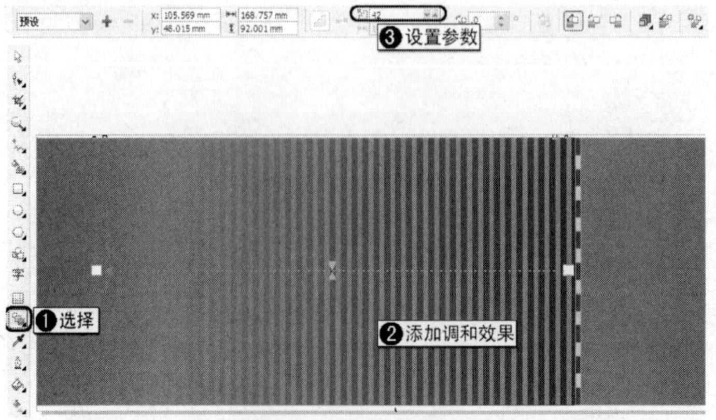

图 15-11　添加调和效果

11　确定调和后的图形处于选择状态，选择工具箱中的（交互式透明工具），为其添加交互式透明效果，如图 15-12 所示。

图 15-12　添加透明效果

12　选择工具箱中的（椭圆工具），配合 Ctrl 键在绘图页中绘制正圆形，将其填充为白色并取消轮廓线的填充，如图 15-13 所示。

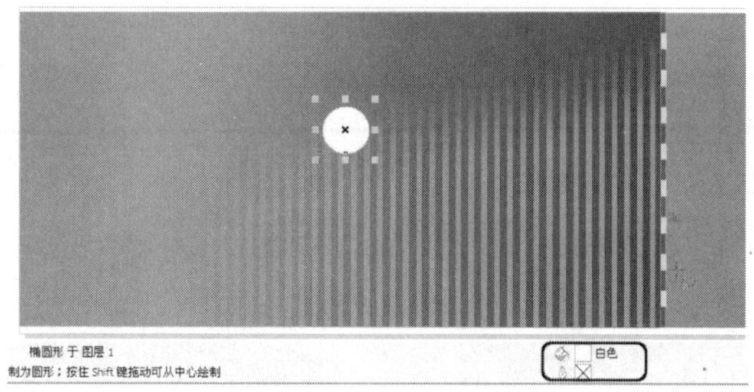

图 15-13　绘制白色圆形

13　继续使用（椭圆工具），在白色圆形的外侧绘制正圆形，如图 15-14 所示。

提示：用户可以将前面绘制的白色正圆形进行复制，然后将图形放大，这里为了方便读者观察，对图形进行重新创建。

14　确定新绘制的图形处于选择状态，将其填充为白色并取消轮廓线的填充，如图 15-15 所示。

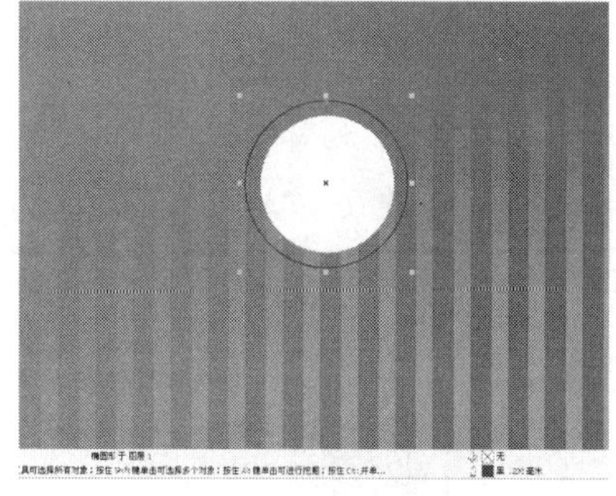

图 15-14　绘制正圆形

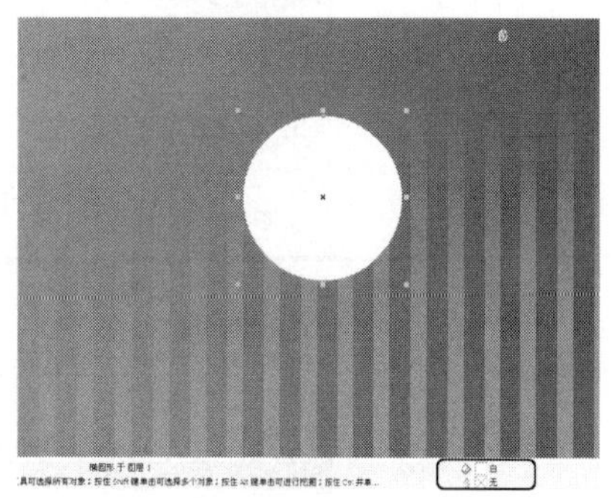

图 15-15　为圆形填充颜色

15 确定外侧的圆形处于选择状态，选择工具箱中的 (交互式透明工具)，为选择的图形添加透明效果，如图 15-16 所示。

图 15-16 为图形添加透明效果

16 选择两个圆形图形，将它们进行复制，然后调整它们的大小和位置，如图 15-17 所示。

17 选择工具箱中的 (椭圆工具)，在绘图页中以同一点为圆心绘制两个正圆形，如图 15-18 所示。

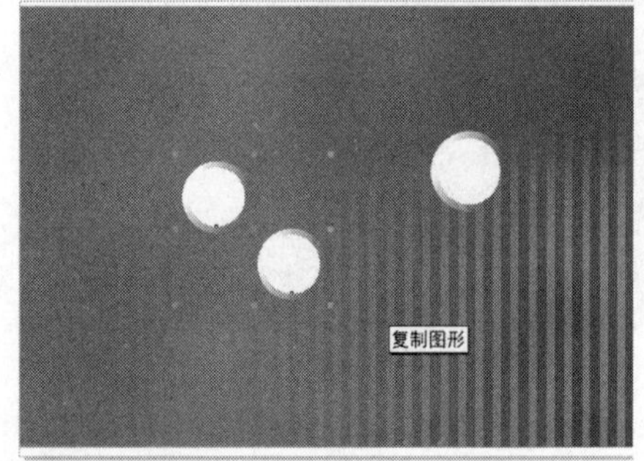

图 15-17 复制并调整图形

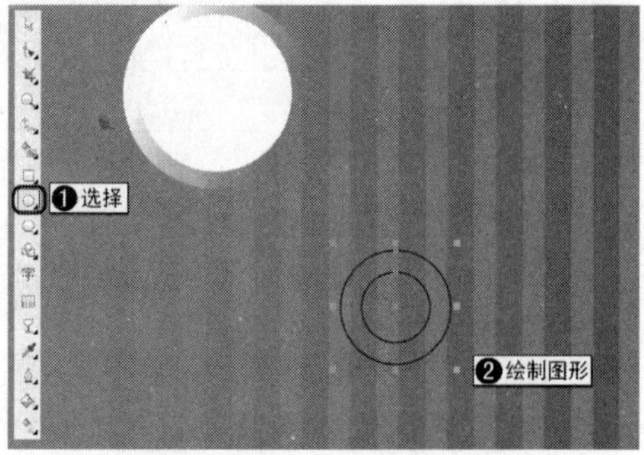

图 15-18 绘制圆形

18 在绘图页中选择新绘制的两个圆形，单击属性栏中的 (移除前面对象)按钮，如图 15-19 所示。

图 15-19 修剪图形

19　将选择的图形进行修剪，修剪完成后为其填充 CMYK 参数为 5、15、5、0 的颜色并取消轮廓线的填充，如图 15-20 所示。

20　确定修剪后的图形处于选择状态，按小键盘上的+键对其进行复制，配合 Shift 键将其放大，如图 15-21 所示。

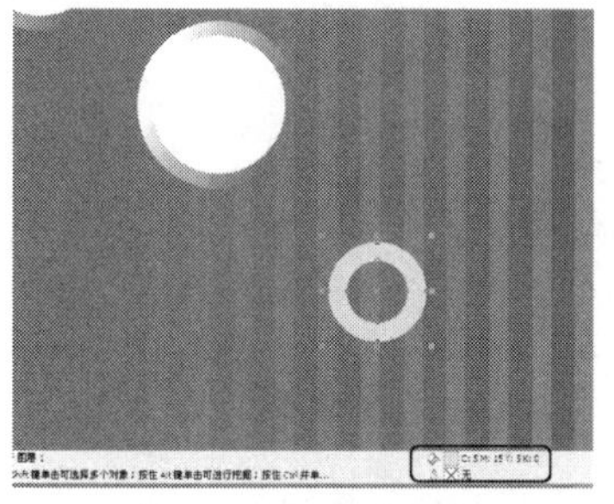

图 15-20　为图形填充颜色

图 15-21　复制并调整图形

21　使用同样的方法绘制并修剪图形，效果如图 15-22 所示。

22　确定新绘制的图形处于选择状态，调整图形的位置，如图 15-23 所示。

图 15-22　绘制并修剪图形

图 15-23　调整图形的位置

23　选择工具箱中的（贝塞尔工具），在绘图页中绘制图形，将新绘制的图形填充为白色并取消轮廓线的填充，如图 15-24 所示。

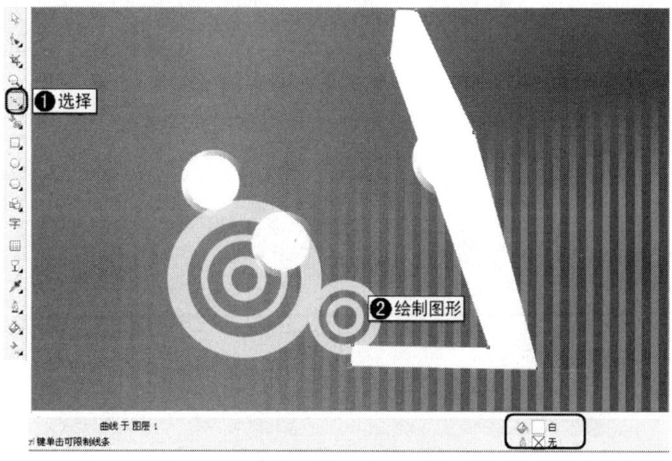

图 15-24　绘制并调整图形

24 确定新绘制的图形处于选择状态，选择▣（交互式透明工具），为白色图形添加透明效果，如图 15-25 所示。

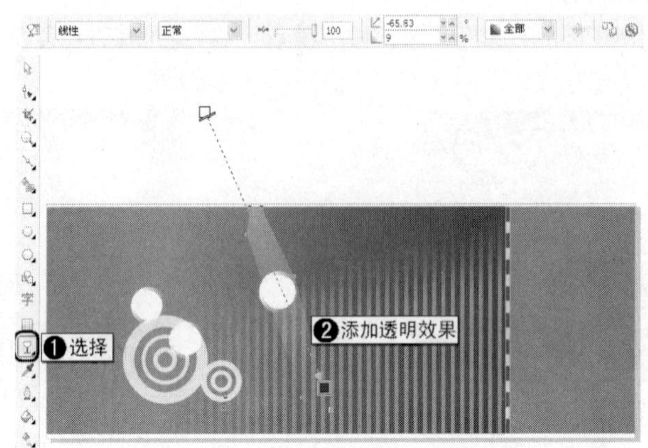

图 15-25　添加透明效果

25 同样，在绘图页中绘制白色无边框图形并为图形添加透明效果，如图 15-26 所示。

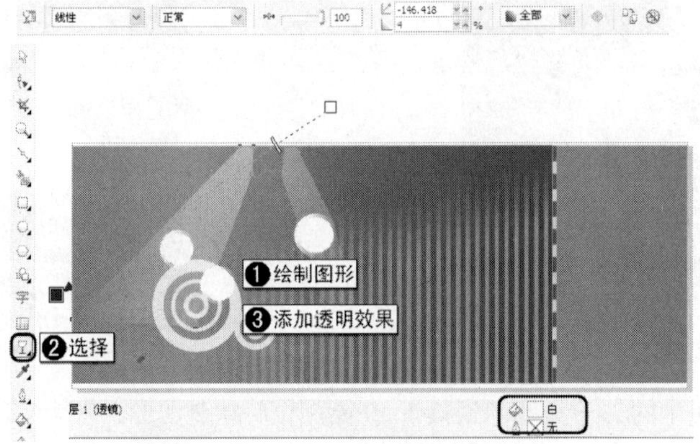

图 15-26　绘制图形并添加透明效果

26 使用同样的方法在绘图页中绘制图形，将其填充为白色并取消轮廓线的填充，然后为其填充透明效果，如图 15-27 所示。

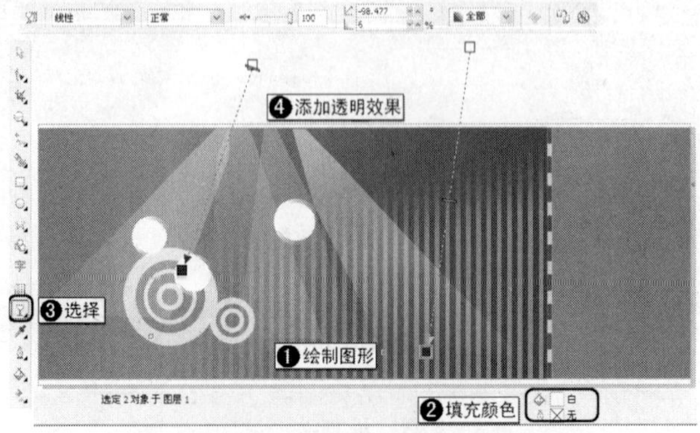

图 15-27　绘制图形并添加透明效果

27 选择工具箱中的（贝塞尔工具）在绘图页中绘制图形，使用（形状工具）对图形进行调整，按F11键，在打开的对话框中选择【自定义】单选按钮，在渐变条上设置渐变颜色，设置完成后单击【确定】按钮，如图15-28所示。

图15-28 绘制图形并填充渐变颜色

28 选择工具箱中的（椭圆工具），配合Ctrl键在绘图页中绘制正圆形，为其填充RGB参数为255、131、205的颜色并取消轮廓线的填充，如图15-29所示。

29 继续使用（椭圆工具），在新绘制的圆形上绘制正圆形，为其填充RGB参数为255、0、153的颜色，取消轮廓线的填充，如图15-30所示。

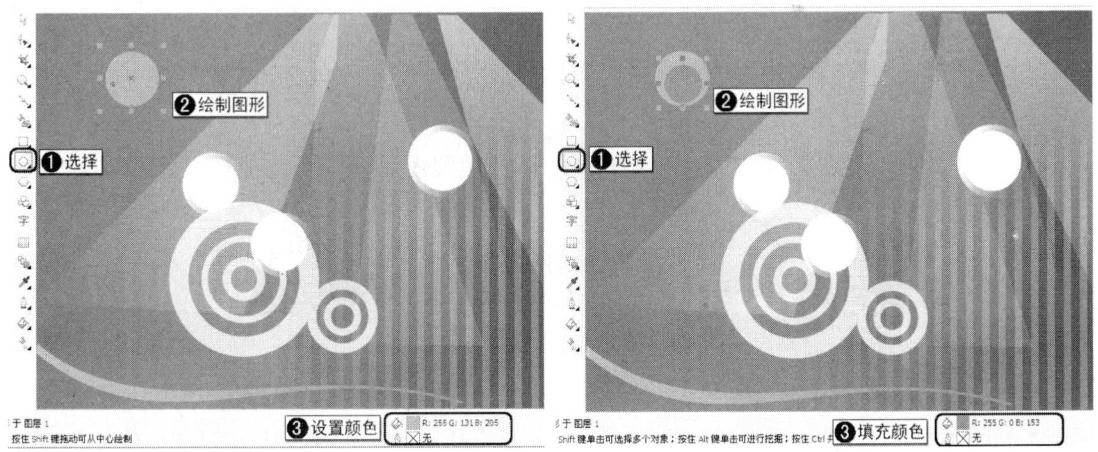

图15-29 绘制圆形

图15-30 绘制圆形

15.2 导入素材

票券的背景制作完成，下面来介绍素材的导入。

01 按键盘上的Ctrl+I组合键，在打开的对话框中选择随书附带光盘【DVDROM | 素材 | Cha15 | 人物01.gif】文件，单击【导入】按钮，如图15-31所示。

图 15-31　选择需要导入的素材

02　按 Enter 键，将选择的素材导入到绘图页的中央，然后调整素材的大小和位置，如图 15-32 所示。

图 15-32　调整素材文件

03　使用同样的方法导入随书附带光盘【DVDROM | 素材 | Cha15 | 人物 02.gif】素材图片，调整素材的大小和位置，如图 15-33 所示。

图 15-33　导入另一张素材

15.3　装饰效果的制作

下面来制作票券的装饰效果。

01 选择工具箱中的（贝塞尔工具），在绘图页中绘制图形，使用（形状工具）对新绘制的图形进行调整，将其填充为深黄色并取消轮廓线的填充，如图 15-34 所示。

图 15-34　绘制并调整图形

02 确定新绘制的黄色图形处于选择状态，再次单击图形，使其处于旋转状态，调整中心点的位置，如图 15-35 所示。

03 在菜单栏中选择【排列】|【变换】|【旋转】命令，如图 15-36 所示。

图 15-35　调整中心点的位置

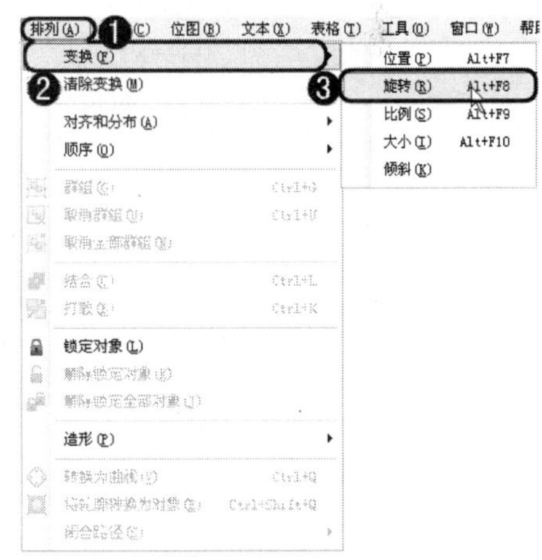

图 15-36　执行【旋转】命令

04 在【变换】泊坞窗中，将【角度】参数设置为 30 度，单击【应用到再制】按钮，将图形进行旋转复制，如图 15-37 所示。

05 单击【应用到再制】按钮 10 次，多次对图形进行旋转复制，完成后的效果如图 15-38 所示。

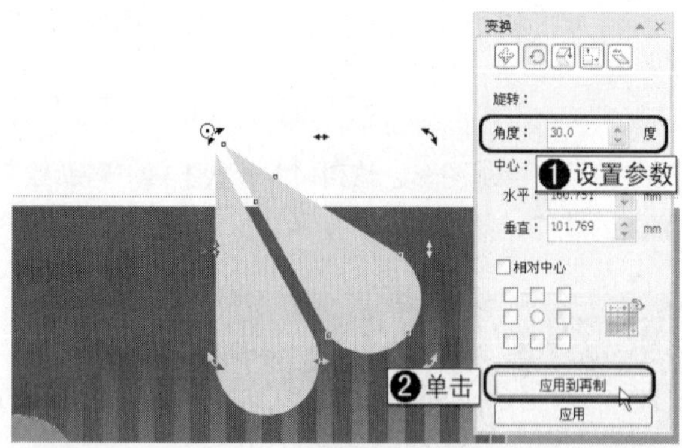

图 15-37　旋转并复制图形

图 15-38　多次进行旋转复制

06　在绘图页中选择如图 15-39 所示的图形，按 Ctrl+G 组合键将选择的图形成组。

07　选择工具箱中的□（矩形工具），在绘图页中绘制矩形，如图 15-40 所示。

图 15-39　将选择的对象成组

图 15-40　绘制矩形

08　在绘图页中选择矩形和成组的图形，在属性栏中单击□（简化）按钮，对图形进行修剪，如图 15-41 所示。

09　修剪图形后将矩形图形删除，如图 15-42 所示。

图 15-41　修剪图形

图 15-42　删除矩形

10 选择工具箱中的字（文本工具），在绘图页中创建符号，在属性栏中将字体设置为“汉仪菱心体简”，将字体大小设置为 35pt，将文本填充为白色，如图 15-43 所示。

图 15-43 创建符号

11 选择工具箱中的字（文本工具），在绘图页中创建文本，在属性栏中将字体设置为“Adobe 黑体 Std R”，将字体大小设置为 45pt，将文本填充为白色，如图 15-44 所示。

图 15-44 创建文本

12 继续使用字（文本工具）在绘图页中创建文本，在属性栏中将字体设置为“Adobe 黑体 Std R”，将字体大小设置为 30pt，将文本填充为白色，如图 15-45 所示。

图 15-45　创建文本

13　使用字（文本工具）在绘图页的左上角创建文本，在属性栏中将字体设置为“汉仪菱心体简”，将字体大小设置为 24pt，将文本填充为黄色，如图 15-46 所示。

图 15-46　创建文本

14　选择工具箱中的☆（星形工具），在属性栏中将星形的点数设置为 8，在绘图页中绘制星形，如图 15-47 所示。

15　选择工具箱中的（形状工具），调整图形的节点，如图 15-48 所示。

图 15-47　绘制星形

图 15-48　调整节点

16　确定图形处于选择状态，在图形上右击，在弹出的快捷菜单中选择【转换为曲线】命令将图形转换为曲线，然后对节点进行调整，将其填充为白色并取消轮廓线的填充。调整后的效果如图 15-49 所示。

图 15-49　绘制并调整节点

17　确定新绘制的图形处于选择状态，多次对图形进行复制并调整，如图 15-50 所示。

图 15-50　复制并调整图形

18　在绘图页中选择圆环图形，对图形进行复制并调整位置，如图 15-51 所示。

19　对复制的图形进行修剪，如图 15-52 所示。

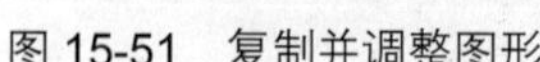

图 15-51　复制并调整图形

图 15-52　修剪图形

20　确定图形处于选择状态，选择工具箱中的（交互式透明工具），在属性栏中将【渐变类型】定义为标准，为选择的图形添加透明效果，如图 15-53 所示。

图 15-53　为图形添加透明效果

21　在绘图页中选择如图 15-54 所示的人物图形，调整它的位置。

图 15-54　调整素材的位置

15.4　制作副券

下面来介绍副券效果的制作。

01　选择工具箱中的字（文本工具），在绘图页中创建文本，在属性栏中将字体设置为“汉仪菱心体简”，将字体大小设置为 60pt，按 F11 键，在打开的对话框中将【类型】定义为射线，将【水平】和【垂直】参数分别设置为 59%、43%，选择【自定义】单选按钮，在渐变颜色条上设置渐变颜色，设置完成后单击【确定】按钮，如图 15-55 所示。

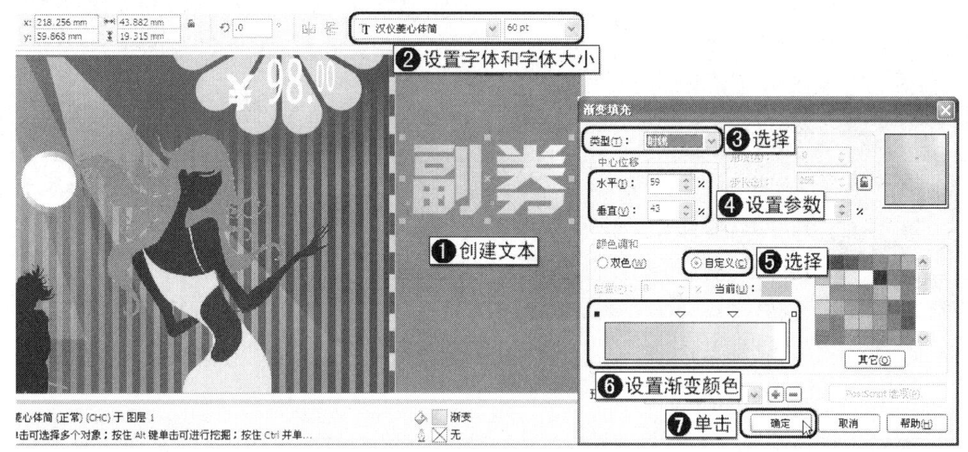

图 15-55 创建文本

02 继续在绘图页中创建文本，在属性栏中将字体设置为 Eras Bold ITC，将字体大小设置为 55pt，将文本填充为白色，如图 15-56 所示。

03 继续在文本的右下方创建文本，在属性栏中将字体设置为“汉仪中楷简”，将字体大小设置为 35pt，将文本填充为白色，如图 15-57 所示。

图 15-56 创建文本

图 15-57 创建文本

04 选择工具箱中的（矩形工具），在属性栏中将边角圆滑度设置为 67，在绘图页中绘制矩形，为其填充 RGB 参数为 249、242、0 的颜色并取消轮廓线的填充，如图 15-58 所示。

05 选择工具箱中的（文本工具），在黄色矩形上创建文本，在属性栏中将字体设置为黑体，将字体大小设置为 10pt，将文本填充为黑色，如图 15-59 所示。

图 15-58　绘制圆角矩形

图 15-59　创建文本

06 选择工具箱中的（贝塞尔工具），在绘图页中绘制图形，使用（形状工具）对图形进行调整，然后将其填充为黄色并取消轮廓线的填充，如图 15-60 所示。

图 15-60　绘制曲线

07 继续使用（贝塞尔工具）和（形状工具）绘制并调整图形，如图 15-61 所示。

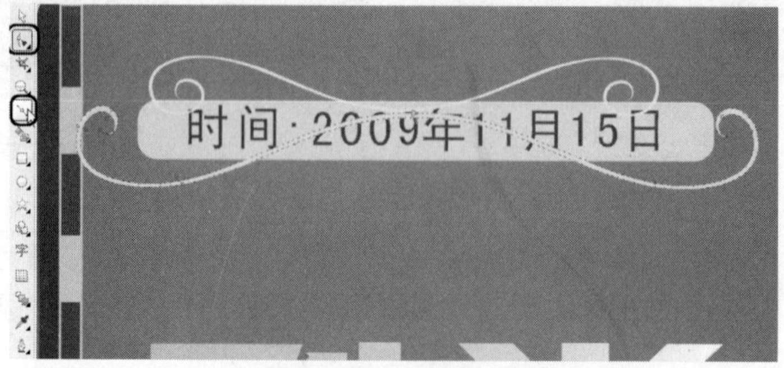

图 15-61　绘制曲线

08 选择新绘制的两个曲线图形，将其放置到黄色矩形的下方，如图 15-62 所示。

09 确定两个曲线图形处于选择状态，配合 Shift 键选择黄色矩形和其上面的文本，按 Ctrl+G